露采全服务期排产——灵活运用

Surpac Whittle MineSched

郭泽锋 / 著

中国矿业大学出版社

·徐州·

图书在版编目(CIP)数据

露采全服务期排产 ：灵活运用 Surpac，Whittle，MineSched / 郭泽锋著. —徐州 ：中国矿业大学出版社，2020.12

ISBN 978 - 7 - 5646 - 4873 - 2

Ⅰ. ①露… Ⅱ. ①郭… Ⅲ. ①露天开采－生产计划－计算机辅助管理－应用软件 Ⅳ. ①TD804－39

中国版本图书馆 CIP 数据核字(2020)第 242680 号

书　　名　露采全服务期排产——灵活运用 Surpac，Whittle，MineSched
著　　者　郭泽锋
责任编辑　耿东锋
出版发行　中国矿业大学出版社有限责任公司
(江苏省徐州市解放南路　邮编 221008)
营销热线　(0516)83884103　83885105
出版服务　(0516)83995789　83884920
网　　址　http://www.cumtp.com　**E-mail**:cumtpvip@cumtp.com
印　　刷　江苏凤凰数码印务有限公司
开　　本　787 mm×1092 mm　1/16　**印张** 15.5　**字数** 395 千字
版次印次　2020 年 12 月第 1 版　2020 年 12 月第 1 次印刷
定　　价　46.00 元

前　言

采矿行业运用矿业软件进行资源估值、采矿单体设计、境界设计、短期排产、中长期排产等工作，能够高效、快速、准确得出矿山生产设计需要的结果，更直观地反映生产实践。

近十多年来，国际先进矿业三维软件在国内快速应用于生产和设计，形成了一大批懂专业又会矿业三维软件使用的技术人员，大大提高了我国矿业软件应用水平，但是，矿业三维软件的编写思路与国内早期的CAD软件的编写思路存在较大的区别，限制了我国普通技术人员快速掌握国际矿业三维软件，限制了普通技术人员应用矿业三维软件在生产实际的应用。

笔者应用矿业软件数十年，致力于推广矿业三维软件在矿山生产中的实际运用，发现矿业三维软件应用中存在以下几个问题：

(1) 存放数据杂乱无序，难以快速寻找。

(2) 文件名和模型命名不规范，随意性较强，无法直观体现文件内容性质。

(3) 资源模型属性命名不规范、不直观、人性化不足。

(4) 很少根据用途不同建立不同要求的工作模型。

(5) 工作过程随意性较强，条理性、流程性缺乏。

针对以上问题，笔者创造性地建立了标准工作文件夹、模型、术语，使模型属性命名标准化，根据不同用途对模型划分和定义，建立了全服务期排产的标准工作流程。

信息化、智慧型矿山建设的前提是基础工作的标准化、数据的标准化、工作流程的标准化。本书从头到尾贯彻标准化的思维，该工作思维有助于国内矿业公司建设信息化、智慧型矿山。

需要说明的是，本书着重论述了各种工作要求下需要使用的模型类型及如何从资源模型一步一步转化为其他工作情况下需要的工作模型。

著　者

2020年6月

目　录

第一章　简述及标准化定义

第一节　教程简介

本教程详细地讲述如何应用 Surpac、Whittle、MineSched 等软件进行露天采矿设计并进行全服务期排产。

一、教程使用软件版本

本教程使用软件及版本号如下(不同的版本可能操作上有些不同)：

(1) Surpac 版本：GEOVIA Surpac 6.9(×64)。

(2) Whittle 版本：GEOVIA Whittle 4.7.2。

(3) MineSched 版本：GEOVIA MineSched 9.2.0(×64)。

二、标准化建设

根据大量的工作经验得出目前需要标准化建设项目有以下 5 种：

(1) 工作文件夹标准化。

(2) 文件名命名标准化。

(3) 模型名命名标准化。

(4) 块模型属性命名标准化。

(5) 工作流程标准化。

三、培养良好工作习惯

按照此教程操作步骤能够完成初步的境界优化、绘制终了境界、进行全服务期排产。

本教程着重培养专业技术人员养成良好的工作习惯：

(1) 工作前进行资料、数据收集，并有序整理。

(2) 工作前验证工作数据的有效性。

(3) 工作前对工作文件夹进行有序设置。

(4) 工作中对相关文件进行规范存放。

四、工作内容

全服务期排产的主要工作内容如下：

(1) 基础数据处理。

(2) 露天采场境界优化。

(3) 利用优化境界壳绘制露天终了境界。

(4) 利用露天终了境界完成全服务期排产计划。

(5) 获得第 1、2、3 年的露采境界。

第二节　标准化工作

一、标准化文件夹

工作前先整理数据存放的文件夹是很有必要的,这样能够更方便地寻找需要的数据,也方便应用宏命令进行批量化工作,文件夹标准化是快速修改宏命令来形成新宏命令的基层要求。

下面我们来对存放数据的文件夹进行标准化建立、命名、整理。

(1) 项目一级文件夹

项目 openpit 文件夹下设置 01_initial data、02_LOM 等两个一级文件夹,详见图 1-1 标准化工作文件夹:

① 01_initial data 存放所有收集到的原始数据,不对数据进行修改。

② 02_LOM 为全寿命周期工作文件夹,包含境界优化、终了境界设计、全服务期排产等工作中需要的数据和形成的数据。需要使用的数据先从 initial data 文件夹拷贝过来,防止修改、损坏后无法恢复。

(2) 项目二级文件夹

一级文件夹 01_initial data 下分别设置以下几种二级文件夹,详见图 1-1 标准化工作文件夹:

① 01_initial data\01model 存放地质技术人员提供的资源模型。

② 01_initial data\02topography 存放测量技术人员提供的地表地形图。

③ 01_initial data\03oresolids 存放地质技术人员提供的矿化域文件、矿体文件。

一级文件夹 02_LOM 下分别设置以下几种二级文件夹,详见图 1-1 标准化工作文件夹:

① 02_LOM\01General data 存放工作中需要的基本数据和通用数据。

② 02_LOM\02Model 存放工作中需要或形成的各种模型文件。

③ 02_LOM\03Whittle 存放工作中形成的境界优化的各种文件。

④ 02_LOM\04Pit design 存放工作中形成的各种境界设计的文件。

⑤ 02_LOM\05LOM Scheduled 存放工作中全服务期排产计划的文件。

(3) 项目三级文件夹

二级文件夹 01General data 下分别设置以下几种三级文件夹,详见图 1-1 标准化工作文件夹:

① 01topo 存放各种地表地形文件。

② 02ore domain 存放各种矿体实体(域)文件。

③ 02slope angle zone 存放边坡角参数的文件。

二级文件夹 02Model 下分别设置以下几种三级文件夹,详见图 1-1 标准化工作文件夹:

① 01model_res 存放各期的资源模型.mdl 文件。

② 02model_rev 存放各期的储量模型.mdl 文件。

③ 03model_whl 存放各期境界优化使用的.mdl 文件。

④ 04model_pit 存放各期境界设计使用的.mdl 文件。

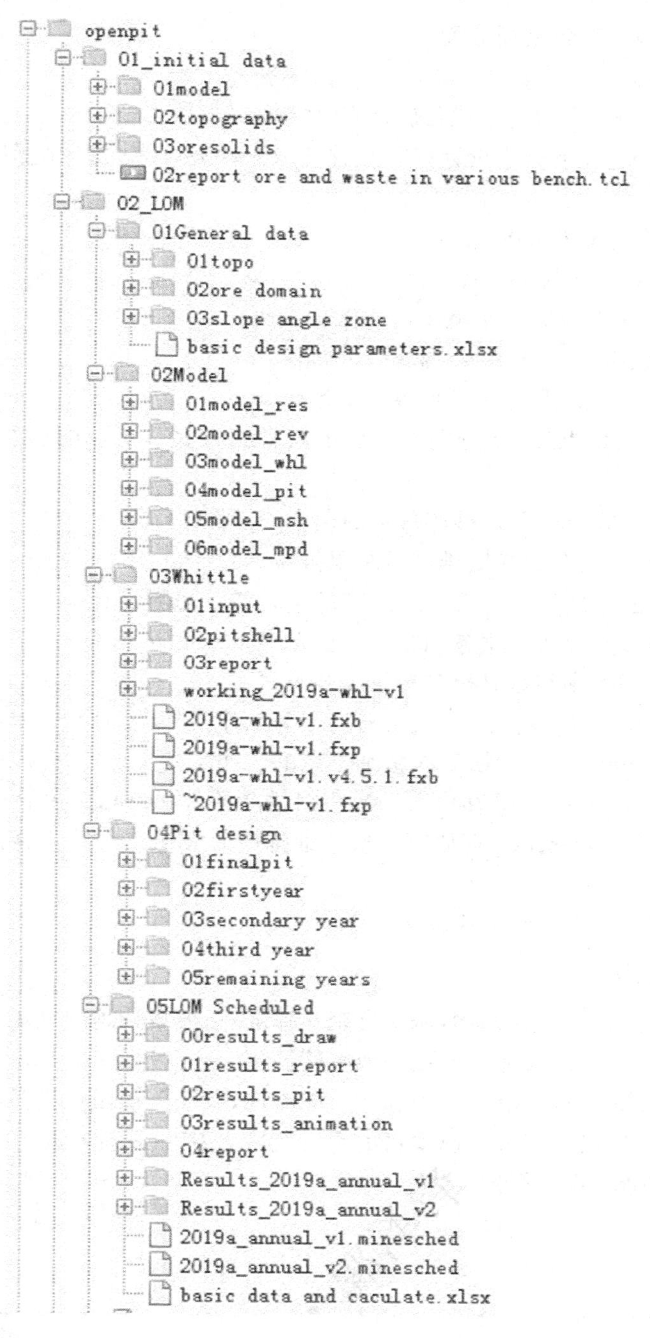

图 1-1　标准化工作文件夹

⑤ 05model_msh 存放各期排产设计使用的.mdl 文件。

⑥ 06model_mpd 存放各期生产设计(月计划、爆堆设计等)使用的.mdl 文件。

二级文件夹 03Whittle 下分别设置以下几种三级文件夹，详见图 1-1 标准化工作文件夹：

① 01input 存放从块模型导出的用于输入 Whittle 中使用的数据文件。

② 02pitshell 存放输出的各期境界壳。

③ 03report 存放境界优化报告。

④ working_2019a-whl-v1 为境界优化软件自动建立的文件夹。

二级文件夹 04Pit design 下分别设置以下几种三级文件夹,详见图 1-1 标准化工作文件夹:

① 01finalpit 存放终了境界数据。

② 02firstyear 存放第 1 年境界数据。

③ 03secongdary year 存放第 2 年境界(壳)数据。

④ 04third year 存放第 3 年境界(壳)数据。

⑤ 05remaining years 存放剩余年份境界(壳)数据。

二级文件夹 05LOM Sheduled 下分别设置以下几种三级文件夹,详见图 1-1 标准化工作文件夹:

① 00results_draw 存放全服务期排产每年的期末终了图。

② 01results_report 存放全服务期排产后结果报告。

③ 02results_pit 存放二次排产后第 1、2、3 年的期末终了境界设计。

④ 03results_animation 存放全服务期排产后的动画演示文件。

⑤ 04report 存放中间各期结果计算的验证报告文件。

⑥ Results_2019a_annual_v1 为第一次粗略排产的工作文件夹。

⑦ Results_2019a_annual_v2 为第二次精细排产的工作文件夹。

⑧ 2019a_annual_v1. minesched 存放第一次粗略排产的 MineSched 文件。

⑨ 2019a_annual_v2. minesched 存放第二次精细排产的 MineSched 文件。

(4) 项目四级文件夹

项目四级文件夹根据工作需要灵活设置。

二、模型、术语、模型属性标准化命名

模型、术语、模型属性、缩略词的命名需要有统一标准,以便更好地开展工作。建议地质人员建模时采用标准命名,以便其他人员更好地解读模型。

不管地质人员是否统一命名模型、术语、属性、缩略词,我们采矿设计人员都必须在这方面统一,这对我们本次工作以及将来其他项目的设计提高效率和质量有着重要的意义。现将笔者整理归纳的标准命名规则提供给学习者。

(1) 缩写词(表 1-1)

表 1-1 缩写词定义

序号	缩写	定义	描述
一、缩写词列表(List of Acronyms)			
1	COG	cut-off grade	截止品位
2	CRF	capital recovery factor	资本回收率
3	FOS	factor of safety	安全系数
4	IEM	investment evaluation model	投资评估模型

表 1-1(续)

序号	缩写	定义	描述
5	IRR	internal rate of return	内部收益率
6	MCP	mine closure plan	矿山闭坑计划
7	MRF	mine rehabilitation fund	矿山修复基金
8	OPEX	operational expenditure	营运开支
9	PEP	project execution plan	项目执行计划
10	RC	reverse circulation	反循环
11	ROM	run of mine	原矿
12	SCM	supply chain management	供应链管理
13	TSF	tailings storage facility	尾矿库
二、术语缩写(Terminology Abbreviation)			
1	res	resource	资源
2	rev	reverse	储量
3	mid	mining design	采矿设计
4	msh	mineschedule	排产计划
5	whl	whittle	境界优化
6	mpd	mining production	采矿生产
7	gc	grade control	品位控制
8	id	inverse distance	反距离
9	nn	nearest neighbour	最近距离

(2) 模型标准化命名(表 1-2)

表 1-2　模型标准化命名

序号	名称(时间＋项目＋用途＋版本)	描述
1	2019A_res_v1	2019 年 A 矿资源模型 v1 版
2	2019A_rev_v1	2019 年 A 矿储量模型 v1 版
3	2019A_whl_v1	2019 年 A 矿境界优化使用的模型 v1 版
4	2019A_min_v1	2019 年 A 矿采矿设计模型 v1 版,用于境界设计
5	2019A_msc_v1	2019 年 A 矿采矿排产使用模型 v1 版
6	2019A_mpd_v1	2019 年 A 矿采矿生产模型(品位控制)v1 版,用于短期计划及爆堆设计

(3) 属性标准化命名

我们应该增加属性的描述,让别人更容易理解属性代表的意义。切记,想要应用属性计算,则属性值、被赋值、判断的属性名称位数不能超过 6 位,包含“_”和空格。模型属性标准化命名见表 1-3。

表 1-3 模型属性标准化命名

序号	属性	类型	缺省值	描述
一、坐标属性				
1	ljk	Float		default block identifier
2	xc	Float		X centroid
3	yc	Float		Y centroid
4	zc	Float		Z centroid
5	xinc	Float		X increment—block size
6	yinc	Float		Y increment—block size
7	zinc	Float		Z increment—block size
8	nx	Float		X count blocks
9	ny	Float		Y count blocks
10	nz	Float		Z count blocks
11	xorig	Float		X origin
12	yorig	Float		Y origin
13	zorig	Float		Z origin
二、元素属性				
1	cog 1	Float		cutoff grade @ reserve gold price
2	cog 2	Float		cutoff grade @ resource gold price
3	au_98	Float		kriged Au—98% capping
4	au_id_98	Float		inverse distance interpolated Au—98% capping
5	au_nn_98	Float		nearest neighbour Au—98% capping
6	ag	Float		kriged Ag
7	ag_ok	Float		OK value for silver
8	ag_id	Float		ID value for silver
9	ag_nn	Float		NN value for silver
10	cu	Float		kriged Cu
11	cu_ok	Float		OK value for copper
12	cu_id	Float		ID value for copper capped
13	cu_nn	Float		NN value for copper
14	fe	Float		kriged iron
15	fe_ok	Float		OK value for iron
16	fe_id	Float		ID value for iron
17	fe_nn	Float		NN value for iron
18	pb	Float		kriged Pb
19	pb_ok	Float		OK value for lead capped
20	pb_id	Float		ID value for lead capped
21	pb_nn	Float		NN value for lead capped

表 1-3(续)

序号	属性	类型	缺省值	描述
22	s	Float		kriged S
23	s_ok	Float		OK value for sulphur
24	s_id	Float		inverse distance interpolated S
25	s_nn	Float		nearest neighbour S
26	zn	Float		kriged Zn
27	zn_ok	Float		OK value for zinc capped
28	zn_id	Float		ID value for zinc capped
29	zn_nn	Float		NN value for zinc capped
30	mn	Float		kriged Mn manganese
31	mn_ok	Float		OK value for Mn
32	mn_id	Float		inverse distance interpolated Mn
33	mn_nn	Float		nearest neighbour Mn
34	hg	Float		kriged Hg
35	hg_ok	Float		OK value for Hg
36	hg_id	Float		inverse distance interpolated Hg
37	hg_nn	Float		nearest neighbour Hg
38	as	Float		kriged As
39	as_ok	Float		OK value for As
40	as_id	Float		inverse distance interpolated As
41	as_nn	Float		nearest neighbour As
42	mag	Float		kriged MAG magnesium
43	mag_ok	Float		OK value for MAG
44	mag_id	Float		inverse distance interpolated MAG
45	mag_nn	Float		nearest neighbour MAG
三、体重				
1	sg\density			specific gravity/density(体重)
2	den_kr	Float		kriged Density
3	den_id	Float		inverse distance interpolated Density
4	den_nn	Float		nearest neighbour Density
5	bd	Float		bulk density
四、地质属性(域、范围、区间)				
1	deposit	Character		name of deposit
2	litho	Integer		lithology-including NAF and PAF generated by weathering
3	dest	Integer		destination (1——ORE, 2——WASTE, 3——MINERALISED WASTE)

表 1-3(续)

序号	属性	类型	缺省值	描述
4	rock	Character	ROCK	name of vein(脉名)
9	mat	Character		material 物料(air/wast/ore)
5	mined	Character	unmined	1——mined out 采空;2——unmined 未开采
6	min_d	Character	c_rock	Mineralized domain 矿化域[铜矿体、金矿体等/air/country rock(缩写 c_rock)]
7	wea_d	Character		Weathering domain 风化域(fres\oxid\tran)
8	ore_ty	Character		ore type 矿石类型(可以是数字,但请标注说明数字对应的矿石类型)
10	gra_in	Character		Grade interval 品位区间 hg(hightgrade,高品位)\mg(middlinggrade,中品位)\lg(lowgrade,低品位)\magn(margin,边缘)
四、估值属性				
1	zbrg	Float	0	local bearing of ore body
2	zdip	Float	0	local dip of ore body
3	hol_id	Character	UNDF	name of nearest drillhole
4	num_sa	Integer	0	number of samples used to estimate the block
5	ns	Integer	0	number of informing samples
6	nodh	Integer	0	number of drill hole
7	svol	Float	0	search volume used to estimate the block
8	kv	Float		variance kriging
9	ads	Float	0	average distance to samples(样品平均距离)
10	dns	Float	0	distance to nearest sample(样品最近距离)
11	cbs	Float	0	Conditional bais slope
12	ke	Float	0	krige efficency
13	kv	Float	0	krige variance
14	psn	Integer	0	1——First Pass;2——Second Pass Estimate
15	class	Character	0	resource categorization331/332/333
16	res_ca	Integer	6	1——measured, 2——indicated, 3——inferred, 4——Exploration target,5——mined,6——rock
五、调整系数				
1	pob	Float		proportion of ore block(矿体占矿块比例)
2	pitf	Float		pit factor(境界占块体比例)
3	relf	Float		reliability coefficient(可靠系数)
4	vaf	Float		volume adjustment factor(体积调整系数)
5	corf	Float		correction factor(修正系数)

表 1-3(续)

序号	属性	类型	缺省值	描述
六、露采参数				
1	osa	Float		overall slope angle(台阶边坡角)
2	wba	Float		work bench angle(台阶坡面角)
3	bw	Float		bench width(台阶宽)
4	bh	Float		bench hight(台阶高)
七、回收率				
1	dillu	Float		mining dillution
2	rec_mi	Float		mining recovery
3	rec_pr	Float		processing recovery
4	rec_me	Float		metallurgical recovery(冶金回收率)
八、成本价值				
1	cosmi	Float	0	mining cost unit
2	cospr	Float	0	processing cost unit
3	cosme	Float	0	metallurgical cost unit
4	refgr	Float	0	refining costs $USD/gram
5	roygr	Float	0	royalty and sales tax $USD/tr oz
6	aucsg	Float	0	cost of sales (refinig + royalty) $USD/gram
7	macf	Float	0	mining adjust cost factor
8	acf	Float	0	adjust cost factor
9	pacf	Float	0	processing adjust cost factor
10	aurevres	Float	0	gold revenue $USD/gram (based on resource gold price)
11	aurevrev	Float	0	gold revenue $USD/gram (based on reserve gold price)

三、不同用途模型的划分与标准化定义

我们工作中各个工作阶段需要使用满足各种要求的模型，模型用途可以分为资源估值、储量估值、露天境界优化、露天境界设计、采矿长期计划排产、采矿中短期计划排产等，根据工作需要使用不同属性赋值的模型。

(1) 资源模型：地质资源估值和报告数量只需要资源模型“××年××_res_v1.mdl”(××年××项目资源模型 v1 版)。

(2) 境界优化模型：经过采矿处理用于境界优化使用的境界优化模型“××年××_whl_v1.mdl”(××年××项目境界优化模型 v1 版)。

(3) 采矿设计模型：经过采矿处理用于境界设计使用的境界采矿模型“××年××_pit_v1.mdl”(××年××项目采矿设计模型 v1 版)。

(4) 储量模型：经过采矿评估经济可行后，添加经济属性后的储量模型“××年××_

rev_v1. mdl”（××年××项目采矿经济评估可行后的储量模型 v1 版）。

（5）排产模型：利用储量模型，经过采矿处理后，用于长期排产计划使用的排产模型“××年××_msh_v1. mdl”（××年××项目用于长期计划排产使用的排产模型 v1 版）。

（6）生产模型：利用储量模型，经过采矿处理后，用于中短期（1～3 年内、月计划、季度计划、单体设计、爆堆设计、矿房设计）排产计划使用的生产模型“××年××_mpd _v1. mdl”（××年××项目用于中短期计划排产使用的生产模型 v1 版）。

第二章　工作前数据验证及处理(资源模型)

第一节　当量属性值计算

一、计算当量属性值的目的

在一个矿体内并不是所有品位的矿化岩都能够作为矿来开采的,那么如何判断或划分矿石呢?

如果只是单纯地以一种金属元素的 cutoff(截止品位)来划分,并不能准确划分矿石。可能存在第二种金属元素满足矿石划分,但按第一种金属元素划分时就定义为废石了,同时存在第一种和第二种金属元素单独划分都达不到矿石的要求,然而两种金属元素的价值之和却满足作为矿石的要求。

例如:Cu(铜)截止品位大于等于 1%时为矿,Co(钴)截止品位大于等于 0.1%时为矿,如果以主元素 Cu 划分矿石,铜钴矿种会出现当 Cu 截止品位小于 1%、Co 截止品位大于等于 0.1%时,该类资源就被划分到废石,这样是不合理的。

所以需要当量金属来统一计算矿石的价值,按照当量金属的品位来划分矿石。

二、当量计算公式及注意事项

(1) 当量计算公式

多金属矿山一般采用当量指标确定入选品位。本矿山铜钴矿石主元素为铜,伴生元素为钴,两者冶炼成本差异较大,当量系数可采用盈利法计算。

$$K_{bi}=(P_{bi}\times Y_{bi}\times \varepsilon_{bi})/(P_z\times Y_z\times \varepsilon_z)$$

式中　K_{bi}——伴生元素转化为主元素的当量系数。

P_{bi}——伴生元素市场金属价格。

Y_{bi}——伴生元素冶炼返还率。

ε_{bi}——伴生元素选矿回收率。

P_z——主元素市场金属价格。

Y_z——主元素冶炼返还率。

ε_z——主元素选矿回收率。

或

$$K_{bi}=(P_i\times \varepsilon_i)/(P_a\times \varepsilon_a)$$

式中　K_{bi}——伴生元素转化为主元素的当量系数。

P_i——伴生元素扣除计价系数、冶炼费用、运费补贴、杂质扣除等真正算到矿山产品含量金属的价格(自己冶炼的成本已经计入,不需扣除的要剔除)。

ε_i——伴生元素选矿回收率。

P_a——主元素扣除计价系数、冶炼费用、运费补贴、杂质扣除等真正算到矿山产品含量金属的价格(自己冶炼的成本已经计入,不需扣除的要剔除)。

ε_a——主元素选矿回收率。

(2) 当量金属系数计算注意事项

说明：本节只是露天全服务期排产的一个例子，只提供当量计算思路，以下参数(表2-1、表 2-2)并不是实际参数，选冶回收率及产量应征询矿山选冶技术人员，以实际生产参数为准；金属价格应征询财务和销售人员，以实际销售参数为准。

当量金属应以冶炼厂返还净值(NSR)计算。

我们按照此思路计算矿石中每种元素的 NSR 总和，然后据此进行当量计算。

当量金属系数计算实际上是通过回收率和金属价值计算矿石伴生元素的回收价值、主元素的回收价值，通过伴生元素回收价值除以主元素的回收价值得出伴生元素的当量金属比例，有以下注意要点：

① 每种矿石中主元素和伴生元素的比例系数是不一样的，必须分别计算。

② 每种矿石通过选冶回收后可能有很多种该元素的产品，必须加权平均计算该元素的回收率和金属价格，得出该元素在该矿石中的回收价值。

三、各种矿石当量系数计算

(1) 浮选厂铜矿石当量系数计算

由于浮选厂只处理铜矿石(不含钴，或钴含量很低，没有回收价值)，所以浮选厂铜矿石的当量铜金属等同于铜金属。

各种精矿计价元素回收价值计算如下：

① 硫化铜精矿回收价值=(6 100.0－1 075.0－333.3)×20%×96.5%/81.0%=1 117.9 美元/t(铜)。

② 氧化铜(火法粗铜)回收价值=(6 100.0－1 000－200)×40%×95%/81.0%=2 298.8 美元/t(铜)。

③ 氧化铜(火法冰铜)回收价值=(6 100.0－1 000－200)×5%×97%/81.0%=290.4 美元/t(铜)。

④ 含铜泥(去湿法)回收价值=(6 100.0－980－200)×9%/81.0%=533.3 美元/t(铜)。

⑤ 低品位氧化铜(去湿法)回收价值=(6 100.0－980－200)×7.2%/81.0%=426.7 美元/t(铜)。

⑥ 磁选铜精矿(去湿法)回收价值=(6 100.0－980－200)×2.7%/81.0%=160.0 美元/t(铜)。

⑦ 铜矿石中总铜的加权平均回收价值合计为 4 827.0 美元/t(铜)。

(2) (原矿)湿法厂处理当量系数计算

湿法厂处理铜钴矿石，产出阴极铜和氢氧化钴两种产品，需根据这两种产品价值和回收率计算当量系数。

各种精矿计价元素回收价值计算公式与过程如下：

① 铜钴矿石中阴极铜回收价值=(6 100－1 100－200)×90%/90%=4 800.0 美元/t。

② 铜钴矿石中氢氧化钴回收价值=(51 000－15 192－200)×75%/75%=35 608.0 美元/t。

③ 铜钴矿石中当量铜系数为 35 608.0×75%/(4 800.0×90%)=6.18。

表 2-1　浮选厂铜矿石回收参数和金属价格

序号	项目名称	最终产品	产率	选矿回收率	冶炼回收率(湿法、火法)	金属计价系数(金属返还系数)	矿山矿石有价值总回收率	金属价格/(美元/t)	冶炼费用/(美元/t)	折算金属运费/(美元/t)	金属净返还价格/(美元/t)	矿石含量铜价值/(美元/t)
1	Cu精矿	硫化铜精矿(60%)	1.04%	20.00%	—	96.5%	19.3%	6 100.0	1 075	333.3	4 691.7	1 117.9
2	氧化铜	火法粗铜	4.43%	40.00%	—	95%	38.0%	6 100.0	1 000	200.0	4 900.0	2 298.8
3		火法冰铜	0.56%	5.00%	—	97%	4.8%	6 100.0	1 000	200.0	4 900.0	290.4
4	含铜泥(去湿法)	阴极铜	11.14%	10.00%	90%		9.0%	6 100.0	1 100	200	4 800.0	533.3
5	低品位氧化铜(去湿法)	阴极铜	7.48%	8.00%	90%		7.2%	6 100.0	1 100	200	4 800.0	426.7
6	磁选铜精矿(去湿法)	阴极铜	4.90%	3.00%	90%		2.7%	6 100.0	1 100	200	4 800.0	160.0
7	尾矿		70.19%	14.00%								
8	原矿		99.74%	100.00%			81.0%					4 827.0

表 2-2　(原矿)湿法厂回收参数和金属价格

序号	项目名称		最终产品	产率	矿山矿石有价值总回收率	金属价格/(美元/t)	冶炼成本/(美元/t)	折算金属运费/(美元/t)	金属净返还价格/(美元/t)	矿石含量铜价值/(美元/t)	当量铜系数
1	产品	Cu	阴极铜		90%	6 100	1 100	200	4 800.0	4 800.0	
2		Co	氢氧化钴		75%	51 000	15 192	200	35 608.0	35 608.0	6.18
3	尾矿	含铜损失			10%						
4		含钴损失			25%						
5	原矿	含铜百分量		—	100%						
6		含钴百分量			100%						

第二节 前期资料收集及验证

俗话说得好,磨刀不误砍柴工,前期检查工作很重要,特别是检查矿体实体、地表地形图、块体实体的正确及合法性(能被模型使用)。

一、地表地形图检查

(1) 设定工作文件夹

鼠标左键点击需要工作的文件夹 01_topo,右键弹出菜单,选择 Set as work directory ,完成工作文件夹设定。

(2) 打开文件

打开 01_initial data\02topography 中的地表现状图 topo. dtm。

(3) 验证 DTM(实体)的有效性

点击菜单栏中 Surfaces → Validation → Validate as DTM 验证 DTM 有效性,弹出图 2-1 所示实体与三级网有效性验证界面,点击 Apply 进行 DTM 有效性验证,命令行显示“验证成功命令”提示,说明验证成功(图 2-2),为有效的 DTM 。

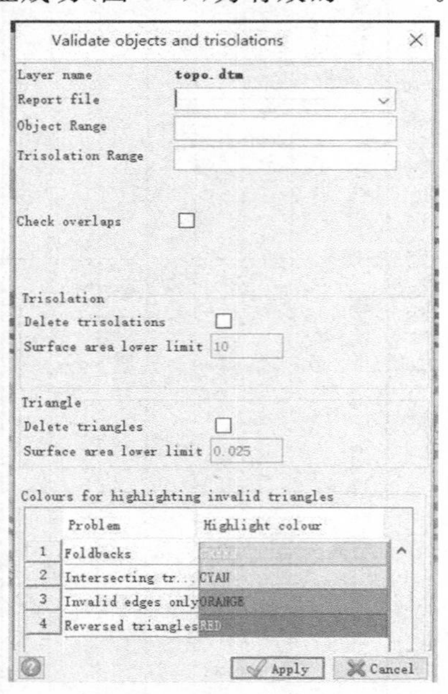

图 2-1 实体与三级网有效性验证界面

Validating Object 1, Trisolation 1:
Trisolation is open.
Trisolation successfully validated
VALIDATE AS DTM

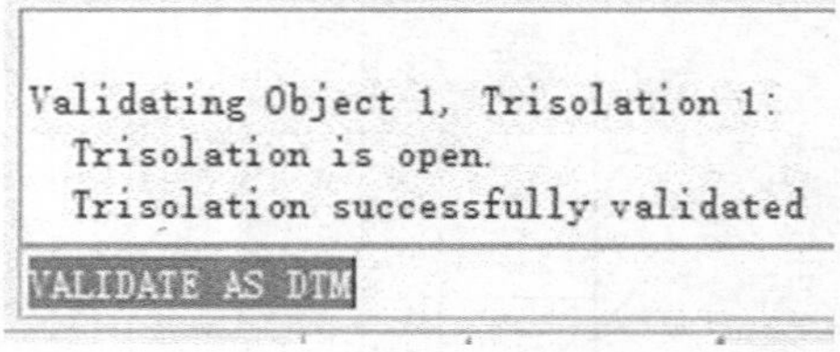

图 2-2 “验证成功命令”提示

(4) 改变 DTM 体号

一般体号都是 1 号,颜色是金黄色,为了便于区分后续默认的体号,建议地表地形体号设置为 9 号,对应颜色为粉色。

点击菜单栏中 Surfaces 菜单,弹出子菜单,点击 Object renumber 进行面文件体号修改,点击面文件,弹出重命名实体编号界面,修改如图 2-3 所示,体号填 9,点击 Apply 完成修改,修改后的

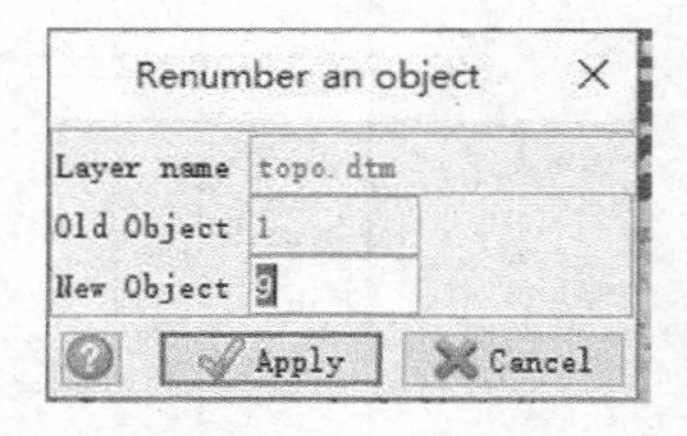

图 2-3 重命名实体编号界面

实体结果如图 2-4 所示。

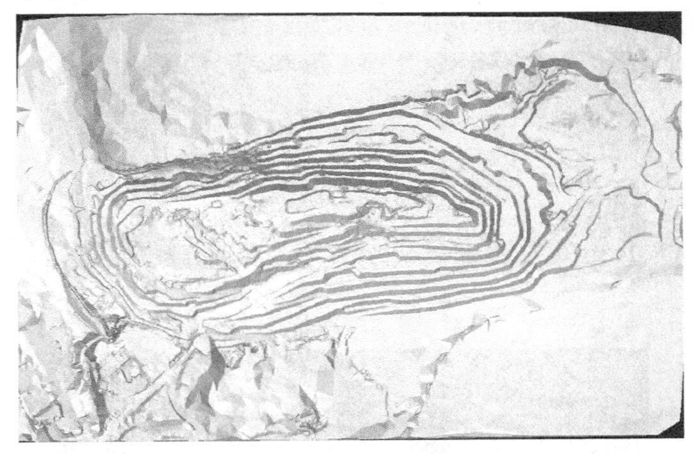

图 2-4　修改后的实体

(5) 另存为工作文件

点击顶部菜单栏文件菜单 File ，弹出 Save as ，点击 Save as ，弹出保存界面，如图 2-5 所示，保存为 topo. dtm(str)。

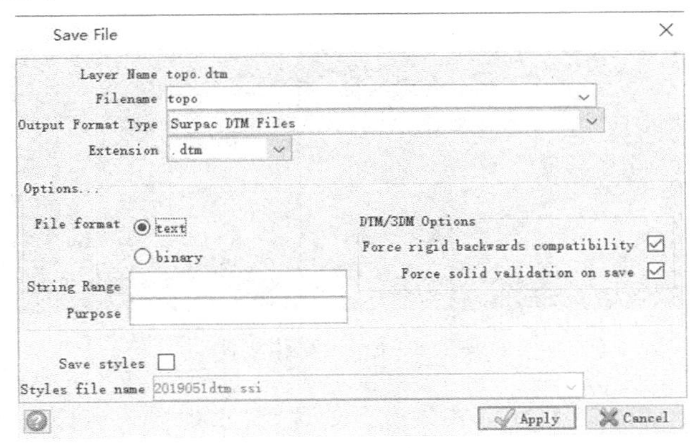

图 2-5　文件保存界面

二、矿体实体检查

(1) 设定工作文件夹

设定 02_LOM\02ore domain 为工作文件夹，工作文件夹设定见上文。

(2) 打开文件

打开 01_initial data\03oresolids 中的矿体实体文件 cu. dtm 和 cuco. dtm。

(3) 观察矿体是否重合交叉

地质人员估值的矿体实际上是某种元素的矿化域，与采矿设计中的矿体是不同的概念。采矿要求的矿体是唯一的，不能重合交叉，但地质估值的矿化域是可以重合交叉的。我们需要观察作为采矿设计应用的矿体实体是否重合交叉，如果出现重合交叉现象，需进行拆分处理。

由图 2-6 Cu 矿体实体、图 2-7 Co 矿体实体、图 2-8 CoCu 矿体实体可以看出，CuCo 矿体与 Cu 矿体有交叉和重合的地方,这是不允许的。不同矿体不能交叉和重合,应符合矿体的唯一性要求,以免重复计算和赋值,造成误差。

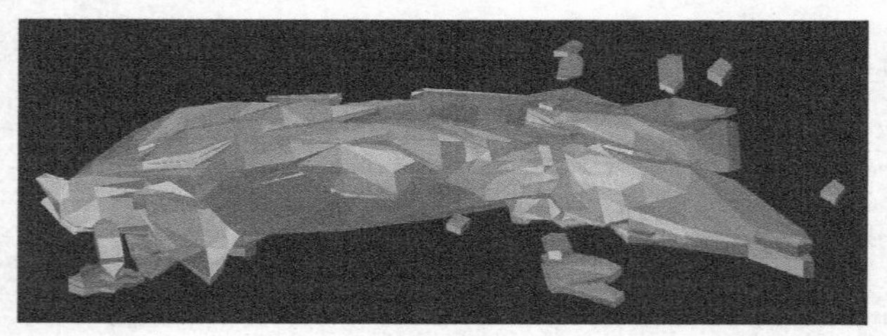

图 2-6　Cu 矿体实体

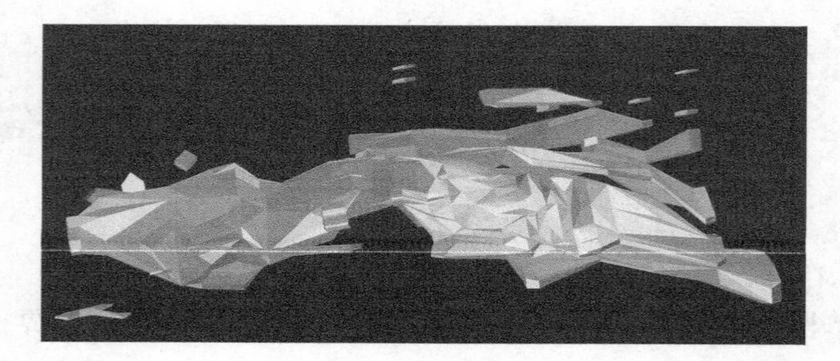

图 2-7　Co 矿体实体

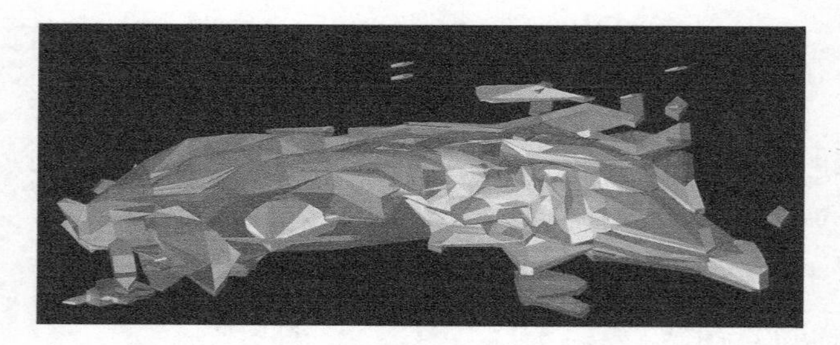

图 2-8　CoCu 矿体实体

与地质人员协商,请对方对矿体实体进行处理,要求地质人员提供不交叉的 cu.dtm 与 cuco.dtm 实体文件。图 2-9 所示为修改后的 CoCu 实体。

图 2-9　修改后的 CoCu 实体

修改后的 CoCu 实体说明如下:

① 蓝色(这里只是讲解,在系统操作中会显示颜色,下同)矿体为 Co 矿体。

② 金色矿体为 Cu 矿体。

③ 两个矿体在空间位置上不相交、不重叠。

(4) 验证 DTM 的有效性

打开 cu.dtm,点击顶部菜单栏 Solids → Validation → Validate object/trisolation (也可以直接选工具栏中的)实体有效性验证工具,弹出实体与三角网有效性验证界面(如图 2-10 所示),单击 Apply ,进行实体验证,弹出实体验证报告,如图 2-11 所示。

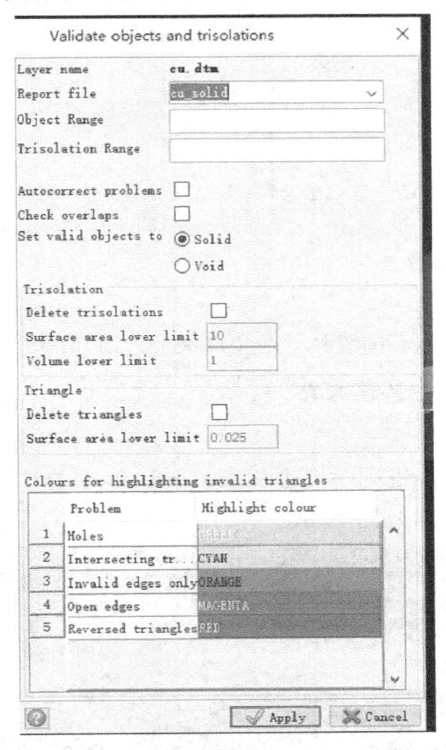

图 2-10　实体与三角网有效性验证

GEOVIA　　　　Nov 27, 2019

Solid validation report

Layer:cu.dtm

Object	Trisolation	Valid	Open/closed	Connected	Duplicate (removed)	Invalid Edges	Intersecting	Reversed
2	1	Valid	Closed	Connected	0	0	0	0
2	2	Valid	Closed	Connected	0	0	0	0
				Totals	0	0	0	0

Solid validation report　　　　1/1

图 2-11　实体验证报告

之所以要填写报告名"cu_solid",是因为如果没有报告名,软件进行实体验证后不会保存实体报告,只会在命令提示框显示验证结果,填写"cu_solid"是为了说明验证的实体是 cu_solid,便于用户区分不同实体,而实体的错误有很多种情况,看报告才能发现问题。利用同样方法可完成其他矿体的有效性验证。

(5) 实体修复

如果实体验证为无效,可以使用菜单栏中 Solids → Validation → Auto solid repair 自动修复功能进行修复,弹出如图 2-12 所示的自动实体修复页面。选择需要修复的实体(同体号、不同三角网的体为不同的体),单击 Select ,图 2-13 显示我们已经选择体 2 三角网 1 的体,选择 Make a closed solid ☑ 形成闭合实体和 Split connected trisolations □劈分三角网等两种方法自动修复,单击 Apply 完成修复。

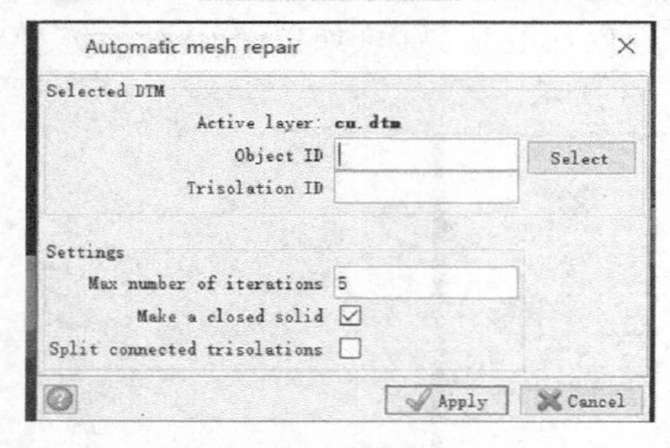

图 2-12　自动实体修复

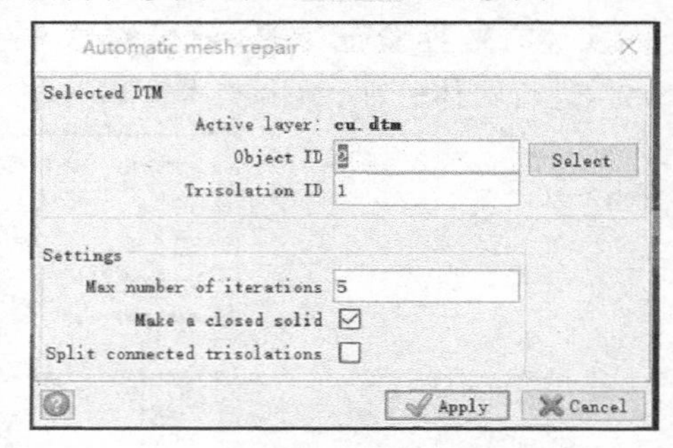

图 2-13　选择需修复的实体修复

分别保存 cu.dtm 和 cuco.dtm 于工作文件夹 02_LOM\02ore domain。

三、合并两矿化域为一个实体文件

(1) 打开文件

左手按住 Ctrl 键,鼠标左键同时点击 02ore domain 中的矿体实体文件 cu.dtm 和 cuco.dtm,拖动到图形区,结果如图 2-14 所示。

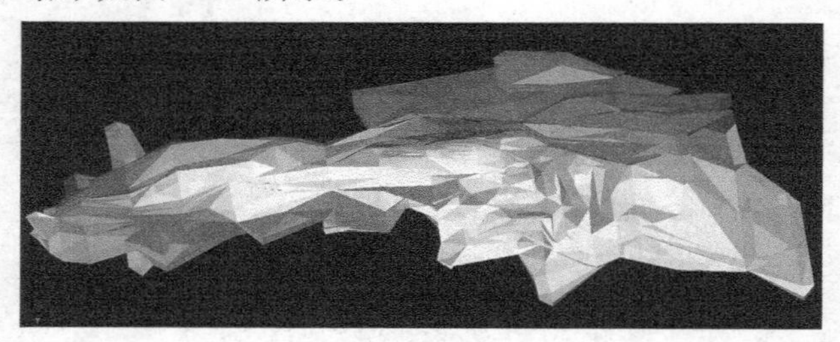

图 2-14　显示选中图形

图层显示 *main graphics layer ,只有一个主图层。

(2) 保存文件

单击顶部工具栏,弹出文件保存界面,如图 2-15 所示。

Save File
Layer Name main graphics layer
Filename total ore
Output Format Type Surpac DTM Files
Extension .dtm
Options...
File format ◉ text ○ binary
DTM/3DM Options
Force rigid backwards compatibility ☑
Force solid validation on save ☑
String Range
Purpose
Save styles □
Styles file name SSI_STYLES:styles.ssi
Apply　Cancel

图 2-15　文件保存界面

单击 Apply 完成 DTM 保存。

第三节　块模型检查及修改

另存为工作模型是为了在工作中出现错误操作时,保证有原始模型可以恢复。

一、另存块模型

(1) 设置工作文件夹

同前文一样设置工作文件夹为 02_LOM\02model\01model_res\v1。

(2) 打开块文件

双击左边导航窗口 2019a.mdl ,在底部工具栏显示 Dynamic 2019a ,说明已经打开块模型了,但屏幕上还没显示,需使用显示命令显示。

(3) 显示块模型

单击底部工具栏中的 Dynamic 2019a ,弹出模型快捷菜单,如图 2-16 所示,单击 Display ,显示块模型,如图 2-17 所示。

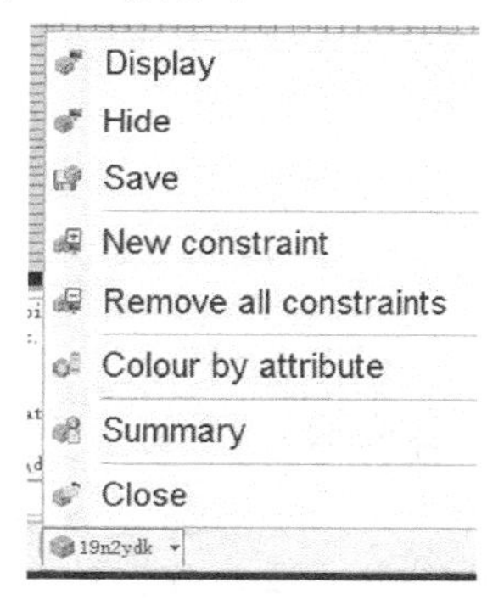

图 2-16　模型快捷菜单

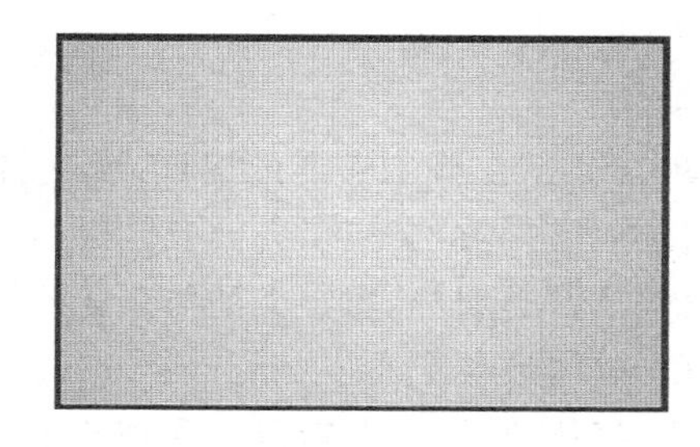

图 2-17　模型显示结果

(4) 另存块模型文件

单击顶部菜单栏 Block model ,弹出子菜单,选择 Block model 中的 Save as 命令,弹出另存文件界面。按照如图 2-18 所示填写,显示为 2019a_res_v1 ,显示工作块模型名称“2019a_res_v1”,说明保存成功。

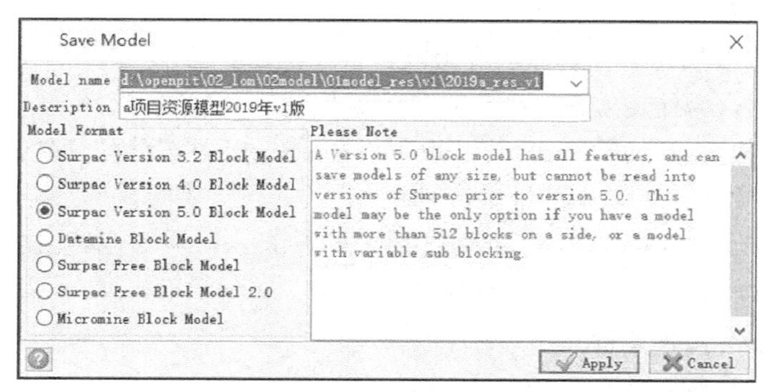

图 2-18　模型另存文件界面

模型保存说明如下：

① 表示 2019 年 a 项目块模型。

② res 表示为 resource 资源模型。

③ v1 为本年度第 1 版。

④ 保存文件夹为 d:\openpit\02_lom\02Model\01_model_res\v1。

⑤ 保存版本为 Surpac 5.0,高版本软件可以向下兼容。

二、删除采矿设计不需要的属性

单击顶部菜单栏 Block model ,弹出子菜单,选择 Attributes （属性）命令中的 Delete 命令,弹出删除属性界面,如图 2-19 所示填写。

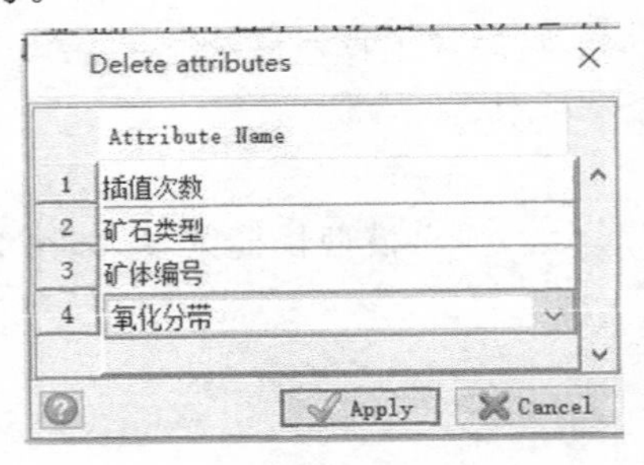

图 2-19　属性删除界面

删除采矿工作不需要的属性,属性名如下：

① 插值次数。

② 矿石类型(地质定义的与采矿设计定义的不同,所以不保留)。

③ 矿体编号。

④ 氧化分带(目前后段工序选冶工艺对氧化程度没要求,故本次不保留该属性,如果需要根据氧化程度划分矿石类型,则该属性需保留)。

只保留采矿设计需要的属性,属性名如下：

① 金属元素。

② 体重属性。

③ 资源分级属性。

三、修改属性名

为什么需要修改属性名呢？原因有两点：

① 统一属性名,为使用宏命令提供唯一的属性名。

② 中文改为英文或拼音,Surpac、Whittle、MineSched 是国外的软件,底层数据非中文,如果用中文,可能出现不可预知的错误。

单击顶部菜单栏 Block model ,弹出子菜单,选择 Attributes 中的 Edit / Rename 命令,弹出属性修改界面,按照如图 2-20 所示填写,单击 Apply 完成属性名修改。

四、重新给 pob 属性赋值

(1) 给 pob 属性赋百分比数据

单击菜单栏 Block model → Estimation → Partial Percentage 功能,弹出模型百分比估值界面,按照如图 2-21

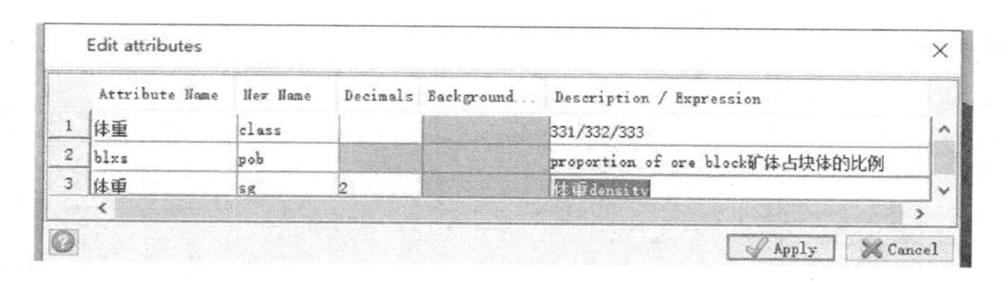

图 2-20　属性名修改界面

所示填写,单击 Apply 完成 pob 百分比赋值,利用矿体 3D 实体约束计算比例系数。

Block Model Partial Percentage Calculation
Constraint to apply　3DM
Attribute to calculate　pob
Precision　2
Intersecting solids may give an incorrect result
3DM file　eneral data/02ore domain/total ore
Id range
Inside ☑
Optional fields
Object range
Trisolation range
Save partial percent as file? ☐
Apply　Cancel

图 2-21　模型百分比估值界面

(2) 保存块模型

单击菜单栏 Block model → Block model → Save,弹出文件保存提示信息(图 2-22),单击 Yes 完成保存。

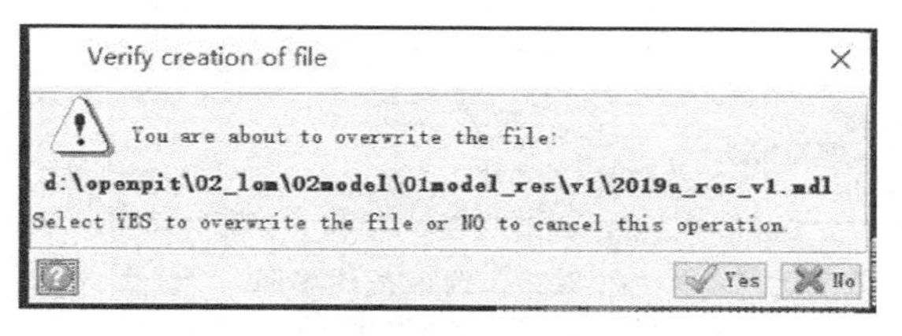

图 2-22　文件保存提示信息

五、新建矿化域 min_d 属性

(1) 增加矿化域属性 min_d

单击菜单栏 Block model → Attributes → New 新建属性,弹出新建属性界面,按照如图 2-23 所示填写,单击 Apply 建立矿化域属性"min_d"。

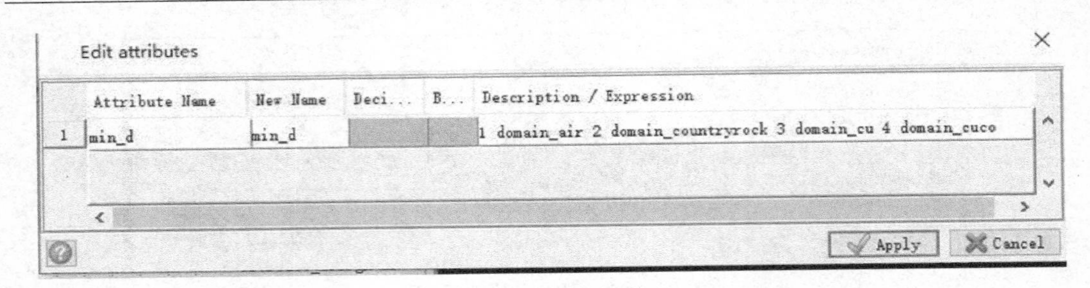

图 2-23 新建属性界面

(2) 给矿化域属性 domain_air 赋值

单击菜单栏 Block model → Estimation → Assign value 进行属性赋值,弹出赋值属性界面,按照如图图 2-24 所示填写,1 代表 air(空气)。点击 Apply ,弹出约束条件界面,按照如图 2-25 所示填写,约束条件为地表以上为空气。点击 Apply ,完成矿化域 domain_air 的赋值。

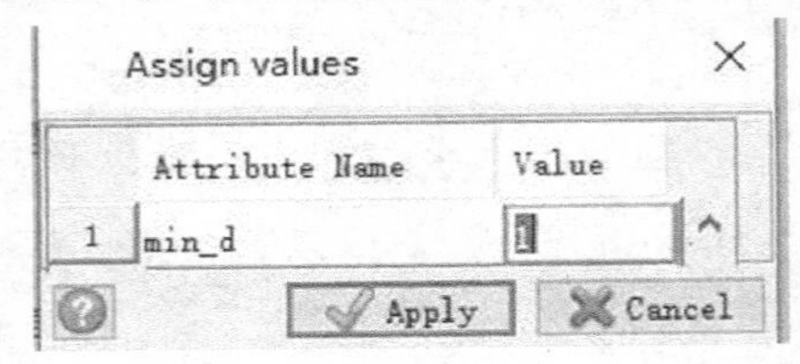

图 2-24 赋值属性界面

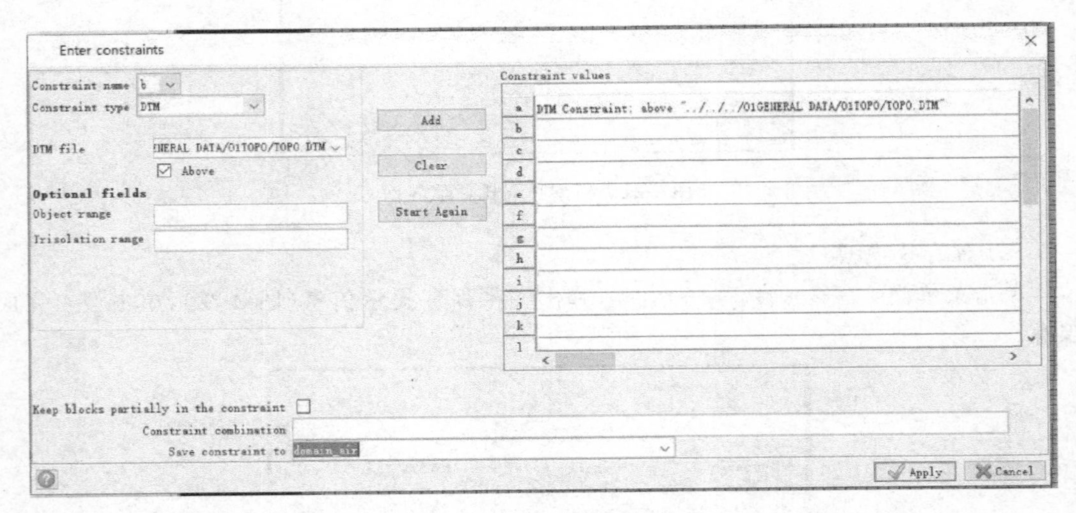

图 2-25 约束条件界面

(3) 给矿化域属性 domain_cu 赋值

单击菜单栏 Block model → Estimation → Assign value 进行属性赋值,弹出赋值属性界面,按照如图 2-26 所示填写,3 代表 domain_cu(铜矿化域)。点击 Apply ,弹出约束条件界面,按照如图 2-27 所示填写,约束条件为地表以下,在铜矿化域内。点击 Apply ,完成铜矿化域 domain_cu 的赋值。

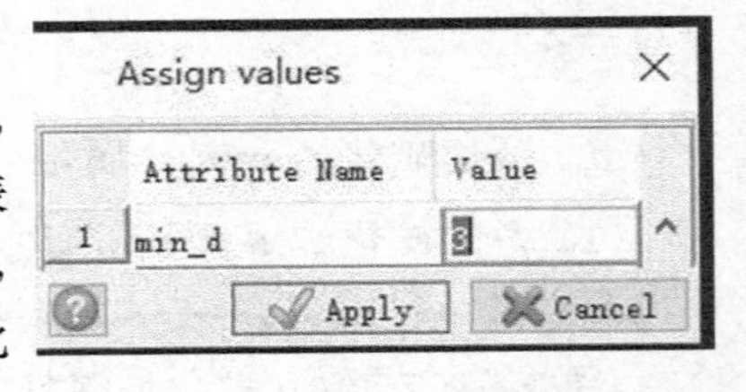

图 2-26 铜矿化域赋值属性界面

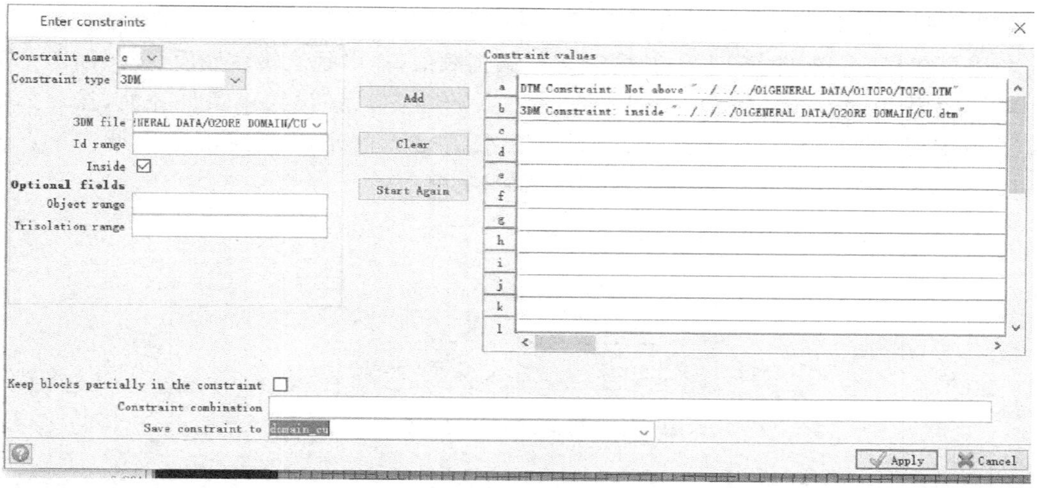

图 2-27　约束条件界面

（4）给矿化域属性 domain_cuco 赋值

单击菜单栏 Block model → Estimation → Assign value 进行属性赋值，弹出赋值属性界面，按照如图 2-28 所示填写，4 代表 domain_cuco。点击 Apply，弹出约束条件界面，按照如图 2-29 所示填写，约束条件为地表以下，且在铜钴矿化域内。点击 Apply，完成铜钴矿化域 domain_cuco 的赋值。

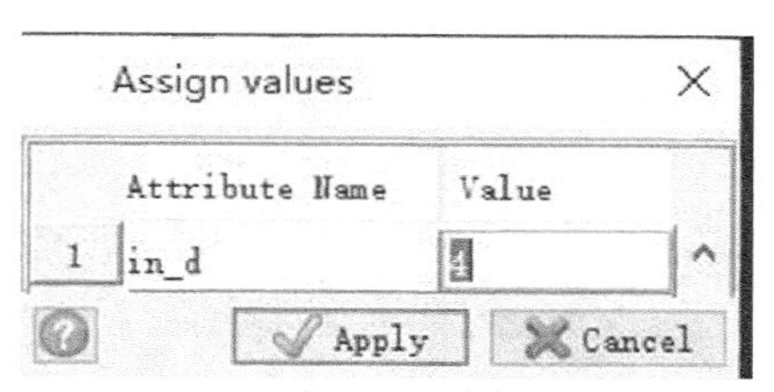

图 2-28　铜钴矿化域赋值属性界面

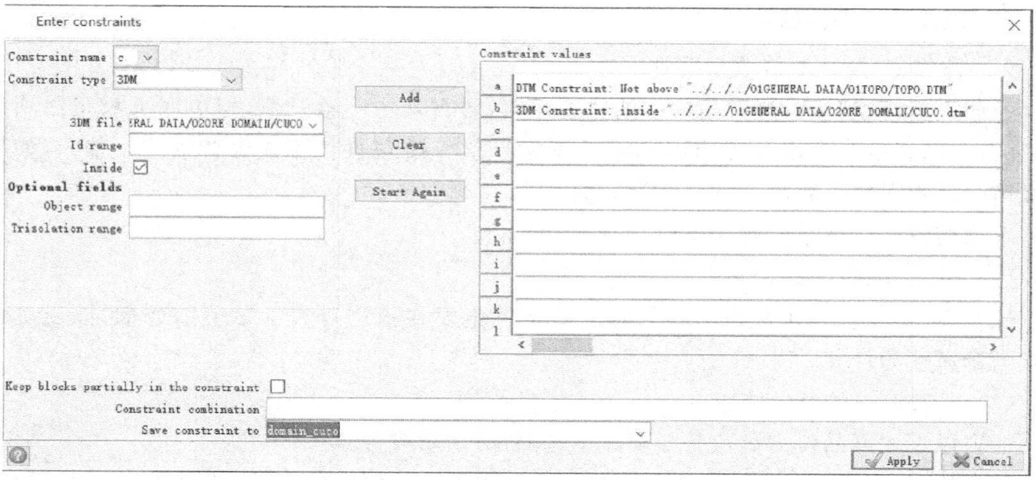

图 2-29　铜钴矿化域约束条件界面

(5) 给矿化域属性 domain_countryrock 赋值

单击菜单栏 Block model → Estimation → Assign value 进行属性赋值,弹出赋值属性界面,按照如图 2-30 所示填写,2 代表 domain_countryrock(围岩)。点击 Apply ,弹出约束条件界面,按照如图 2-31 所示填写,约束条件为地表以下,既不在铜矿化域内也不在铜钴矿化域内。点击 Apply ,完成矿化域 domain_countryrock(围岩域)的赋值。

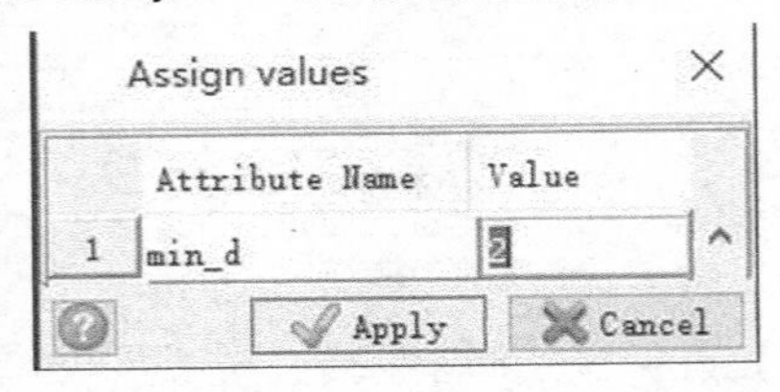

图 2-30　围岩域赋值属性界面

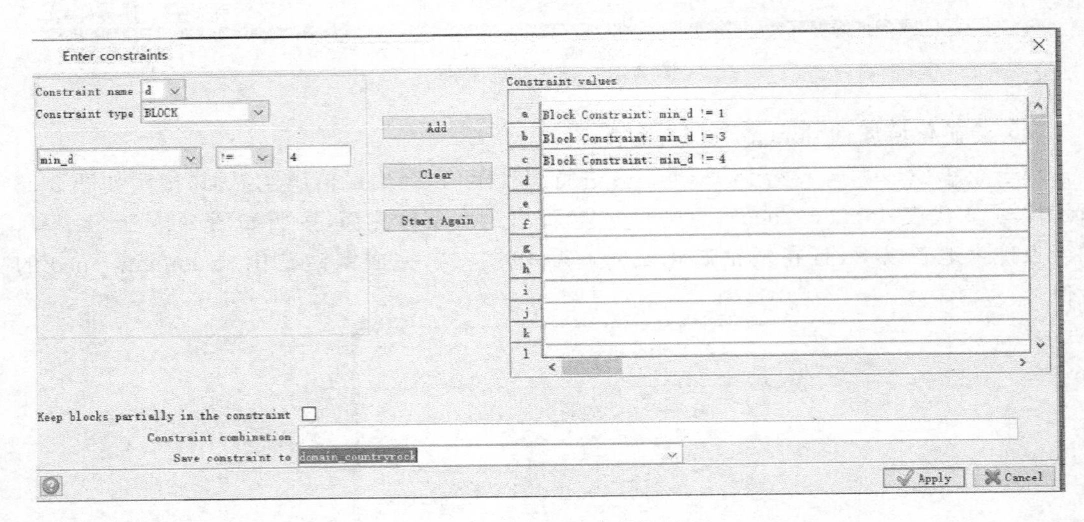

图 2-31　围岩域约束条件界面

六、sg、cu、co 的负值修正

(1) 体重 sg 属性值修改必要性

地质人员建模时,一般只给矿体的体重赋值,岩石基本不给赋值,但生产不只是用到矿石,废石和围岩也会动用,所以围岩体重也必须赋值。sg 属性值不能为背景值(−99),如果这样填会严重误导最终矿岩吨数统计数据。

本书假设围岩体重只有一个数值:2.40 t/m³。

(2) cu、co 的负值修正必要性

cu 元素和 co 元素地表以下小于零的数字一定要在给当量属性赋值前处理,以免负值影响当量属性的计算。

(3) sg、cu、co 的负值修正方法

地表以下元素品位为负数是与实际不符的,必须修改为 0。

单击顶部菜单栏 Block model → Attributes → Maths ,弹出属性估值界面,按照如图 2-32 所示填写,单击 Apply ,完成 sg、cu、co 负值数据修正。

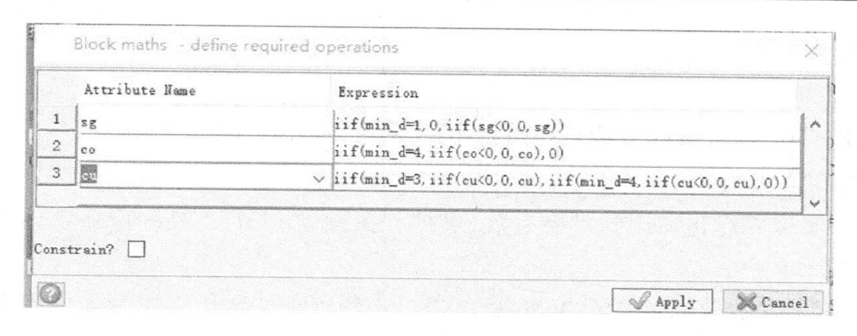

图 2-32 属性估值界面

(4) 保存模型

单击,保存块模型。

七、增加当量金属属性 dcu 及赋值

(1) 新建 dcu 属性

单击菜单栏 Block model → Attributes → New 新建属性,弹出新建属性界面,按照如图 2-33 所示填写,单击 Apply 建立矿石类型属性“dcu”并自动计算赋值。查询铜钴矿体、铜矿体内部块,发现 dcu 已经计算完成。根据当量系数计算,铜钴矿体钴的当量铜系数为 7.42,矿化域为 min_d=4;铜矿体钴的当量铜系数为 0,矿化域为 min_d=3。

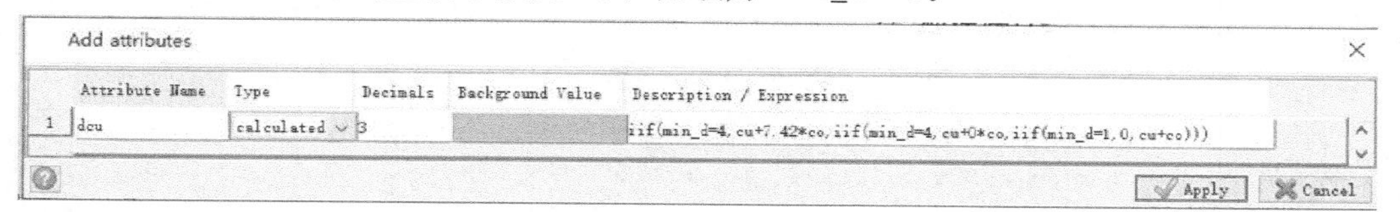

图 2-33 dcu 新建属性界面

(2) 检查结果

选取模型任意块,检查属性值,结果如图 2-34 所示。

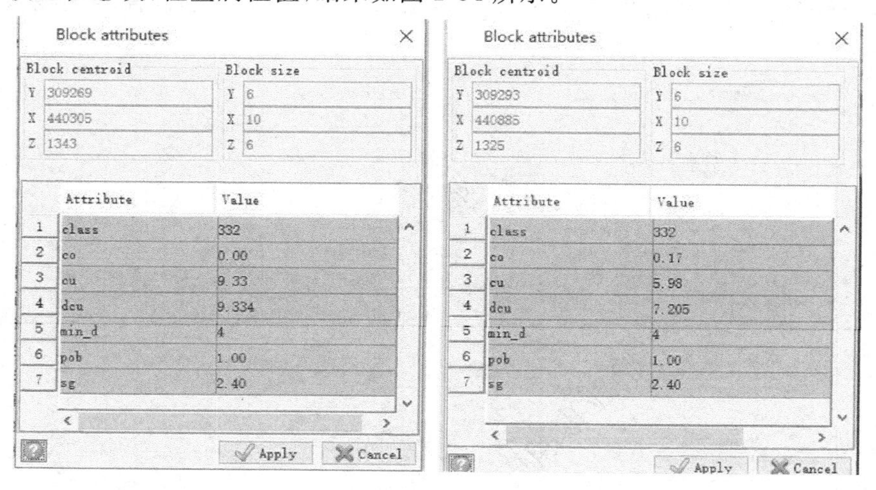

图 2-34 当量金属赋值模型块属性检查结果显示

(3) 保存块模型

单击 ,保存块模型。

八、增加可靠系数(资源量转化系数)relf 及赋值

(1) 资源可靠系数说明

采矿设计和境界优化需用到可靠系数,根据相关规范,331、332 的可靠系数取 1.0,333 的可靠系数取 0.5～0.8。

根据矿体赋存情况及成矿类型,本次设计 331、332 的可靠系数取 1.0,333 的可靠系数取 0.7。

(2) 建立资源可靠系数 relf 属性

单击菜单栏 Block model → Attributes → New 新建属性,弹出新建属性界面,按照如图 2-35 所示填写,单击 Apply,建立资源可靠系数 relf 的属性。

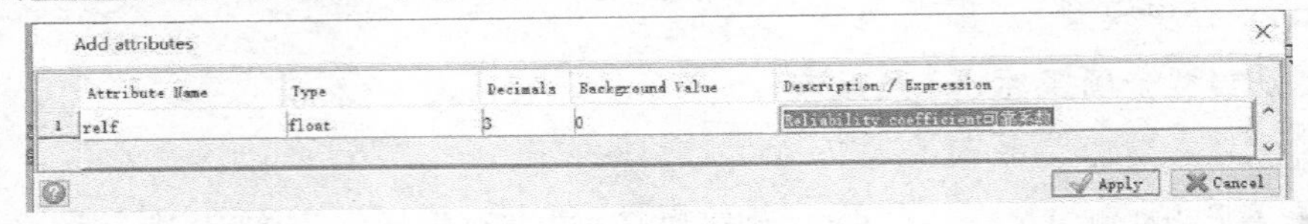

图 2-35　可靠系数新建属性界面

(3) 给可靠系数 relf 赋值

单击菜单栏 Block model → Attributes → Maths,弹出新建属性界面,按照如图 2-36 所示填写,单击 Apply 完成可靠系数赋值。

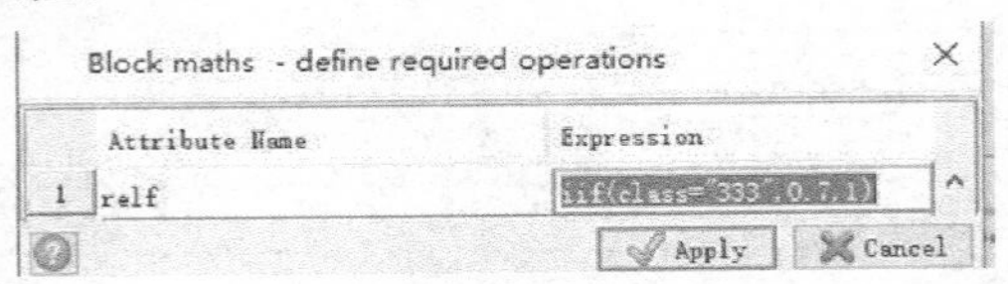

图 2-36　新建属性界面

(4) 验证结果

单击 块属性查询,分别选 332、333 资源级别的块(没有 331)进行查询,结果如图 2-37 所示。

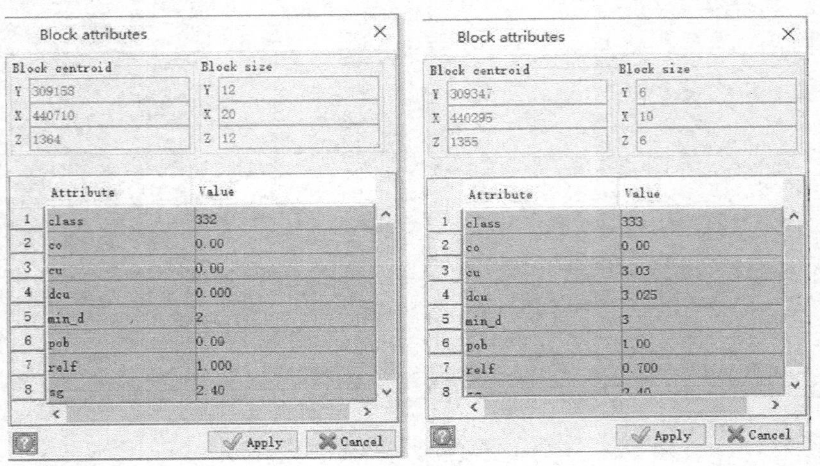

图 2-37　增加可靠系数后模型块属性检查结果显示

(5) 保存工作结果

单击 ，保存块模型。

九、增加体积调整系数 vaf(考虑 pob、relf)及赋值

(1) 体积调整系数

体积调整系数为最终的调整系数，需要考虑矿块系数、可靠系数(如果有资源修正系数也需要考虑)。

(2) 建立体积调整系数 vaf 属性

单击菜单栏 Block model → Attributes → New 新建属性，弹出新建属性界面，按照如图 2-38 所示填写，单击 Apply 建立体积调整系数 vaf 的属性。

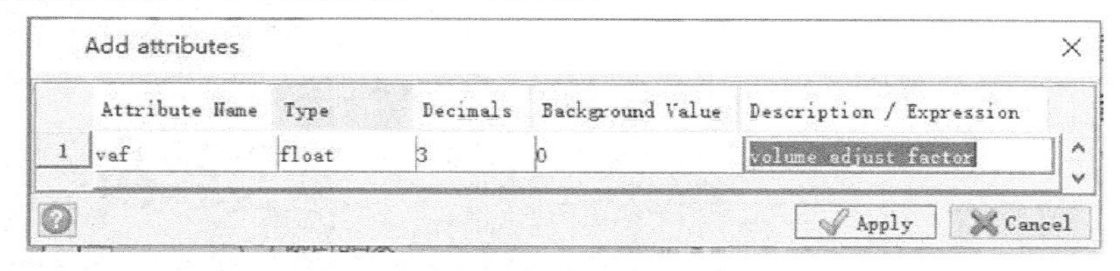

	Attribute Name	Type	Decimals	Background Value	Description / Expression
1	vaf	float	3	0	volume adjust factor

图 2-38　新建体积调整系数属性界面

(3) 赋值体积调整系数 vaf

单击菜单栏 Block model → Attributes → Maths 属性计算，弹出属性计算界面，按照如图 2-39 所示填写，单击 Apply 完成可靠体积调整系数赋值。

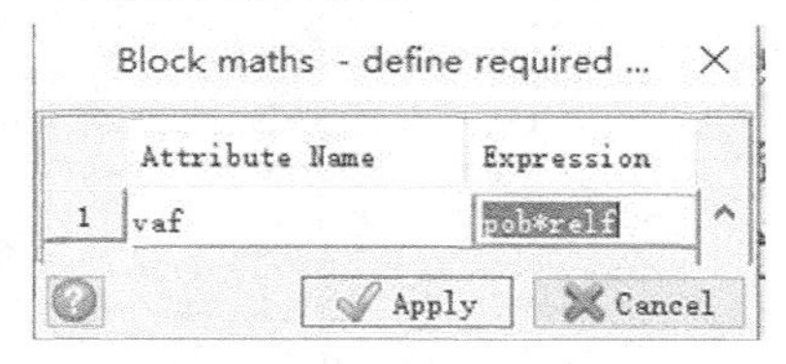

	Attribute Name	Expression
1	vaf	pob*relf

图 2-39　体积调整系数属性计算界面

(4) 验证结果

单击 块属性查询，分别选 332、333 资源级别的块(没有 331)进行查询，结果如图 2-40 所示，说明计算赋值成功。

	Attribute	Value
1	class	332
2	co	0.00
3	cu	0.00
4	dcu	0.000
5	min_d	2
6	pob	0.00
7	relf	1.000
8	sg	2.40
9	vaf	0.000

	Attribute	Value
1	class	333
2	co	0.00
3	cu	0.94
4	dcu	0.938
5	min_d	3
6	pob	1.00
7	relf	0.700
8	sg	2.40
9	vaf	0.700

图 2-40　调整系数 vaf 赋值成功块属性结果显示

(5) 保存工作结果

单击，保存块模型。

十、报告资源量

单击菜单栏Block model→Block model→Report，弹出块模型报告格式界面，按照如图 2-41 填写，单击Apply，弹出约束界面(图 2-42)，单击Apply进行计算。约束条件 a 为地表以下，b 为 dcu＞0，得出所有资源量，结果如图 2-43 所示。

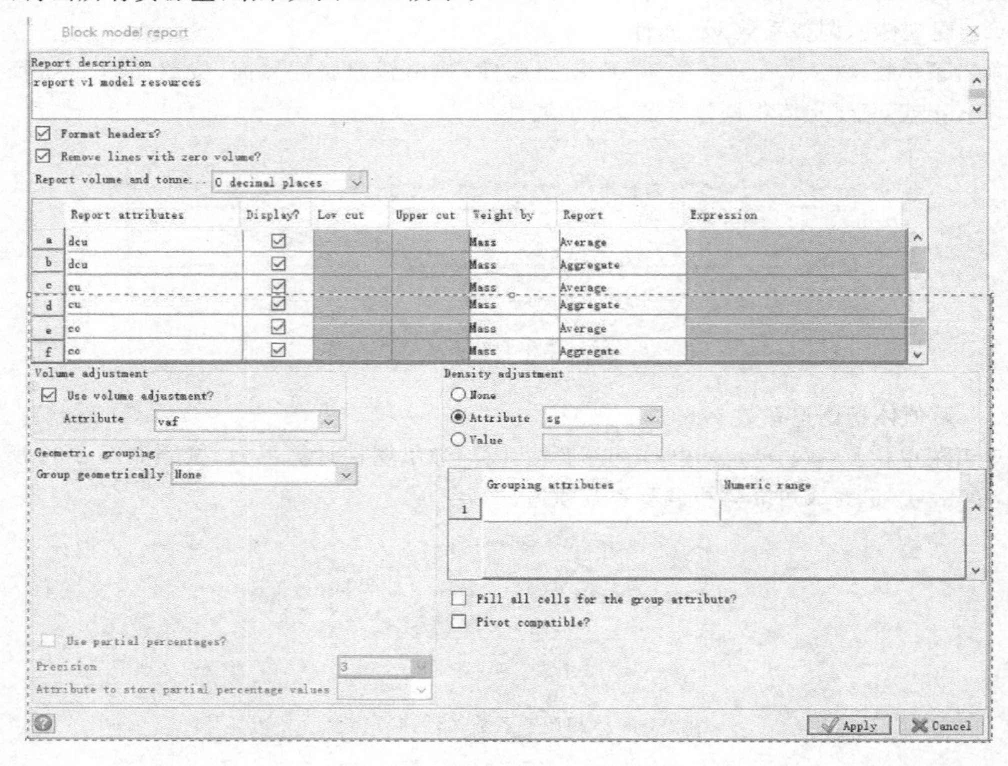

图 2-41 模型报告格式界面

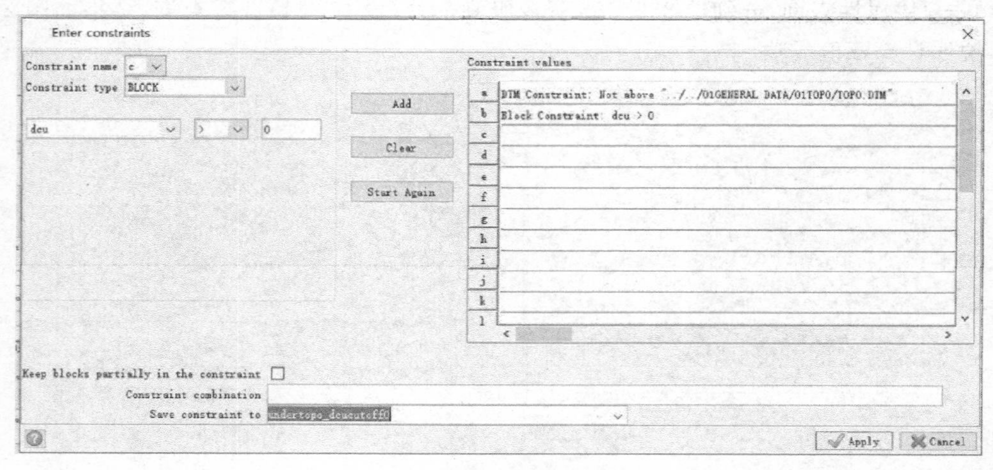

图 2-42 约束界面

	A	B	C	D	E	F	G	H
1	GEOVIA	2019						
2								
3	Block model report							
4	Block Model: 2019a_res_v1.mdl							
5	report v1 model resources							
6								
7	Constraints used							
8	Constraint File : undertopo_dcucutoff0							
9								
10								
11								
12								
13	Attribute used for volume adjustment : vaf							
14								
15								
16	Volume	Tonnes	Dcu	Dcu	Cu	Cu	Co	Co
17	27,788,368	66,692,082	3.944	263,029,453	3.35	223,434,787	0.08	5,336,208
18								
19								
20				1/1				

图 2-43　模型报告结果报表

十一、保存资源模型的 summary(摘要)

单击菜单栏 Block model → Block model → Summary，弹出模型报告格式界面，按照如图 2-44 所示填写。Save Summary? ☑ 需打"√"；输出报告名如下填写：Output Report File Name 2019a_res_v1.mdl 。单击 Apply 完成模型 summary 的保存，以便后期工作需要时使用。保存的 summary 文件打开结果如图 2-45 所示。

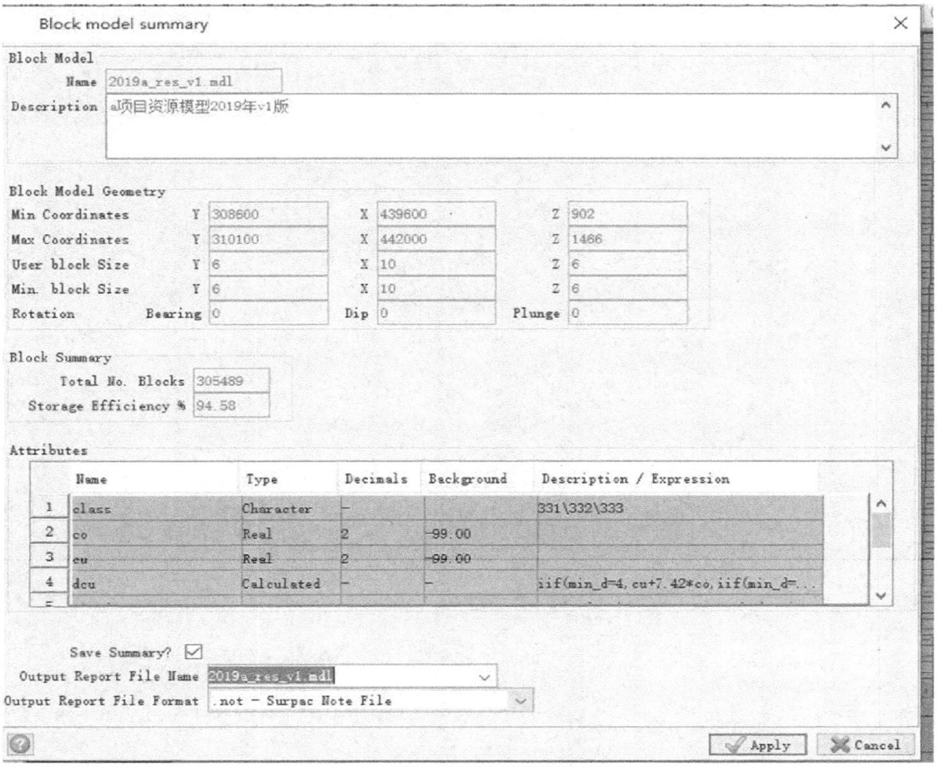

Block model summary

Block Model

Name: 2019a_res_v1.mdl

Description: a项目资源模型2019年v1版

Block Model Geometry

Min Coordinates	Y	308600	X	439600	Z	902
Max Coordinates	Y	310100	X	442000	Z	1466
User block Size	Y	6	X	10	Z	6
Min. block Size	Y	6	X	10	Z	6
Rotation	Bearing	0	Dip	0	Plunge	0

Block Summary

Total No. Blocks: 305489

Storage Efficiency %: 94.58

Attributes

	Name	Type	Decimals	Background	Description / Expression
1	class	Character	-		331\332\333
2	co	Real	2	-99.00	
3	cu	Real	2	-99.00	
4	dcu	Calculated	-	-	iif(min_d=4, cu+7.42*co, iif(min_d=...

Save Summary? ☑

Output Report File Name: 2019a_res_v1.mdl

Output Report File Format: .not - Surpac Note File

Apply　Cancel

图 2-44　模型报告格式界面

```
GEOVIA                                                                   Dec 09, 2019
Type                     Y        X        Z
------------------------------------------------
Minimum Coordinates   308600   439600   902
Maximum Coordinates   310100   442000   1466
User Block Size       6        10       6
Min. Block Size       6        10       6
Rotation              0.000    0.000    0.000

------------------------------
Total Blocks            305489
Storage Efficiency %    94.58
Attribute Name  Type        Decimals  Background  Description
---------------------------------------------------------------------------------------------------------
class           Character   -                     331\332\333
co              Real        2         -99
cu              Real        2         -99
dcu             Calculated  -         -           iif(min_d=4,cu+7.42*co,iif(min_d=4,cu+0*co,iif(min_d=1,0,cu+co)))
min_d           Integer     -         99          1 air_domain 2 countrycrock_domain 3 cu_domain 4 cuco_domain
pob             Float       2         0           比例系数
relf            Float       3         0           Reliability coefficient可靠系数
sg              Real        2         2.4         densiy
vaf             Float       3         0           volume adjust factor
                                 Block Model Summary                          Block model:2019a_res_v1
a项目资源模型2019年v1版

Block Model Summary                                                      1/1
```

图 2-45　保存的 summary 文件打开结果

第三章　境界优化(境界优化模型)

第一节　前期资料准备

一、地表地形图收集并验证

第二章第二节前期资料收集及验证的地表地形图检查中,已经完成所有工作,保证地表地形图能够完成覆盖最终境界的范围,这里就没必要再一次进行验证和检查了。

二、露采边坡角区域划分及取值

本书所述只是全服务期排产实战例子,不一定根据实际情况取边坡角,但为了方便说明,对边坡角参数进行简单设定(表 3-1),矿山设计人员应该根据岩土工程测定的实际边坡参数进行设定。

表 3-1　露采分区边坡角表

标高	方位角/(°)	允许最大边坡角/(°)
1 340 m 以上	0	40
	45	39
	135	42
	225	38
	315	45
1 340 m 以下	0	45
	45	46
	135	47
	225	45
	315	46

三、技术经济参数收集

(1) 金属价格及选冶回收率

铜矿石最终产品加权平均含量铜价格为 4 827.0 美元/t,加权回收率 81%(统一到矿山冶炼后能够回收的金属的总回收率)。

铜钴矿石最终产品含量铜价格为 4 800.0 美元/t,铜回收率 90%;氢氧化钴价格为 35 608.0 美元/t,钴回收率 75%。

计算过程详见第二章第一节。

(2) 项目总投资

实际上项目投资对最优境界的计算影响不大,投资只是对后期排产的净现值有影响,本次境界优化只是为了获取当前金属价格和成本条件下的最优境界壳,故本次境界优化不需进行净现值计算,不需要投资额度。

同时,投资也与生产规模有关,生产规模也需要根据选取的最优境界内的矿量来确定,目前最终境界未确定,可采储量未确定,无法选取合适的生产规模。

(3) 境界优化技术经济指标

矿山采用全汽车运输,矿石通过露天采场现有台阶以及采场外道路运往选厂破碎站,本次假设以 1 340 m 平台为出入沟(实际设计时应以现场实际标高为准)作为采矿采剥成本的计算基础,运距假设为 3 km。

说明:表 3-2 中一些参数可能与实际不太吻合,重点在于思路和计算方法,操作中应根据实际情况选取合适的参数数据。

表 3-2 境界优化技术经济参数

序号	指标	单位	数值	备注
1	金属价格			
1.1	Cu	美元/t	6 100	含税价
1.2	Co	美元/t	51 000	含税价
2	采矿参数			
2.1	采矿损失率	%	5	
2.2	采矿贫化率	%	5	
2.3	采剥成本	美元/t	7.27	以 1 340 m 标高为起点,平均运距 3 km
2.4	每台阶爬坡增加	美元/12 m	0.01	
2.5	每水平距离增加	美元/500 m	0.25	
3	铜矿石(浮选工艺)			
3.1	铜总回收率	%	81	
3.2	含量铜价格	美元/t	4 827	扣除运费、冶炼成本等,没扣除增值税和资源税
3.3	成本(选矿)	美元/t	24	
3.4	酸浸成本	美元/t	7.63	
4	铜钴矿石(湿法回收)			
4.1	铜回收率	%	90	
4.2	钴回收率	%	75	
4.3	最终产品含量铜价格	美元/t	4 800	扣除运费、冶炼成本等,没扣除增值税和资源税
4.4	最终产品氢氧化钴价格	美元/t	35 608	扣除运费、冶炼成本等,没扣除增值税和资源税
4.5	选矿成本	美元/t	6	
4.6	酸浸成本	美元/t	35.24	
5	其他税费			
5.1	管理费用及其他成本	美元/t	15	
5.2	矿石再处理费用(储矿堆)	美元/t	2	

表 3-2(续)

序号	指标	单位	数值	备注
5.3	增值税	%	17	按销售价计
5.4	资源税	%	2	按销售价计
6	投资	美元		
7	补充说明			最终产品金属价格中已扣除
7.1	粗铜冶炼	美元/t	1 000	
7.2	阴极铜电极	美元/t	1 100	
7.3	氢氧化钴	美元/t	15 192	

第二节　创建适用于 Whittle 使用的块模型

一、另存为 Whittle 使用的块模型

另存为 Whittle 使用的工作模型，是为了防止工作中错误操作，保证有原始模型可以恢复。

（1）设置工作文件夹

同前文一样设置工作文件夹为 openpit\02_LOM\02model\03model_whl\v1。

（2）打开块文件

双击左边导航窗口 2019a_res_v1.mdl，在底部工具栏显示 2019a_res_v1，说明已经打开块模型了，但屏幕上还没显示，需使用显示命令显示。

（3）显示块模型

单击底部工具栏中的 2019a_res_v1，弹出模型快捷菜单如图 3-1 所示，单击 Display，显示块模型图，如图 3-2 所示。

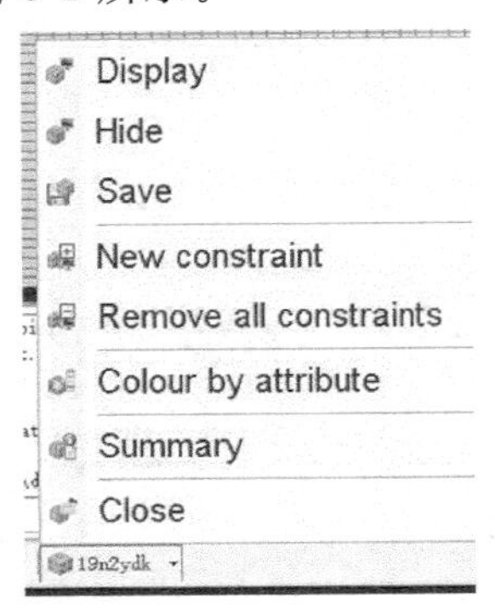

图 3-1　模型快捷菜单

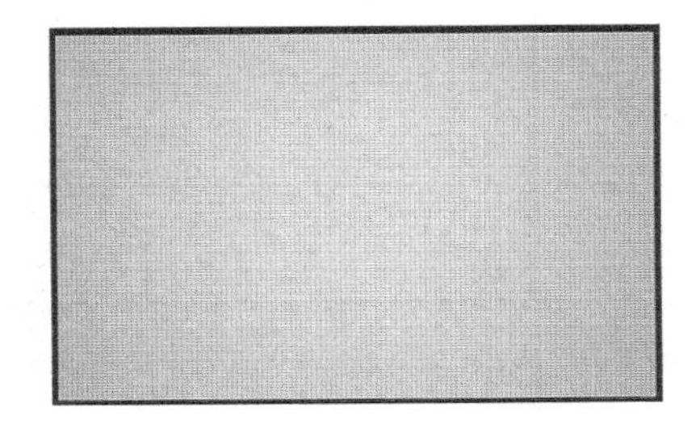

图 3-2　显示块模型

（4）另存块模型文件

单击顶部菜单栏 Block model，弹出子菜单，选择 Block model 中的 Save as 命令，弹出另存文件界面，按照如图 3-3 所示填写，显示工作块模型名称“2019a_whl_v1”。

模型文件保存说明如下：

① 表示 2019 年 a 项目块模型。

② whl 表示为境界优化 Whittle 使用的模型。

③ v1 为本年度第 1 版。

④ 保存文件夹为 d:\openpit\02_lom\02model\03model_whl\v1。

⑤ 保存版本为 Surpac 5.0,高版本软件可以向下兼容。

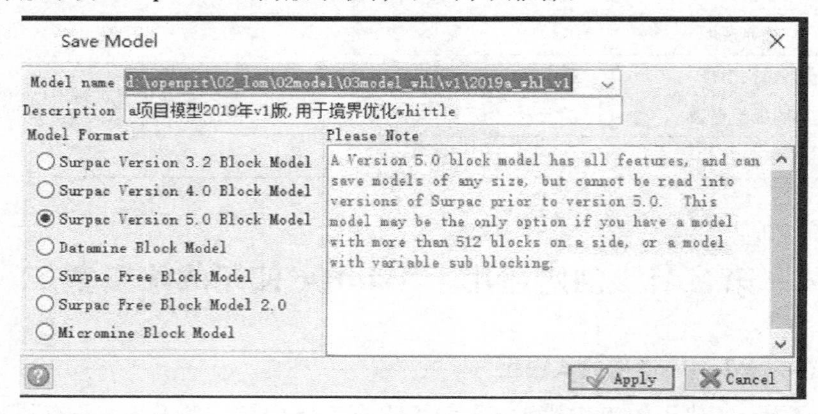

图 3-3 另存 Whittle 文件界面

二、属性验证处理

由于前述第二章第三节已经进行模型的修改及验证了,本次 Whittle 设计就不需重复进行了,只需要增加 Whittle 设计需要使用的物料属性 mat。

三、增加物料属性 mat

(1) 新建物料属性

单击菜单栏 Block model → Attributes → New 新建属性,弹出新建物料属性界面,按照如图 3-4 所示填写,单击 Apply 建立矿石类型属性“mat”,属性类型选字符“character”,背景值取“air”,描述中说明属性值有“air/ecu/eco/waste”4 类。

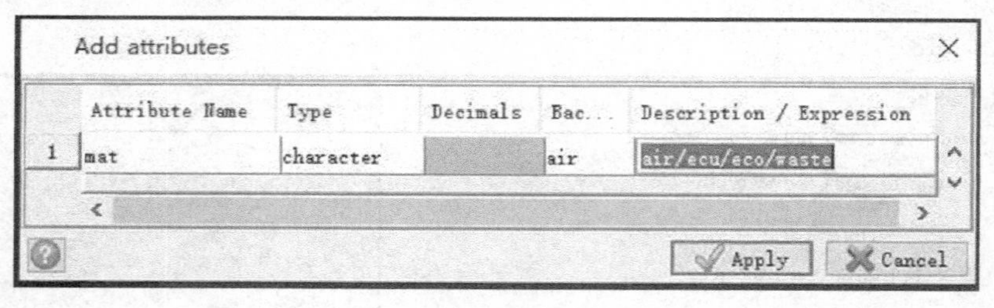

图 3-4 新建物料属性界面

(2) 给物料属性赋空气值

单击顶部菜单栏 Block model,弹出子菜单,选择 Estimation 中的 Assign value 命令,弹出属性赋值界面,按照如图 3-5 所示填写,mat 属性值为 air。单击 Apply,弹出赋值约束界面,按照如图 3-6 所示填写,约束条件 a 为地表以上所有块的物料属性,单击 Apply 完成赋值。

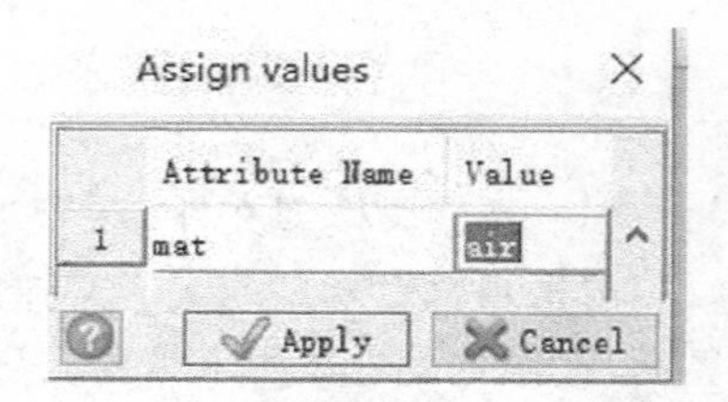

图 3-5 物料属性赋空气值界面

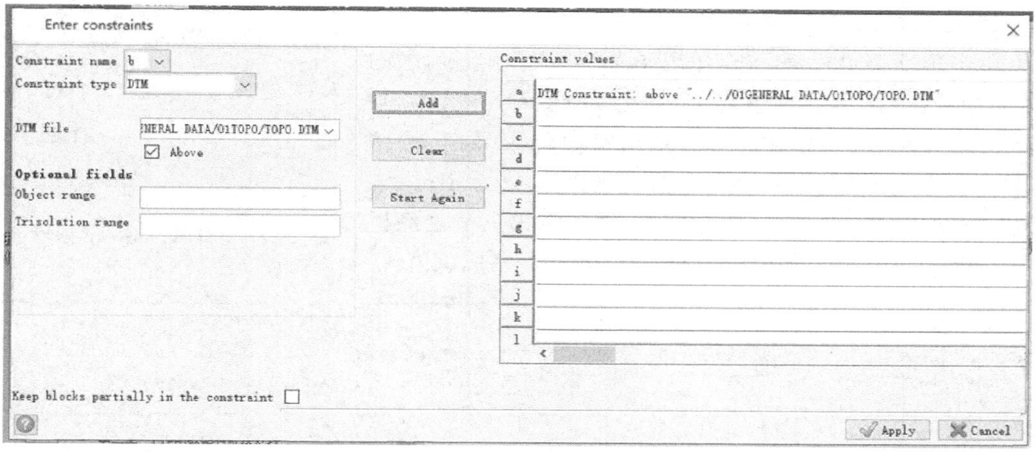

图 3-6　物料赋空气值约束界面

（3）给物料属性赋 eco 值

单击顶部菜单栏 Block model，弹出子菜单，选择 Estimation 中的 Assign value 命令，弹出属性估值界面，按照如图 3-7 所示填写，mat 属性值为 eco。单击 Apply，弹出赋值约束界面，按照如图 3-8 所示填写，约束条件 a 为地表以下，b 为 dcu>0，c 为 min_d=4(代表在铜钴矿化域内，第二章第三节已经讲述了)，保存约束文件名为 eco_ore，单击 Apply 完成赋值，保存块模型。

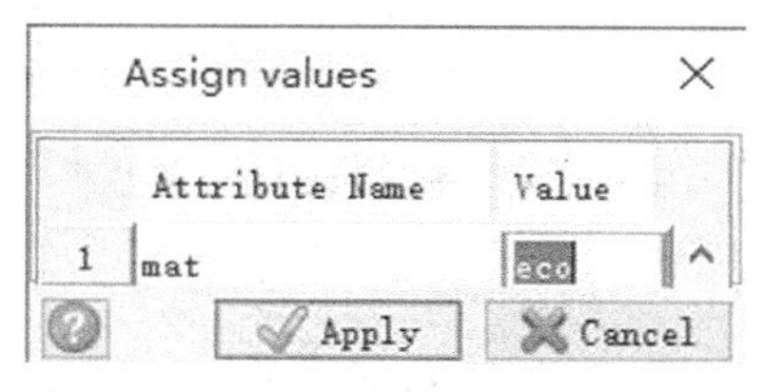

图 3-7　物料属性赋 eco 值界面

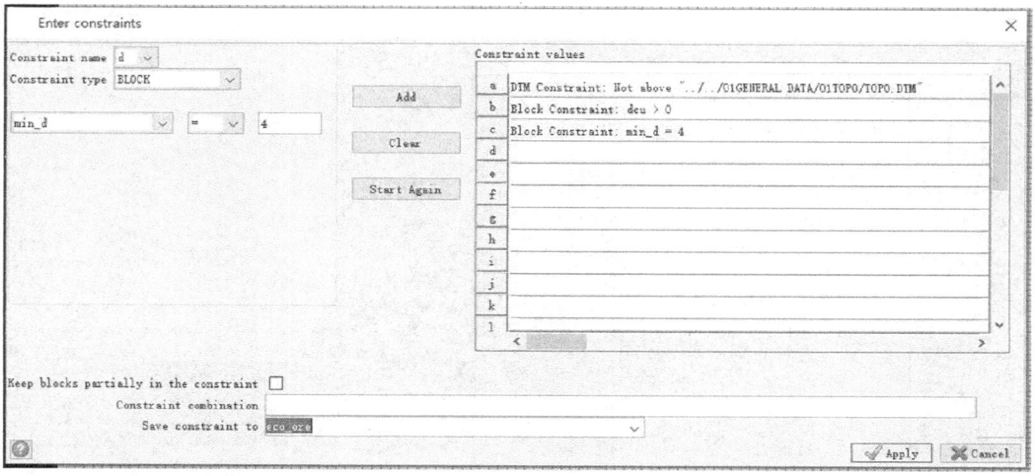

图 3-8　物料赋 eco 值约束界面

(4) 给物料属性赋 ecu 值

单击顶部菜单栏 Block model ,弹出子菜单,选择 Estimation 中的 Assign value 命令,弹出属性估值界面,按照如图 3-9 所示填写,mat 属性值为 ecu。单击 Apply ,弹出赋值约束界面,按照如图 3-10 所示填写,约束条件 a 为地表以下,b 为 dcu>0,c 为 min_d=3(代表在 Cu 矿化域内,第二章第三节已经讲述了),保存约束文件名为 ecu_ore,单击 Apply 完成赋值。

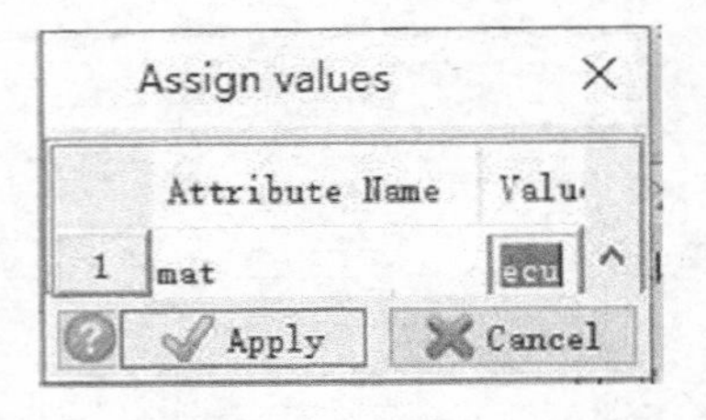

图 3-9 物料属性估 ecu 值界面

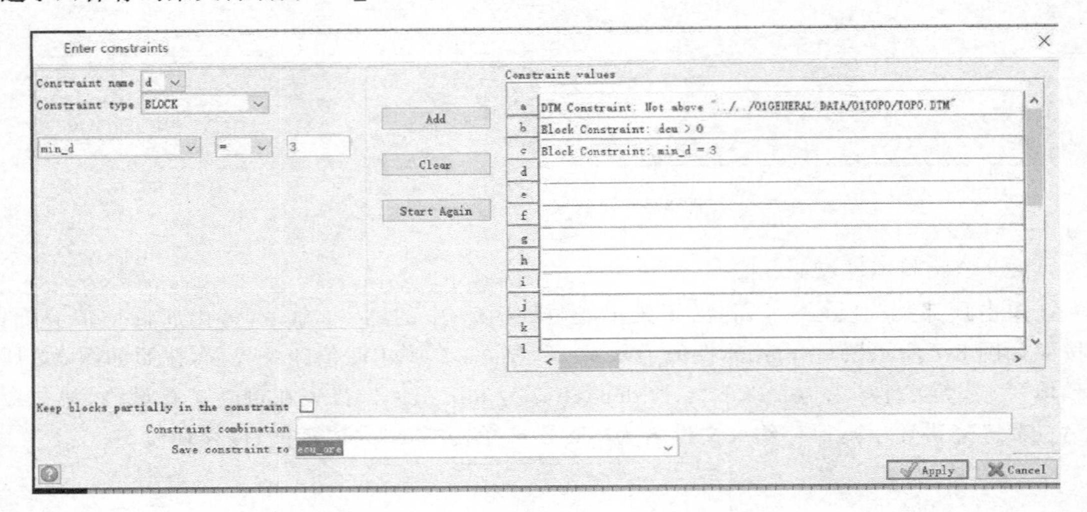

图 3-10 物料赋 ecu 值约束界面

(5) 物料属性赋废石值

因为物料属性背景值为 waste,所以物料属性 waste 值不需赋值,如图 3-11 所示 mat 属性颜色显示,根据 mat 属性显示颜色(剔除地表以上空气)外围▓是 waste,▦黄色为 ecu,▤青色为 eco。

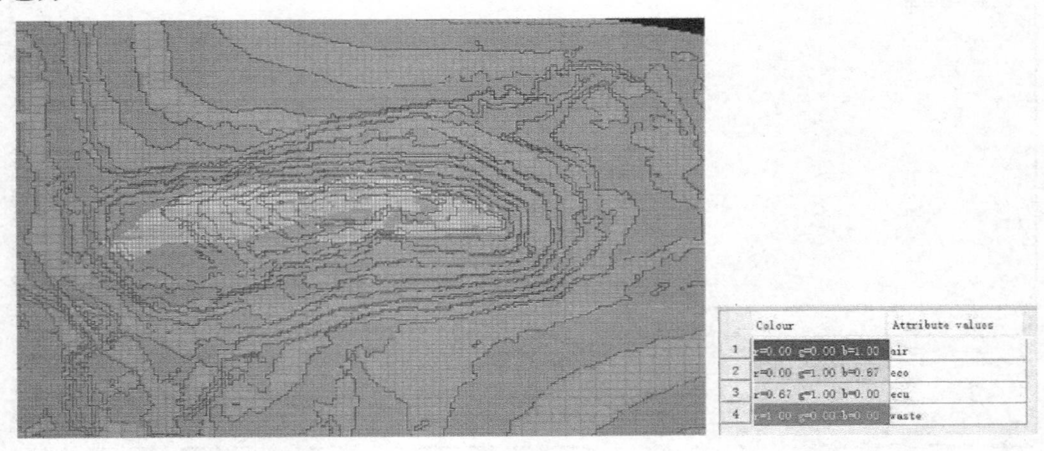

图 3-11 物料属性颜色显示

四、报告境界优化模型资源量(与资源模型对比)

单击菜单栏 Block model → Block model → Report，弹出模型文件命名格式界面(图 3-12)，单击 Apply 命令，弹出模型资源报告界面，按照如图 3-13 所示填写。单击 Apply 命令，弹出模型报告约束界面(图 3-14)，保存约束文件为 undertopo_dcucutoff0(表示地表以下，dcu cutoff>0 时的约束条件)，单击 Apply 进行计算，得出地表以下 dcu>0 的所有资源量报告报表，结果如图 3-15 所示。

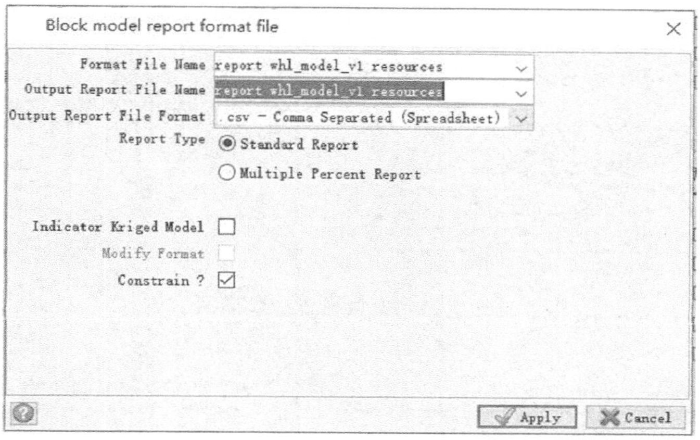

图 3-12　模型文件命名格式界面

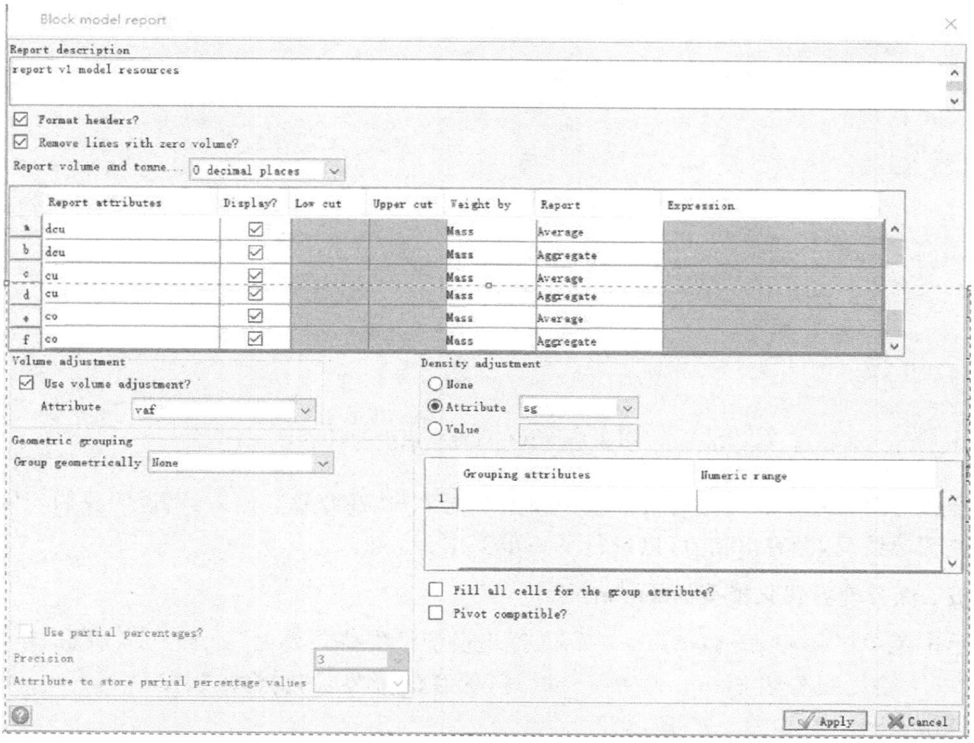

图 3-13　模型资源报告界面

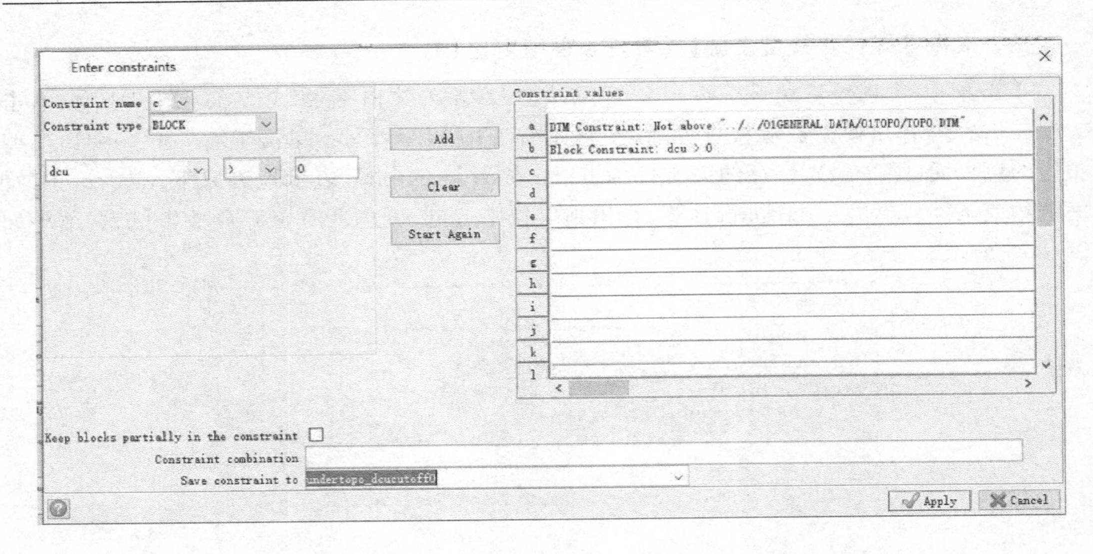

图 3-14 模型报告约束界面

	A	B	C	D	E	F	G	H
1	GEOVIA	2019						
2								
3	Block model report							
4	Block Model: 2019a_whl_v1.mdl							
5	report whl_model_v1 resources							
6								
7	Constraints used							
8	Constraint File : undertopo_dcucutoff0							
9								
10								
11								
12								
13	Attribute used for volume adjustment : vaf							
14								
15								
16	Volume	Tonnes	Dcu	Dcu	Cu	Cu	Co	Co
17	27788368	66692082	3.944	263029453.3	3.35	223434787	0.08	5336208
18								
19								
20					1/1			
21								

图 3-15 所有资源量报告报表

经过与第二章第三节报告资源量中模型对比可知,资源量数据一致,说明我们的修改没有改变资源情况,没有出错,可以进行下一步工作。

五、保存境界优化模型的 summary

单击菜单栏 Block model → Block model → Summary 弹出模型报告格式界面,如图 3-16 所示,Save Summary? ☑ 需打"√",输出报告名如 Output Report File Name 2019a_whl_v1.mdl 填写,保存的境界优化模型 2019a_whl_v1.mdl 的 summary 文件内容如图 3-17 所示。

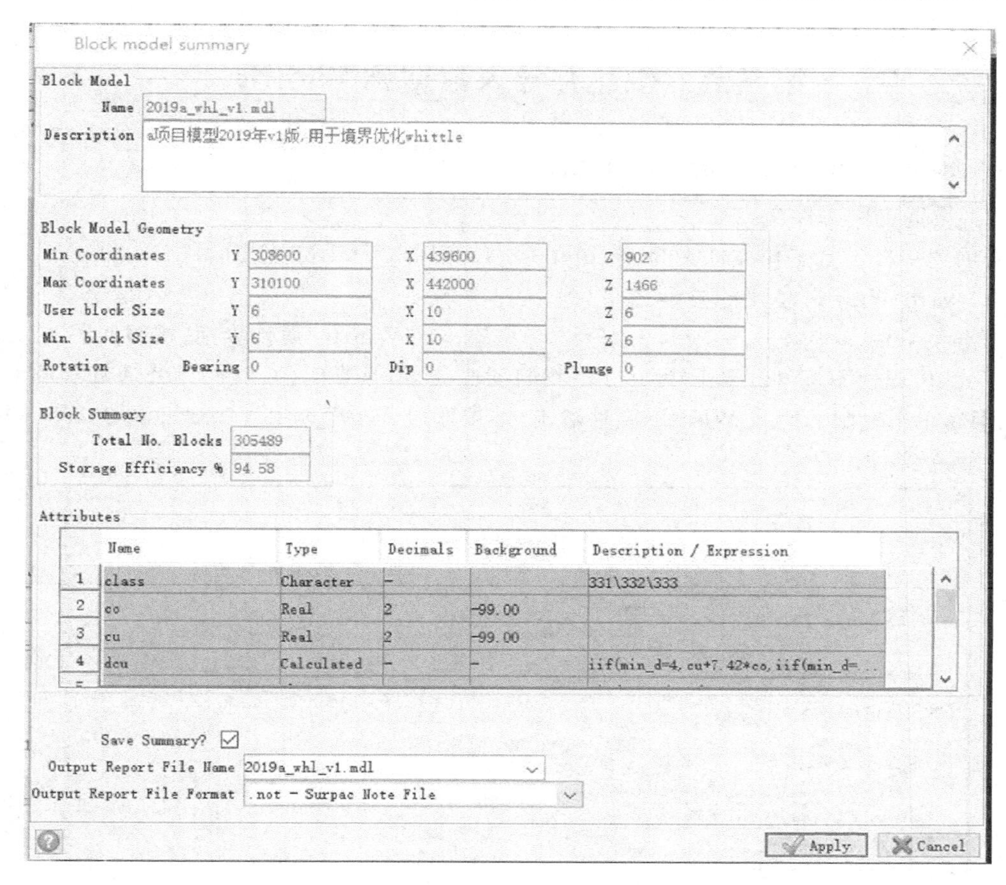

图 3-16　模型报告格式界面

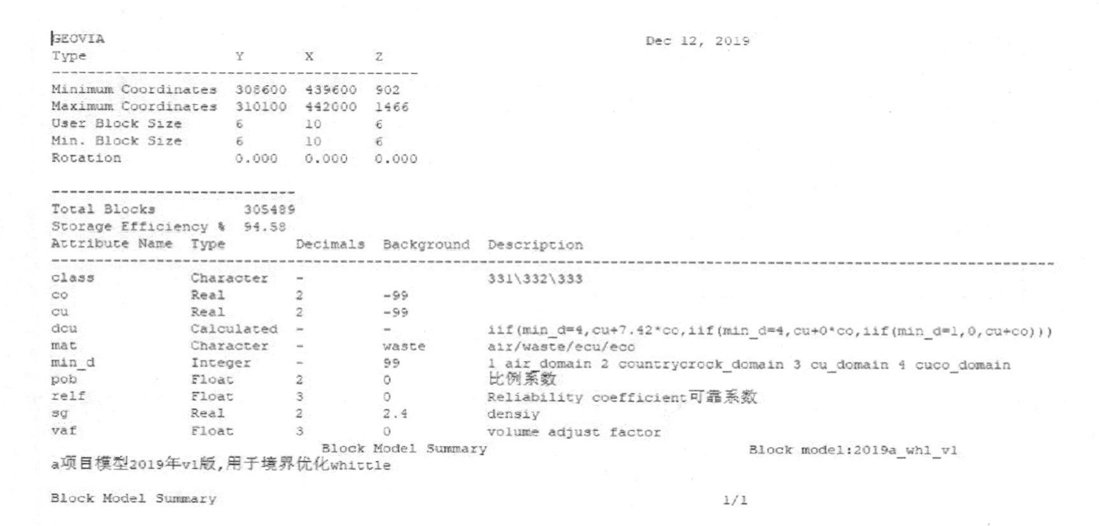

GEOVIA　　　　　　　　　　　　　　　　　　　　　　　Dec 12, 2019

Type	Y	X	Z
Minimum Coordinates	308600	439600	902
Maximum Coordinates	310100	442000	1466
User Block Size	6	10	6
Min. Block Size	6	10	6
Rotation	0.000	0.000	0.000

Total Blocks　305489
Storage Efficiency %　94.58

Attribute Name	Type	Decimals	Background	Description
class	Character	-		331\332\333
co	Real	2	-99	
cu	Real	2	-99	
dcu	Calculated	-	-	iif(min_d=4,cu+7.42*co,iif(min_d=4,cu+0*co,iif(min_d=1,0,cu+co)))
mat	Character	-	waste	air/waste/ecu/eco
min_d	Integer	-	99	1 air_domain 2 countrycrock_domain 3 cu_domain 4 cuco_domain
pob	Float	2	0	比例系数
relf	Float	3	0	Reliability coefficient可靠系数
sg	Real	2	2.4	densiy
vaf	Float	3	0	volume adjust factor

Block Model Summary　　　　　　　　　　Block model:2019a_whl_v1
a项目模型2019年v1版,用于境界优化whittle

Block Model Summary　　　　　　　　　　1/1

图 3-17　保存的境界优化模型 2019a_whl_v1.mdl 的 summary 文件内容

第三节　创建并导入数据到 Whittle

一、输出 Whittle 中使用的 Whittle 文件

(1) 设置工作文件夹

同前述一样设置工作文件夹为 openpit\02_LOM\03Whittle\01input。

(2) 输出 Whittle 使用的模型文件

单击菜单栏 Block model → Export → to Whittle，弹出输出到 Whittle 属性界面，按照如图 3-18 所示填写(品位属性不填 dcu，是因为 dcu 是我们创造的，不是真实的，软件只处理真实的 Cu、Co 元素)，单击 Apply，完成 Whittle 文件输出，结果形成 2019a_whl_v1. mod 和 2019a_whl_v1. par 两个文件。

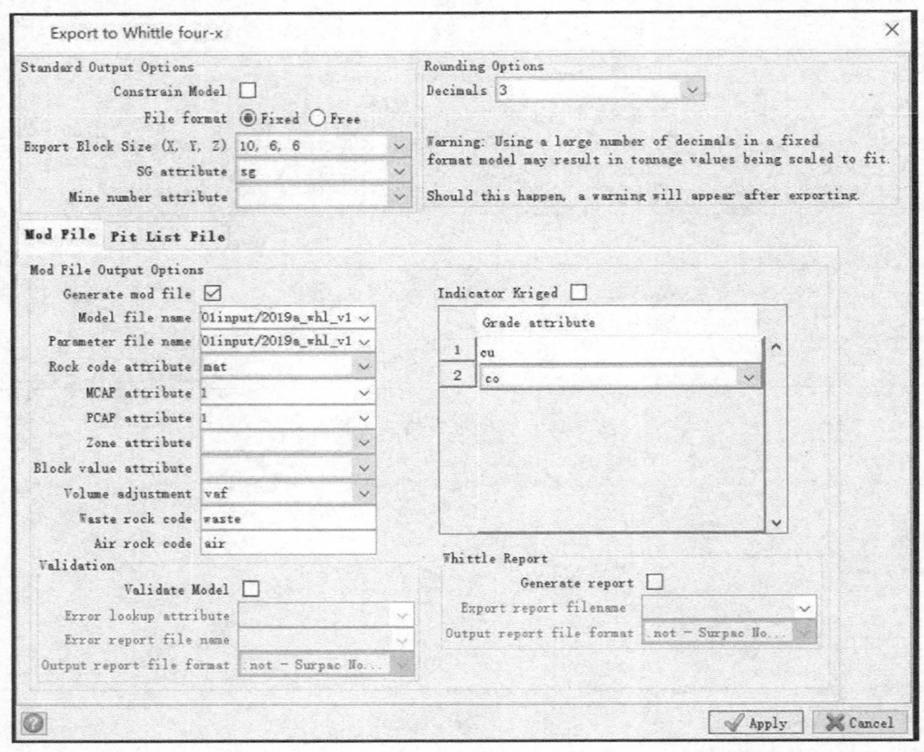

图 3-18　输出到 Whittle 属性界面

切记，该处文件格式选择 Fixed 或 Free 与境界优化模型中格式一致，如图 3-19 所示。

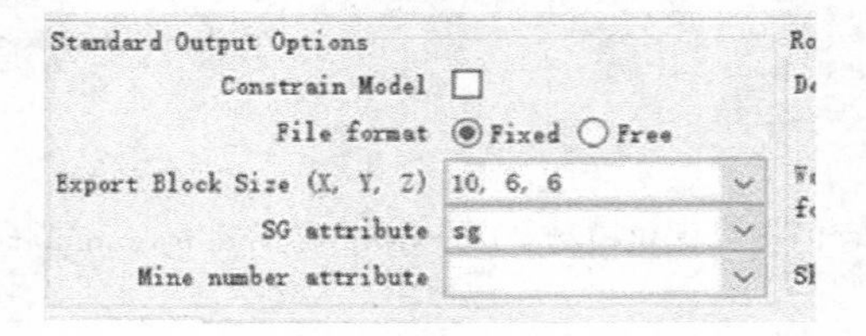

图 3-19　文件格式选择

二、创建 Whittle 项目文件

单击打开 Whittle 程序，弹出 Whittle 文件创建界面(图 3-20)，选择创建新工程，如图 3-21 所示，单击 OK 弹出 Whittle 文件创建格式界面，按照如图 3-22 所示填写。

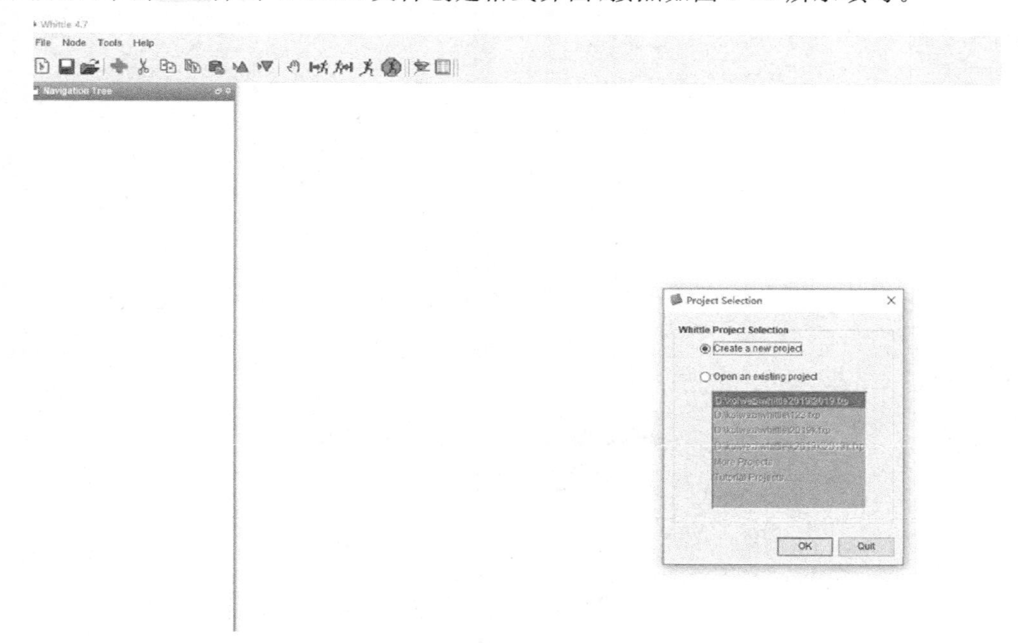

图 3-20　Whittle 文件创建界面

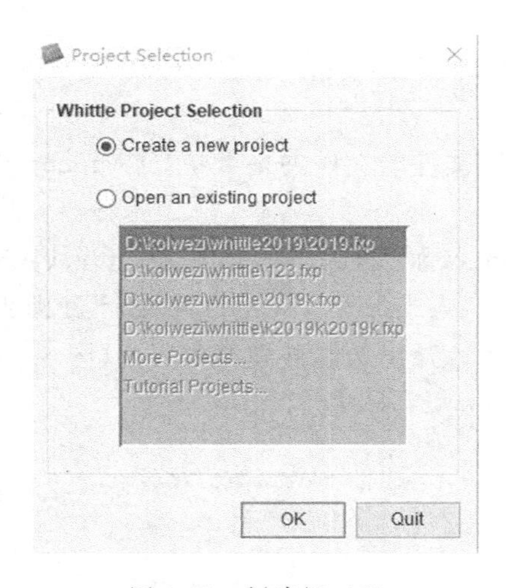

图 3-21　创建新工程

图 3-22　Whittle 文件创建格式界面

Whittle 文件创建说明如下：

① 文件名我们暂时命名为 2019a-whl-v1。

② 项目文件夹选择 D:\openpit\02_LOM\03whittle。

③ 项目工作文件夹为软件自行建立 D:\openpit\02_LOM\03Whittle\working_2019a-whl-v1。

三、导入用于 Whittle 工作的文件

单击顶部菜单中的→Import Block Model，弹出选择块模型的界面(找到块模型储存文件夹 D:\openpit\02_LOM \03whittle\01input)，选取块模型 2019a_whl_v1，单击 Select，弹出 Whittle 模型文件输入界面(图 3-23)。

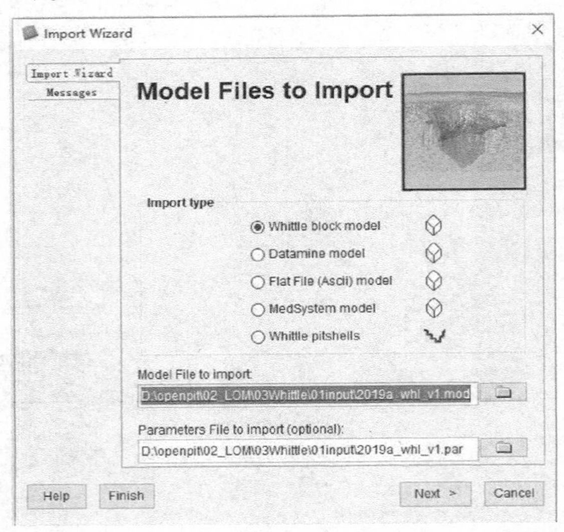

图 3-23　Whittle 模型文件输入界面

Whittle 模型文件输入界面说明如下：

① 选择 Whittle block model。

② 检查 Model File to import 文件的文件夹是否是“D:\openpit\02_LOM\03Whittle\01input\2019a_whl_v1. mod”。

③ 检查 Parameters File to import(optional)参数文件的文件夹是否是“D:\openpit\02_LOM \03Whittle\01input\2019a_whl_v1. par”。

单击 Next >，弹出 Whittle 模型文件块再处理选择界面(图 3-24)，不需要合并块，选择 Do not reblock；如果需要合并块则选择 Perform reblock 块再处理。点击 Next >，弹出战略设计目标界面(图 3-25)，选择 Life of mine 全寿命服务期，点击 Next > 弹出选矿处理流程界面(图 3-26)。

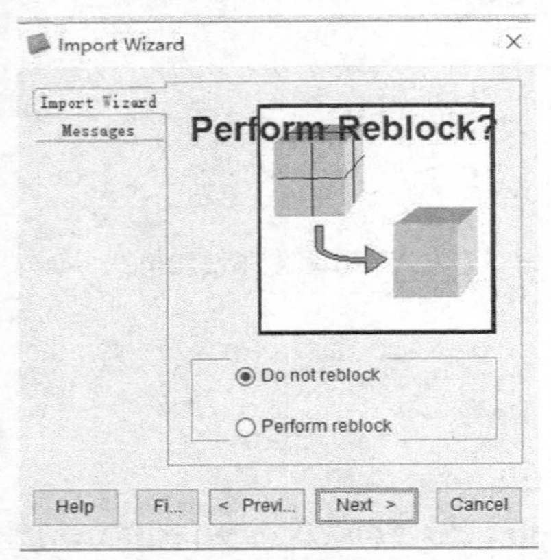

图 3-24　模型文件块再处理选择界面

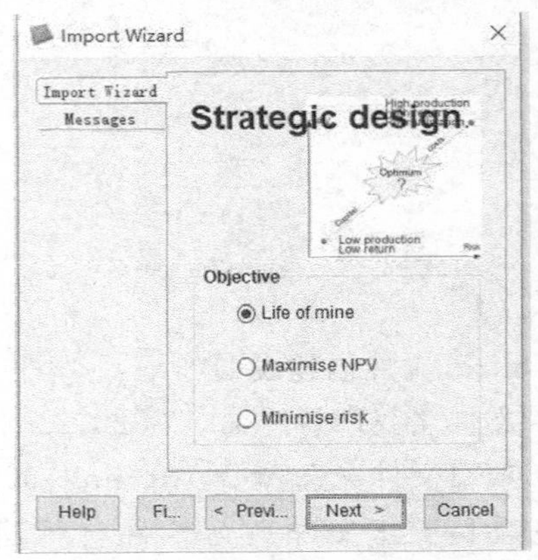

图 3-25　战略设计目标界面

因为有两种加工方法——浮选和湿法，所以增加 floa(浮选)和 leac(湿法)两种工艺。选择 Next > 弹出定义元素类型代码界面(图 3-27)，单击 Finish ，进行导入，显示结果。

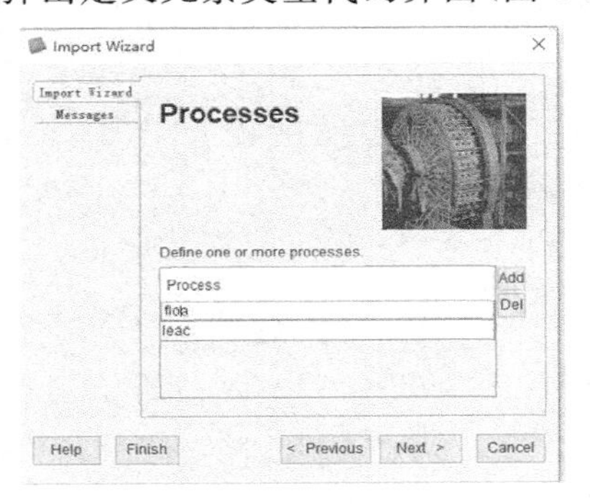

图 3-26　选矿处理流程界面

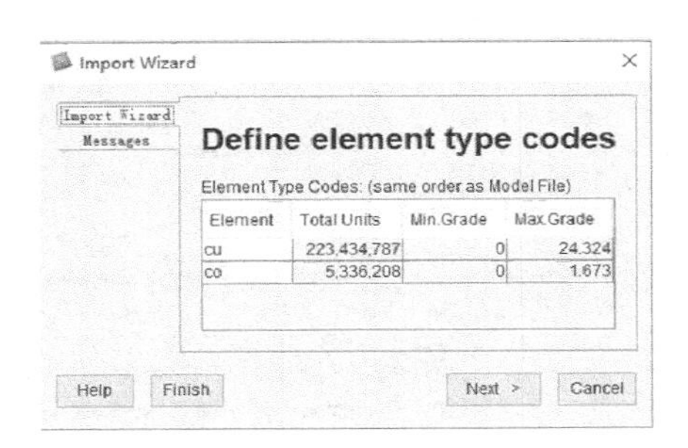

Element	Total Units	Min.Grade	Max.Grade
cu	223,434,787	0	24.324
co	5,336,208	0	1.673

图 3-27　定义元素类型代码界面

图 3-27 所示结果与图 3-15 对比，金属量数据一致，说明导入没问题。单击 Finish ，完成导入工作，结果如图 3-28 所示。单击 ，完成项目文件保存。

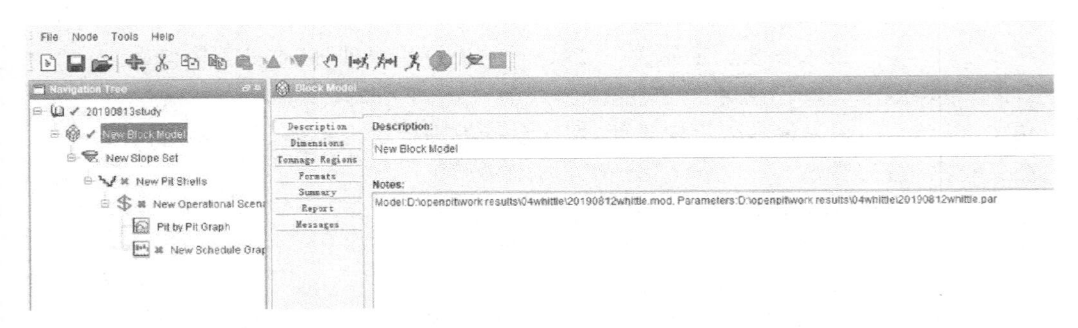

图 3-28　导入结果显示图

第四节　Whittle 中 Block Model 参数设定

一、进入 Block Model 参数设定界面

单击 new block model ，在右边 Block Model 界面进行参数设定。

(1) 修改描述参数

单击 Description 进入参数设定界面，按照如图 3-29 所示填写，表明我们使用的块模型为 2019a_whl_v1.mdl 这个模型(以便后期检查追溯)。

描述参数设计界面参数说明如下：

① Block Dimensions 表示块 X 尺寸为 10 m，块 Y 尺寸为 6 m，块 Z 尺寸为 6 m。

② Model Framework Dimensions 表示块模型在 X 轴划分为 240 个块，Y 轴划分为 250 个块，Z 轴划分为 94 个块。

③ Model Framework Origin Orientantion 起始 X 坐标为 439 600.0，Y 坐标为 308 600.0，Z 坐标为 902.0。Mine azimuth 表示方位角为 0°。

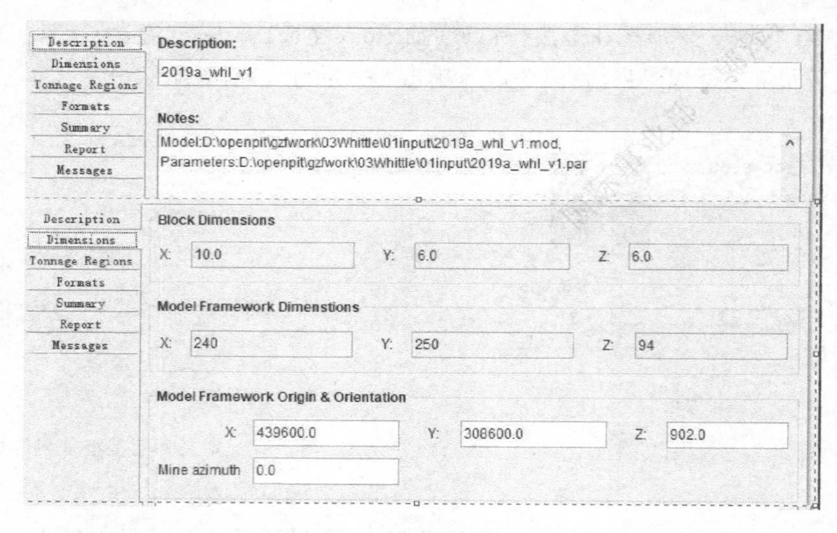

图 3-29 描述参数设定界面

(2) 修改尺寸参数

单击 Dimensions ,进入参数设定界面,本次设计不进行块再处理,本处不需修改。

(3) Tonnage Regions 设定

单击 Tonnage Regions ,进入该参数设定界面,本次设计不进行块再处理,本处不需修改。

(4) Formats 设定

单击 Formats ,进入 Formats 参数设定界面(图 3-30)。

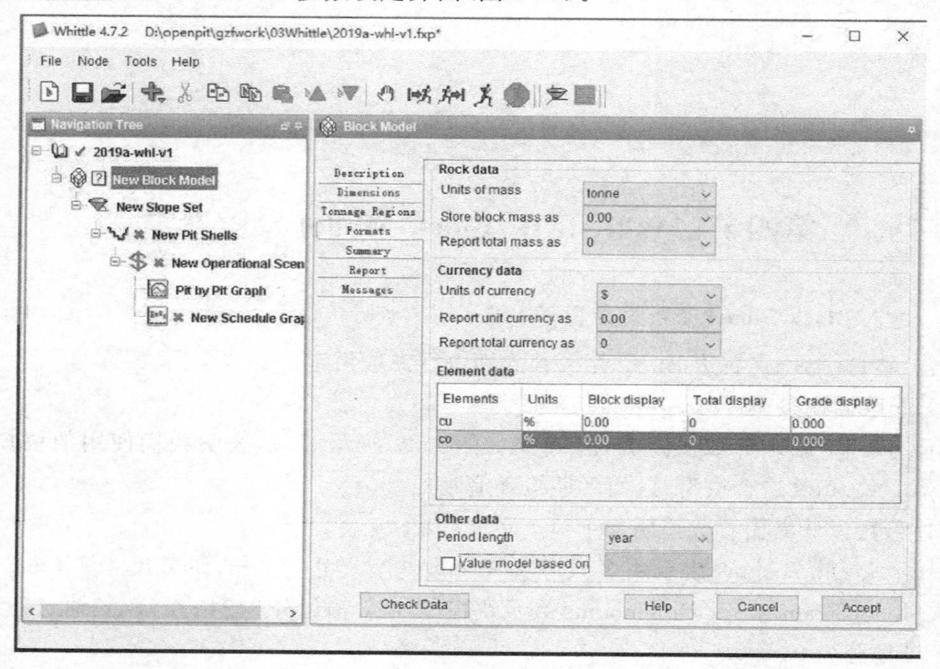

图 3-30 Formats 参数设定界面

矿岩数据 Rock Data 和现金参数设定如下：

① Units of mass 选择“吨”。

② Report block mass as 可以根据实际选择，一般选保留 2 位小数。

③ Report total mass as 总质量一般选 0 位小数。

④ Units of currency 货币单位选美元(可以根据矿山实际选择货币单位)。

⑤ Report unit currency as 可以根据实际选择，一般选保留 2 位小数。

⑥ Report total currency as 总现金数一般选 0 位小数。

⑦ Elewent data 要选择元素的单位，Cu、Co 的品位单位是%。

(5) Summary 界面

单击 Summary ，进入块模型概述界面(图 3-31)，可以看到本次导入 Whittle 的块模型元素和矿山的情况。

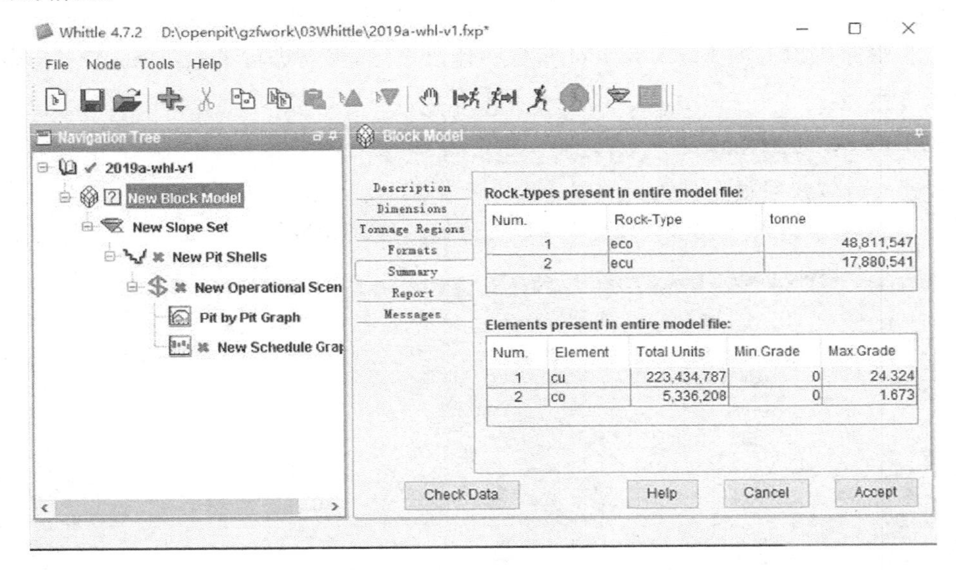

图 3-31　块模型概述界面

块模型概述界面参数说明如下：

① 输入 eco 矿石 48 811 547 t。

② 输入 ecu 矿石 17 880 541 t。

③ 输入 Cu 元素 223 434 787%/t(除以 100 后才是实际吨数)。

④ 输入 Co 元素 5 336 208%/t(除以 100 后才是实际吨数)。

可以看出，与我们前期块模型的矿量报告表数据对比是一致的。

(6) Report 界面

点击 Report 进入报告界面，该界面反映的是导入 Block Model 时的一些过程数据情况，只用于了解导入情况。

(7) 信息界面

点击 Messages 进入信息界面，该界面会显示本步骤(导入工作)中出现的信息——导入错误信息或成功信息等，方便操作者判断出错的地方，以便修改。

(8) Check Data 检查数据

点击 Check Data ,弹出验证结果,如图 3-32 所示。这很重要,只有通过数据验证才能继续下一步工作,否则无法执行。

图 3-32 验证结果

单击 OK ,验证结果界面移除。单击右下角 Help Cancel Accept 中的 Accept ,接受参数修改,保存修改的参数设定。右下角 Help Cancel Accept 取消键和接受键都不可用,显示为灰色的。

以上步骤完成所有的 Block Model 参数的修改设定,可以进行下一步 Slope Set 边坡参数的设定。

二、Slope Set 边坡角设定

(1) 进入边坡参数设定界面

单击 New Slope Set 进入边坡参数设定界面,右边显示边坡参数描述界面(图 3-33)。

图 3-33 边坡参数描述界面

(2) Description 设定

可以不修改,如果要修改同块模型参数修改一样进行修改,我们可以改成 1340以上0 40，45 39，135 42，225 38,315 45；1340以下0 45，45 46，135 47，225 45,315 46； 把设定的边坡角写上,这样更直观,也更方便在 Profiles 中输入边坡参数。

(3) Slope Type 选择

因为前面本章第一节前期资料准备中边坡角是按方位角矩形(按照正北为 0°和 360°,正东为 90°,正南为 180°,正西为 270°的一个闭环矩形坐标系统)配置的,所以我们选择 ◉ Rectangular slope regions 就可以了,如果边坡参数文件是其他类型则选择对应的格式。

(4) Profiles 设定(配置文件)

单击 Profiles 进入配置文件界面,如图 3-34 所示。

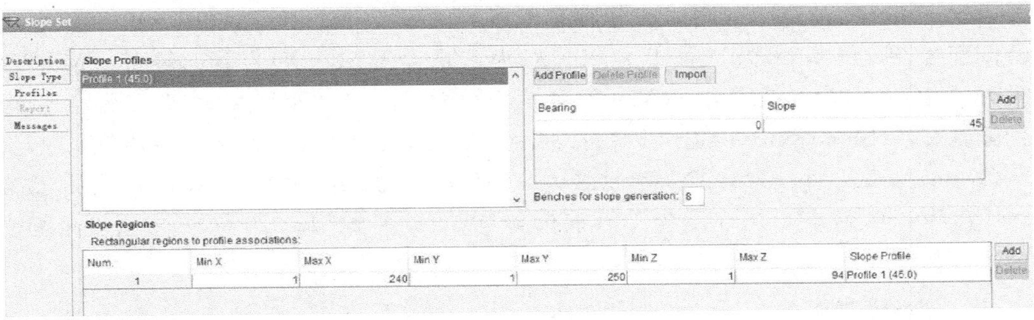

Slope Set

Description
Slope Type
Profiles
Report
Messages

Slope Profiles

Profile 1 (45.0)

Add Profile　Delete Profile　Import

Bearing	Slope
0	45

Add　Delete

Benches for slope generation: 8

Slope Regions

Rectangular regions to profile associations:

Num.	Min X	Max X	Min Y	Max Y	Min Z	Max Z	Slope Profile
1	1	240	1	250	1	94	Profile 1 (45.0)

Add　Delete

图 3-34　配置文件界面

根据表 3-1 露采分区边坡角参数，边坡区域从高程上分为两个阶段，所以边坡配置文件需两个。单击 Add Profile 两次，增加两个配置文件 Profile1(45.0)、Profile2(45.0)，操作后的结果见图 3-34 左边 Slope Profiles 窗口，显示 Profile 1 (45.0) 和 Profile 2 (45.0) 等两个初始配置文件已经建立。计算标高 1 340 m 处于哪个水平位置：(1 340－902)/6＝73，即标高 1 340 m 的水平位置为 73。选取 Profile 1 (45.0)，对第一个配置文件进行参数修改，使用图 3-34 中的 Add 按钮增加边坡方位角数据，按照标高 1 340 m 以上边坡角参数设定，操作结果见图 3-35 标高 1 340 m 以上边坡角参数设定结果界面，完成第一个配置文件修改；同法进行第二个配置文件修改，进行标高 1 340 m 以下边坡角参数设定，结果见图 3-36。

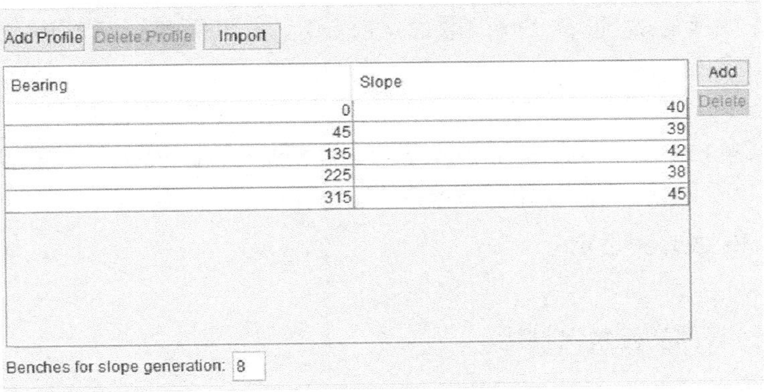

Add Profile　Delete Profile　Import

Bearing	Slope
0	40
45	39
135	42
225	38
315	45

Add　Delete

Benches for slope generation: 8

图 3-35　标高 1 340 m 以上边坡角参数设定结果界面

Add Profile　Delete Profile　Import

Bearing	Slope
0	45
45	46
135	47
225	45
315	46

Add　Delete

Benches for slope generation: 8

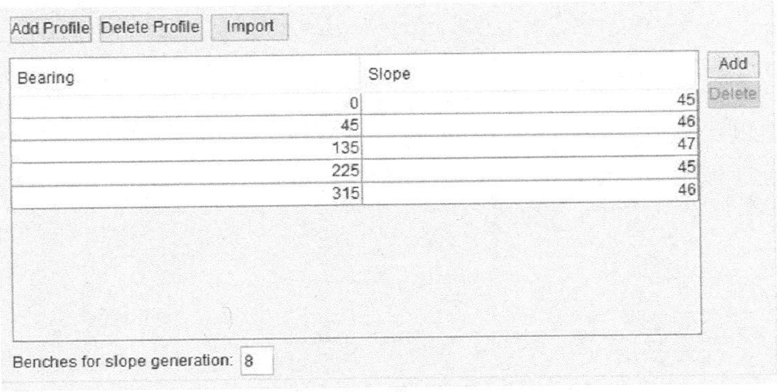

图 3-36　标高 1 340 m 以下边坡角参数设定结果界面

对于 Slope Regions ,如图 3-37 分区范围所示,按照表 3-1 填写标高 1 340 m 以上边坡角范围配置,编号(Num)为 1、最小 x(Min X)为 1、最大 x(Max X)为 240、最小 y(Min Y)为 1、最大 y(Max Y)为 250、最小 z(Min Z)为 73(代表标高 1 340)、最大 z(Max Z)94,选择边坡角配置文件(Slope Profile)Profile 1;按照表 3-1 填写标高 1 340 m 以下边坡角范围配置,编号(Num)为 2、最小 x(Min X)为 1、最大 x(Max X)为 240、最小 y(Min Y)为 1、最大 y(Max Y)为 250、最小 z(Min Z)为 1(代表标高 902)、最大 z(Max Z)73,选择边坡角配置文件(Slope Profile)Profile 2。

Slope Regions

Rectangular regions to profile associations:

Num.	Mi...	Max X	Min Y	Max Y	Min Z	Max Z	Slope Profile
1	1	240	1	250	73	94	Profile 1 (40.0,39.0,42.0,38.0,4...
2	1	240	1	250	1	72	Profile 2 (45.0,46.0,47.0,45.0,45.0)

Add Delete

图 3-37 分区范围

(5) 完成本步骤工作

点击 Check Data ,弹出验证结果。只有通过数据验证才能继续下一步工作,否则无法执行,必须修改到正确为止。显示 Valid data ,单击 OK ,验证结果界面移除。单击右下角 Help Cancel Accept 中的 Accept ,接受参数修改,保存修改的参数设定。右下角 Help Cancel Accept 取消键和接受键都不可用,显示为灰色的。

以上步骤完成所有的 Slope Set 参数的修改设定,这里需要运行程序,以便检查该边坡参数是否能够运行。

(6) 运行程序

单击顶部菜单栏,运行程序,结果显示,说明导入块模型步骤是成功的,边坡角设定也没问题,可以继续下一步工作。

三、Pit Shells 嵌套壳设定

(1) Description

可改可不改,根据实际情况描述。

(2) Mining

不同高程采矿成本计算公式及结果见图 3-38 和表 3-3。

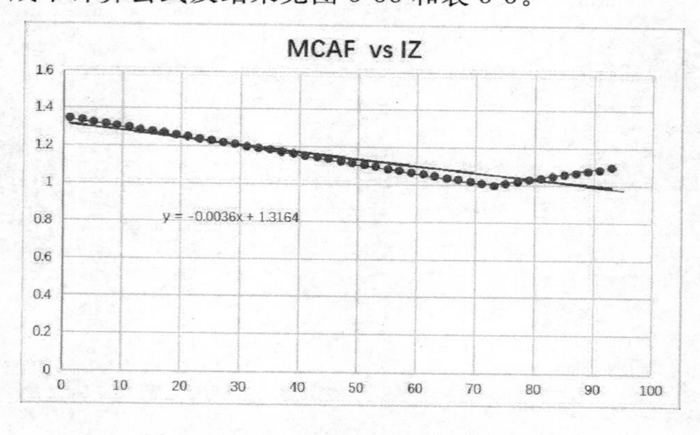

图 3-38 不同高程采矿成本计算公式

表 3-3 分高程采矿计算成本表

LEVEL（水平平面）	MINGING COST（采矿成本）	IZ(水平平面序号)	MCAF(采矿调节系数)	LEVEL（水平平面）	MINGING COST（采矿成本）	IZ(水平平面序号)	MCAF(采矿调节系数)
1 460	7.97	93	1.096	1 172	8.25	45	1.135
1 448	7.9	91	1.087	1 160	8.32	43	1.144
1 436	7.83	89	1.077	1 148	8.39	41	1.154
1 424	7.76	87	1.067	1 136	8.46	39	1.164
1 412	7.69	85	1.058	1 124	8.53	37	1.173
1 400	7.62	83	1.048	1 112	8.6	35	1.183
1 388	7.55	81	1.039	1 100	8.67	33	1.193
1 376	7.48	79	1.029	1 088	8.74	31	1.202
1 364	7.41	77	1.019	1 076	8.81	29	1.212
1 352	7.34	75	1.01	1 064	8.88	27	1.221
1 340	7.27	73	1	1 052	8.95	25	1.231
1 328	7.34	71	1.01	1 040	9.02	23	1.241
1 316	7.41	69	1.019	1 028	9.09	21	1.25
1 304	7.48	67	1.029	1 016	9.16	19	1.26
1 292	7.55	65	1.039	1 004	9.23	17	1.27
1 280	7.62	63	1.048	992	9.3	15	1.279
1 268	7.69	61	1.058	980	9.37	13	1.289
1 256	7.76	59	1.067	968	9.44	11	1.298
1 244	7.83	57	1.077	956	9.51	9	1.308
1 232	7.9	55	1.087	944	9.58	7	1.318
1 220	7.97	53	1.096	932	9.65	5	1.327
1 208	8.04	51	1.106	920	9.72	3	1.337
1 196	8.11	49	1.116	908	9.79	1	1.347
1 184	8.18	47	1.125				

如图 3-38 所示，用电子表格的离散数据拟合出离散公式。

如图 3-39 填写，贫化损失率填写为 1，但下面矿石类型中按不同矿石填写贫化损失率，本次设计中铜钴矿石和铜矿石的贫化损失率都为 5%，故回收率填 0.95，贫化率填 1.05，如果不同，可以根据不同矿体设置不同的参数。

这里说的是矿体，不是矿石，因为采矿贫化率和损失率与作业区域有关，与矿石类型无关。这里矿石类型是根据矿体进行划分的，只要是矿体内的都是矿石，所有矿石基本等同于矿体。

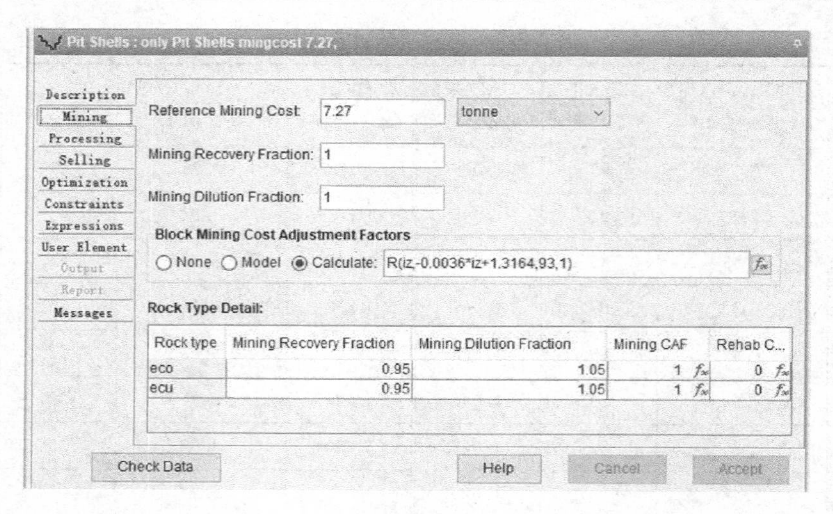

图 3-39　采矿技术参数及成本定义界面

单击 Accept ,弹出信息提示界面(图 3-40),单击 Yes ,完成采矿成本设定。

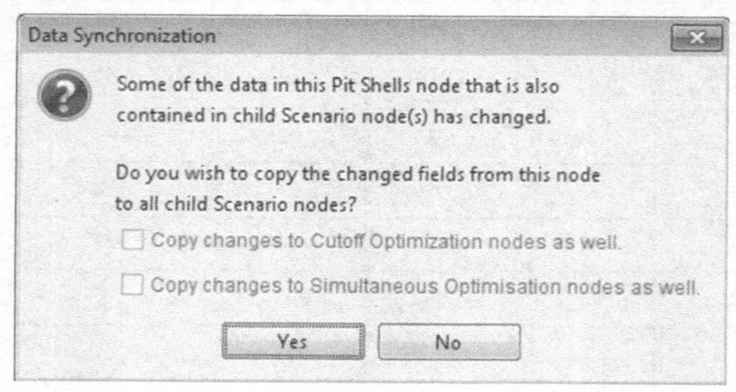

图 3-40　信息提示界面

(3) Processing

单击 Processing 进入选矿参数设定界面,按照如图 3-41 所示填写,参数填写说明如下:

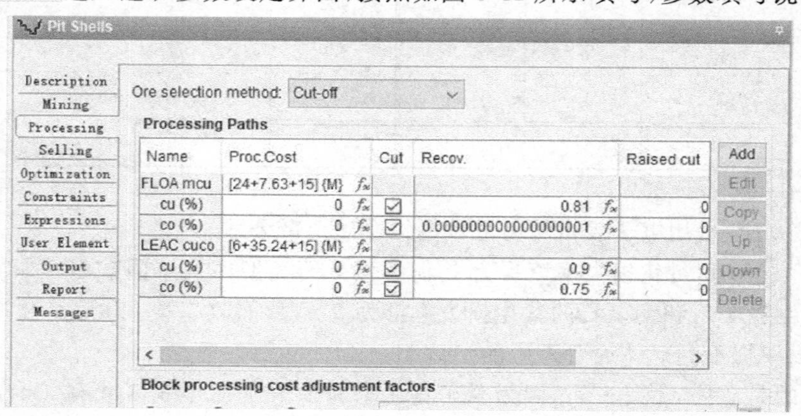

图 3-41　选矿参数设定

① Floa 为浮选。

② 只处理铜矿石,只有 Cu 元素。

③ 产品多样化,但加权平均 Cu 的回收率为 81%。

④ 没有 Co 元素,回收率定为 0,但软件不允许有 0 值存在,故用 0.000000000000000001 这样一个表示无穷小的数据来表示约等于 0。

⑤ 浮选成本为 31.63 美元/t,加上管理费 15 美元/t。

⑥ Leac 为湿法选冶。

⑦ 处理铜钴矿石,有 Cu 和 Co 元素。

⑧ Cu 回收率为 90%,Co 回收率为 75%。

⑨ 选矿成本只有破碎和磨矿成本 6 美元/t,酸浸成本 35.24 美元/t,合计湿法成本 41.24 美元/t,加上管理费 15 美元/t。

(4) Selling

单击 Selling 进入金属价格设定界面,按照如图 3-42 所示填写。

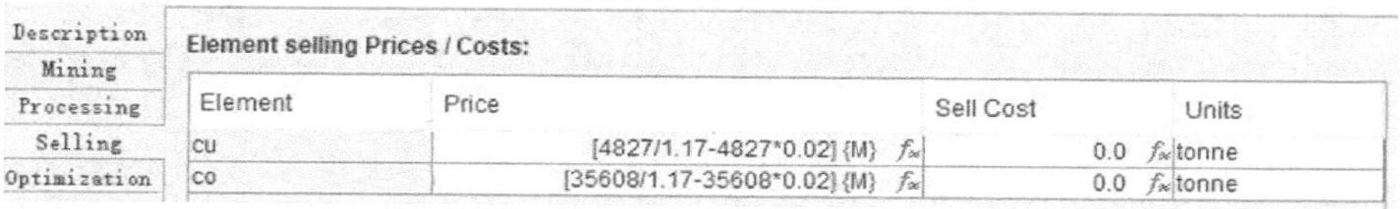

Description
Mining
Processing
Selling
Optimization

Element selling Prices / Costs:

Element	Price	Sell Cost	Units
cu	[4827/1.17-4827*0.02] {M} fx	0.0 fx	tonne
co	[35608/1.17-35608*0.02] {M} fx	0.0 fx	tonne

图 3-42　金属价格设定

Whittle 软件中 Cu 和 Co 金属价格采用全局加权平均价格,不会根据不同铜矿石中的铜和铜钴矿石中的铜进行分别定价,故我们需要根据铜元素在铜矿石中不同最终产品的铜金属价值和铜钴矿石最终产品中铜金属的价值,考虑对应金属量产率比例及对应的金属价格,加权计算获得的价格来确定。

本次设计假设经过加权平均的 Cu 金属价格为 4 827 美元/t、Co 金属价格 35 608 美元/t(扣除冶炼费、运费、杂质扣除费等含税价),增值税和资源税直接在销售价格时扣除。计价单位 units 选 tone(吨)。销售费用不填(包含在其他项内了)。

(5) Optimization

点击 Optimization 进入优化参数设定界面,按照如图 3-43 所示填写。

(6) Constrains

点击 Constraints 进入约束条件设定界面,本次不需要进行改选设定。

(7) Expressions

点击 Expressions 进入表达式参数设定界面,本次不需要进行改选设定。

(8) User Element

单击 User Element 进入用户条件设定界面,本次不需要进行改选设定。

(9) 完成本步骤工作

单击 Accept 接受修改,弹出数据同步表提示信息界面(图 3-44),单击 是(Y) 表示接受数据同步。单击 Check Data 进行数据验证,弹出表示修改的数据是合法有效的结果(图 3-45),表示可以进行下一步骤的工作。

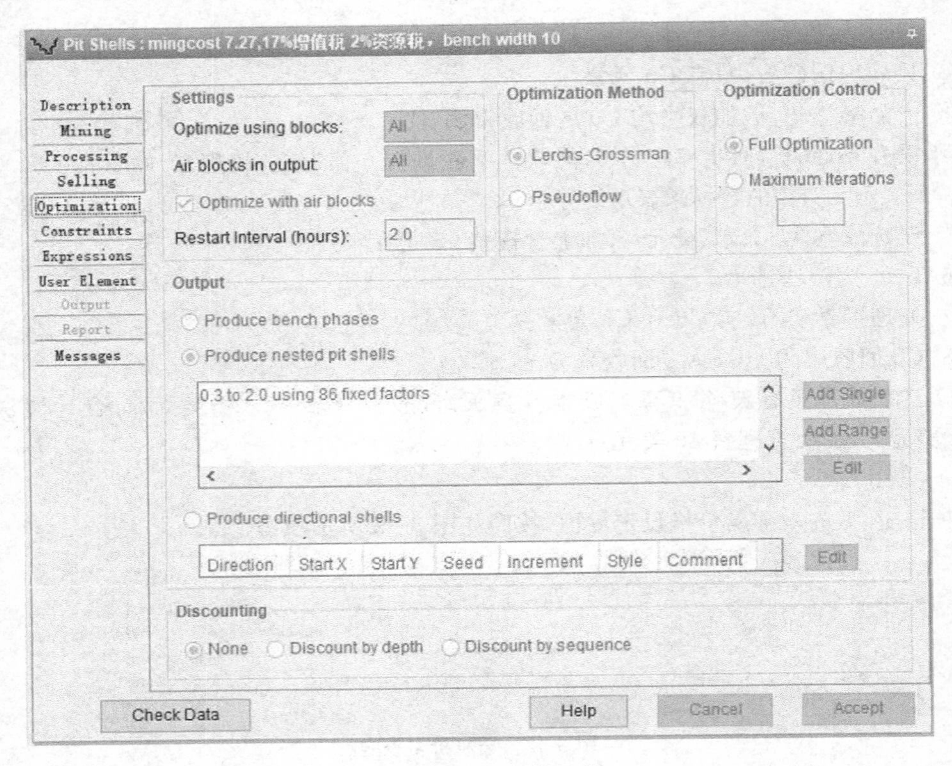

图 3-43　优化参数设定

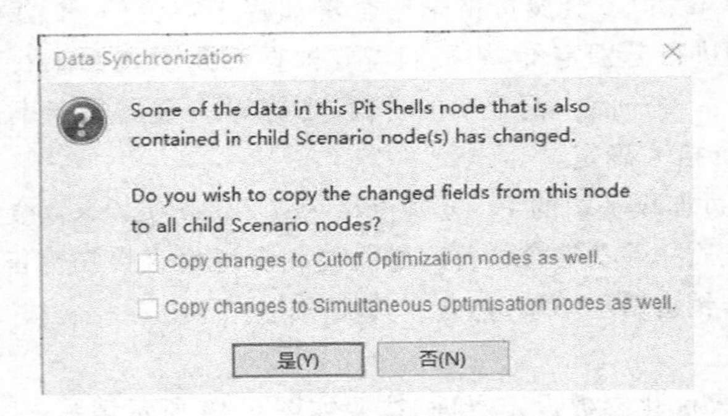

图 3-44　数据同步表提示信息界面

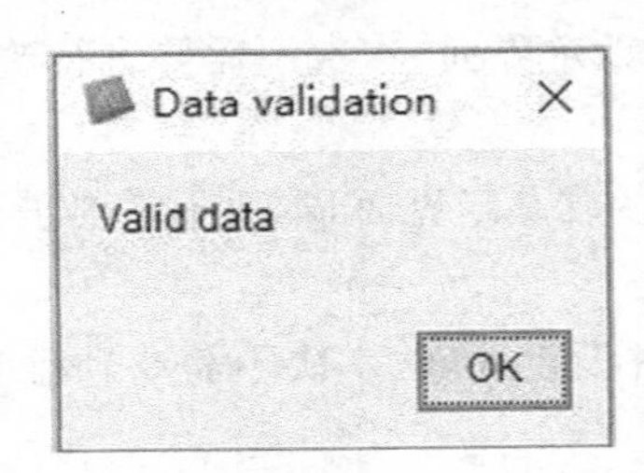

图 3-45　数据合法有效

(10) 运行程序

运行程序后，在 Output 栏中出现多个优化境界壳报表，结果如图 3-46 所示，第 36 号壳为当前参数下,最优境界壳。

Pit	Rev ...	Rock	Ore	Strip	Ma...	M...	cu Units	cu Gr...	co Units	co Grade
1	0.3	5,784,480	2,758,644	1.1	81	62	22,132,623	8.02	607,664	0.22
2	0.32	7,161,696	3,247,650	1.21	81	61	25,267,529	7.78	664,328	0.2
3	0.34	8,396,352	3,755,450	1.24	83	60	28,266,057	7.53	709,829	0.19
4	0.36	10,725,696	4,536,179	1.36	83	59	32,779,985	7.23	784,879	0.17
5	0.38	12,744,864	5,315,189	1.4	83	58	36,817,650	6.93	863,680	0.16
6	0.4	14,748,480	6,030,578	1.45	83	58	40,622,896	6.74	904,254	0.15
7	0.42	17,088,192	6,759,380	1.53	85	58	44,152,922	6.53	983,661	0.15
8	0.44	21,587,040	7,896,591	1.73	87	57	50,115,490	6.35	1,067,110	0.14
9	0.46	24,226,560	8,604,994	1.82	87	56	53,664,237	6.24	1,103,156	0.13
10	0.48	26,065,152	9,234,017	1.82	87	56	56,409,603	6.11	1,138,152	0.12
11	0.5	29,907,360	10,084,506	1.97	87	53	60,611,245	6.01	1,179,799	0.12
12	0.52	32,932,224	10,819,572	2.04	89	52	63,875,685	5.9	1,227,750	0.11
13	0.54	36,803,808	11,656,707	2.16	89	51	67,680,247	5.81	1,273,799	0.11
14	0.56	41,011,488	12,581,747	2.26	89	50	71,673,553	5.7	1,324,661	0.1
15	0.58	43,427,232	13,139,071	2.31	89	50	73,873,315	5.62	1,364,902	0.1
16	0.6	47,676,384	13,967,532	2.41	91	48	77,424,064	5.54	1,398,681	0.1
17	0.62	88,394,112	18,909,409	3.67	91	37	101,860,142	5.39	1,820,127	0.1
18	0.64	95,923,872	20,379,923	3.71	91	36	107,684,778	5.28	1,892,260	0.09
19	0.66	101,418,048	21,522,446	3.71	91	36	111,958,521	5.2	1,946,075	0.09
20	0.68	107,269,920	22,660,236	3.73	91	35	116,164,858	5.13	2,002,563	0.09
21	0.7	113,145,984	23,630,954	3.79	91	35	119,697,763	5.06	2,082,942	0.09
22	0.72	123,120,864	25,021,385	3.92	91	35	124,886,392	4.99	2,225,987	0.09
23	0.74	127,833,120	25,882,356	3.94	91	34	127,855,583	4.94	2,271,613	0.09
24	0.76	143,131,104	27,717,905	4.16	91	34	134,787,374	4.86	2,478,774	0.09
25	0.78	147,036,384	28,550,780	4.15	91	34	137,302,938	4.81	2,524,119	0.09
26	0.8	150,273,792	29,271,001	4.13	91	34	139,372,379	4.76	2,564,390	0.09
27	0.82	151,996,608	29,900,920	4.08	91	34	140,952,355	4.71	2,581,960	0.09
28	0.84	154,141,056	30,511,181	4.05	91	33	142,531,899	4.67	2,603,857	0.08
29	0.86	161,476,416	31,717,951	4.09	91	33	146,265,624	4.61	2,668,829	0.08
30	0.88	165,343,680	32,513,229	4.09	91	33	148,487,505	4.57	2,696,615	0.08
31	0.9	168,332,256	33,262,312	4.06	92	33	150,454,070	4.52	2,709,127	0.08
32	0.92	172,177,056	33,957,847	4.07	92	32	152,272,229	4.48	2,757,009	0.08
33	0.94	173,490,336	34,393,391	4.04	92	32	153,260,353	4.46	2,765,344	0.08
34	0.96	176,608,512	34,991,777	4.05	92	32	154,828,537	4.42	2,788,175	0.08
35	0.98	179,480,448	35,574,414	4.05	92	32	156,233,060	4.39	2,816,503	0.08
36	1	180,639,072	35,922,612	4.03	92	32	156,931,329	4.37	2,832,735	0.08
37	1.02	183,888,576	36,446,548	4.05	92	31	158,203,770	4.34	2,869,719	0.08
38	1.04	184,712,832	36,754,876	4.03	92	31	158,809,798	4.32	2,875,137	0.08
39	1.06	187,611,552	37,296,920	4.03	92	31	160,192,775	4.3	2,882,108	0.08
40	1.08	191,269,728	37,815,299	4.06	92	30	161,481,410	4.27	2,915,515	0.08
41	1.1	192,834,432	38,177,338	4.05	92	30	162,256,972	4.25	2,925,271	0.08
42	1.12	193,207,680	38,414,765	4.03	92	30	162,632,240	4.23	2,930,026	0.08
43	1.14	197,252,928	38,989,416	4.06	92	30	164,050,310	4.21	2,954,963	0.08

图 3-46　多个优化境界壳报表图

第五节　输出境界优化结果

一、选取最优境界壳并输出 DXF 格式的图形

实际上 Whittle 的基本功能就是进行境界优化,得出一系列的境界壳,供设计者选择使用。后期的资本投入基本不影响境界优化壳,如果要考虑前期资本投入,则境界优化需在选矿矿石成本处理中考虑资本投资摊入矿石的成本,这样得出的最优境界壳就比较符合要求。

本次设计就当 1.0 的境界即 36 号境界壳为最优境界壳，以该境界壳作为本项目的最终境界壳。

选取最优境界壳并输出 DXF 格式的图形用于 MineSched 排产中的最终境界，保存为 36.dxf。

点击 mingcost 7.27,17%增值税 2%资源税，选用，选择 Other → Export DXF ，弹出输出 DXF 格式文件界面（图 3-47），运行 Run ，弹出输出文件成功提示信息（图 3-48），单击 OK 完成文件输出。

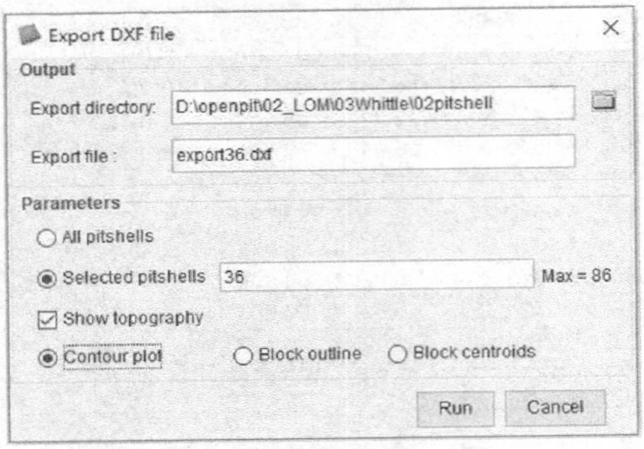

Export DXF file
Output
Export directory: D:\openpit\02_LOM\03Whittle\02pitshell
Export file : export36.dxf
Parameters
All pitshells
Selected pitshells 36 Max = 86
Show topography
Contour plot Block outline Block centroids
Run Cancel

图 3-47 输出 DXF 格式文件界面

图 3-48 输出文件成功提示信息

二、另存最优境界壳为 DTM 格式，并验证有效性

（1）打开文件

进入 Surpac 软件，双击 export36.dxf 打开文件，显示结果如图 3-49 所示。

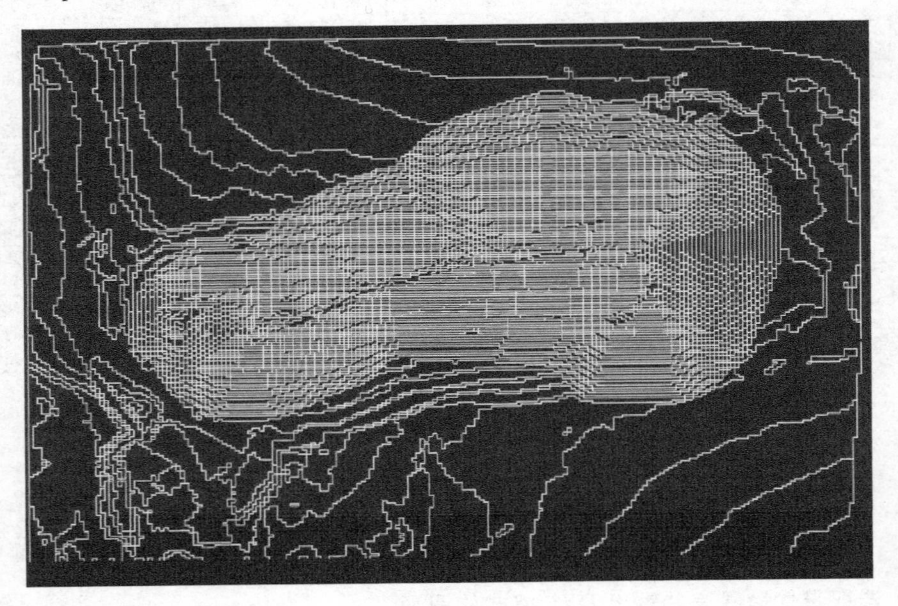

图 3-49 打开文件显示结果

创建 DTM 文件，点击顶部菜单栏 Surfaces → Create DTM from Layer，弹出创建面实体界面，按照如图 3-50 所示填写，☐ Perform break line test 不需要选（不选表示断线不进行检查）。如果是勾选的，可取

消勾选。

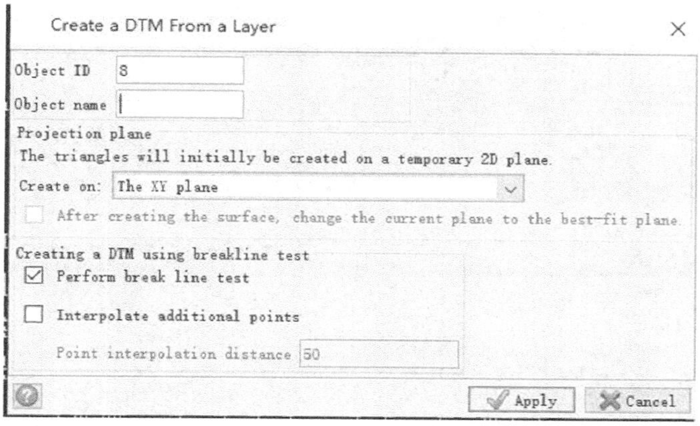

图 3-50　创建面实体界面

为了区别地表地形图的体号(9 号)，这里选择境界体号为 8。点击 Apply 进行面创建，创建面实体结果如图 3-51 所示。

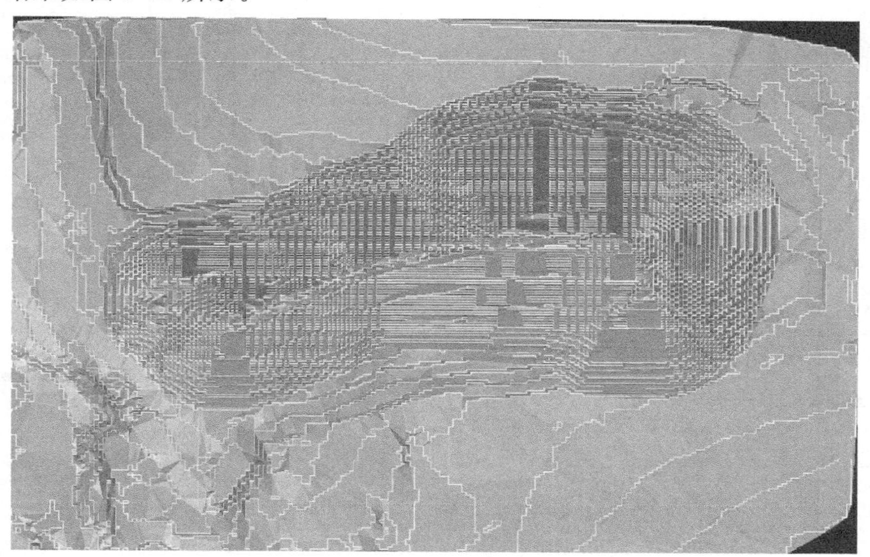

图 3-51　创建面实体结果

(2) 保存 DTM 面文件

点击工具栏中 ，弹出保存界面(图 3-52)。如果不想保存风格文件(styles file)，在 Save styles 中不打“√”。单击 Apply 完成 DTM 文件保存。

(3) DTM 有效性验证

单击菜单栏 Surfaces → Validation → Validate as DTM，弹出 DTM 验证界面，如图 3-53 所示。如果需要验证报告，则 Report file 需填写。点击 Apply 进行有效性验证。命令窗口显示验证成功与否提示界面(图 3-54)，验证通过表示该 DTM 文件成功通过验证，为有效 DTM 文件，可以进行约束计算；如果没有通过，根据显示的原因进行修改，直至通过为止。

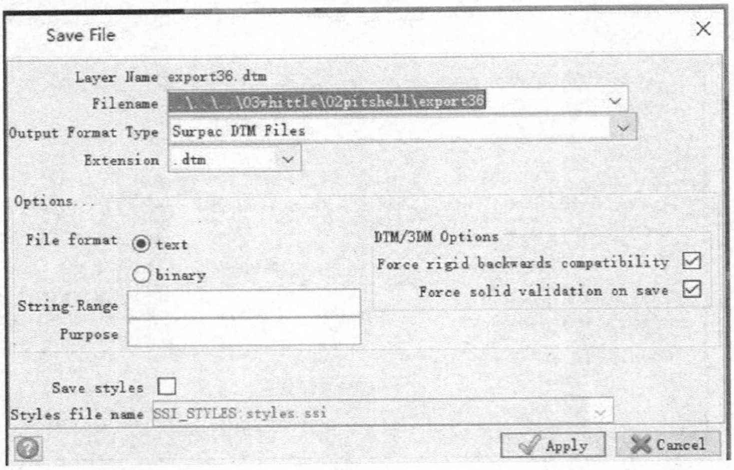

图 3-52　保存面实体界面

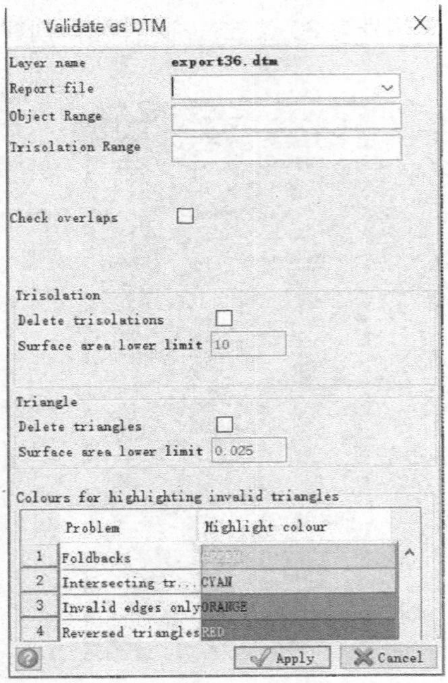

图 3-53　DTM 验证界面

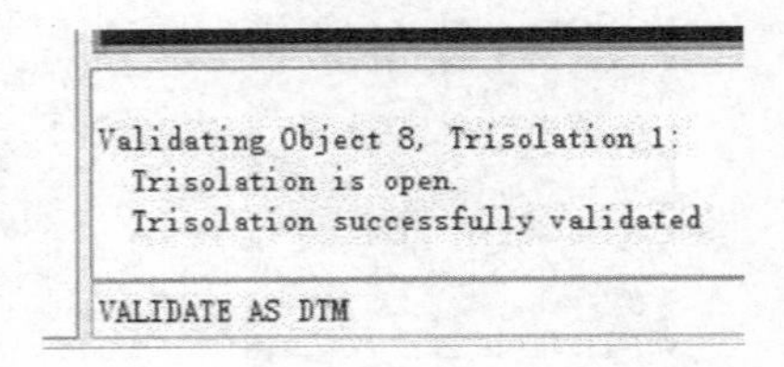

图 3-54　验证成功与否提示界面

三、输出最优境界矿岩量及剥采比

点击左侧导航窗口 New Operational Scenario 中的 Pit Shells，右侧参数栏显示如图 3-55 所示，点击 Open in Spreadsheet，弹出电子表格，由于表太大，只截取 36 号最优境界壳的数据，如图 3-56 所示。

四、计算矿石划分的 dcu 截止品位

(1) 打开工作模型

双击左边导航窗口 2019a_whl_v1.mdl，打开境界优化的块模型“2019a_whl_v1. mdl”。

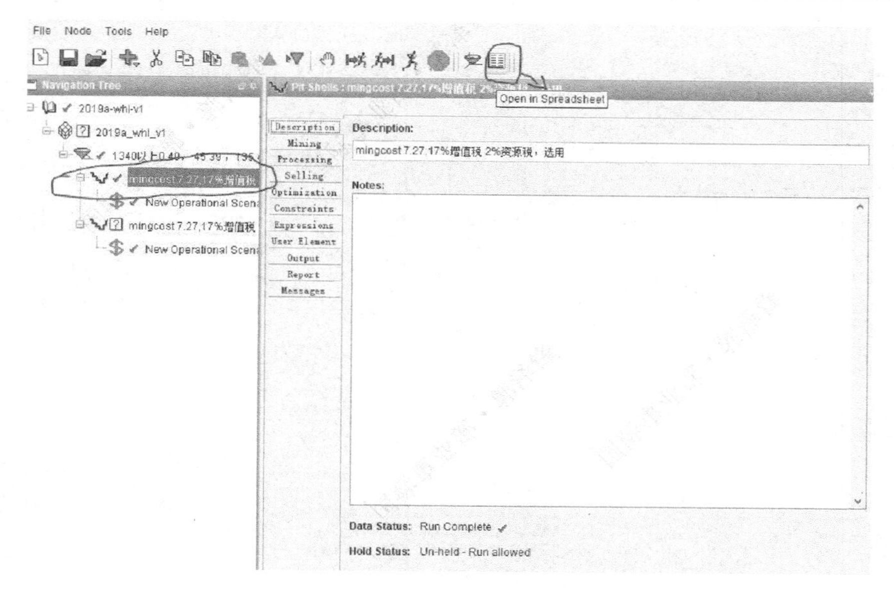

图 3-55　右侧参数栏显示

Pit	Minimum Rev Ftr	Rock Tonnes	Ore Tonnes	Strip Ratio	Max Bench	Min Bench	CU Units	CU Grade	CO Units	CO Grade
36	1	180,639,072	35,922,612	4.03	92	32	156,931,329	4.369	2,832,735	0.079

图 3-56　36 号最优境界壳的数据

(2) 报告资源量

按 dcu 不同级数报告境界内矿岩量和剥采比。

单击顶部菜单栏 Block model → Block model → Report ，弹出保存文件界面，按照如图 3-57 所示填写(使用者可以自行命名文件名)，点击 Apply ，弹出报告格式界面，按照如图 3-58 所示填写。

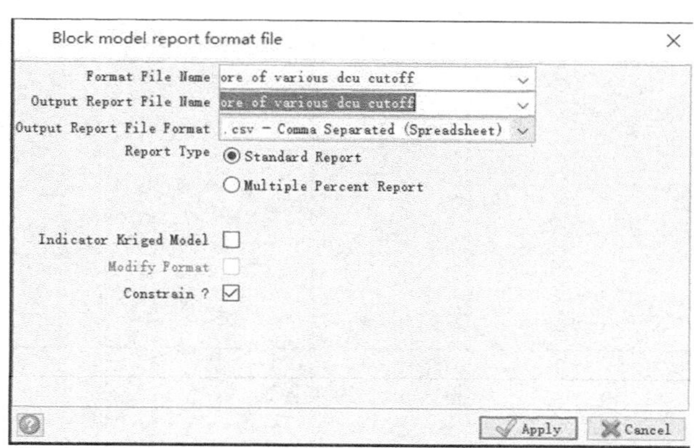

图 3-57　保存文件界面

图 3-58 中体积调整系数选 vaf(与 Whittle 中一致，考虑了可靠系数)，1 dcu [illegible] 是利用 dcu 进行级别分类，统计 dcu 品位区间 1.6%～

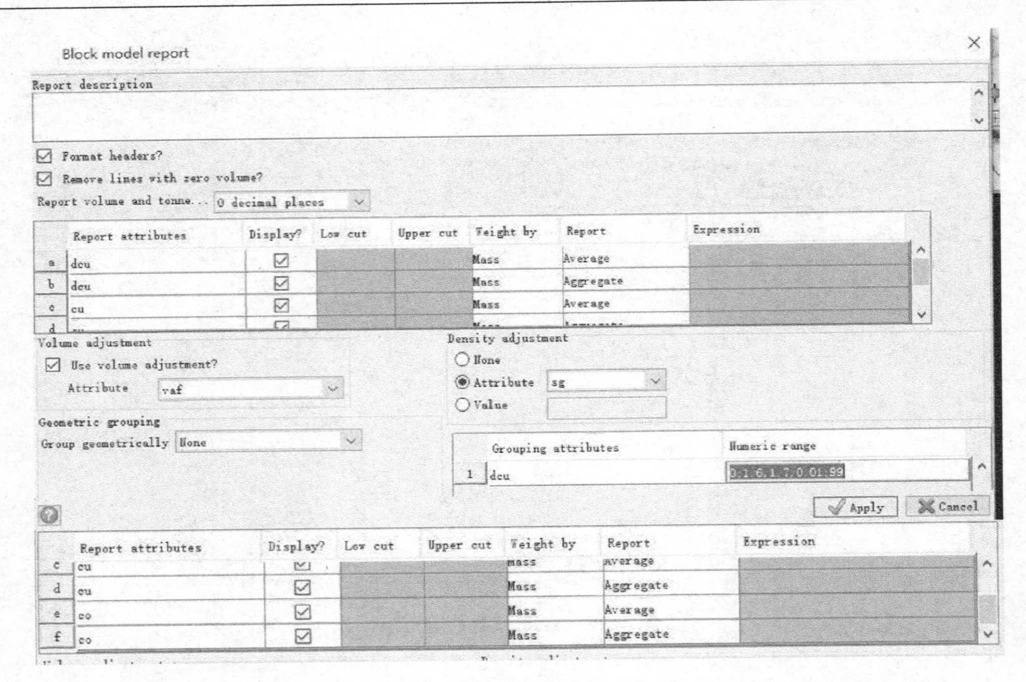

图 3-58　模型报告格式界面

2.0%之间每增加 0.1%的资源量情况(该区间范围是根据多次调试后确定的最符合要求的区间,本书没有介绍通过中间过程的报量来确定合适的 dcu 品位区间)。点击 Apply ,弹出约束界面,按照如图 3-59 所示填写,点击 Apply ,进行不同 dcu cutoff 的计算。

Enter constraints
Constraint name c
Constraint type DTM
DTM file ..ENERAL DATA/01TOPO/TOPO.DTM
Above
Optional fields
Object range
Trisolation range
Add
Clear
Start Again
Constraint values
a DTM Constraint: above ../02PITSHELL/EXPORT36.DTM
b DTM Constraint: Not above "../../01GENERAL DATA/01TOPO/TOPO.DTM"
Keep blocks partially in the constraint
Constraint combination
Save constraint to
Apply
Cancel

图 3-59　约束界面

(3) 形成报告文件

形成的报告文件如图 3-60 所示,该表只是表示不同 dcu 区间的资源量,不是不同截止品位下境界内矿岩量和剥采比数据,进行整理才能得出不同截止 dcu 品位之间的矿岩量和剥采比。

GEOVIA　2019

Block model report
Block Model: 2019a_whl_v1.mdl

Constraints used
a. ABOVE DTM d:/openpit/02_LOM/03whittle/02pitshell/EXPORT36.DTM
b. NOT ABOVE DTM d:/openpit/02_LOM/01GENERAL DATA/01TOPO/TOPO.DTM

Keep blocks partially in the constraint : False

Attribute used for volume adjustment : vaf

Dcu	Volume	Tonnes	Dcu	Dcu	Cu	Cu	Co	Co
0.0 -> 1.0	3693956	8865493	0.22	1951342	0.1	851428.3	0.02	148236.3
1.0 -> 1.1	306086	734607	1.05	771165.4	0.62	458243.8	0.06	42172.73
1.1 -> 1.2	292812	702750	1.148	807034.5	0.78	550995.1	0.05	34506.65
1.2 -> 1.3	279775	671461	1.251	839768.2	1.02	687141.9	0.03	20569.58
1.3 -> 1.4	286453	687487	1.35	928161.5	1.17	804479.6	0.02	16668.72
1.4 -> 1.5	287687	690449	1.451	1001696	1.27	878761.8	0.02	16567.93
1.5 -> 1.6	281222	674933	1.55	1046221	1.4	945256	0.02	13607.15
1.6 -> 1.7	320218	768524	1.651	1268458	1.5	1152461	0.02	15633.06
1.7 -> 1.8	335264	804633	1.75	1407988	1.6	1288434	0.02	16112.4
1.8 -> 1.9	362466	869919	1.85	1608980	1.73	1502371	0.02	14367.83
1.9 -> 2.0	352712	846510	1.95	1650285	1.82	1540040	0.02	14857.77
2.0 -> 99.(	13611582	32667796	5.523	1.8E+08	4.85	1.58E+08	0.09	2973077
Grand Tot:	20410233	48984560	3.954	1.94E+08	3.45	1.69E+08	0.07	3326377

1/1

图 3-60　模型报告 dcu 不同截止品位资源量表

整理后不同 dcu cutoff 在 36 号 PitShells 中的地质矿量和品位见表 3-4。

表 3-4　整理后不同 dcu cutoff 在 36 号 Pit Shells 中的地质矿量和品位

当量铜截止品位	矿石体积	矿石吨数	当量铜品位	当量铜金属量	铜品位	铜金属量	钴品位	钴金属量
0	20 410 233	48 984 562	3.954	193 706 376	3.451	169 024 661	0.068	3 326 377
1	16 716 277	40 119 069	4.780	191 755 034	4.192	168 173 233	0.079	3 178 140
1.1	16 410 191	39 384 462	4.849	190 983 869	4.258	167 714 989	0.080	3 135 968
1.2	16 117 379	38 681 712	4.916	190 176 834	4.322	167 163 994	0.080	3 101 461
1.3	15 837 604	38 010 251	4.981	189 337 066	4.380	166 476 852	0.081	3 080 891
1.4	15 551 151	37 322 764	5.048	188 408 905	4.439	165 672 372	0.082	3 064 223
1.5	15 263 464	36 632 315	5.116	187 407 209	4.499	164 793 610	0.083	3 047 655
1.6	14 982 242	35 957 382	5.183	186 360 988	4.557	163 848 354	0.084	3 034 048
1.7	14 662 024	35 188 858	5.260	185 092 530	4.624	162 695 894	0.086	3 018 415
1.8	14 326 760	34 384 225	5.342	183 684 541	4.694	161 407 459	0.087	3 002 302
1.9	13 964 294	33 514 306	5.433	182 075 561	4.771	159 905 088	0.089	2 987 934
2	13 611 582	32 667 796	5.523	180 425 276	4.848	158 365 048	0.091	2 973 077

(4) 选取合适的 dcu 截止品位

Whittle 中输出的矿量和品位、金属量都是考虑了贫化率和损失率的,为供给选厂的入选矿量,表 3-4 为地质量,需要考虑贫化率 5%、损失率 5%,结果见表 3-5。

表 3-5　考虑贫化率、损失率后的不同 dcu 截止品位下资源量

贫化率　5%
损失率　5%

当量铜截止品位	矿石体积	矿石吨数	当量铜品位	当量铜金属量	铜品位	铜金属量	钴品位	钴金属量
0	20 410 233	48 984 562	3.757	184 021 057	3.278	160 573 428	0.065	3 160 058
1	16 716 277	40 119 069	4.541	182 167 282	3.982	159 764 571	0.075	3 019 233
1.1	16 410 191	39 384 462	4.607	181 434 675	4.045	159 329 239	0.076	2 979 169
1.2	16 117 379	38 681 712	4.671	180 667 993	4.105	158 805 794	0.076	2 946 388
1.3	15 837 604	38 010 251	4.732	179 870 213	4.161	158 153 009	0.077	2 926 847
1.4	15 551 151	37 322 764	4.796	178 988 459	4.217	157 388 754	0.078	2 911 012
1.5	15 263 464	36 632 315	4.860	178 036 848	4.274	156 553 930	0.079	2 895 272
1.6	14 982 242	35 957 382	4.924	177 042 938	4.329	155 655 937	0.080	2 882 345
1.7	14 662 024	35 188 858	4.997	175 837 903	4.392	154 561 099	0.081	2 867 494
1.8	14 326 760	34 384 225	5.075	174 500 314	4.460	153 337 086	0.083	2 852 187
1.9	13 964 294	33 514 306	5.161	172 971 783	4.533	151 909 834	0.085	2 838 538
2	13 611 582	32 667 796	5.247	171 404 012	4.605	150 446 796	0.086	2 824 423

表 3-5 中当 dcu cutoff 在 1.6 时,与 Whittle 输出的 36 号 Pitshell 矿量、Cu 品位和金属量、Co 品位和金属量数据最接近。综上所述,本次选取 dcu cutoff 为 1.6 作为矿石的截止品位。

五、绘制最优境界壳的等值线

根据台阶高度绘制最优境界壳的等值线,以便于选取合适的台阶线用于绘制指定要求的终了境界。

(1) 设置工作文件夹

设置 openpit\02_LOM\03Whittle\02pitshell 为工作文件夹。

(2) 打开 DTM

双击 export36_dtm 打开 DTM。

(3) 绘制等值线

单击菜单栏 Surfaces → Contouring → Contour DTM in layer,在当前图层中的 DTM 进行等值线绘制,弹出等值线绘制设定界面,按照如图 3-61 所示填写,最小值 1 091,最大值 1 463,数据与我们设置的台阶标高对应的值一致。等值间隔 12,是因为台阶高为 12 m。单击 Apply 进行等值线绘制,绘制结果如图 3-62 所示。

(4) 保存线文件

双击 ,使得图层 finalpit_line 为当前图层,单击 弹出文件保存界面(图 3-63),单击 Apply 完成文件保存。

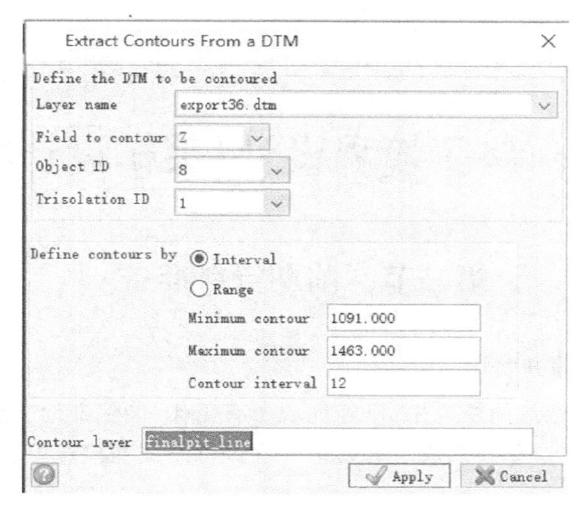

图 3-61　等值线绘制设定界面

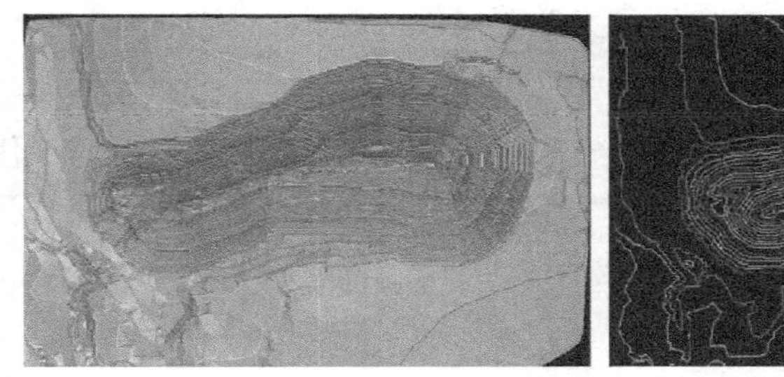 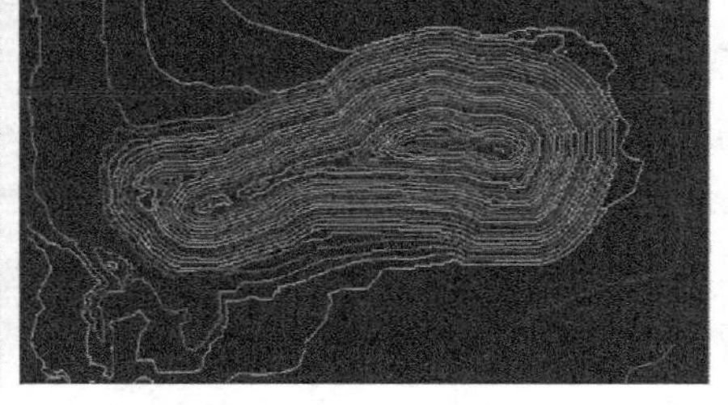

图 3-62　等值线绘制结果

Save File
Layer Name finalpit_line
Filename finalpit_line
Output Format Type Surpac String Files
Extension .str
Options...
File format text binary
DTM/3DM Options
Force rigid backwards compatibility
Force solid validation on save
String Range
Purpose
Save styles
Styles file name SSI_STYLES:styles.ssi
Apply Cancel

图 3-63　文件保存界面

第四章　终了境界设计(采矿设计模型)

第一节　前期资料准备

一、地表地形图收集并验证

第二章第二节地表地形图检查中,已经完成所有工作,能保证地表地形图能够完成覆盖最终境界的范围,那么在这里我们就没必要再一次进行验证和检查。

二、地质模型

地质模型为境界优化使用的块模型"2019a_whl_v1. mdl",需另存为"2019a_min_v1. mdl",并增加境界设计需要的边坡角、台阶宽度参数等属性。

三、辅助壳

绘制采矿设计露天终了境界需要用到辅助壳和辅助等高线,境界优化后的最优境界壳36号壳(export36. dtm)作为露采终了境界绘制的辅助约束壳使用,等值线文件 finalpit_line. str 作为绘制露采终了境界的等值线辅助使用。

四、露采边坡角区域划分及取值

露采边坡角区域划分及参数设定见表 3-1。

第二节　辅助文件绘制

一、终了境界要求说明

要求不一样,绘制终了境界的方法是不同的,有以下三种方法:

(1) 境界壳内的矿量全部开采,需要从最低标高台阶往上外扩绘制境界,这样绘制出的露采境界的实际剥采比会比境界优化中计算的剥采比大。

(2) 需要保持剥采比最小,则需要从标高最高处往下内缩绘制终了境界,这样可能采不到最低标高,不是全部的壳内矿石都开采出来。

(3) 剥采比比境界壳的小一些,比较接近境界壳的剥采比,则需要在中间合适标高位置选择闭合线圈,该线圈以下的台阶采用往下内缩绘制终了境界,以上的部分采用往上外扩绘制境界,最终合并形成终了境界。

为了保持与最优境界壳接近的剥采比,保证净现值和利润基本一致,本次选取方法(3)(综合法)来绘制露天终了境界。

二、绘制边坡分区线 DTM

(1) 设定工作文件夹

设定 03slope angle zone 为工作文件夹。

(2) 打开参照境界

双击 export36.dtm，打开 36 号最优境界壳。

(3) 创建工作图层 slope angle zone

点击 Create → New layer，弹出创建图层界面(图 4-1)，导航窗口显示如图 4-2 所示。

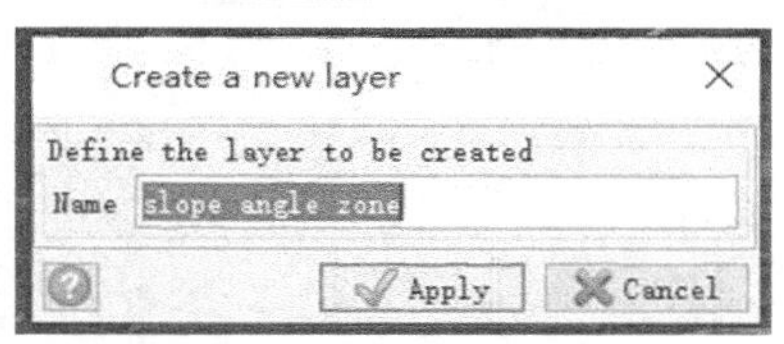

图 4-1　创建图层界面

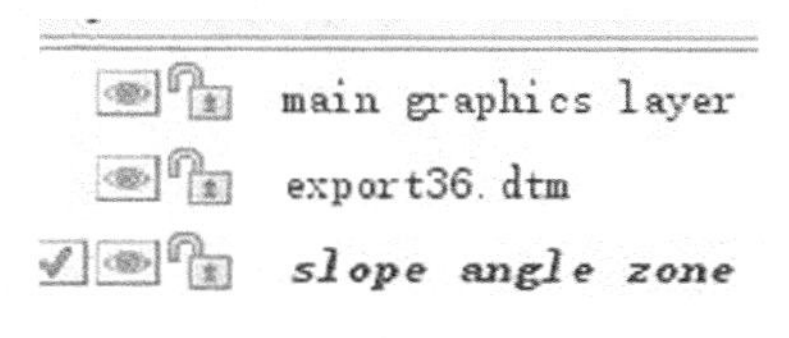

图 4-2　导航窗口显示

(4) 绘制边坡角分区线辅助线

点击 Create → Digitise → Properties，设置辅助线的属性，弹出属性设置界面(图 4-3)，标高设置为 1 500 是为了让辅助线浮于参照境界 36 号境界壳上面，以便于进行绘制工作。单击 Apply 完成设置。

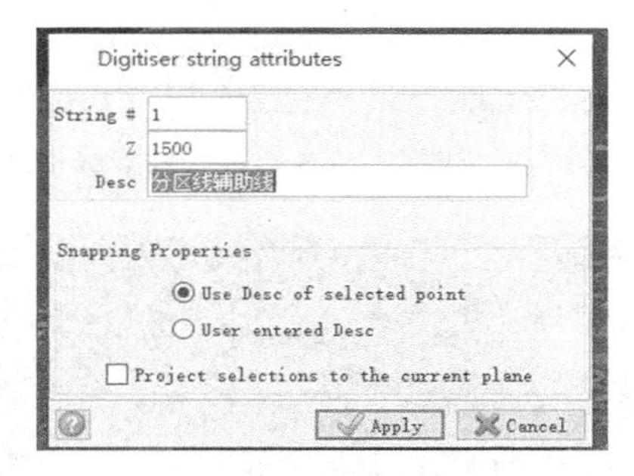

图 4-3　属性设置界面

单击工具栏 用鼠标绘制点。在图中境界东部选定第一个点单击完成第一个点绘制；拖动鼠标到第二个选定点的位置，单击完成第二个点绘制；单击 结束当前段的绘制，完成第一条辅助线段的绘制(图 4-4 左图)。同理在境界西部选定一个点，绘制第二条辅助线(图 4-4 右图是在左图基础上增加辅助线)。

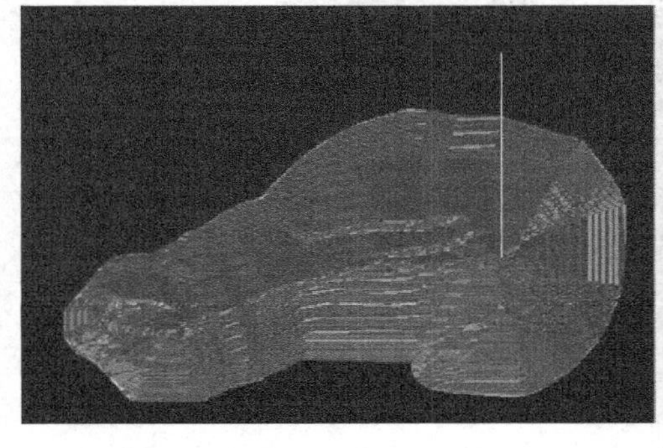
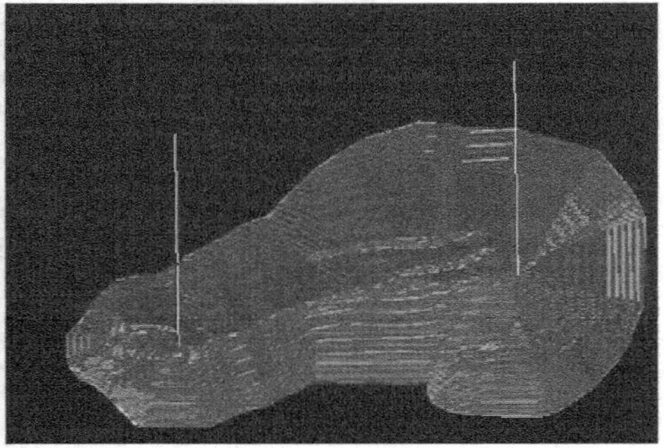

图 4-4　辅助件绘制

单击菜单栏 Display → Points → Numbers，显示线段点号，方便作图。

单击菜单栏 Create → Points → By bearing，选定根据方位角绘制点，选定东部线段起点 (下部),弹出根据方位角和距离绘制点界面(图 4-5),单击 Apply 完成 45°方位角的点的绘制,单击 (结束当前线段,为避免影响下个点的绘制)结果如图 4-6 所示。点 7 为本次绘制的 45°方位角的点,同法绘制东部线段 135°方位角辅助点,和西部线段 225°、315°方位角辅助点,结果如图 4-6 点绘制结果显示。

Locate point by bearing,distance and desi...

Gradient and angle

Units angle percentage "1 in x" ratio

Gradient 0

Bearing 45.0000

Distance

Along slope horizontal

Distance 300

Angle in various units of measurement

Angle units degrees

angle 0

percentage 0

ratio 1 in 100000000

Apply Cancel

图 4-5 根据方位角距离绘制点界面

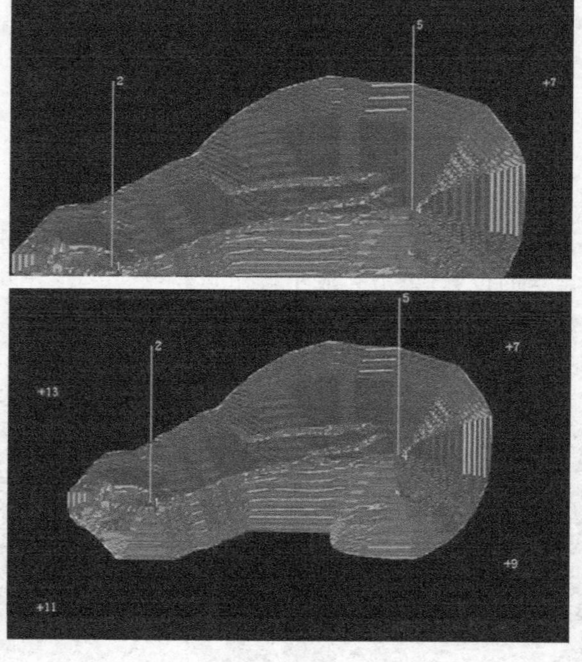

图 4-6 点绘制结果显示

单击工具栏 ,用鼠标点击绘制点,分别连接点 4 与点 7,完成 45°方位角线段绘制,单击 结束当前段的绘制。

同样的方法连接点 4 和点 9(方位角 135°),点 1 与点 11(方位角 225°),点 1 与点 13(方位角 315°),结果如图 4-7 所示。

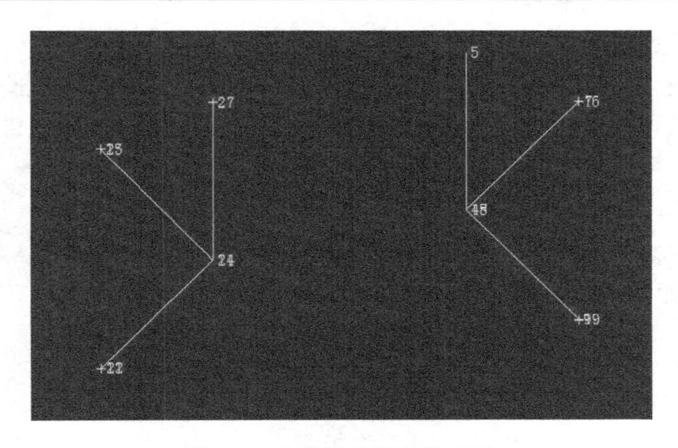

图 4-7　方位线绘制结果显示

(5) 修改辅助线线串号

单击菜单栏 Edit → Segment → Renumber，点中需要修改线串号的线，例如线 1，弹出重命名段号界面(图 4-8)，修改为线串 9。依次把需要修改的线段选中进行修改，结果如图 4-9 所示。

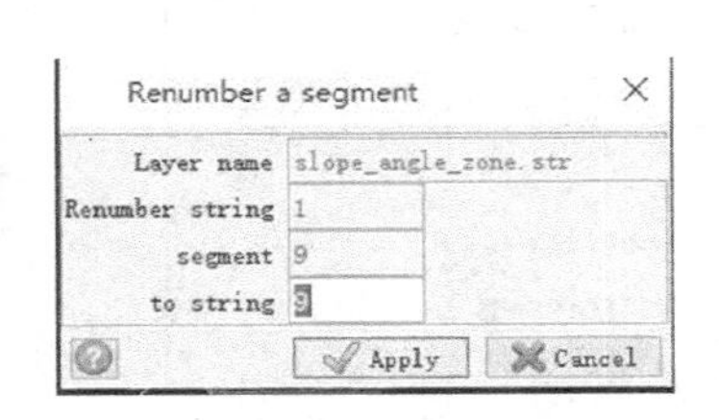

图 4-8　重命名段号界面

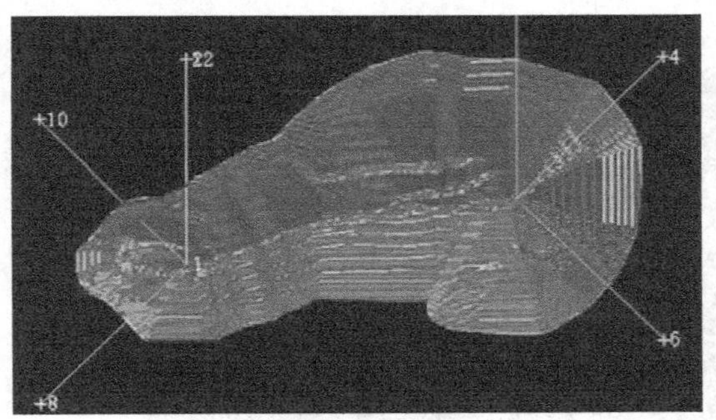

图 4-9　修改线串号绘制结果显示

(6) 删除不必要的点和线

因为该图层中不必要的点和线都为 1 号线串，需要的辅助线段都是 9 号线串，所以我们可以用删除线串的命令删除无用线段和点。

点击菜单栏 Edit → String → Delete，选中图层中 1 号线串的线段，执行删除辅助点和线后结果如图 4-10 所示。

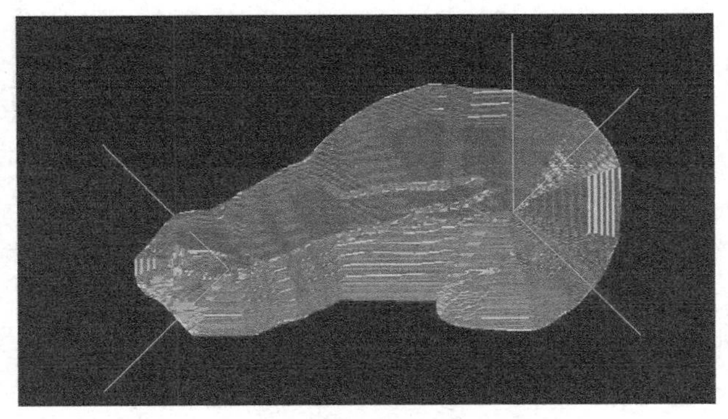

图 4-10　执行删除辅助点和线后结果显示

(7) 绘制块模型周线

双击 2019a_min_v1.mdl,打开采矿设计模型 2019a_min_v1,mdl,单击底部工具栏 2019a_min_v1 → Display 显示块模型,点击 Create → New layer,弹出创建图层界面(图 4-11),导航窗口显示见图 4-12。

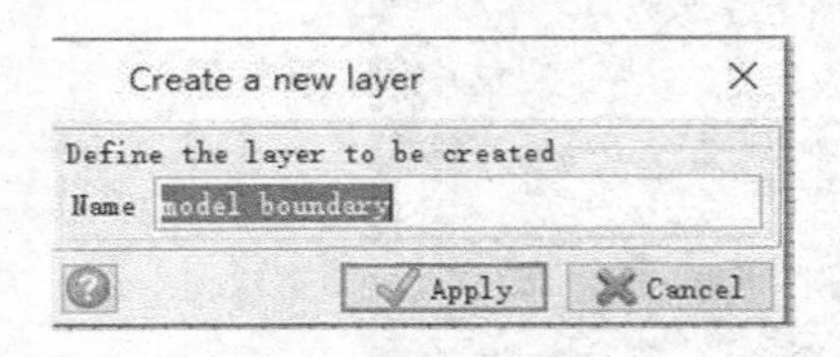

图 4-11　创建图层界面

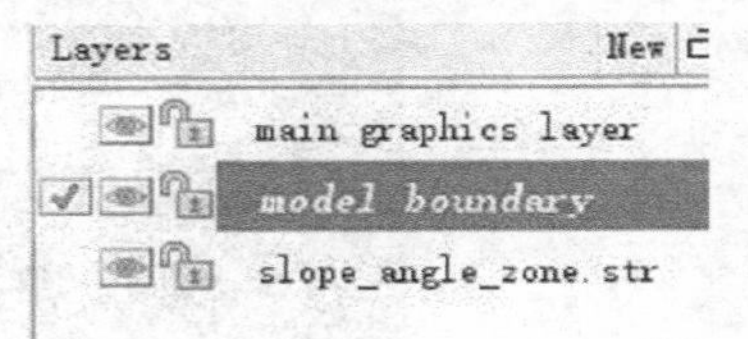

图 4-12　导航窗口显示

点击工具栏“开始绘制新线段”,沿着块模型周边绘制(大于块模型范围)的闭合线段,最后点击工具栏中“闭合当前线段”,完成该线段的闭合。

单击底部工具栏 2019a_min_v1 → Close 关闭块模型。绘制模型周边边界线结果如图 4-13 所示,修改块模型周线线号及调整 z 标高与边坡辅助线 z 标高一致(1 500 m)。

单击 Edit → Segment → Renumber,选取块模型周线,弹出重命名段号界面(图 4-14),单击 Apply,完成线号修改。

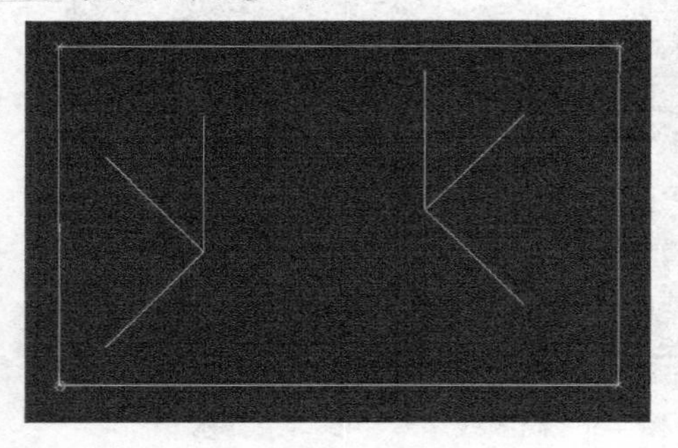

图 4-13　绘制模型周边边界线结果

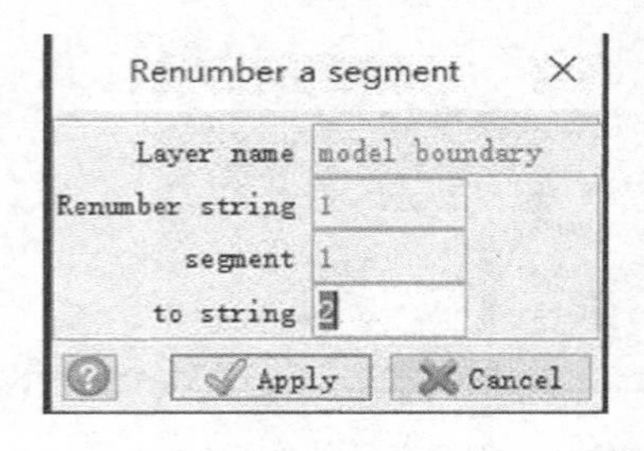

图 4-14　重命名段号界面

利用图层运算功能修改线标高。单击 Edit → Layer → Maths,弹出图层线串运算界面(图 4-15),单击 Apply 完成激活图层中线串 2 的标高运算(为 1 500)。

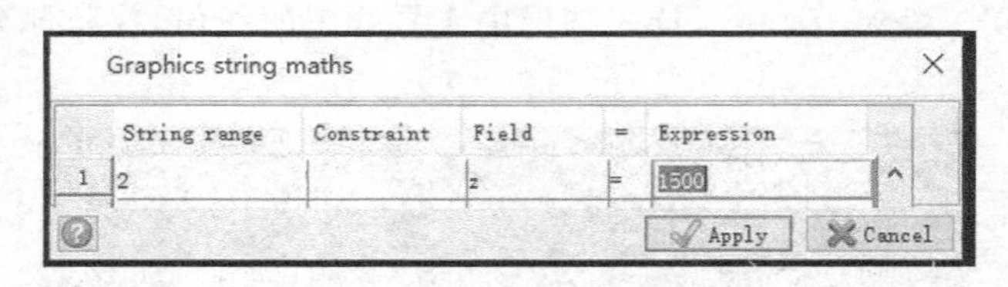

图 4-15　图层线串运算界面

保存块模型周线文件:单击工具栏,弹出保存文件界面(图 4-16),单击 Apply 完成文件保存。

(8) 扩展辅助线段到块模型边界

双击 slope_angle_zone.str,激活 slope_angle_zone 图层为当前层。

单击 Edit → Segment → Extend to line“延长到线”,延长边坡角辅助线到块模型周边线位置。先

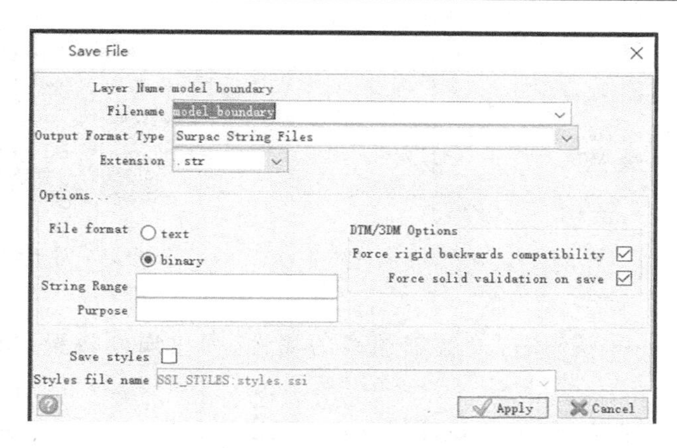

图 4-16　保存块模型周线文件界面

点辅助线离周线最近的点 13，再点周线，完成线段的延长，结果如图 4-17 所示(左图为未延伸前，右图为延伸后)；相同步骤完成剩余线段的延伸，结果如图 4-18 所示。保存块模型周线文件，单击工具栏完成文件保存。

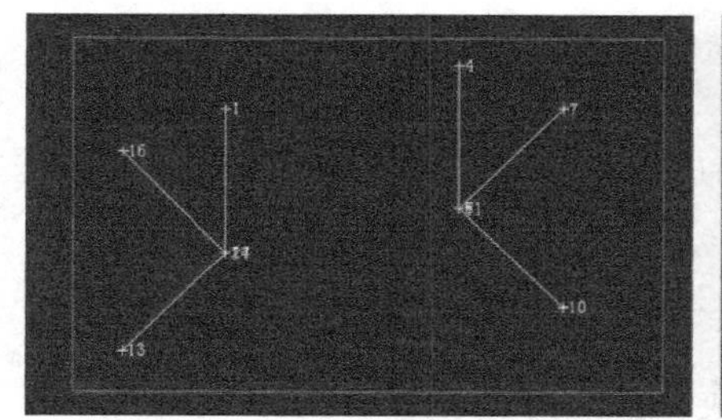
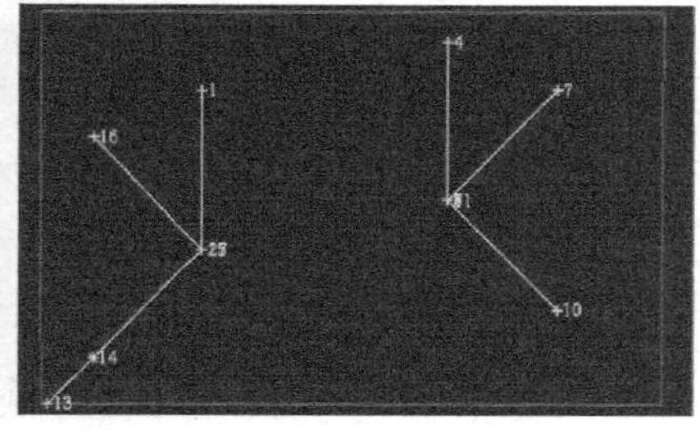

图 4-17　线段延长操作结果图显示

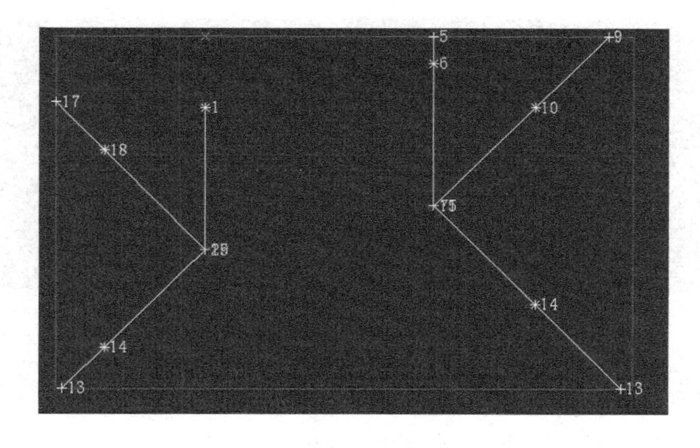

图 4-18　剩余线段延长操作结果图显示

(9) 绘制边坡分区线

边坡分区线由多个闭合的线段组成，不同线段采用不同的线串，以便区分。

点击 Create → New layer，弹出创建图层界面(图 4-19)，导航窗口显示见图 4-20。

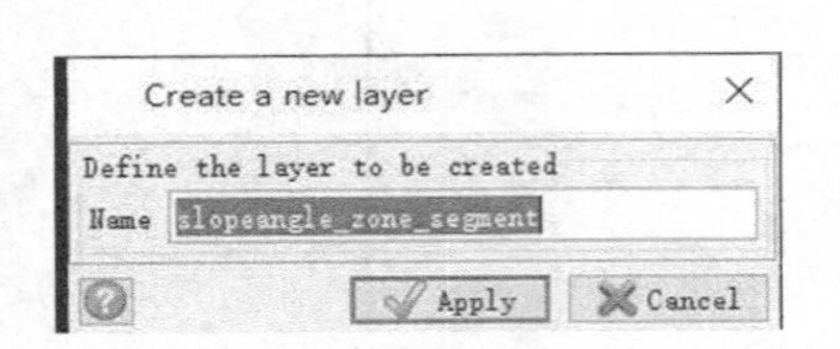

图 4-19 创建图层界面

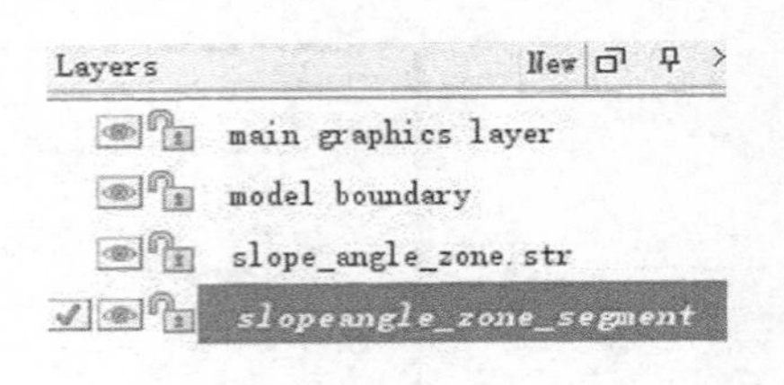

图 4-20 导航窗口显示

点击Create→Digitise→Properties，设置辅助线的属性，弹出属性设置界面(图 4-21)，单击Apply完成设置。

点击工具栏，选取Point，点捕捉方式。点击工具栏开始绘制新线段，依次选取点60、点 4、点 8，最后点击工具栏中(闭合当前线段)，对该线段闭合，完成方位角 0°的边坡分区闭合线段的绘制。同样方法完成其他边坡分区闭合线段的绘制。保存块模型周线文件，单击工具栏，完成文件保存，结果如图 4-22 所示(左图为包含辅助边坡角分区线的图层，右图只剩边坡分区线的图层)。

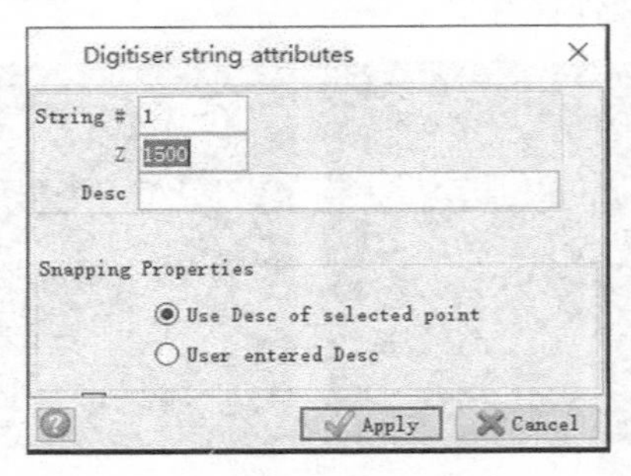

图 4-21 属性设置界面

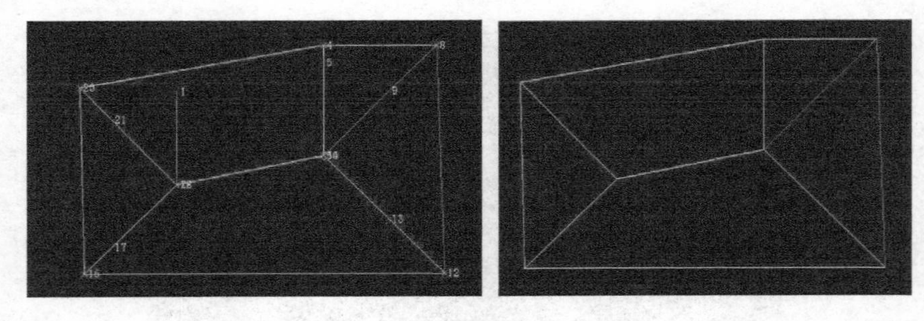

图 4-22 露采分区边坡线

(10) 图层运算

双击slopeangle_zone_segment，打开 slopeangle_zone_segment. str。

单击Edit→Layer→Maths，弹出图形运算界面如图 4-23 所示(线串号不填，表示图层中所有线串的 z 坐标都改为 1 340)，单击Apply完成激活图层中所有线串标高(运算为 1 340)，结果如图 4-24 所示(点击显示图层点的 z 属性，所有点的高程都为 1 340，则运算成功)。

鼠标左键点击slopeangle_zone_segment.str(未进行图层运算的文件，因为我们进行图层运算了，但还没保存，所以未对原文件进行改变)，同时按住 Ctrl 键，拖动该文件到激活层，保持未运算的

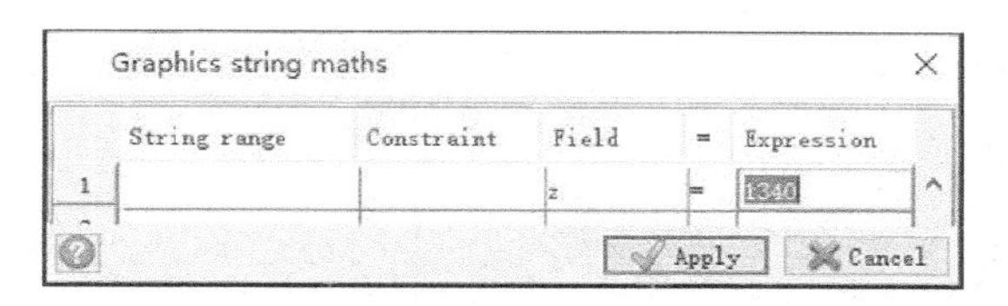

图 4-23　图形运算界面

边坡分区线与运算后的边坡分区线在同个图层,结果如图 4-25 所示(为了便于观察,旋转了角度)。

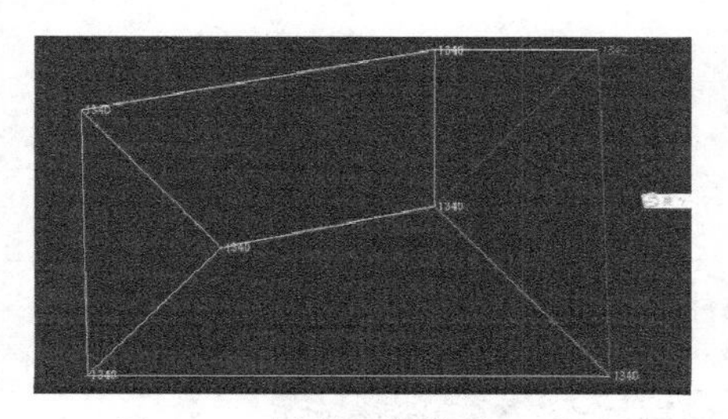

图 4-24　图形运算结果显示图

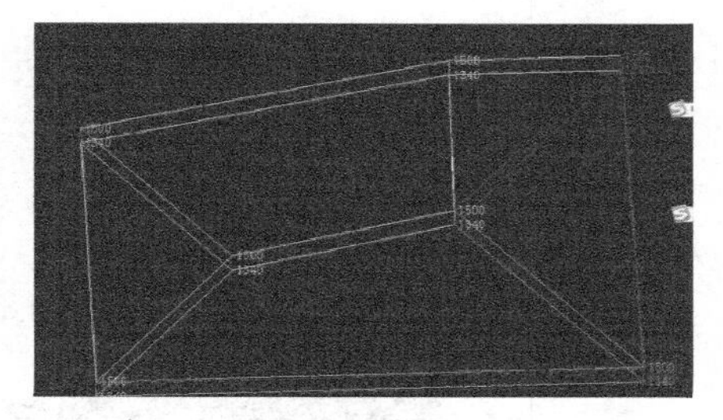

图 4-25　运算前后图层显示结果

(11) 绘制 1 340～1 500 标高实体

单击菜单栏 Solids → Triangulate → Inside a segment(首先选取在闭合线段内建立面是因为如果闭合线段点过密、点距太小会出错,这样能够更早发现错误,便于修改),弹出创建三角网界面(图 4-26),单击 Apply,选取闭合线段 1.1 完成实体顶部绘制,选取闭合线段 1.2 完成底部面的绘制,顶面和底面三角网汇总结果如图 4-27 所示。

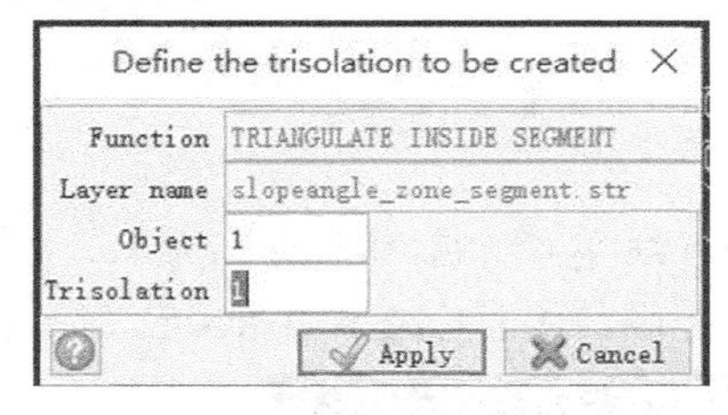

图 4-26　创建三角网界面

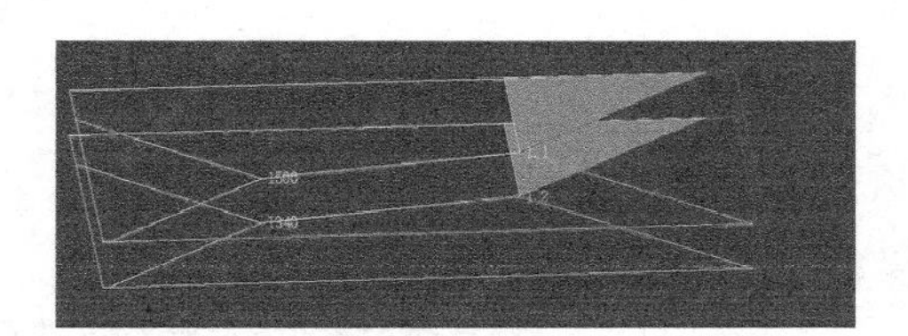

图 4-27　顶面和底面三角网汇总结果

单击菜单栏 Solids → Triangulate → Between segments,弹出创建三角网界面(图 4-28),单击 Apply,选取闭合线段 1.1 和 1.2,分别完成实体侧面绘制,侧面三角网汇总结果如图 4-29 所示。

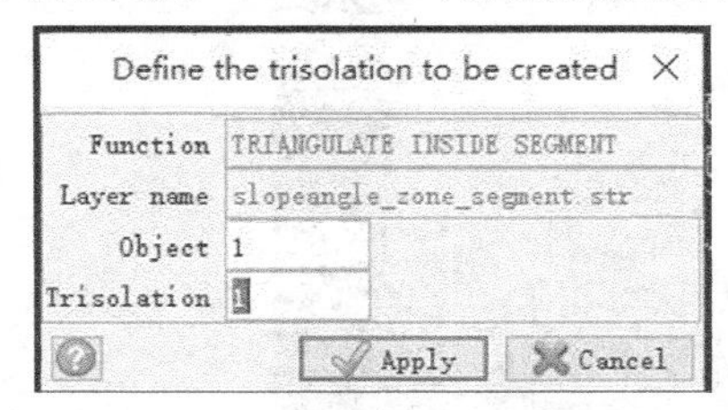

图 4-28　创建三角网界面

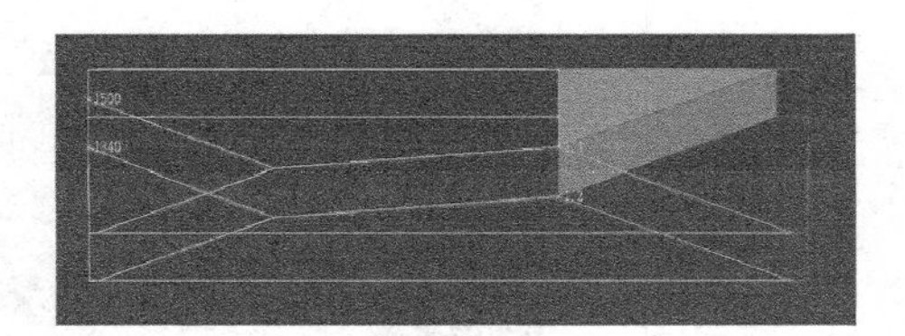

图 4-29　侧面三角网汇总结果

按照相同步骤分别完成剩余分区的绘制,体号分别为 2、3、4、5(不同体号用于约束时使用,及更好区分不同分区),单击保存文件界面(图 4-30),文件名为 slopeangle_zone_1340。

结果显示如图 4-31 所示。

Save File

Layer Name slopeangle_zone_1340.str
Filename slopeangle_zone_1340
Output Format Type Surpac DTM Files
Extension .dtm
Options...
File format text binary
String Range
Purpose
DTM/3DM Options
Force rigid backwards compatibility
Force solid validation on save
Save styles
Styles file name SSI_STYLES:styles.ssi
Apply Cancel

图 4-30 保存文件界面

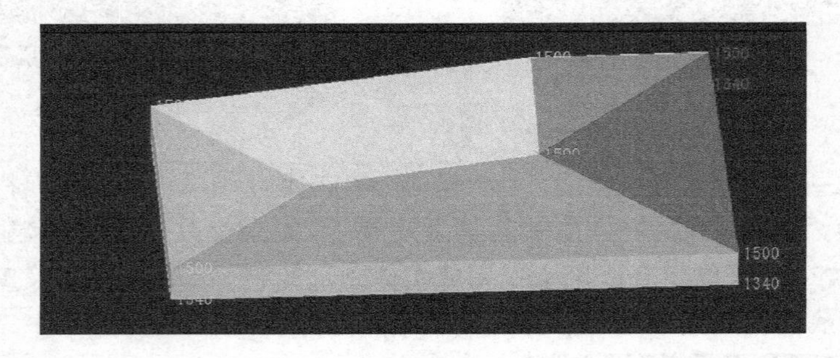

图 4-31 最终实体结果显示图

(12) 绘制 900～1 340 标高实体

同法完成底部标高 900 m、顶部标高 1 340 m 的分区线实体绘制,体号分别为 6、7、8、9、10,保存文件为 slopeangle_zone_900。标高 900～1 340 m 分区实体汇总结果如图 4-32 所示。

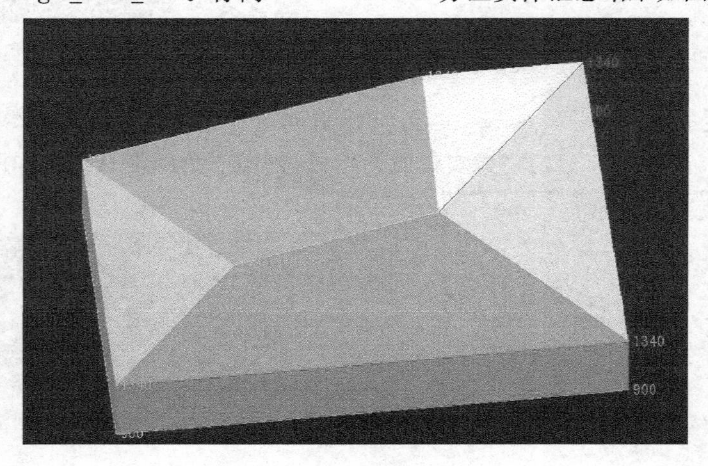

图 4-32 标高 900～1 340 m 分区实体汇总结果

(13) 合并 1 340～1 500 标高实体与 900～1 340 标高实体

用鼠标同时选择"slopeangle_zone_1340. dtm""slopeangle_zone_900. dtm",同时按住 Ctrl 键,拖动文件到图形区域,两个实体文件合并结果如图 4-33 所示。单击,保存文件名为 slopeangle_zone_900&1340。删除 slopeangle_zone_900. dtm、slopeangle_zone_900. str、slopeangle_zone_1340. dtm、slopeangle_zone_1340. str 这 4 个中间过程文件

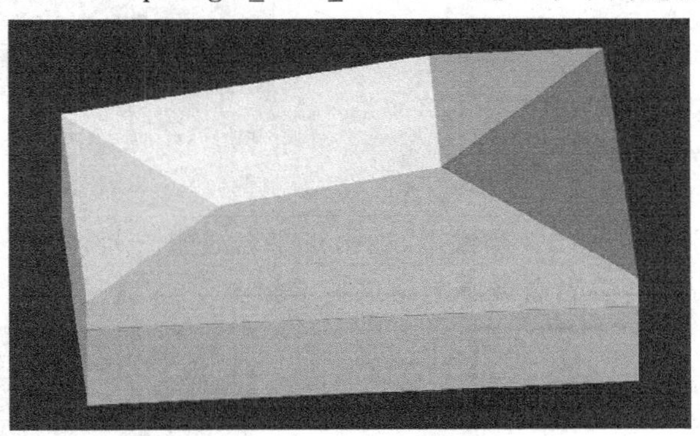

图 4-33　两个实体文件合并结果

三、绘制用于开始绘制境界的初始闭合线

(1) 打开 finalpit_line. str

双击 finalpit_line.str 打开 finalpit_line. str 文件,finalpit_line. str 文件如图 4-34 所示。

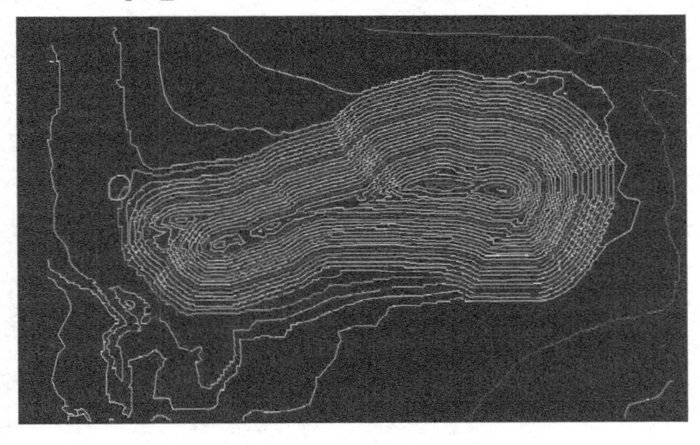

图 4-34　finalpit_line. str 文件显示结果

(2) 选定闭合线

经过观察研究,最能够体现封闭圈完整且接近地表的封闭圈为红色圆圈标识的红色闭合线圈,点击查询点属性功能,选取红色线段,显示Layer=finalpit_line.str String=27 Segment=1 Point=48 Y=309408 X=439950 Z=1403 Desc=,说明该线段线串号为 27,标高为 1 403,我们选取 27 号线串作为终了境界绘制的起始线。

(3) 设定工作文件夹

设定工作文件夹为 01finalpit。

(4) 删除不需要的线串

单击菜单栏 Edit → String → Delete range 弹出根据范围删除线串界面(图 4-35),删除 0～26 和

28～100 之间的线串,保留 27 号线串,单击 Apply,结果如图 4-36 所示。为了表明改线为起始绘制线,最好把线串号改为 1 号线,以便于辨识。

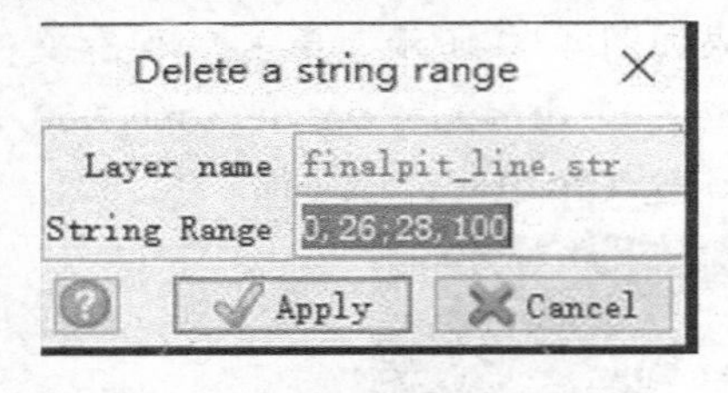

图 4-35 根据范围删除线串界面

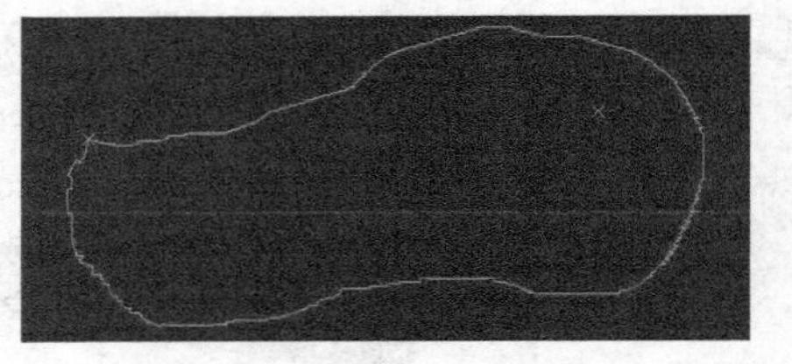

图 4-36 删除不必要线串后闭合线段

单击重命名线串号,选取 27 号线串,弹出重命名线串界面,按照如图 4-37 所示填写,单击 Apply 完成线串重命名,重命名线串名结果显示如图 4-38 所示。

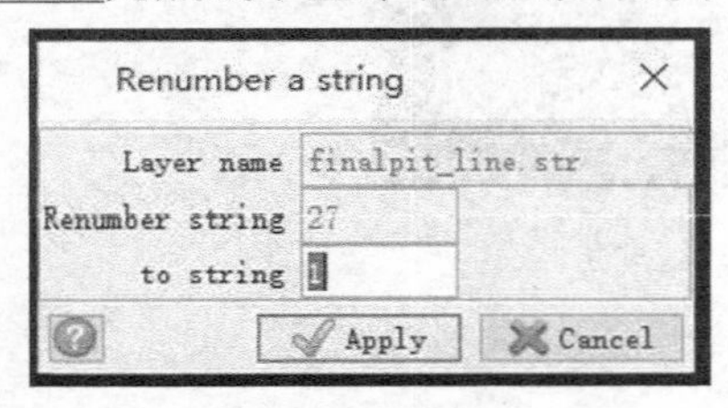

图 4-37 重命名线串界面

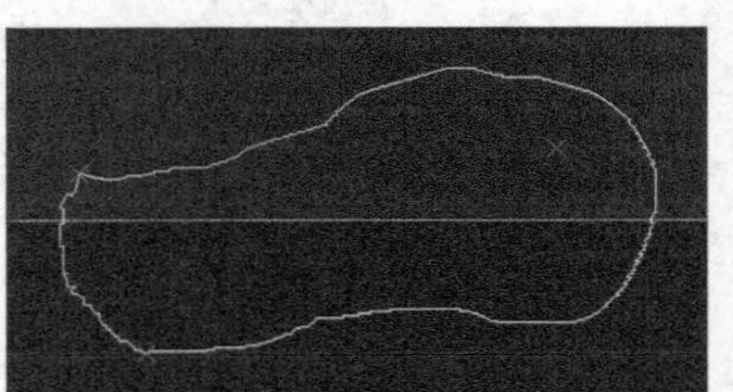

图 4-38 重命名线串名结果显示

(5) 另存文件

单击菜单栏 File → Save as ,弹出文件保存界面(图 4-39),单击 Apply 完成保存。

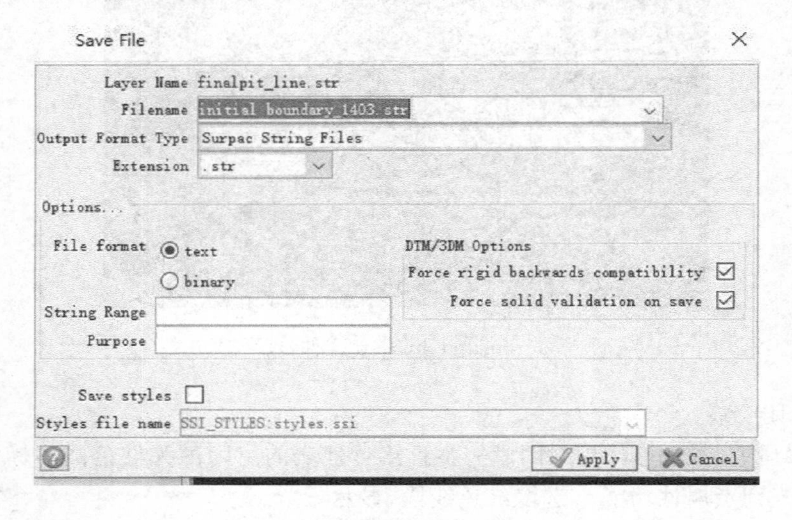

图 4-39 初级闭合体文件保存界面

(6) 修整线

点击删除点,把图 4-40 线段凸出点图中这些凸出部位的点删除,使得线变直变圆滑,平滑线段结果如图 4-41 所示。

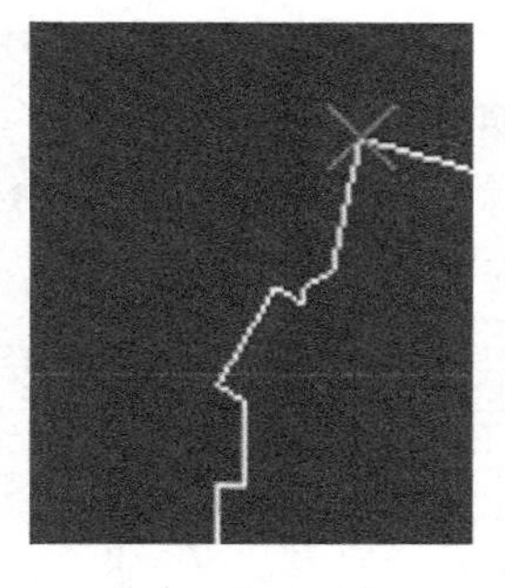

图 4-40　线段凸出点图

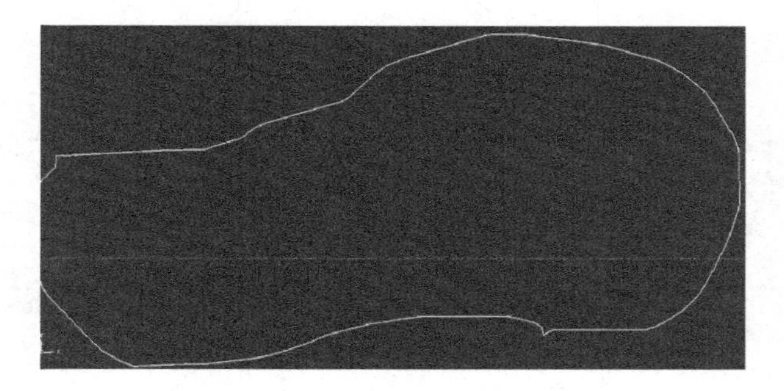

图 4-41　平滑线段结果

(7) 保存文件

单击对修改后的文件进行保存。

第三节　给台阶坡面角与平台宽度赋值

一、各分区台阶坡面角和平台宽度数据(表 4-1)

表 4-1　各分区台阶坡面角和平台宽度数据

标高	方位/(°)	台阶坡面角/(°)	双并段高/m	坡面水平距离/m	平台宽/m	水平总长/m	边坡角/(°)
1 340 m以上	0	70	24	8.74	19.86	28.60	40
	45	70	24	8.74	20.90	29.64	39
	135	70	24	8.74	17.91	26.65	42
	225	70	24	8.74	21.98	30.72	38
	315	70	24	8.74	15.26	24.00	45
1 340 m以下	0	70	24	8.74	15.26	24.00	45
	45	70	24	8.74	14.44	23.18	46
	135	70	24	8.74	13.64	22.38	47
	225	70	24	8.74	15.26	24.00	45
	315	70	24	8.74	14.44	23.18	46

二、新建属性

新建属性,属性名分别为 wba(work bench angle)、bw(bench width)、osa(over slope angle,台阶坡面角)。

(1) 设置工作文件夹

双击 v1 ,设置 openpit\02_LOM\02model\04model_pit\v1 为工作文件夹。

(2) 打开块模型

双击打开采矿设计模型 2019a_min_v1,mdl,单击底部工具栏 2019a_min_v1.mdl → Display ,显示块模型。

（3）新建属性

单击 Block model → Attributes → New，弹出增加属性界面，按照如图 4-42 所示填写，单击 Apply 完成新属性增加。单击 Block model → Block model → Save，保存块模型修改成果（增加属性）。

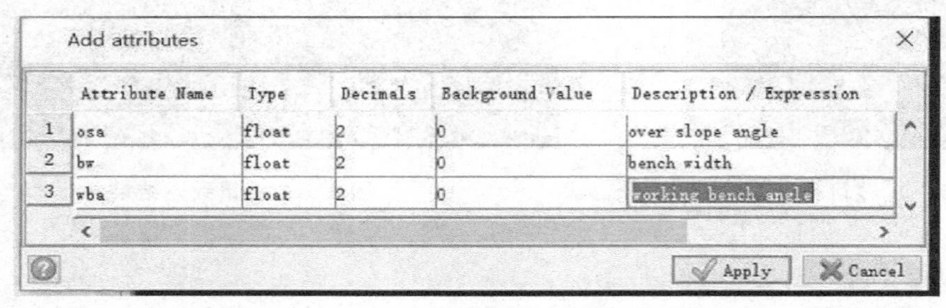

图 4-42 增加属性界面

三、给属性赋值

单击 Block model → Estimation → Assign value，弹出赋值界面（图 4-43），三个属性一起赋值（因为赋值约束条件是一样的）。点击 Apply，弹出约束条件界面（图 4-44），点击 Apply，弹出文件覆盖信息提示（图 4-45），单击 Yes 进行属性赋值运算，单击 Block model → Block model → Save，保存块模型修改成果。

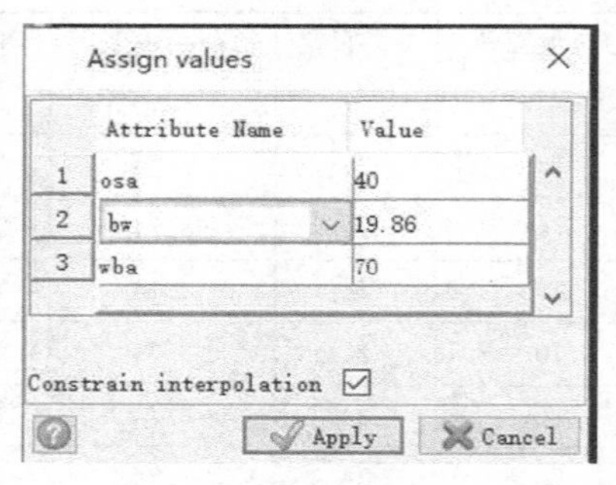

图 4-43 赋值界面

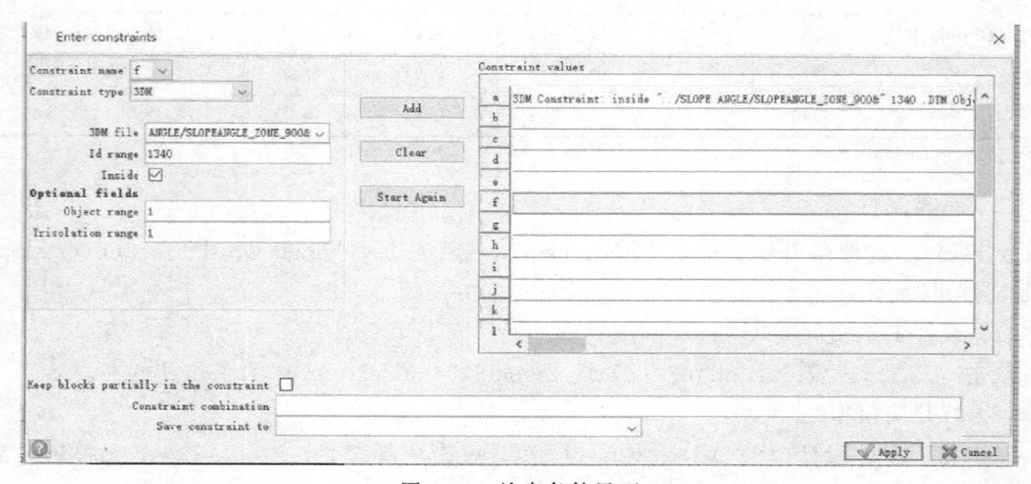

图 4-44 约束条件界面

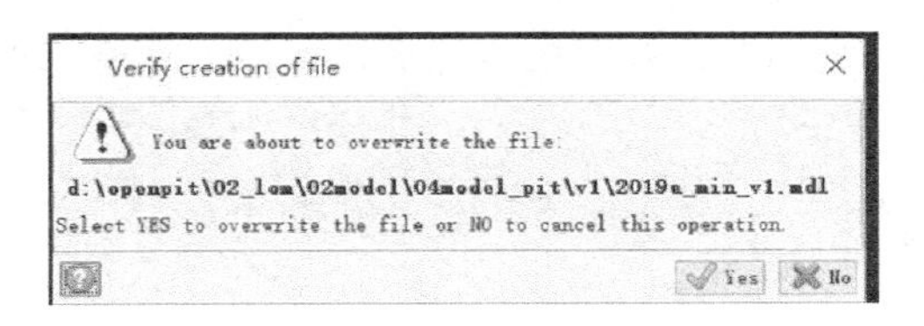

图 4-45　文件覆盖信息提示

按照相同方法完成剩余分区的属性赋值(一共 10 个分区)。

分区属性赋值结果如图 4-46 所示(图 4-46 左图标高为 1 340～1 500 m,右图标高为 900～1 340 m)。

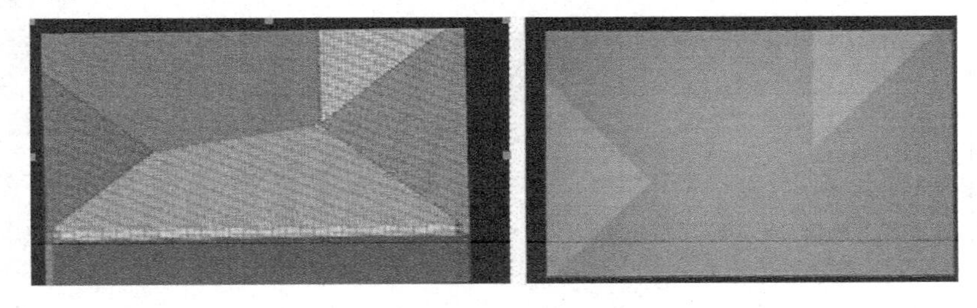

图 4-46　分区属性赋值结果

四、保存采矿设计模型的 summary

单击菜单栏 Block model → Block model → Summary,弹出块模型 summary 格式界面,按照如图 4-47 所示填写,Save Summary? ☑ 需打"√",输出报告名如下填写 Output Report File Name 2019a_min_v1.mdl 。

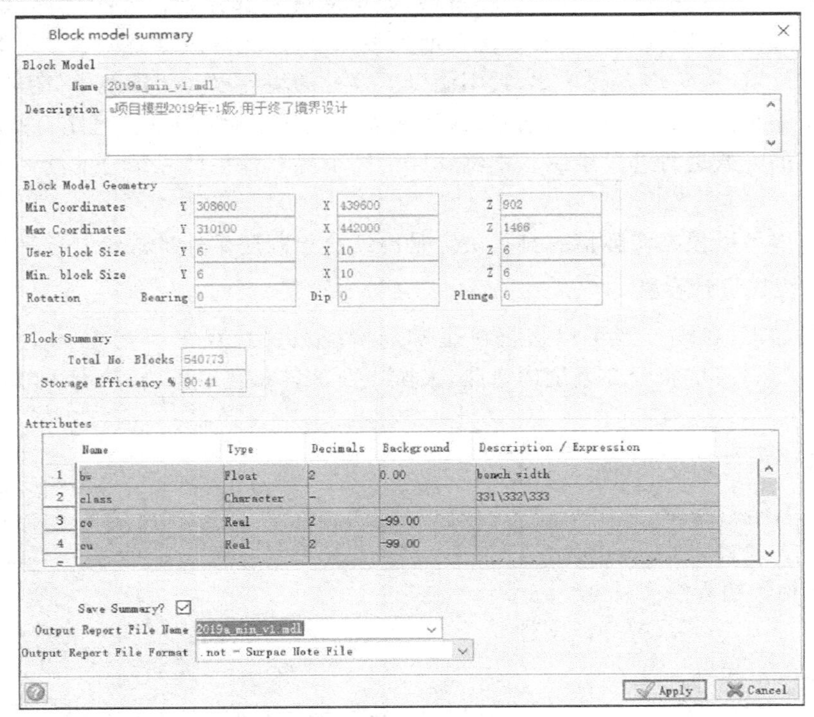

图 4-47　块模型 summary 格式界面

采矿设计模型 2019a_min_v1,mdl 完成修正后的 summary 文件显示如图 4-48 所示。

```
GEOVIA                                                              Dec 09, 2019
Type                    Y         X        Z
-------------------------------------------------
Minimum Coordinates   308600    439600    902
Maximum Coordinates   310100    442000    1466
User Block Size       6         10        6
Min. Block Size       6         10        6
Rotation              0.000     0.000     0.000

-----------------------------------
Total Blocks           540773
Storage Efficiency %   90.41
Attribute Name  Type         Decimals  Background  Description
------------------------------------------------------------------------------------------------------
bw              Float        2         0           bench width
class           Character    -                     331\332\333
co              Real         2         -99
cu              Real         2         -99
dcu             Calculated   -         -           iif(min_d=4,cu+7.42*co,iif(min_d=4,cu+0*co,iif(min_d=1,0,cu+co)))
mat             Character    -         waste       air/waste/ecu/eco
min_d           Integer      -         99          1 air_domain 2 countrycrock_domain 3 cu_domain 4 cuco_domain
osa             Float        2         0           over slope angle
pob             Float        2         0           比例系数
relf            Float        3         0           Reliability coefficient可靠系数
sg              Real         2         2.4         densiy
vaf             Float        3         0           volume adjust factor
wba             Float        2         0           work bench angle
                          Block Model Summary                          Block model:2019a_min_v1
a项目模型2019年v1版,用于终了境界设计

Block Model Summary                                                    1/1
```

图 4-48　修正后的 summary 文件显示结果

第四节　绘制终了境界

最优境界壳只是一个壳,没有平台和道路,如果从最底部开始往上扩境界,那样最终境界会比最优境界壳往外扩很多,且剥采比会增大很多,可能经济效益就差很多。为了尽量减少实际外扩的影响,避免增大剥采比,封闭圈以下部分的境界以封闭圈线串(闭合线段)为起始线从内往下缩小的方式进行内缩绘制;封闭圈以上境界以封闭圈线串(闭合线段)为起始线从下往外扩的方式进行外扩绘制。本例就以下缩境界和外扩境界结合的绘制方法进行详细论述。

实际操作中可以根据实际情况自行决定是内缩法绘制还是外扩法绘制露采境界。

一、露采境界设计参数

道路参数如下(各设计者可以根据矿山实际情况布置):双车道宽 25 m,单车道宽 15 m,道路坡度 10%;采坑布置 2 条坑内道路,采坑东西部各布置一条;台阶高 12 m,双并段高 24 m。

二、设置道路开口

(1) 设定工作文件夹

设定工作文件夹为 01finalpit。

(2) 打开初始边界线文件

双击 initial_boundary_1403.str ,打开线文件。

(3) 绘制道路起点

点击显示点属性功能,显示点的标记,弹出绘制标记界面(图 4-49),显示线的标记(图 4-50)。

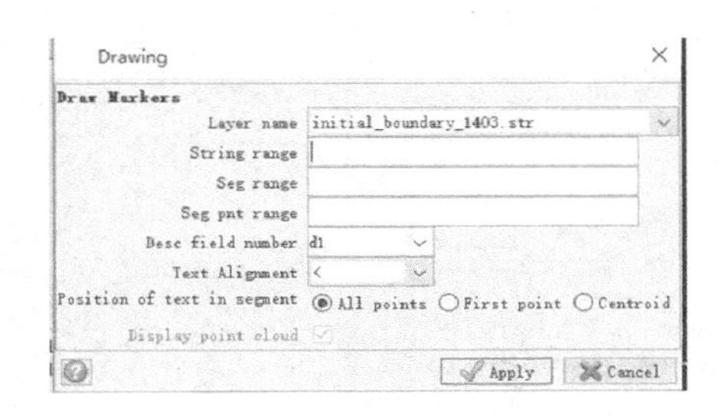

图 4-49　绘制标记界面

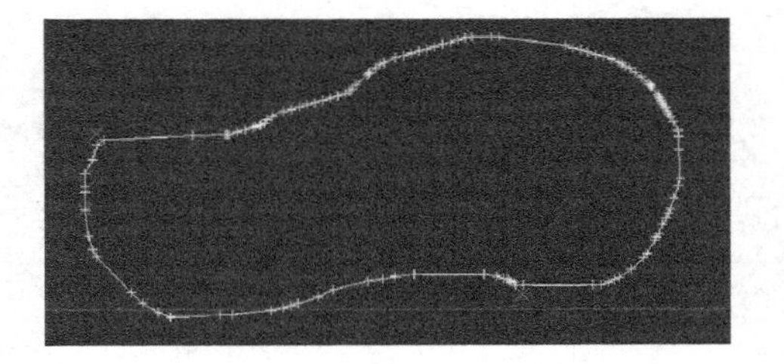

图 4-50　显示线的标记

点击工具栏选取捕捉方式，选 Point 捕捉点方式。

单击 Create → Circle by drag 绘制圆，选取圆心点，弹出输入绘制圆的参数界面(图 4-51)，单击 Apply 完成半径 25 m 的圆绘制。单击 Edit → Point → Move，选取绘制境界的起始线段中离辅助圆圆心最近的点，将该点移动到辅助圆的线上，结果如图 4-52 所示。继续使用点移动(或删除点)功能，调整需要移动的点，使闭合线段圆滑，完成西部道路起始位置的绘制。

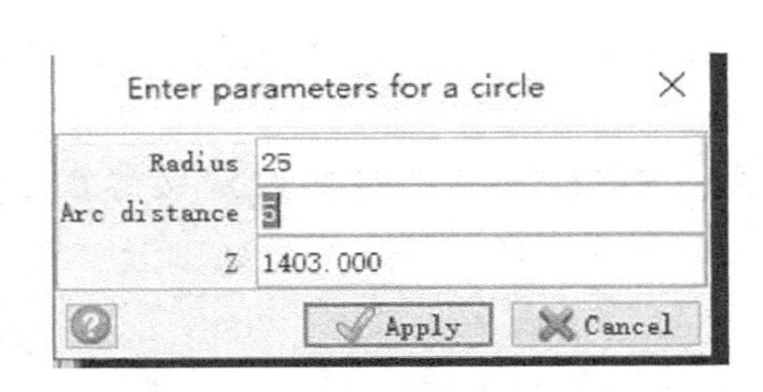

图 4-51　输入绘制圆的参数界面

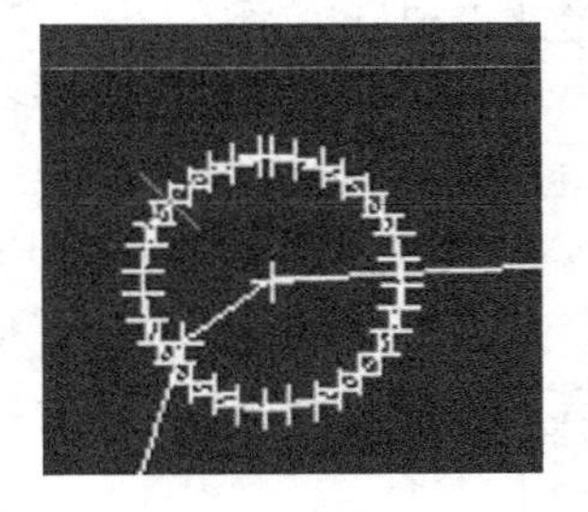

图 4-52　绘制西部道路入口圆

同法完成东部道路起始位置的绘制，最终结果如图 4-53 所示。

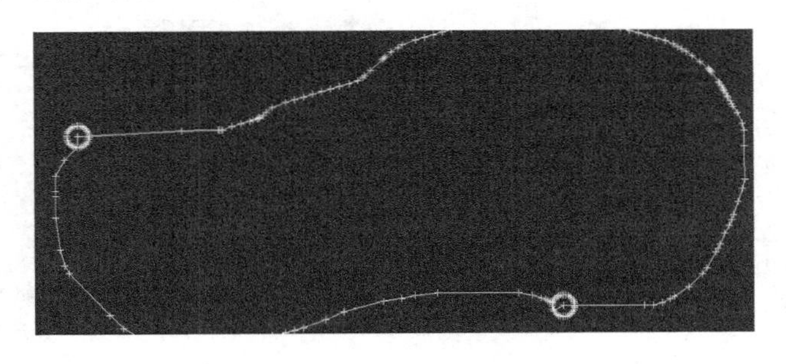

图 4-53　东西部道路入口绘制

点击工具栏删除线段，依次删除辅助圆。

这样我们完成了绘制境界的道路设计起始开口位置的布置工作。单击，保存工作成果。

单击 File → Save as，弹出文件另存界面(图 4-54)，填写文件名 initial_boundary_1403_down (表示 1 403 m 标高往下内缩起始线段)，单击 Apply 完成文件保存。

点击，清除屏幕。

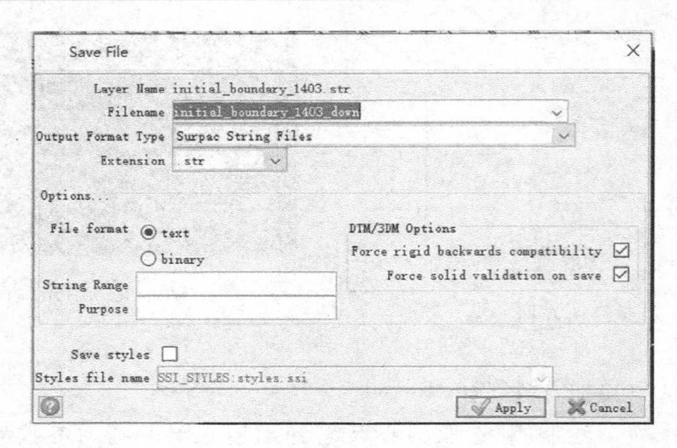

图 4-54　文件另存界面

三、地表封闭圈以下露采采坑境界绘制

(1) 道路设置

双击 initial_boundary_1403_down.str,重新打开文件。单击 Display → Point → Markers,弹出绘制标记界面(图 4-55),重新显示线段的标记。

单击 Design → Pit design → New ramp,选取道路开口两点,弹出道路参数定义界面(图 4-56),道路名命名为 w1,表示西部道路,单击 Apply 完成西部道路设置。

同法完成东部道路设置。

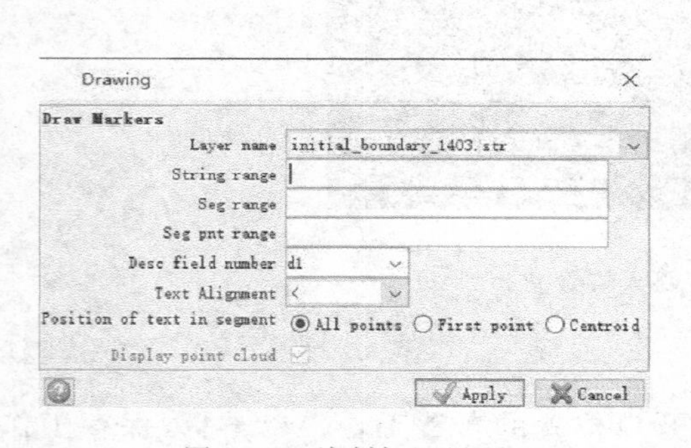

图 4-55　绘制标记界面

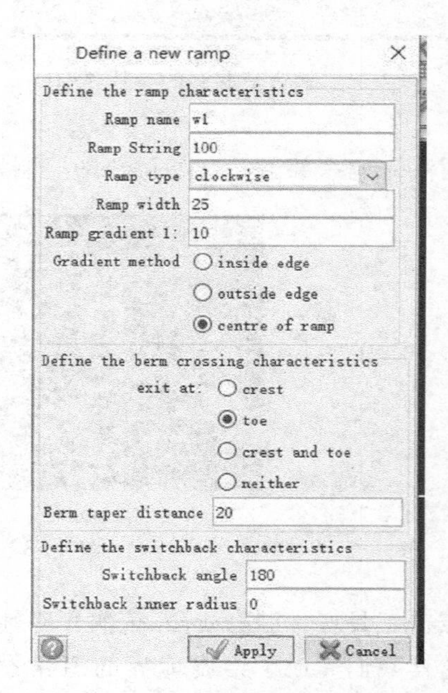

图 4-56　道路参数定义界面

(2) 打开块模型

双击 2019a_min_v1.mdl,打开境界设计的块模型。之所以要打开块模型,是因为境界设计的边坡参数要在块模型中储存。

(3) 设置设计坡面角

单击底部工具栏中的，弹出坡面角设置界面，按照如图 4-57 所示填写，70 表示工作帮坡度为 70°，单击Apply完成设置。

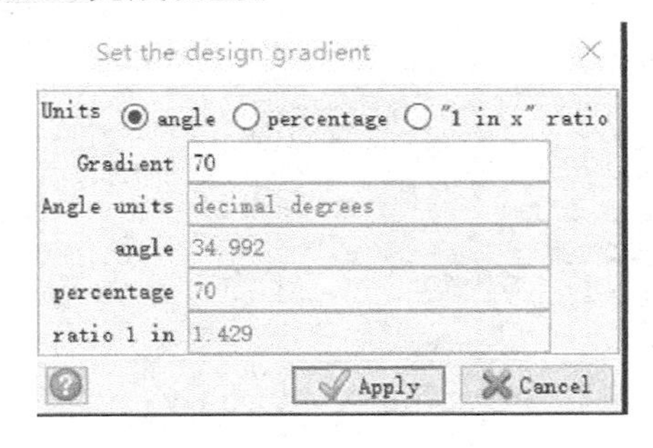

图 4-57　坡面角设置界面

(4) 绘制下缩境界

① 台阶往下内缩

单击 Design →Expand segment → By bench height(根据台阶高度绘制坡底线)，弹出通过台阶高扩充线段界面，按照如图 4-58 所示填写，单击Apply，往下内缩扩展结果如图 4-59 所示。

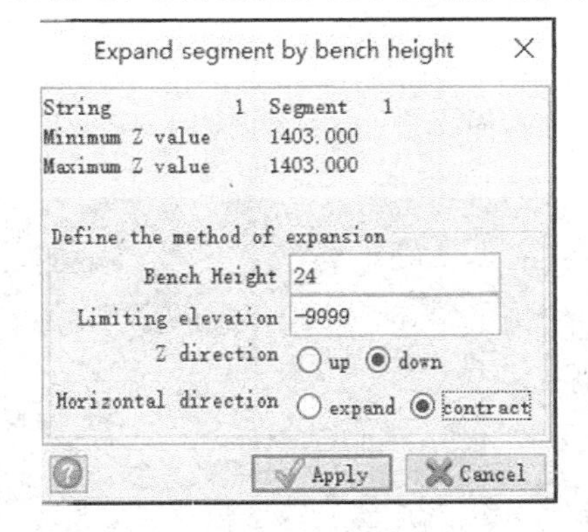

图 4-58　通过台阶高扩充线段界面

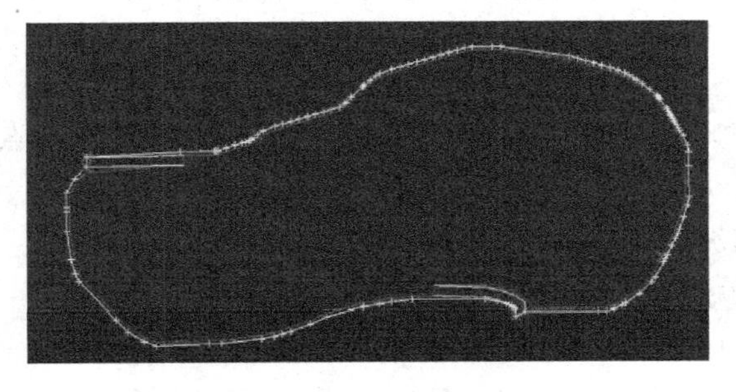

图 4-59　往下内缩扩展结果

② 扩展平台(平台宽度)

单击 Design →Expand segment → By berm width(根据平台宽绘制坡顶线)，选取线串 2，弹出通过平台宽度扩展线段界面，按照如图 4-60 所示填写，单击Apply完成平台扩展，结果如图 4-61 所示。

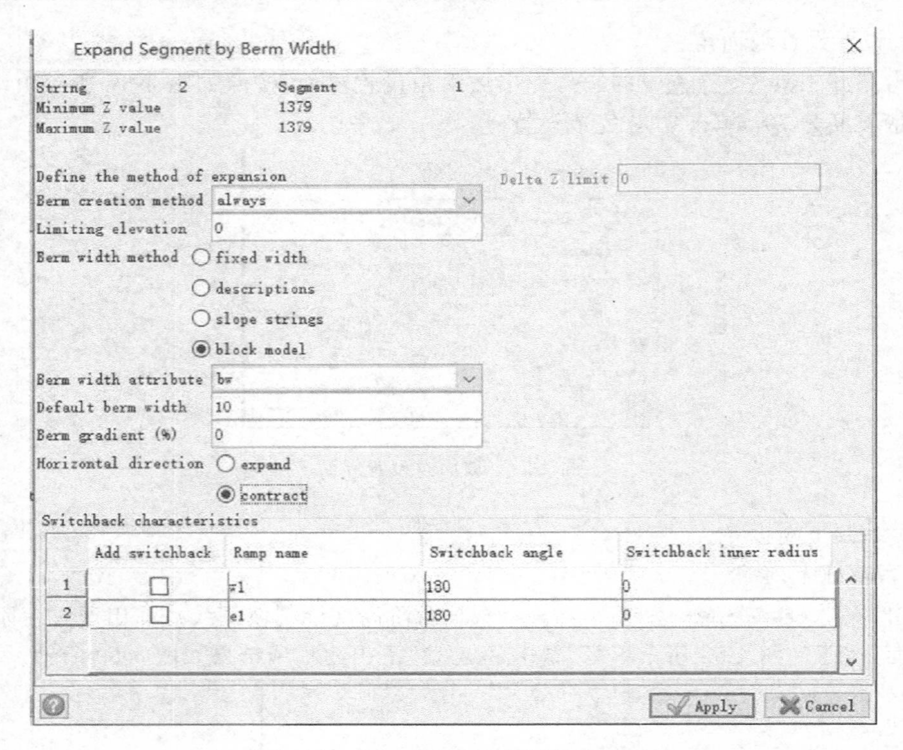

图 4-60 通过平台宽度扩展线段界面

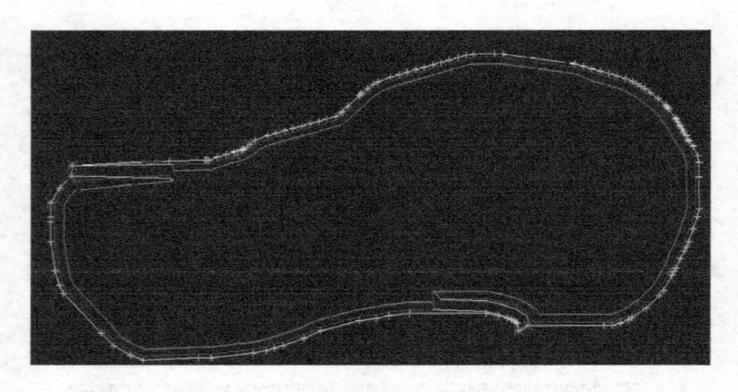

图 4-61 根据平台宽度扩展平台坡顶线段

观察各点和线,发现有不对的地方(如线条不能相交的相交,拐点太突兀)需进行修改,如图 4-62 所示修改处。

③ 剩余坡顶线和坡底线绘制

同法完成剩下坡顶线和坡底线的绘制,直到无法往下扩展。结果如图 4-63 所示。

(5) 验证错误

单击 Surfaces → Create DTM from Layer(创建 DTM),弹出从工作层创建 DTM 界面,按照如图 4-64 所示填写,单击 Apply,无法形成 DTM,命令栏提示"Warning: 7 breakline intersections found ...... Cannot form the DTM. Please use 'Edit->Layer->Clean' and choose 'Cross-overs' to see the intersection points. Warning: Error forming DTM",有 7 出断点相交,需修改。

使用点移动、删除功能,修改相交点和断点,点击完成工作结果保存。再进行 DTM 创建,成功创建 DTM,不保存,只需保存线文件。

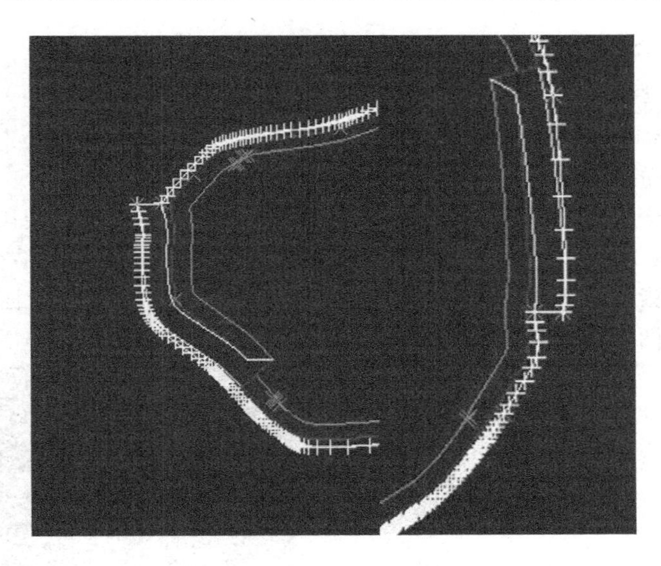

图 4-62　修改突变的怪异点位置

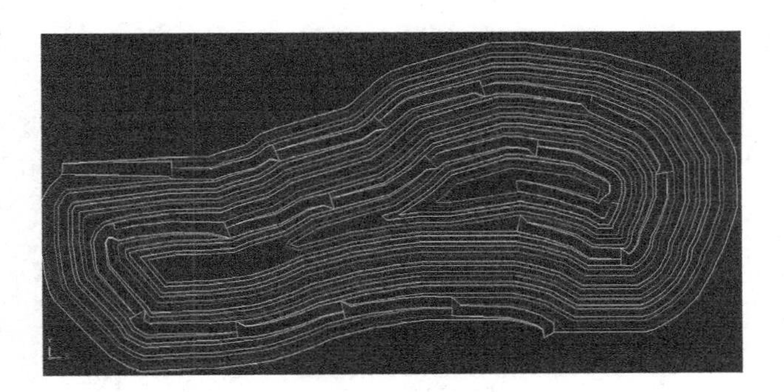

图 4-63　往下内缩扩展采坑最终结果

Create a DTM From a Layer

Object ID 1

Object name

Projection plane

The triangles will initially be created on a temporary 2D plane.

Create on: The XY plane

After creating the surface, change the current plane to the best-fit plane.

Creating a DTM using breakline test

☑ Perform break line test

☐ Interpolate additional points

Point interpolation distance 50

Apply　Cancel

图 4-64　从工作层创建 DTM 界面

四、地表以上境界绘制

(1) 打开开始线段

单击 initial_boundary_1403.str 打开起始闭合线段。

(2) 显示线段的标记

单击 Display → Point → Markers,弹出绘制标记界面(图 4-65),重新显示线段的标记。

线串 1 和线段 1 可以不填,因为目前该图层只有线串 1 线段 1(如果有多个线串或多个线段,则必须填写指定的线段的线串号和线段号),单击 Apply 完成线段标记的显示,以便于后续点的操作,如图 4-66 所示。

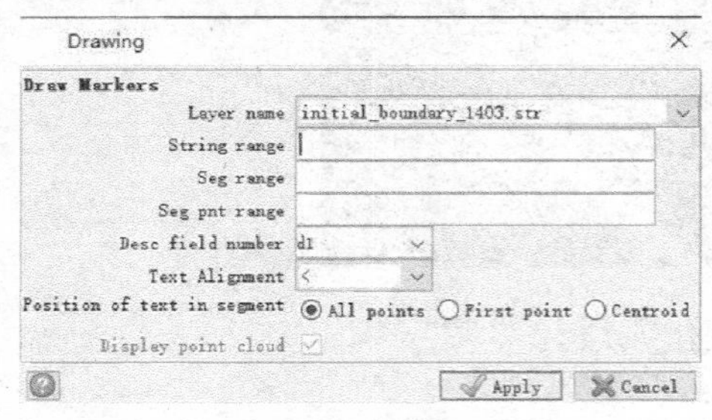

图 4-65　绘制标记界面

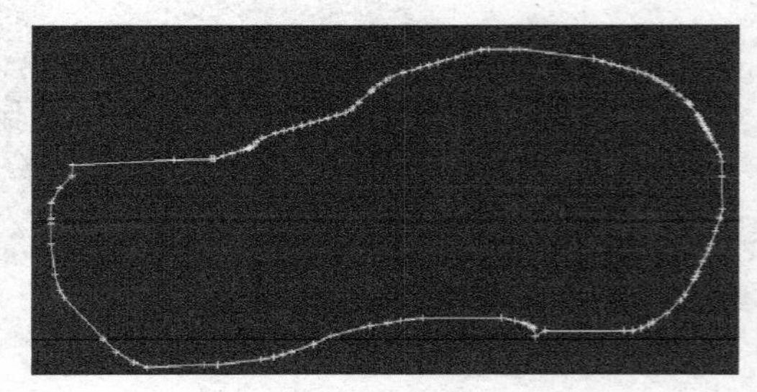

图 4-66　显示线点标记

(3) 坡面角设置

单击底部工具栏 Str = 1 0.000% 中的 0.000%,弹出坡面角设置界面,如图 4-67 填写,单击 Apply 完成设置。

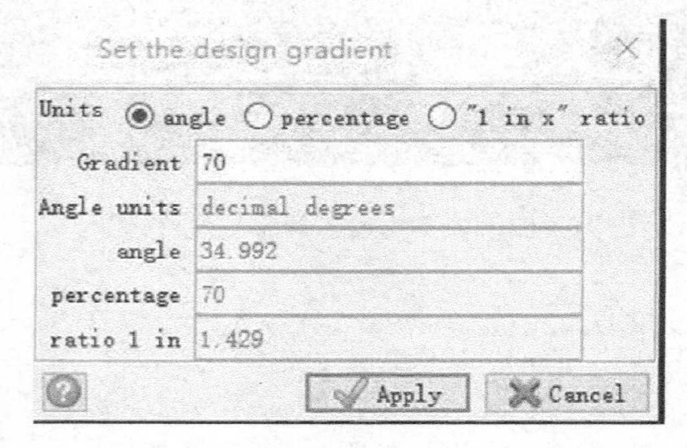

图 4-67　坡面角设置界面

(4) 扩展平台(平台宽度)

单击 Design → Expand segment → By berm width(根据平台宽绘制坡顶线),选取线串 1,弹出根据平台宽度扩展线段界面(图 4-68),单击 Apply 完成平台扩展,线扩展结果如图 4-69 所示(没有道路)。

删除初始台阶 1 403 的坡顶线(1 号线),单击(删除线串),选取线 1,完成线串删除,删除线操作后结果如图 4-70 所示。往地表以上的道路与 1 430 台阶相交的地方为 1 430 台阶的坡底线,故道路需布置在 1 403 台阶坡底线上。

(5) 道路设置

同上文一样用绘制 25 m 半径的圆来设置道路的宽度,地表以上西部已经超出地表,不需往上扩展,即不需布置道路,只有东部没有超出地表,境界需往上扩,所以我们只需布置东部的道路。

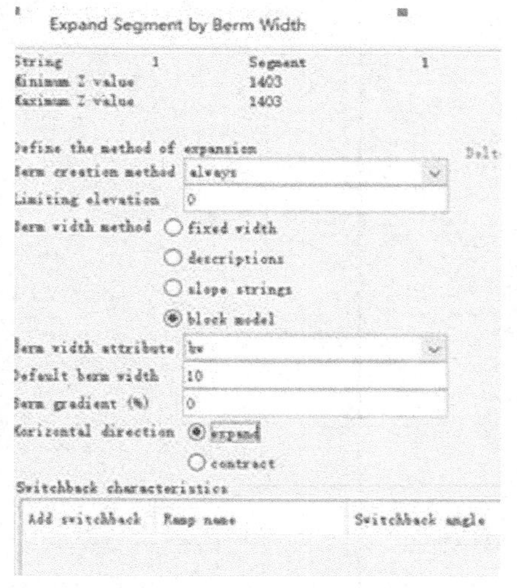

图 4-68　根据平台宽度扩展线段界面

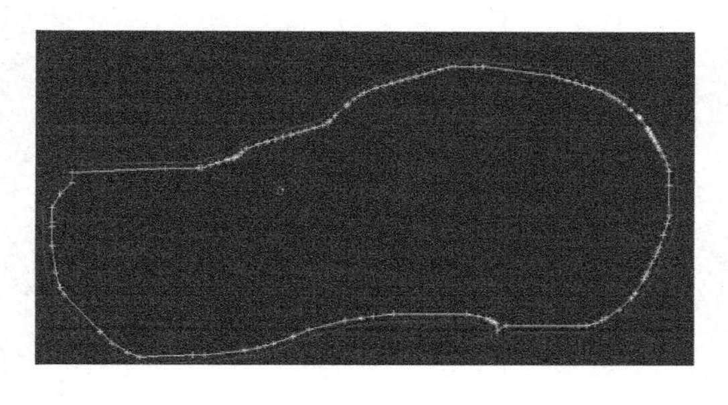

图 4-69　线扩展结果

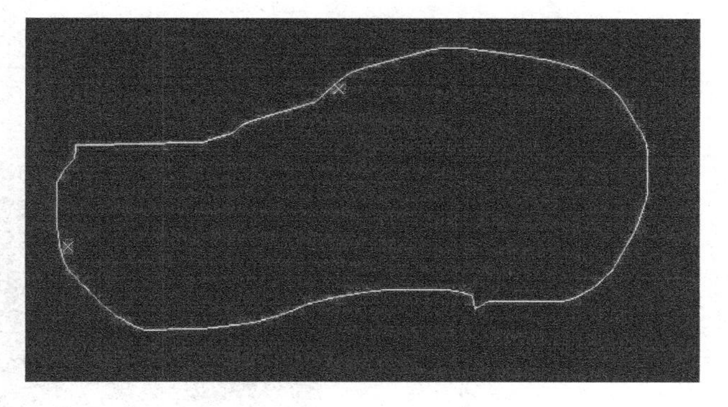

图 4-70　删除线操作后结果

单击 Design → Pit design → New ramp，选取道路开口两点，弹出道路参数定义界面，如图 4-71 所示(道路名命名 e2，表示东部道路 2)，单击 Apply，完成东部道路 2 设置。

(6) 打开块模型

双击 2019a_min_v1.mdl，打开境界设计的块模型。之所以要打开块模型，是因为境界设计的边坡参数要在块模型中储存。

(7) 绘制上扩境界

① 根据平台高绘制坡顶线

单击 Design → Expand segment → By bench height(根据平台高绘制坡顶线)，选取线串 2，弹出根据台阶高度扩展线段界面(图 4-72)，单击 Apply 完成平台扩展，平台坡底线扩展结果如图 4-73 所示。

观察各点和线，发现有不对的地方(线条不能相交的相交，拐点太突兀)则进行修改。

② 绘制坡底线

单击 Design → Expand segment → By berm width(根据平台宽度绘制坡底线)，弹出根据平台宽度扩展线段界面(图 4-74)，单击 Apply，结果如图 4-75 所示。

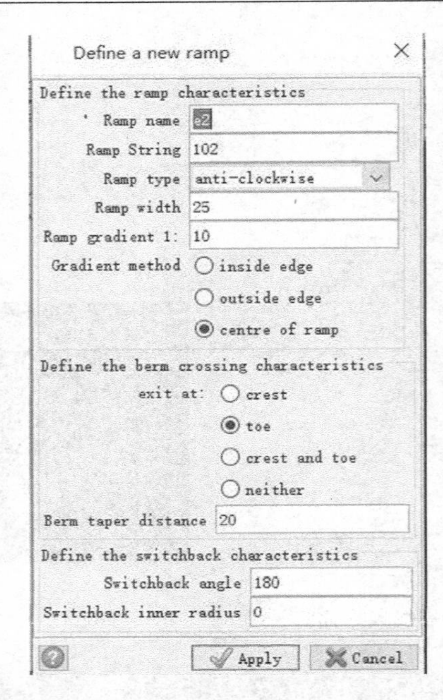

图 4-71　道路参数定义界面

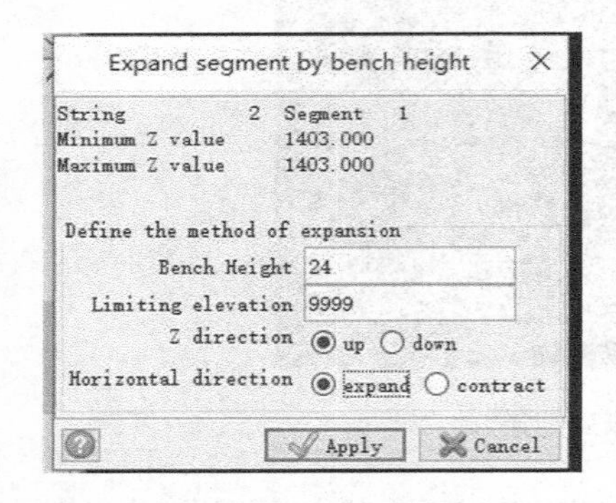

图 4-72　根据台阶高度扩展线段界面

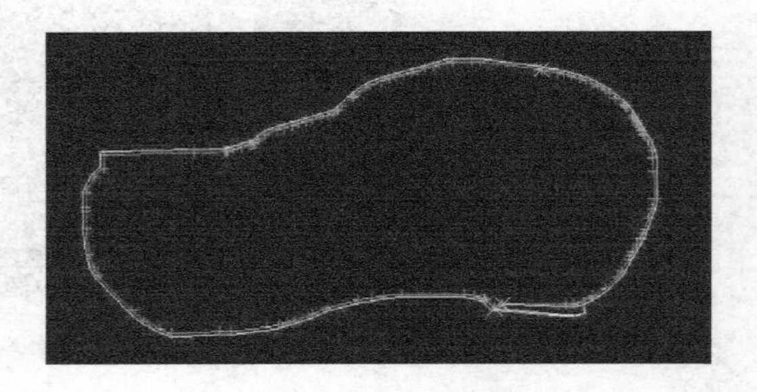

图 4-73　线段扩展结果

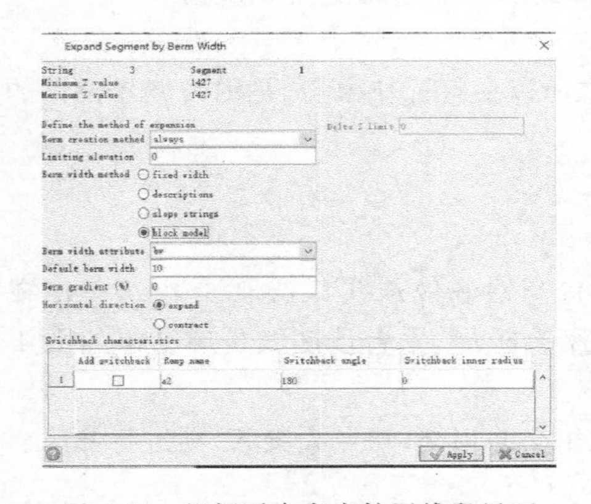

图 4-74　根据平台宽度扩展线段界面

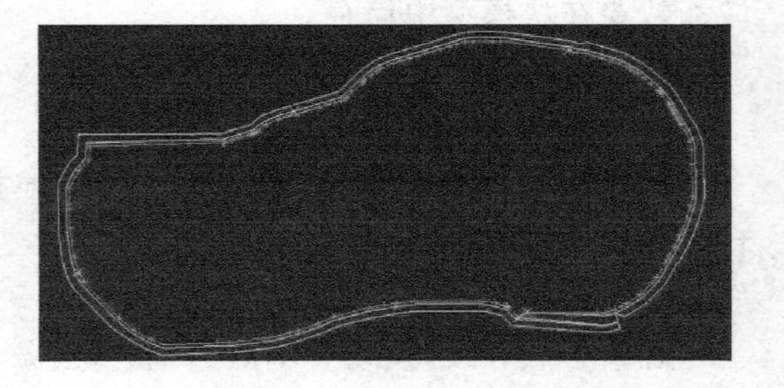

图 4-75　线段扩展结果

③ 剩余坡顶线和坡底线绘制

打开地表地形图“topo. dtm”,作为参考 DTM,当上扩境界全部超出地表后停止扩展。结果如图 4-76 所示。

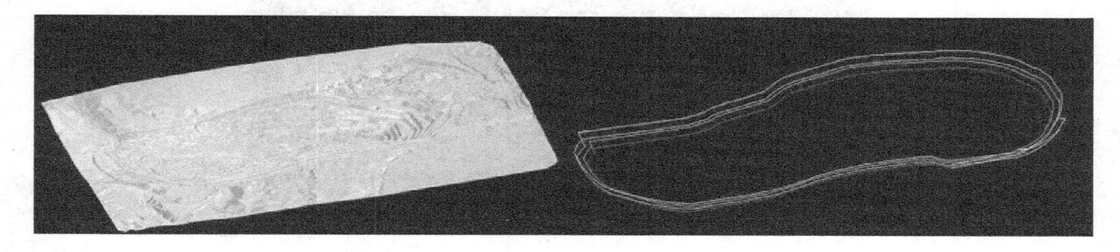

图 4-76　地表地形图和扩展线段

(8) 验证错误

单击 Surfaces → Create DTM from Layer (创建 DTM),弹出从工作层创建 DTM 界面(图 4-77),单击 Apply ,形成 DTM,不用修改。

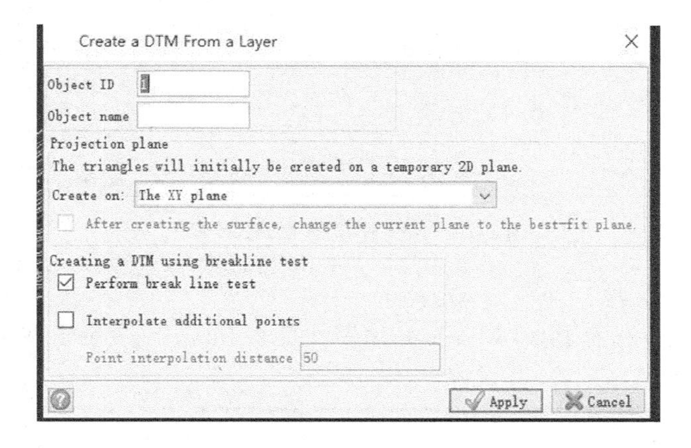

图 4-77　从工作层创建 DTM 界面

单击工具栏 ,撤销创建 DTM,点击 完成线文件保存,文件名为 intial_boundary_1403_up. str。

五、最终境界完成

(1) 合并上下境界

选择 initial_boundary_1403_down. str 与 initial_boundary_1403_up. str,同时按 Ctrl 键拖动两个文件到图形区,结果如图 4-78 所示,两个线文件同时出现在一个工作层。

单击 Surfaces → Create DTM from Layer ,弹出从工作层创建 DTM 界面,如图 4-79 所示(体号填写 8 是为了区别于地表地形图的体号 1),单击 Apply ,完成 DTM 创建。

(2) 删除无效三角网

点击工具栏 (选择模式),选择 Select Point/Triangle/Block (选择点、三角网、块模式),再选择 框选模型,用鼠标选取需要删除的三角网,删除无效的三角网,形成最终的 DTM,选中的三角网颜色改变,变为粉色,点击右键,弹出快捷方式,选取 Delete ,删除三角网。

图 4-78　两个线文件同时出现在一个工作层

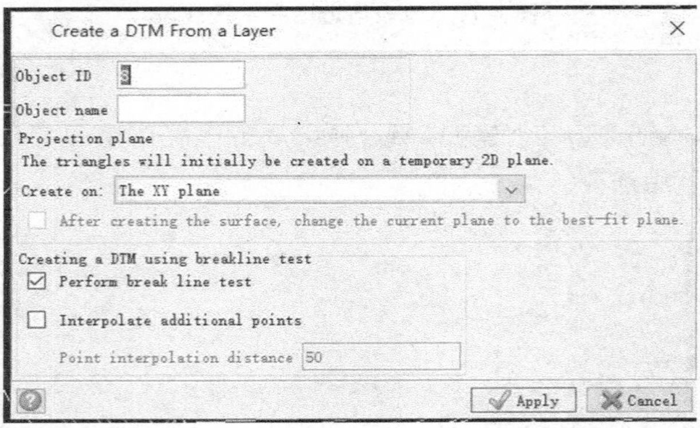

Create a DTM From a Layer

Object ID 3

Object name

Projection plane

The triangles will initially be created on a temporary 2D plane.

Create on: The XY plane

After creating the surface, change the current plane to the best-fit plane.

Creating a DTM using breakline test

Perform break line test

Interpolate additional points

Point interpolation distance 50

Apply　Cancel

图 4-79　从工作层创建 DTM 界面

(3) 保存 DTM 文件

单击，弹出文件保存界面(图 4-80)，填写文件名 finalpit(表示未剪切的终了境界)，单击 Apply，完成文件保存。

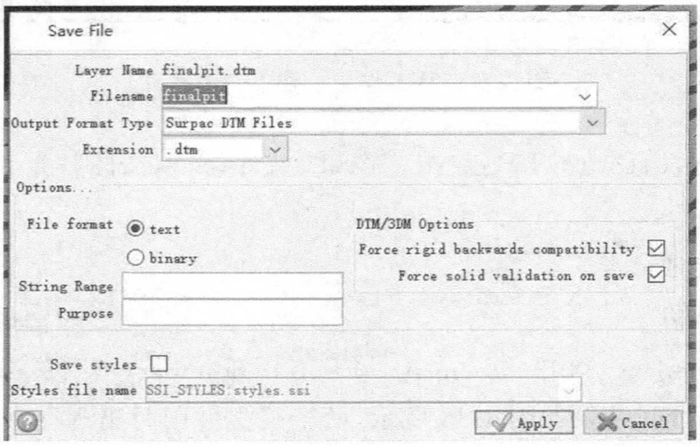

Save File

Layer Name finalpit.dtm

Filename finalpit

Output Format Type Surpac DTM Files

Extension .dtm

Options...

File format　text　binary

DTM/3DM Options

Force rigid backwards compatibility

Force solid validation on save

String Range

Purpose

Save styles

Styles file name SSI_STYLES:styles.ssi

Apply　Cancel

图 4-80　文件保存界面

(4) DTM 有效性验证

单击 Surfaces→Validation→Validate as DTM，弹出 DTM 有效性验证界面(图 4-81)。由于是验证激活图层中的所有 DTM，故不需选择体的范围。单击 Apply 进行验证，验证合格，验证结果见图 4-82。

Validate as DTM

Layer name　finalpit.dtm

Report file

Object Range

Trisolation Range

Check overlaps

Trisolation

Delete trisolations

Surface area lower limit　10

Triangle

Delete triangles

Surface area lower limit　0.025

Colours for highlighting invalid triangles

	Problem	Highlight colour
1	Foldbacks	
2	Intersecting tr...	CYAN
3	Invalid edges only	ORANGE
4	Reversed triangles	RED

Apply　Cancel

图 4-81　DTM 有效性验证界面

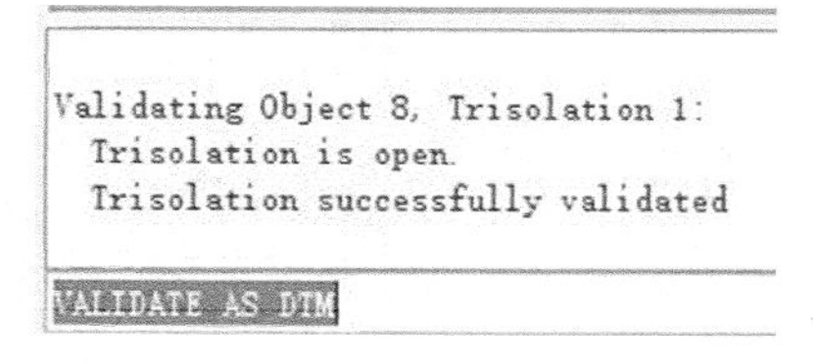

图 4-82　验证结果

六、地表与露采境界合并形成境界实体

(1) 同时导入线文件

选择 top. dtm 与 finalpit. dtm 两个文件,同时按 Ctrl 键拖动到图形区,操作结果见图 4-83。

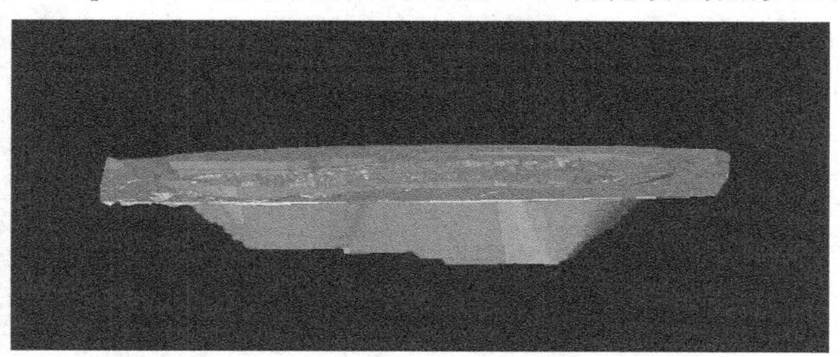

图 4-83　同时导入线文件

(2) 两个 DTM 形成实体

单击 Surfaces → Clip or intersect DTMs → Create solid by intersecting 2 DTMs,弹出 DTM 相交选择界面(图 4-84),根据命令行 TRISOLATION DTM/DTM INTERSECT (TRSDTMDTMI) 分别选择两个 DTM(切记一定要先选择地表 DTM,这样程序才认为是下部露采采坑境界与地表形成实体),完成实体的建立,结果如图 4-85 所示。

图 4-85 中最终境界 finalpit_solid 不止一个实体,边上还有和零星的小实体,这些是需要删除的。

(3) 查询实体的主体三角网号

先单击重命名三角网,选择最大的实体来确定三角网号,由重命名实体三角网界面(图 4-86),可知 finalpit_solid 实体的主体是体号 8、三角网 1 的实体。

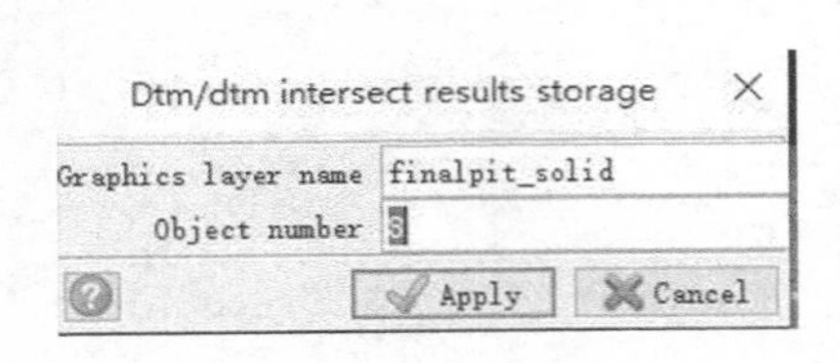

图 4-84　DTM 相交选择界面

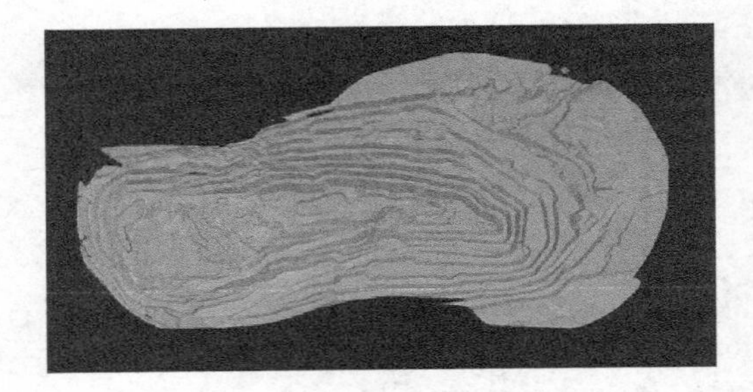

图 4-85　相交形成实体

Renumber an object trisolation
Layer name finalpit_solid
Old Object 8
Old Trisol 1
New Object 8
New Trisol 0
Apply　Cancel

图 4-86　重命名实体三角网界面

(4) 删除实体中不需要的三角网

利用范围删除命令 Delete range 删除离散的三角网,只保留主体实体。

单击菜单栏 Solids → Edit trisolation → Delete range,弹出按照实体范围删除实体界面(图 4-87),三角网号填 2、99,表示保留 1 号网,删除 2～99 号之间的三角网。切记最后的三角网号 99 一定要比实际的大(一般 99 就够用了),如果实际三角网有 1 000,则 99 改为 1 001。删除零星实体结果如图 4-88 所示,保存 finalpit_solid. dtm。

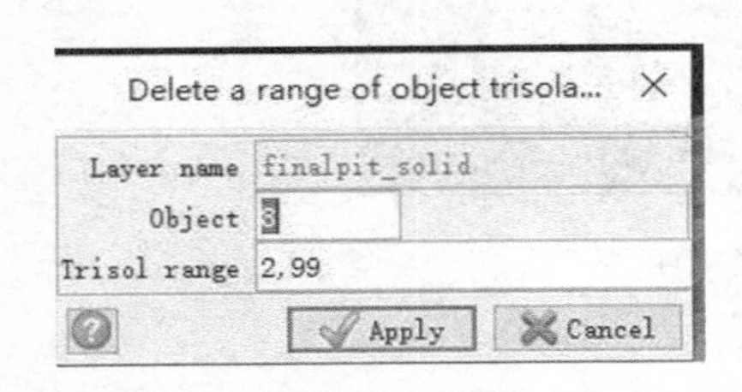

图 4-87　按照实体范围删除实体界面

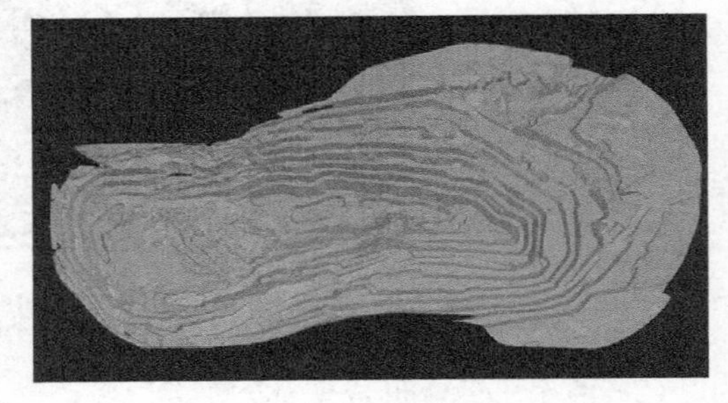

图 4-88　删除零星实体结果

(5) 删除多余的无效点

同时打开 finalpit_solid. dtm 和 finalpit_solid. str,在窗口界面显示的图形中能发现有很多杂乱的冗余点和线,如图 4-89 所示。

第(4)步删除的只是多余的 DTM,但线文件中删除的 DTM 的线还在,占用极大的空间,需要删除,可以利用删除多余点功能进行删除。单击菜单栏 Solids → Edit trisolation → Delete redundant points,弹出清理信息提示(图 4-90),单击 Apply 清理 3DM,再次保存 finalpit_solid. dtm,再次同时打开 finalpit_solid. dtm 和 finalpit_solid. str,结果冗余点线清理结果如图 4-91 所示,只剩 DTM 和对应形成 DTM 的线,说明清理成功。

图 4-89 运算实体线文件冗余点线显示

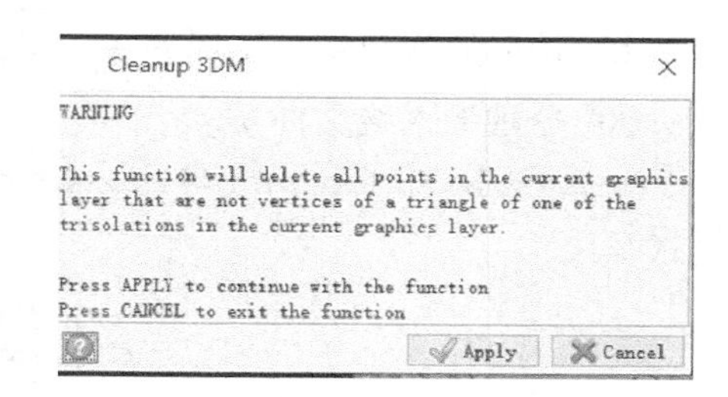

图 4-90 清理信息提示

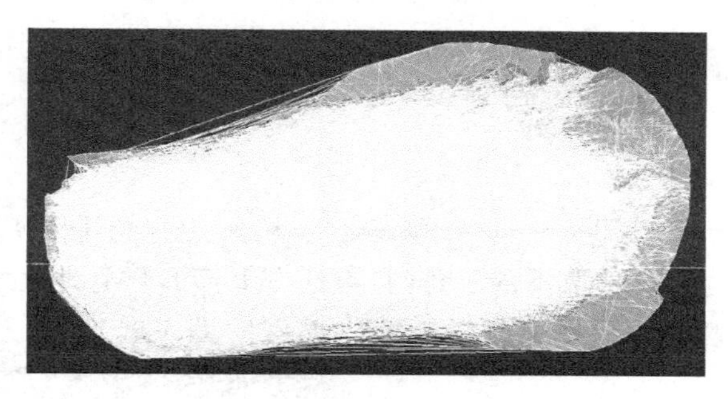
图 4-91 冗余点线清理结果

(6) 验证实体的有效性

单击工具栏 (实体验证),弹出实体有效性验证界面(图 4-92),单击 Apply 进行验证。如果验证不成功,需选择实体修复命令,单击 Solids → Validation → Auto solid repair 进行修复。

Validate objects and trisolations

Layer name pitsolid.dtm
Report file
Object Range
Trisolation Range
Autocorrect problems
Check overlaps
Set valid objects to Solid
Void
Trisolation
Delete trisolations
Surface area lower limit 10
Volume lower limit 1
Triangle
Delete triangles
Surface area lower limit 0.025
Colours for highlighting invalid triangles

	Problem	Highlight colour
1	Holes	GREEN
2	Intersecting tr...	CYAN
3	Invalid edges only	ORANGE
4	Open edges	MAGENTA
5	Reversed triangles	RED

Apply Cancel

图 4-92 实体有效性验证界面

点击保存成果。

七、地表地形剪切终了境界

(1) 分别导入线文件

鼠标分别双击 top. dtm 与 finalpit. dtm 两个文件,结果如图 4-93 所示,显示文件导入结果状态。

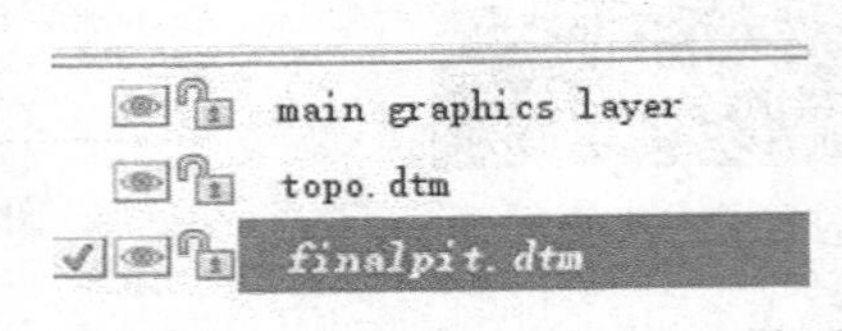

图 4-93　文件导入结果显示图

(2) 保留下部 DTM

单击 Surfaces → Clip or intersect DTMs → Lower triangles of 2 DTMs,弹出保留 DTM 下部三角网界面(图 4-94),根据命令行提示操作,选取下部三角网,再选择上部 DTM(地表地形),完成露采边界剪切(地表地形的终了境界),保留下部三角网形成实体(图 4-95)。

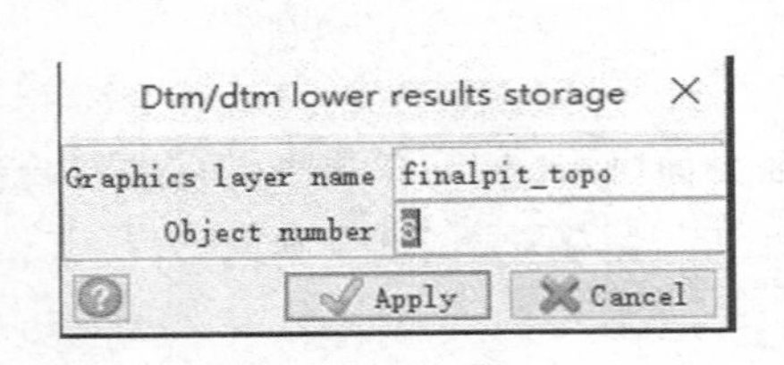

图 4-94　保留 DTM 下部三角网界面

图 4-95　保留下部三角网形成实体

单击工具栏(实体验证),弹出实体验证界面(图 4-92),单击 Apply 进行验证。如果验证不成功,需选择实体修复命令,单击 Solids → Validation → Auto solid repair 进行修复。

(3) 保存工作结果

单击保存成果地表与终了境界 finalpit_topo. dtm。

第五节　境界内矿岩量报告

矿石和岩石的体积调整系数是不一样的,所以矿、岩需分开报告数量。

一、报告境界内矿量

(1) 调入块模型

双击 2019a_min_v1.mdl,打开境界设计的块模型。

(2) 报告矿量

单击 Block model → Block model → Report,弹出模型报告文件格式界面,如图 4-96 填写,单击 Apply 进入报告格式设置界面(图 4-97)。

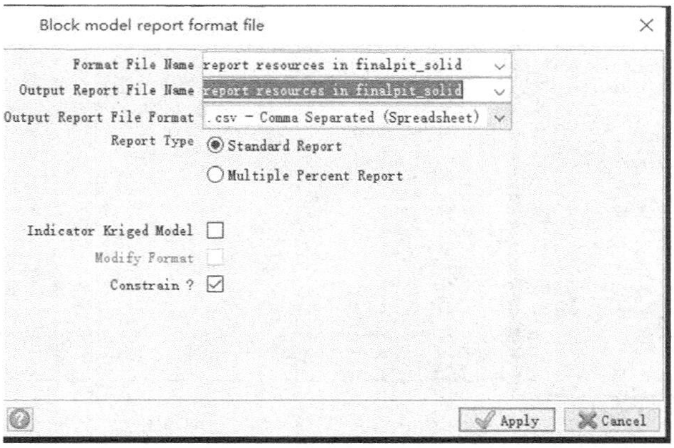

Block model report format file

Format File Name: report resources in finalpit_solid
Output Report File Name: report resources in finalpit_solid
Output Report File Format: .csv - Comma Separated (Spreadsheet)
Report Type: Standard Report / Multiple Percent Report
Indicator Kriged Model
Modify Format
Constrain ?
Apply　Cancel

图 4-96　模型报告文件格式界面

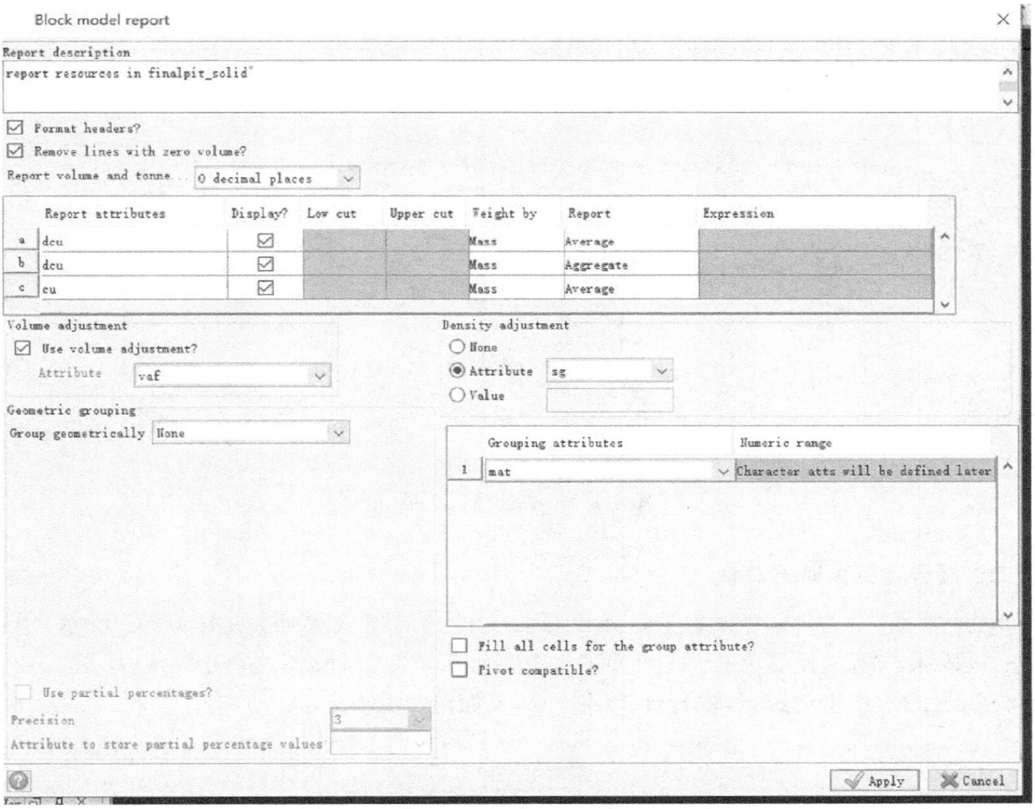

Block model report

Report description
report resources in finalpit_solid'
Format headers?
Remove lines with zero volume?
Report volume and tonne... 0 decimal places

	Report attributes	Display?	Low cut	Upper cut	Weight by	Report	Expression
a	dcu	☑			Mass	Average	
b	dcu	☑			Mass	Aggregate	
c	cu	☑			Mass	Average	

Volume adjustment
Use volume adjustment?
Attribute: vaf
Density adjustment
None
Attribute: sg
Value
Geometric grouping
Group geometrically: None

	Grouping attributes	Numeric range
1	mat	Character atts will be defined later

Fill all cells for the group attribute?
Pivot compatible?
Use partial percentages?
Precision: 3
Attribute to store partial percentage values
Apply　Cancel

图 4-97　报告格式设置界面

单击 Apply ,进入 mat 属性选择界面(图 4-98),之所以只选 ecu 和 eco,而不选 waste,是因为矿石的体积调整系数和废石的不一样,如果选 waste,则计算出来的废石量是不真实的。单击 Apply ,进入约束界面(图 4-99)。

Define string groups
Populate browsers
Grouping character attributes
mat
Report all values for this attribute?
Report grouped on these values only

	Value
1	ecu
2	eco

Apply　Cancel

图 4-98　mat 属性选择界面

Enter constraints
Constraint name　b
Constraint type　3DM
3DM file　FINALPIT_SOLID
Id range
Inside
Optional fields
Object range
Trisolation range
Add
Clear
Start Again
Constraint values

a	3DM Constraint: inside FINALPIT_SOLID.dtm
b	
c	
d	
e	
f	
g	
h	
i	
j	
k	
l	

Keep blocks partially in the constraint
Constraint combination
Save constraint to　inside finalpit_solid
Apply　Cancel

图 4-99　约束界面

单击 Apply，进行计算，报告结果如图 4-100 所示。

GEOVIA　2019

Block model report
Block Model: 2019a_min_v1.mdl
report resources in finalpit_solid

Constraints used
Constraint File : d:\openpit\02_lom\04pit design\01finalpit\inside finalpit_solid

Attribute used for volume adjustment : vaf

Mat	Volume	Tonnes	Dcu	Dcu	Cu	Cu	Co	Co
ecu	4817212	11561310	2.457	28408955.2	2.44	28167867.46	0	32491.61
eco	11173440	26816256	5.399	144792492	4.6	123402241.5	0.11	2882783
Grand Tot:	15990652	38377565	4.513	173201447.2	3.95	151570109	0.08	2915275

1/1

图 4-100　矿量报告结果

二、报告境界内矿岩总量

单击 Block model → Block model → Report，弹出报告文件命名格式界面，如图 4-101 所示，单击 Apply 进入报告格式设置界面，按照如图 4-102 所示填写文件名称，单击 Apply，进入约束界面(图 4-103)，单击 Apply，进行计算，报告结果如图 4-104 所示。

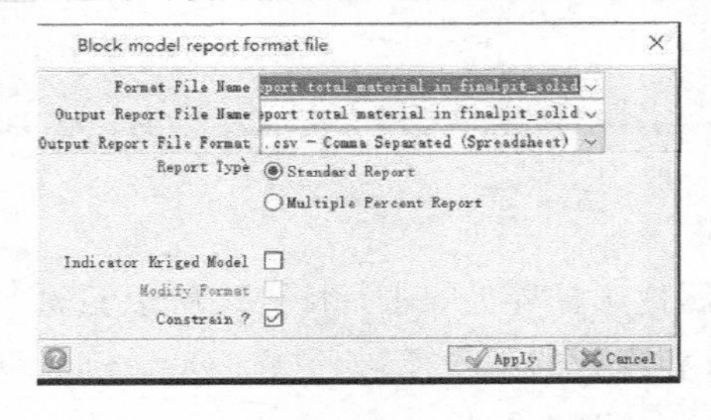

图 4-101　报告文件命名格式界面

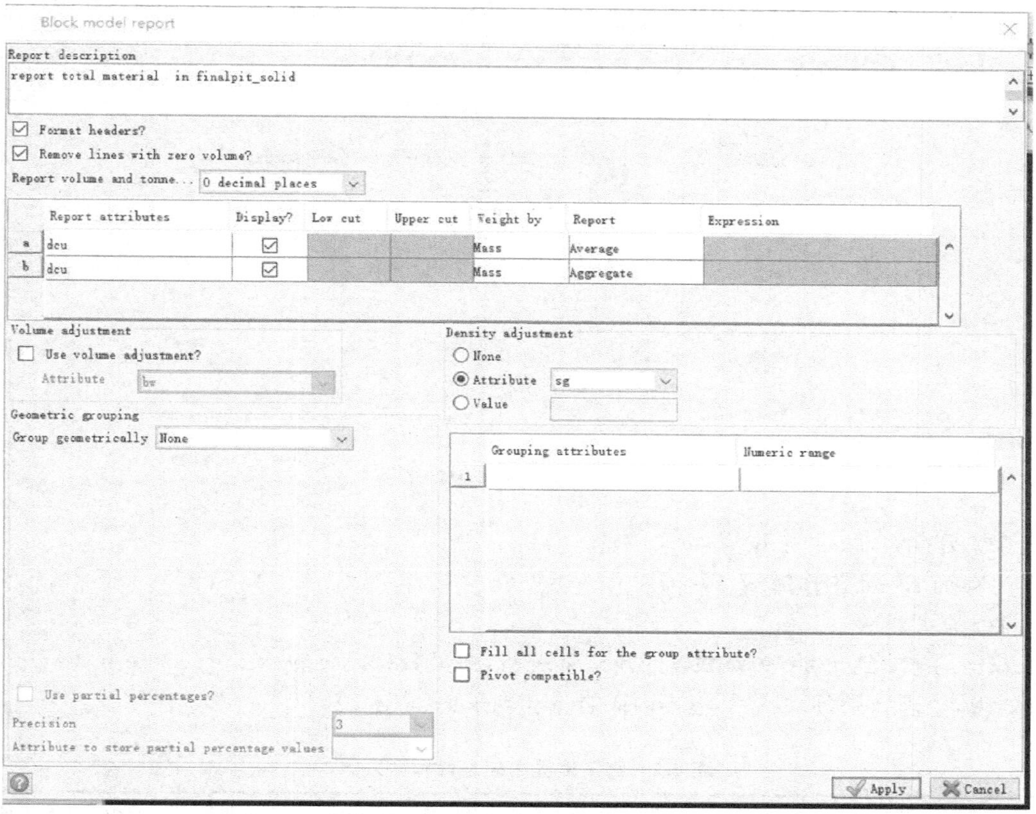

Block model report

Report description

report total material in finalpit_solid

☑ Format headers?

☑ Remove lines with zero volume?

Report volume and tonne... 0 decimal places

	Report attributes	Display?	Low cut	Upper cut	Weight by	Report	Expression
a	dcu	☑			Mass	Average	
b	dcu	☑			Mass	Aggregate	

Volume adjustment

☐ Use volume adjustment?

Attribute bw

Density adjustment

○ None

◉ Attribute sg

○ Value

Geometric grouping

Group geometrically None

	Grouping attributes	Numeric range
1		

☐ Fill all cells for the group attribute?

☐ Pivot compatible?

☐ Use partial percentages?

Precision 3

Attribute to store partial percentage values

Apply　Cancel

图 4-102　报告格式设置界面

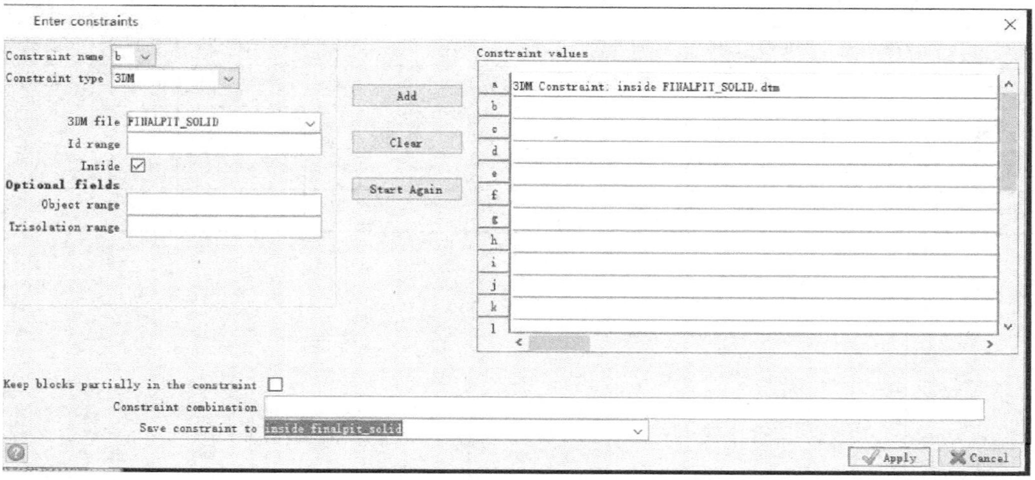

Enter constraints

Constraint name b

Constraint type 3DM

3DM file FINALPIT_SOLID

Id range

Inside ☑

Optional fields

Object range

Trisolation range

Add

Clear

Start Again

Constraint values

a	3DM Constraint: inside FINALPIT_SOLID.dtm
b	
c	
d	
e	
f	
g	
h	
i	
j	
k	
l	

Keep blocks partially in the constraint ☐

Constraint combination

Save constraint to inside finalpit_solid

Apply　Cancel

图 4-103　约束界面

三、整理合并矿量和矿岩总量表

(1) 打开矿岩总量表

双击 report total material in finalpit_solid.csv 打开表格。

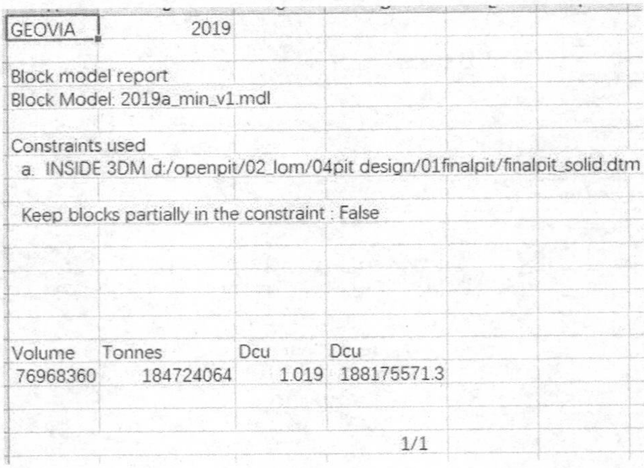

GEOVIA 2019

Block model report
Block Model: 2019a_min_v1.mdl

Constraints used
a. INSIDE 3DM d:/openpit/02_lom/04pit design/01finalpit/finalpit_solid.dtm

Keep blocks partially in the constraint : False

Volume	Tonnes	Dcu	Dcu
76968360	184724064	1.019	188175571.3

1/1

图 4-104　矿岩总量报告结果

(2) 另存为 Excel 工作簿

另存为 Excel 工作簿 report ore_wastel in finalpit_solid 。

(3) 合并量表

双击 report resources in finalpit_solid.csv 打开矿量表格，拷贝数据到 report ore_waste in finalpit_solid. xls，整理结果，形成终了境界内矿岩量和剥采比(表 4-2)。

表 4-2　终了境界内矿岩量和剥采比

项目	体积 /m³	质量 /t	当量铜品位 /%	当量铜金属量 /t	铜品位 /%	铜金属量 /t	钴品位 /%	钴金属量 /t
ecu	4 817 212	11 561 310	2.457	284 090	2.436	281 679	0.003	325
eco	11 173 440	26 816 256	5.399	1 447 925	4.602	1 234 022	0.108	28 828
矿石小计	15 990 652	38 377 566	4.513	1 732 014	3.949	1 515 701	0.076	29 153
剥采总量	76 968 360	184 724 064						
废石	60 977 708	146 346 498						
剥采比	3.81	3.81						

第五章　储量模型建立

境界优化工作最终选取的最优境界都是盈利的，即净现值大于0。我们可以认为在矿山最终境界内，当量铜截止品位(cutoff)以上的资源都是有利润的，有利润的资源可以认为是储量；最终境界内当量铜截止品位以下的资源为资源量；境界外的资源也为资源量。下一步我们将对模型的资源级别进行调整，建立储量模型“2019a_rev_v1.mdl”。

第一节　前期资料准备

一、地表地形图收集并验证

前述地表地形图 topo.dtm 检查，已经完成所有工作，保证地表地形能够覆盖最终境界的范围，在这里没必要再一次进行验证和检查。

二、模型来源

资源模型为境界设计使用的块模型“2019a_min_v1.mdl”。

三、采矿设计后的境界

采矿设计后的境界采用 finalpit_solid.dtm 或 finalpit.dtm。

四、资源/储量划分标准

只有经过采矿设计，进行初步经济评价后可采的资源才是储量。

固体矿产资源/储量分类中，常见的111b、122、331、332、333、(334)？所用编码(111～334)详见表5-1。

表5-1　固体矿产资源/储量分类

第1位	第2位	第3位
经济意义	可行性评价	地质可靠程度
1=经济的； 2M=边际经济的； 2S=次边际经济的； 3=内蕴经济的； ？=经济意义未定的	1=可行性研究； 2=预可行性研究； 3=概略研究	1=探明的； 2=控制的； 3=推断的； 4=预测的； b=未扣除设计、采矿损失的可采储量

1. 有色矿山设计利用资源量333级别可信度系数取0.5～0.8。334级别通常不纳入开采利用资源量。提示：黑色矿山333级别设计利用的资源量并没有可信度系数要求。
2. 从经济价值来看：以探明级资源量为价格基准的价格指数为1，则控制级和推断级资源量的价格指数大约为0.415和0.075，这只是一个可供参考的取值范围。

第二节 储量模型建立前期工作

一、资源属性 res_ca 标准

由于本项目使用的矿山模型针对的是国外矿山,资源储量分级就需要以国外资源储量分级、分类标准作为本次设计的基础。这里我们重新建立资源储量属性 res_ca。资源储量标准分类如下:

(1) 1 为 measured(探明的)。

(2) 2 为 indicated(控制的)。

(3) 3 为 inferred(推测的)。

(4) 4 为 Exploration target(预测的)。

(5) 5 为 mined(已采的)。

(6) 6 为 rock(岩石)。

二、本次资源/储量 res_ca 划分

根据境界优化结果和计算的 dcu 截止品位,对资源、储量进行划分,前文已经计算出 dcu cutoff 为当量铜大于等于 1.6%为矿石。

在软件应用中,资源储量属性(属性名为 res_ca)的约束赋值条件如下编写:

(1) res_ca 1 measured:inside 3dm finalpit_solid. dtm & dcu>1.6。

(2) res_ca 2 indicated:not above topo. dtm & res_cat! =1 & dcu>0 & class=332。

(3) res_ca 3 infered:not above topo. dtm & res_cat! =1 & dcu>0 & class=333。

(4) res_ca 4 Exploration target:not above topo. dtm & res_cat! =1 & res_ca! =2 & res_cat! =3 & dcu>0。

(5) res_ca 5 mined:above topo. dtm。

(6) res_ca 6 rock(背景值,不需赋值)。

三、mat 属性重新定义

在软件应用中,物料属性(属性名为 mat)定义即赋值约束条件语句如下编写:

(1) ecu(经济可采铜矿石):终了境界内 &dcu>=1.6&min_d=3(ecu domain)。

(2) eco(经济可采铜钴矿石):终了境界内 &dcu>=1.6& min_d=4(eco domain)。

(3) lcu(含铜废石):终了境界内 &0<dcu<1.6& min_d=3(ecu domain)。

(4) lco(含铜钴废石):终了境界内 &0<dcu<1.6& min_d=4(eco domain)。

(5) waste_m(矿化废石):地表以下 & 终了境界外 &dcu>0。

(6) waste:地表以下 & 终了境界外 &dcu<=0。

(7) MineSched 没用到 air,背景值设定为 air。

第三节 储量模型赋值修正

一、保存为储量模型

(1) 设置工作文件夹

设置工作文件夹为 openpit\02_LOM\02model\02model_rev\v1。

（2）打开块文件

双击左边导航窗口的 2019a_min_v1.mdl，在底部工具栏显示 2019a_min_v1，说明已经打开块模型了，但屏幕上还没显示，需使用显示命令显示。

（3）另存块模型文件

单击顶部菜单栏 Block model → Block model → Save as 命令，弹出另存文件界面，如图 5-1 填写，显示结果 2019a_rev_v1，说明保存成功。

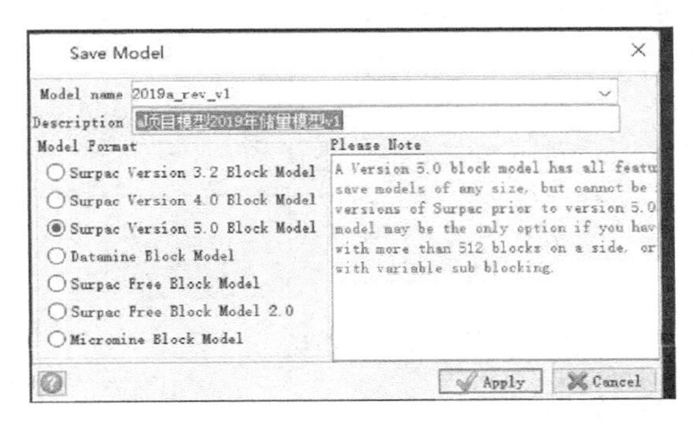

图 5-1　另存文件界面

显示工作块模型名称“2019a_rev_v1”说明如下：

① 表示 2019 年的更新块模型。

② rev_v1 表示储量模型 v1 版，rev 为 reserve 缩写。

③ 保存版本为 Surpac 5.0，高版本软件可以向下兼容。

二、新建资源储量级别属性 res_ca 并赋值

（1）新建属性 res_ca

单击菜单栏 Block model → Attributes → New，弹出属性创建界面，如图 5-2 填写，单击 Apply 完成属性创建。

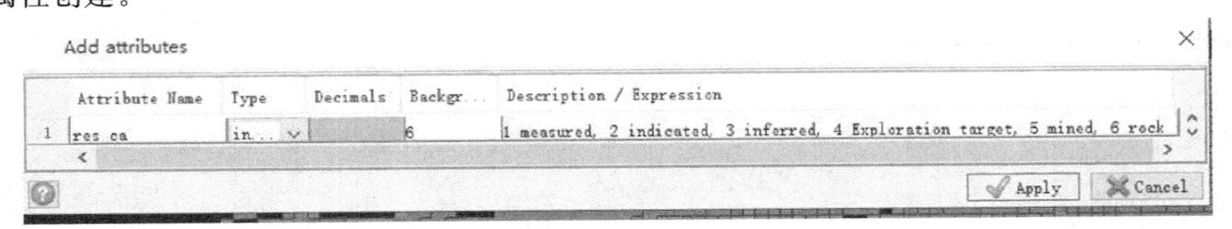

图 5-2　属性创建界面

（2）给 res_ca value 1(measured)赋值

单击菜单栏 Block model → Estimation → Assign value，弹出属性赋值界面（图 5-3），单击 Apply，弹出约束界面，如图 5-4 填写，单击 Yes 完成修改保存。

（3）给 res_cat value 2(indicated)赋值

单击菜单栏 Block model → Estimation → Assign value，弹出属性赋值界面（图 5-5），单击 Apply 进入约束界面，如图 5-6 填写，单击 Yes 完成修改保存。

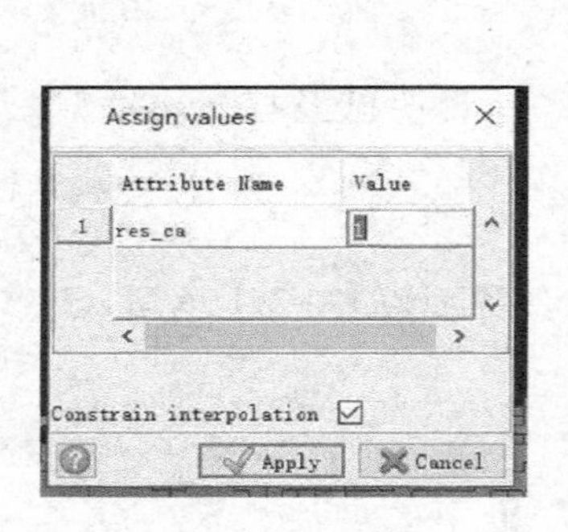

图 5-3　属性赋值界面

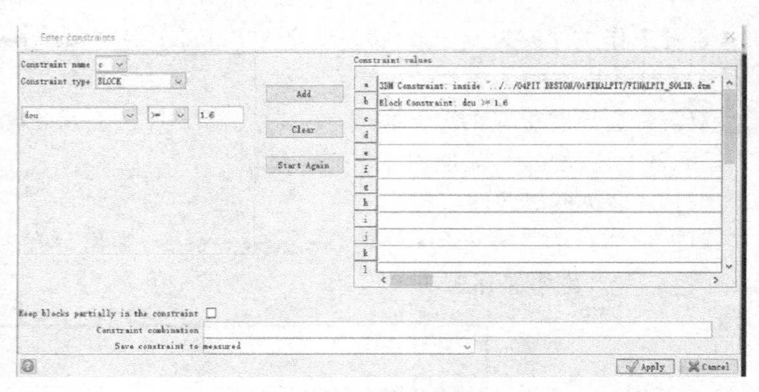

图 5-4　约束界面

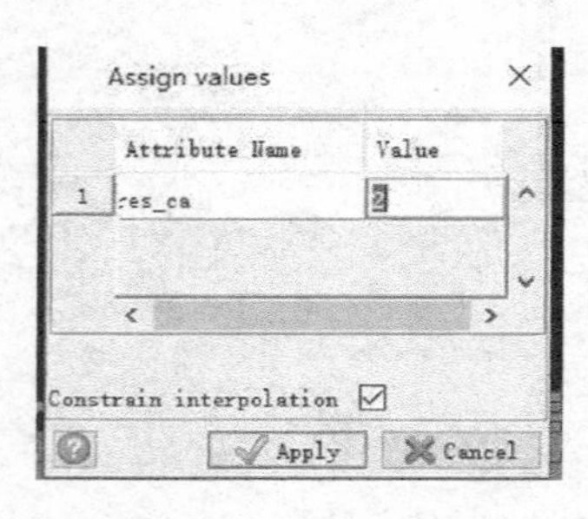

图 5-5　属性赋值界面

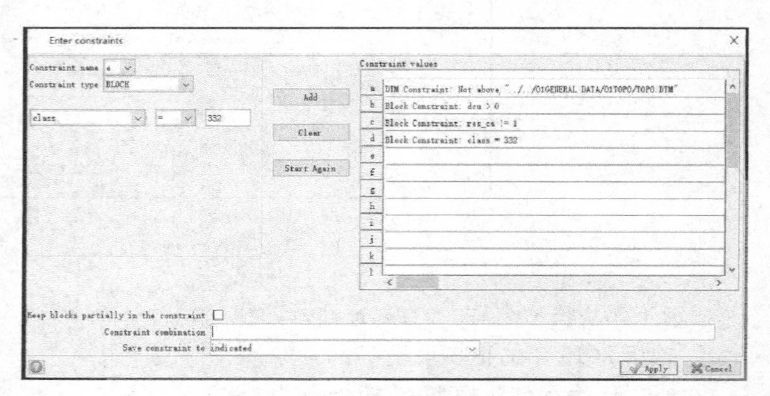

图 5-6　约束界面

(4) 给 res_cat value 3(infered)赋值

单击菜单栏 Block model → Estimation → Assign value，弹出属性赋值界面(图 5-7)，单击 Apply 进入约束界面，如图 5-8 填写，单击 Yes 完成修改保存。

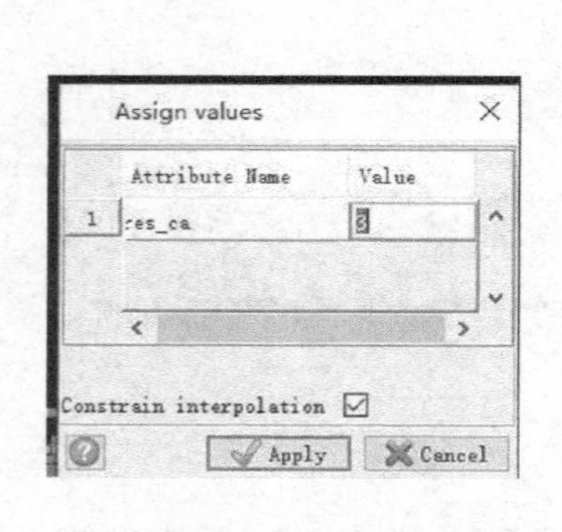

图 5-7　属性赋值界面

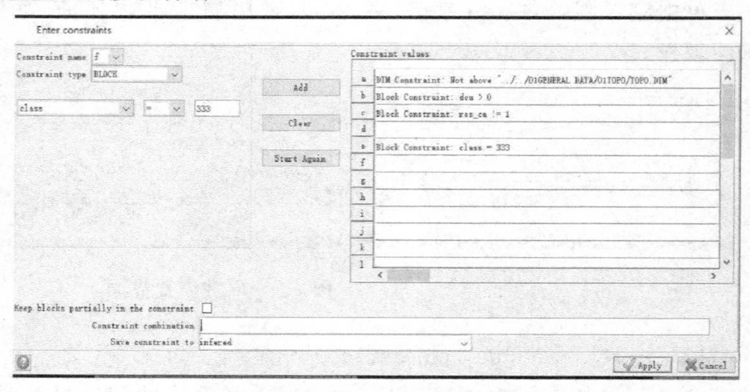

图 5-8　约束界面

(5) 给 res_cat value 4(Exploration target)赋值

单击菜单栏 Block model → Estimation → Assign value，弹出属性赋值界面(图 5-9)，单击 Apply 进入约束界面，如图 5-10 填写，单击 Yes 完成修改保存。

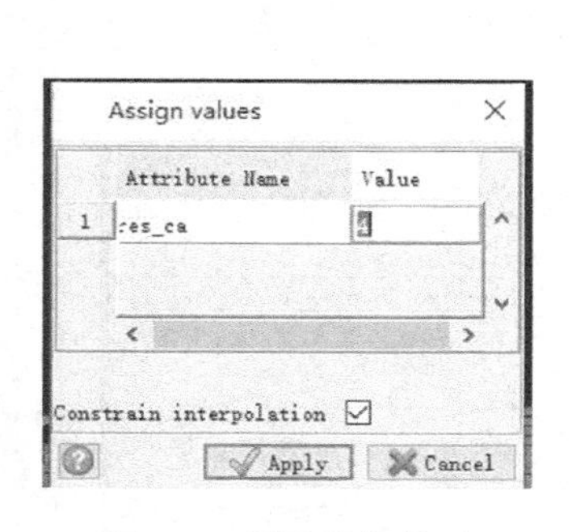

图 5-9　属性赋值界面

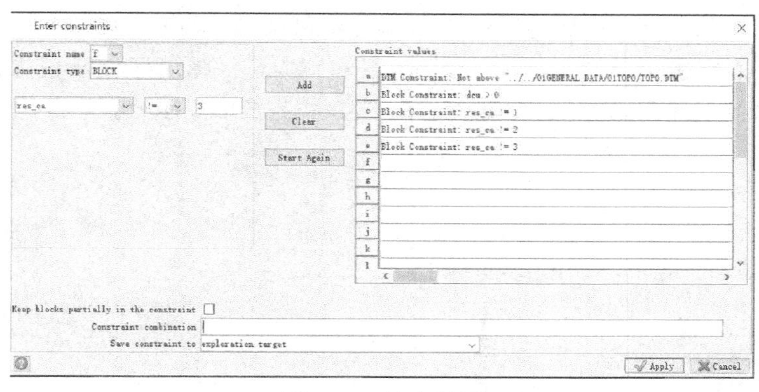

图 5-10　约束界面

（6）给 res_cat value 5(mined)赋值

单击菜单栏 Block model → Estimation → Assign value，弹出属性赋值界面（图 5-11），单击 Apply 进入约束界面，如图 5-12 填写，单击 Yes 完成修改保存。

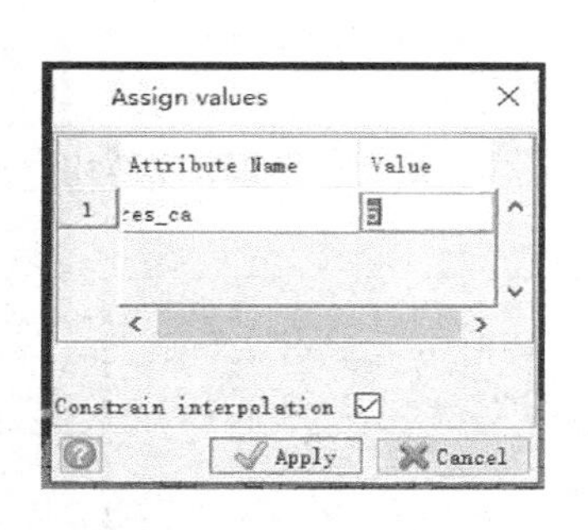

图 5-11　属性赋值界面

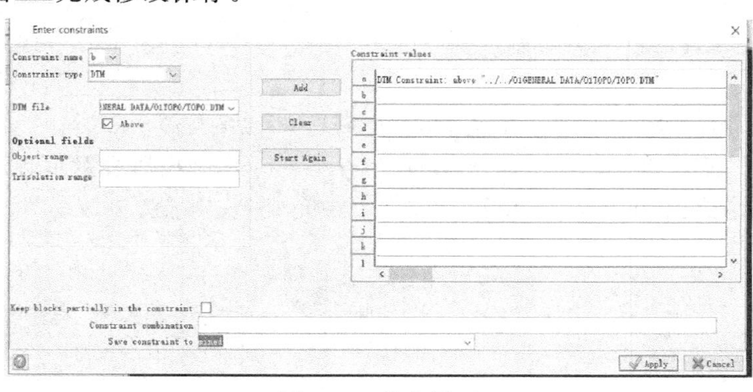

图 5-12　约束界面

（7）给 res_cat value 6(rock)赋值

背景值，不需赋值。

三、mat 属性类型重新赋值

（1）mat 属性清零

点击菜单栏 Block model → Attributes → Clear / Reset to background value，弹出属性值清零界面（图 5-13），单击 Apply 完成 mat 属性清零。

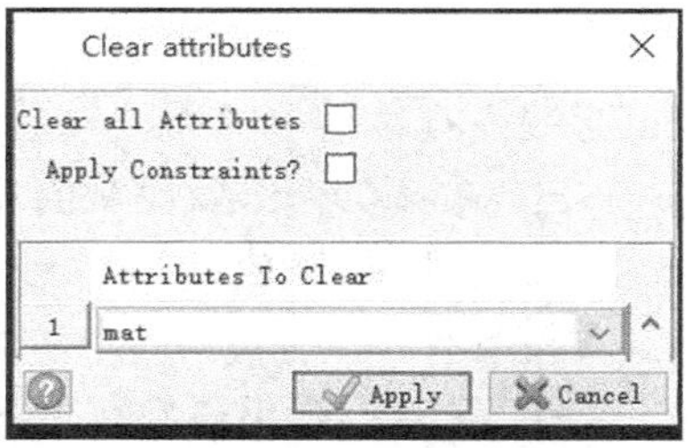

图 5-13　属性值清零界面

(2) 给 mat 属地赋值为 ecu(经济可采铜矿石)

点击菜单栏 Block model → Estimation →| Assign value,弹出属性赋值界面(图 5-14),单击 Apply,弹出约束界面,如图 5-15 填写,单击 Apply 完成 ecu 赋值。

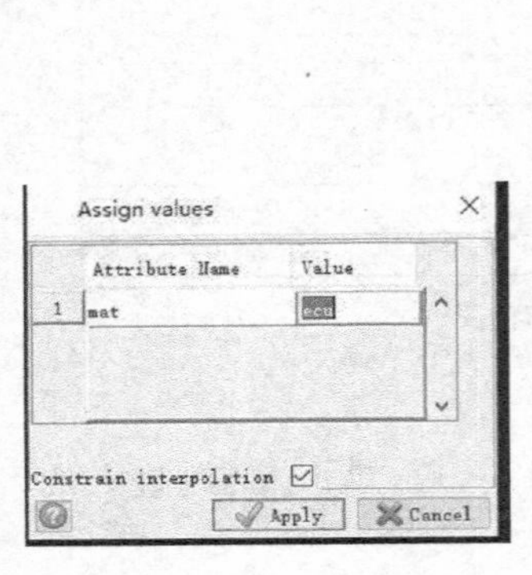
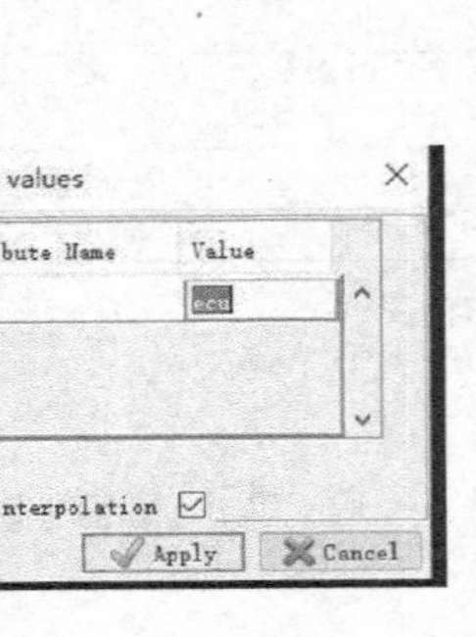

图 5-14　属性赋值界面

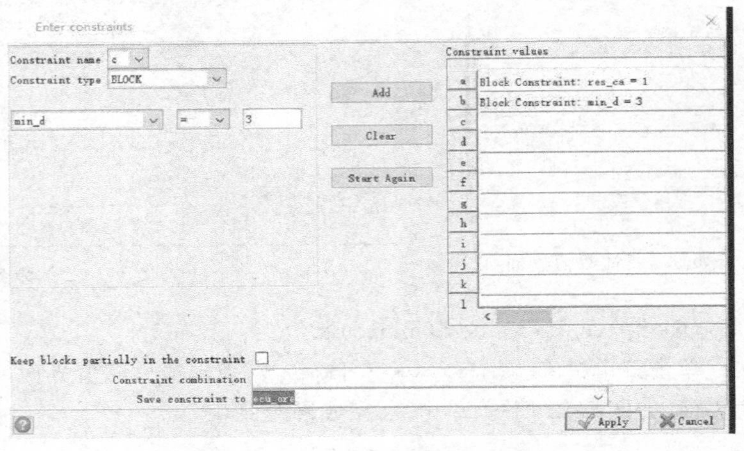

图 5-15　约束界面

(3) 给 mat 属地赋值为 eco(经济可采钴矿石)

点击菜单栏 Block model → Estimation →| Assign value,弹出属性赋值界面(图 5-16),单击 Apply 弹出约束界面,如图 5-17 填写,单击 Apply 完成 eco 赋值。

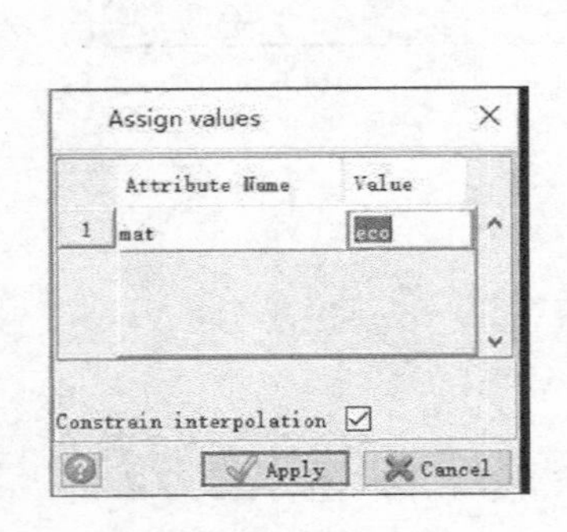

图 5-16　属性赋值界面

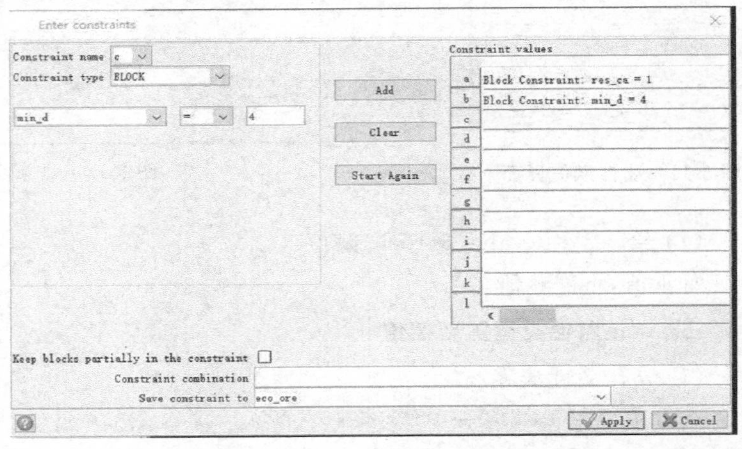

图 5-17　约束界面

(4) 给 mat 属地赋值为 lcu(含铜废石)

点击菜单栏 Block model → Estimation →| Assign value,弹出属性赋值界面(图 5-18),单击 Apply 弹出约束界面,如图 5-19 填写,单击 Apply 完成 lcu 赋值。

(5) 给 mat 属地赋值为 lco(含钴废石)

点击菜单栏 Block model → Estimation →| Assign value,弹出属性赋值界面(图 5-20),单击 Apply 弹出约束界面,如图 5-21 填写,单击 Apply 完成 lco 赋值。

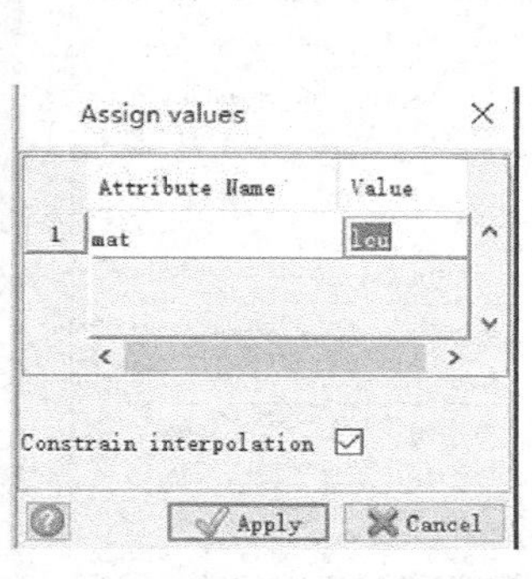

图 5-18　属性赋值界面

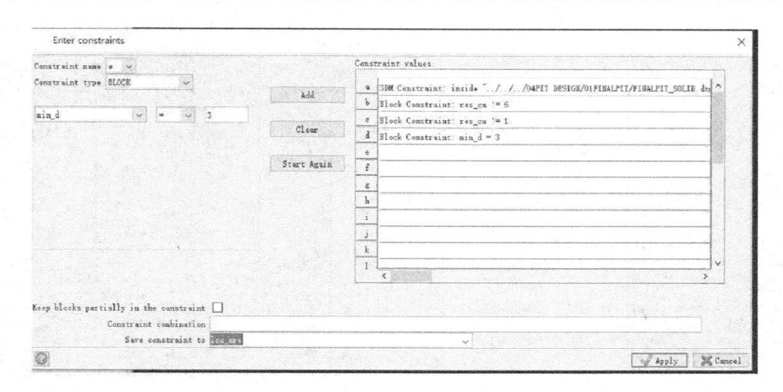

图 5-19　约束界面

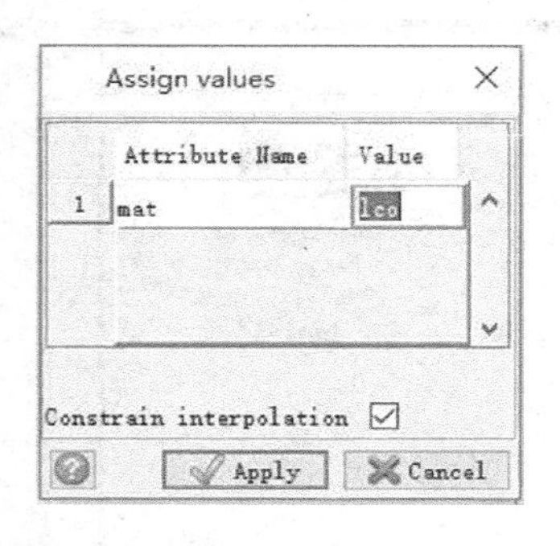

图 5-20　属性赋值界面

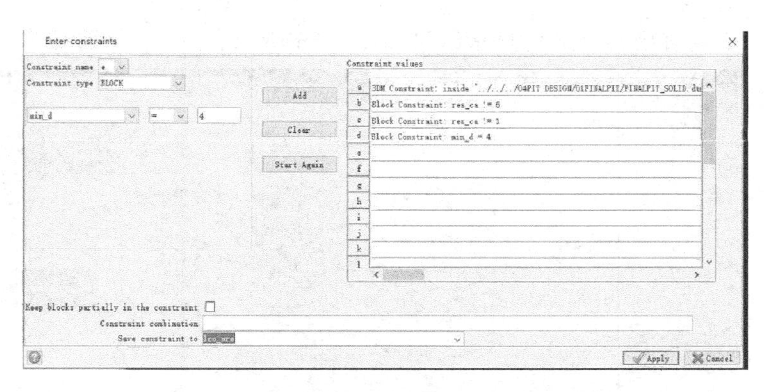

图 5-21　约束界面

(6) 给 mat 属地赋值为 waste_m(矿化废石)

点击菜单栏 Block model → Estimation →| Assign value，弹出属性赋值界面(图 5-22)，单击 Apply 弹出约束界面，如图 5-23 填写，单击 Apply 完成 waste 赋值。

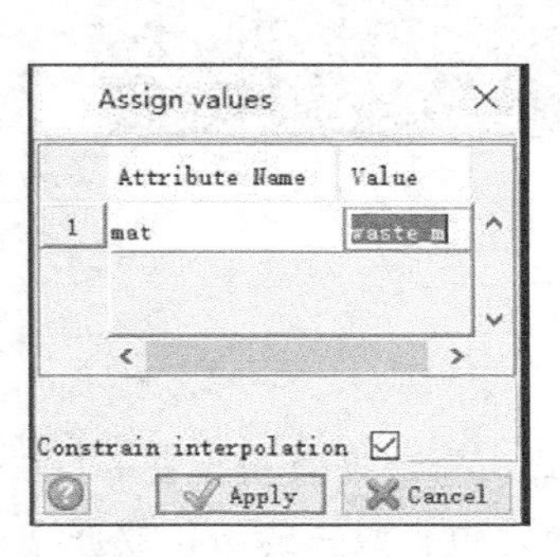

图 5-22　属性赋值界面

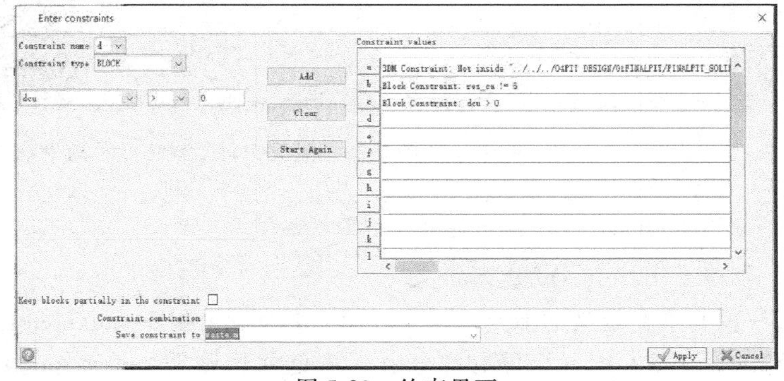

图 5-23　约束界面

(7) 给 mat 属地赋值为 waste(废石)

点击菜单栏 Block model → Estimation →| Assign value，弹出属性赋值界面(图 5-24)，单击 Apply 弹出约束界面，如图 5-25 填写，单击 Apply 完成 waste 赋值。

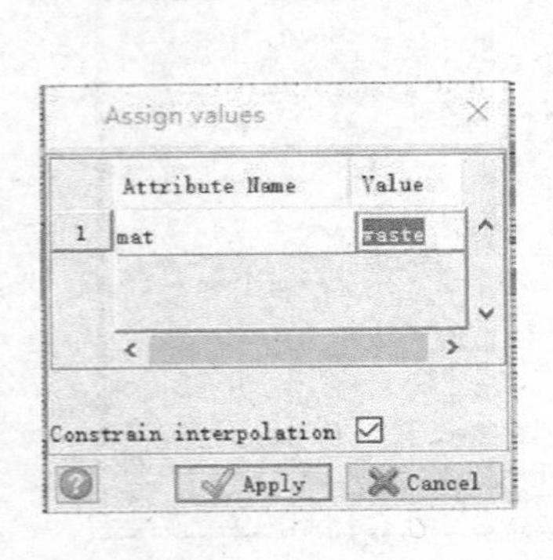

图 5-24　属性赋值界面

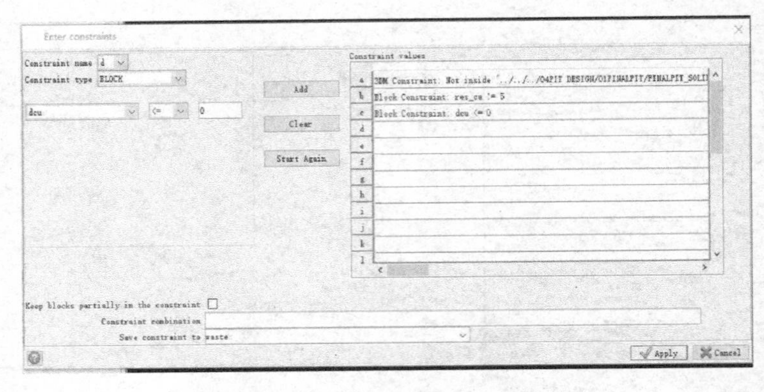

图 5-25　约束界面

赋值物料分颜色显示结果如图 5-26 所示。

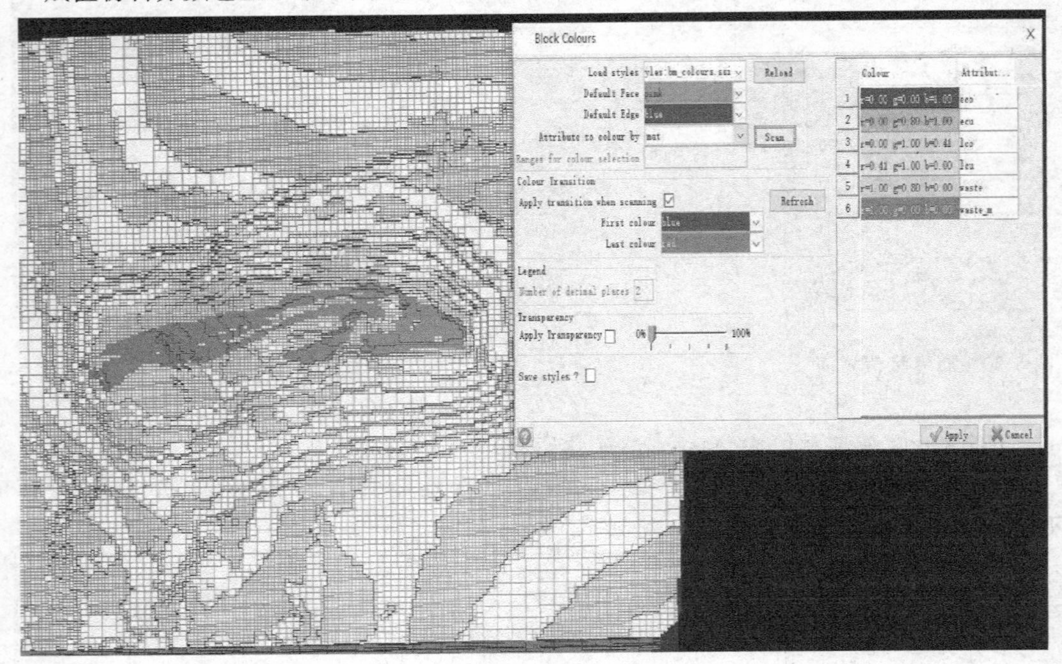

图 5-26　赋值物料分颜色显示结果

四、pob、relf、vaf 系数修正

(1) pob、relf、vaf 重新定义

我们重新定义的 res_ca 资源中 1 measured 和 2 indicated 已经包含原来的 pob、relf，转为 measured 后 relf 可能有部分由 0.7 变为 1，则需要修改 pob，使之包含原来的 relf 数据。res_cat 资源中 3 infered relf 不变，还是 0.7，不需要修改 pob。详见表 5-2。

(2) 修正 pob

点击菜单栏 Block model → Attributes → Maths，弹出属性计算界面（图 5-27），单击 Apply 完成属性计算。

表 5-2　res_cat 资源 pob、relf、vaf 值定义

res_cat(资源分级)		pob 属性	relf 属性	vaf 属性
1	measured(探明)	pob * rel	1	pob * rel
2	indicated(控制)	pob * rel	1	pob * rel
3	infered(推断)	pob	0.7	pob * rel

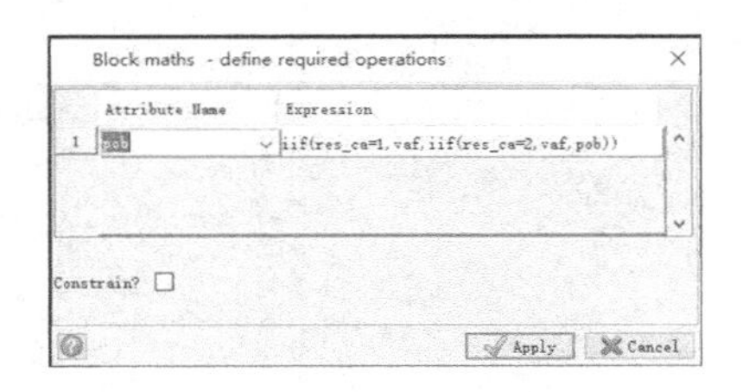

图 5-27　属性计算界面

(3) 修正 relf

点击菜单栏 Block model → Attributes → Maths，弹出属性计算界面(图 5-28)，单击 Apply 完成属性计算。

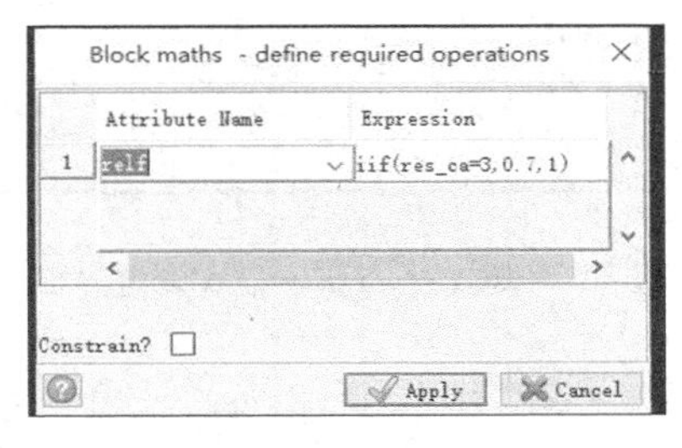

图 5-28　属性计算界面

(4) 修正 vaf

点击菜单栏 Block model → Attributes → Maths，弹出属性计算界面(图 5-29)，单击 Apply 完成属性计算。

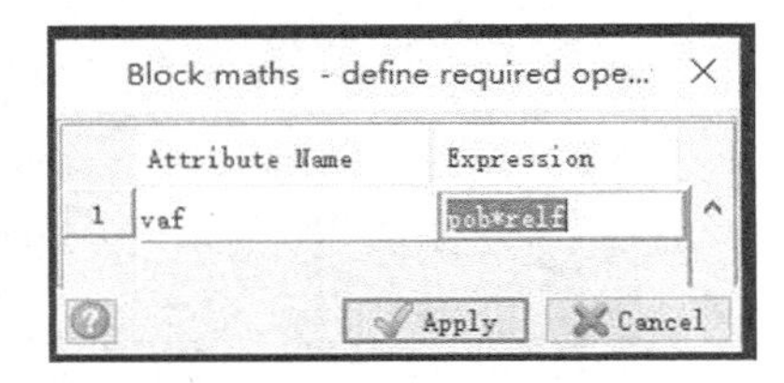

图 5-29　属性计算界面

五、保存储量模型的 summary

单击菜单栏 Block model → Block model → Summary，弹出模型 summary 格式设定界面，如图 5-30 填写，Save Summary? ☑ 需打"√"，输出报告名如下填写 Output Report File Name 2019a_rev_v1，2019a_rev_v1.mdl 模型的 summary 文件内容显示如图 5-31 所示。

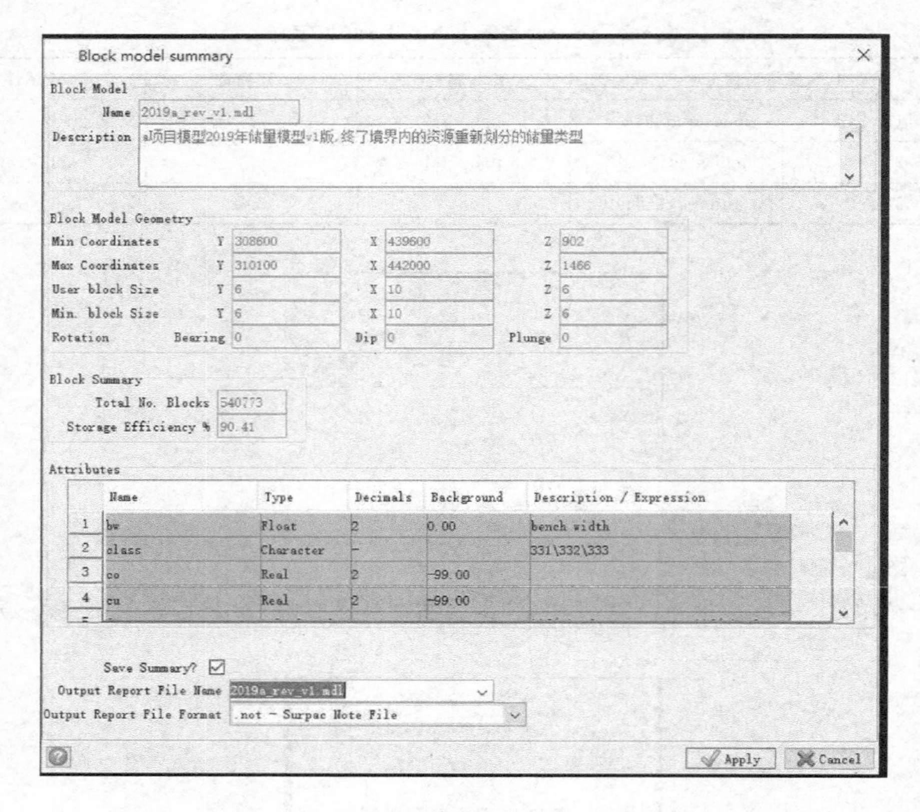

图 5-30 模型 summary 格式设定界面

GEOVIA　　　　　　　　　　　　　　　　Dec 12, 2019

Type	Y	X	Z
Minimum Coordinates	308600	439600	902
Maximum Coordinates	310100	442000	1466
User Block Size	6	10	6
Min. Block Size	6	10	6
Rotation	0.000	0.000	0.000

Total Blocks 540773
Storage Efficiency % 90.41

Attribute Name	Type	Decimals	Background	Description
bw	Float	2	0	bench width
class	Character	-		331\332\333
co	Real	2	-99	
cu	Real	2	-99	
dcu	Calculated	-	-	iif(min_d=4,cu+7.42*co,iif(min_d=4,cu+0*co,iif(min_d=1,0,cu+co)))
mat	Character	-	waste	air/waste/ecu/eco
min_d	Integer	-	99	1 air_domain 2 countrycrock_domain 3 cu_domain 4 cuco_domain
osa	Float	2	0	over slope angle
pob	Float	2	0	比例系数
relf	Float	3	0	Reliability coefficient可靠系数
res_ca	Integer	-	6	1 measured, 2 indicated, 3 inferred, 4 Exploration target, 5 mined, 6 rock
sg	Real	2	2.4	densiy
vaf	Float	3	0	volume adjust factor
wba	Float	2	0	work bench angle

Block Model Summary　　　　　　Block model:2019a_rev_v1
a项目模型2019年储量模型v1版,终了境界内的资源重新划分的储量类型

Block Model Summary　　　　　　1/1

图 5-31 2019a_rev_v1. mdl 模型的 summary 文件内容显示

第四节　储 量 报 告

一、块模型整体资源储量报告

点击菜单栏 Block model → Block model → Report ，弹出模型报告文件格式设定界面，如图 5-32 填写，报告整个储量模型的所有资源量。单击 Apply 弹出报告格式设定界面（图 5-33），单击 Apply 弹出 mat 属性选择界面（图 5-34），单击 Apply 弹出约束界面（图 5-35），单击 Apply 进行报告计算，弹出模型资源计算报告结果（图 5-36）。保存该表为 xls 格式，防止下次计算覆盖该 CSV 格式的表。

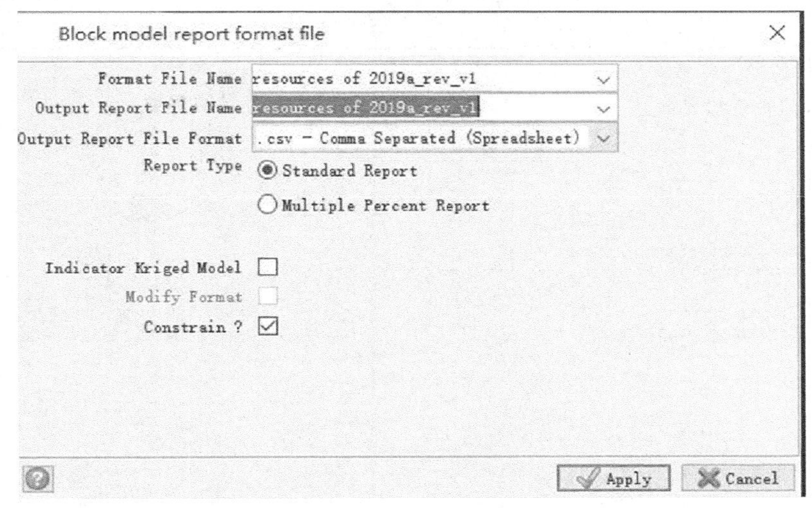

图 5-32　模型报告文件格式设定界面

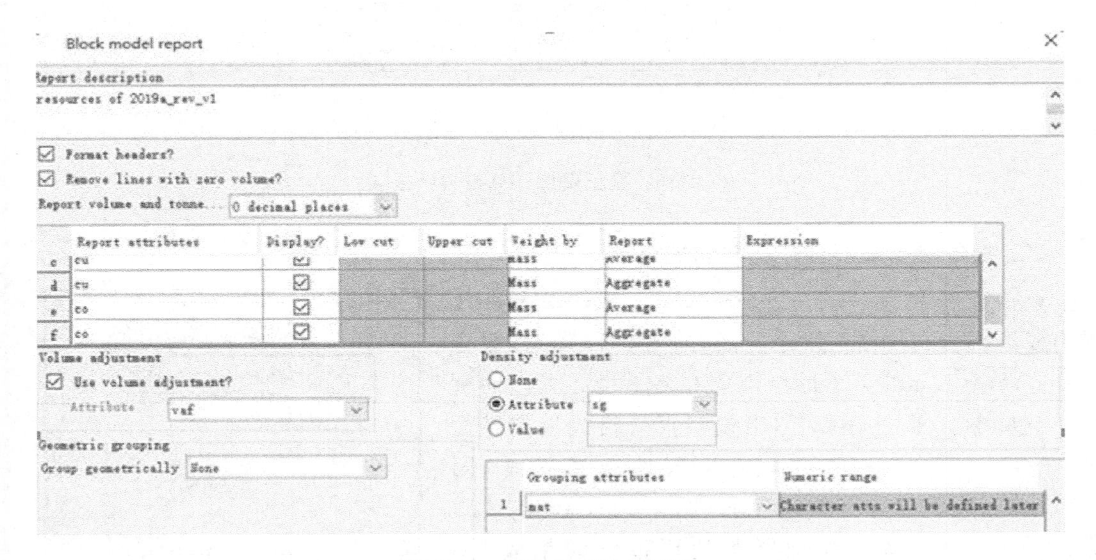

图 5-33　报告格式设定界面

图 5-34　mat 属性选择界面

图 5-35　约束界面

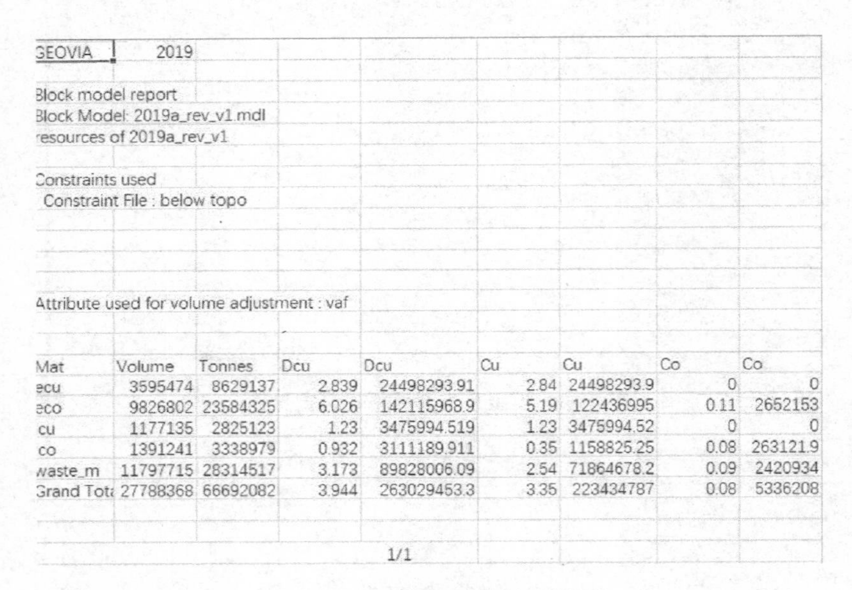

GEOVIA 2019

Block model report
Block Model: 2019a_rev_v1.mdl
resources of 2019a_rev_v1

Constraints used
Constraint File : below topo

Attribute used for volume adjustment : vaf

Mat	Volume	Tonnes	Dcu	Dcu	Cu	Cu	Co	Co
ecu	3595474	8629137	2.839	24498293.91	2.84	24498293.9	0	0
eco	9826802	23584325	6.026	142115968.9	5.19	122436995	0.11	2652153
cu	1177135	2825123	1.23	3475994.519	1.23	3475994.52	0	0
co	1391241	3338979	0.932	3111189.911	0.35	1158825.25	0.08	263121.9
waste_m	11797715	28314517	3.173	89828006.09	2.54	71864678.2	0.09	2420934
Grand Tota	27788368	66692082	3.944	263029453.3	3.35	223434787	0.08	5336208

1/1

图 5-36　模型资源计算报告结果

二、报告终了境界内矿化物料的量

点击菜单栏 Block model → Block model → Report，弹出模型报告文件格式设定界面，如图 5-37 填写，报告 2019a_rev_v1. mdl 整个储量模型在终了境界壳内的所有矿化物料。单击 Apply 弹出模型报告格式设定界面（图 5-38），单击 Apply 弹出 mat 属性选择界面（图 5-39），单击 Apply 弹出约束界面（图 5-40），单击 Apply 进行报告计算，弹出模型资源计算报告结果表（图 5-41）。保存该表为 xls 格式，防止下次计算覆盖该 CSV 格式的表。

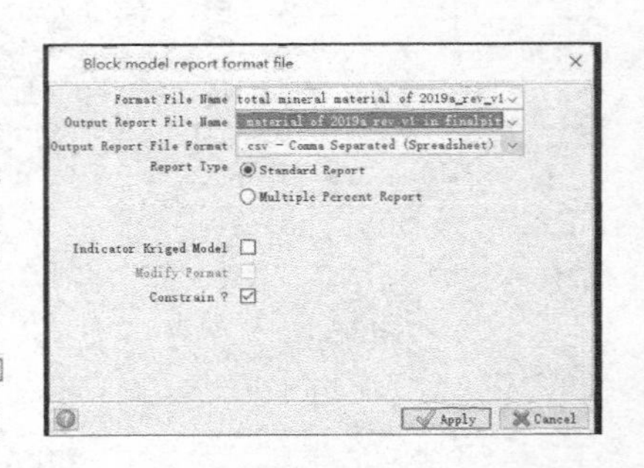

图 5-37　模型报告文件格式设定界面

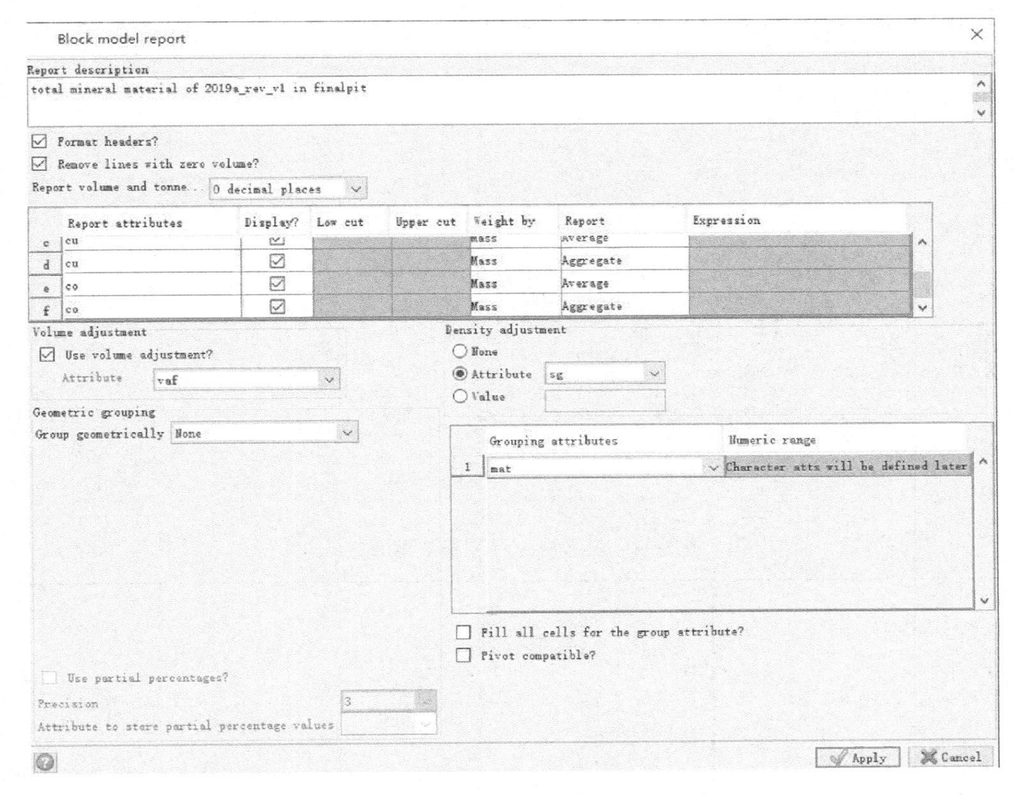

图 5-38　报告格式设定界面

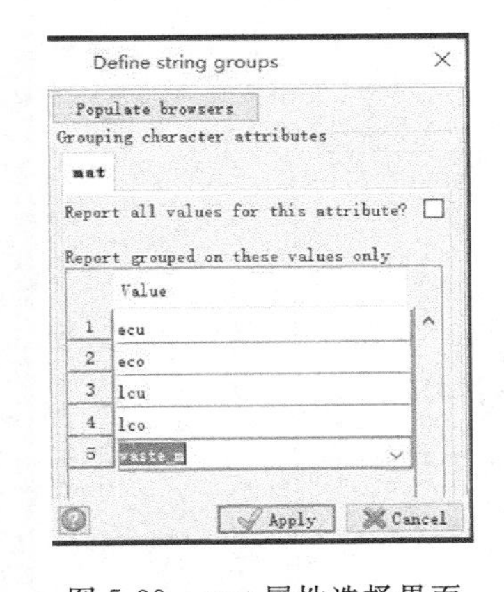

图 5-39　mat 属性选择界面

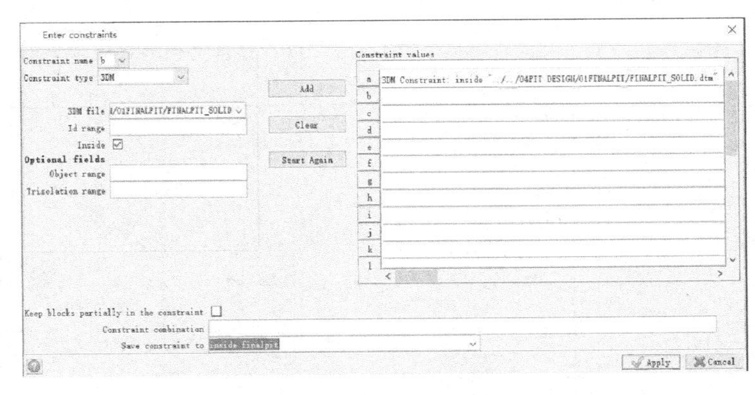

图 5-40　约束界面

三、报告终了境界内矿岩总量

点击菜单栏 Block model → Block model → Report，弹出模型文件格式设定界面，如图 5-42 填写，报告 2019a_rev_v1. mdl 整个储量模型在终了境界壳内的所有矿岩总量。单击 Apply 弹出模型文件报告格式设定界面(图 5-43)，单击 Apply 弹出约束界面(图 5-44)，单击 Apply 进行报告境界内矿岩总量，弹出模型资源计算报告结果表(图 5-45)。

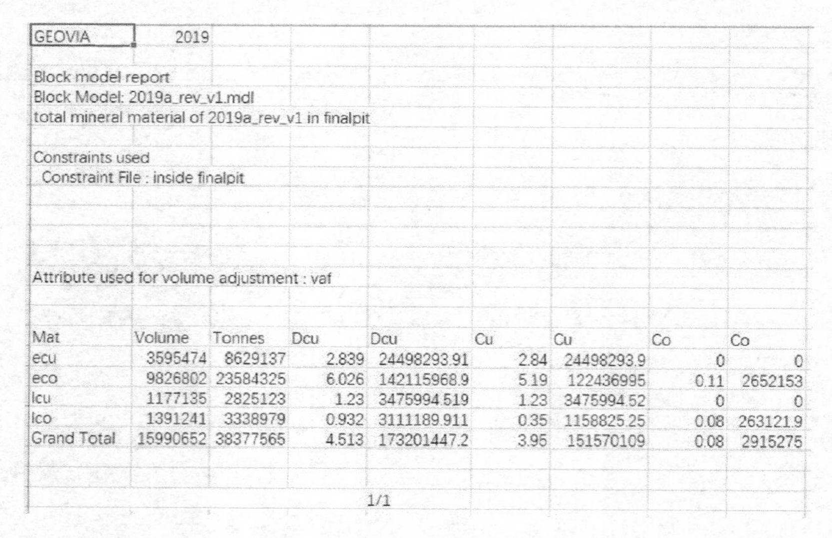

GEOVIA 2019

Block model report
Block Model: 2019a_rev_v1.mdl
total mineral material of 2019a_rev_v1 in finalpit

Constraints used
Constraint File : inside finalpit

Attribute used for volume adjustment : vaf

Mat	Volume	Tonnes	Dcu	Dcu	Cu	Cu	Co	Co
ecu	3595474	8629137	2.839	24498293.91	2.84	24498293.9	0	0
eco	9826802	23584325	6.026	142115968.9	5.19	122436995	0.11	2652153
lcu	1177135	2825123	1.23	3475994.519	1.23	3475994.52	0	0
lco	1391241	3338979	0.932	3111189.911	0.35	1158825.25	0.08	263121.9
Grand Total	15990652	38377565	4.513	173201447.2	3.95	151570109	0.08	2915275

1/1

图 5-41　模型资源计算报告结果表

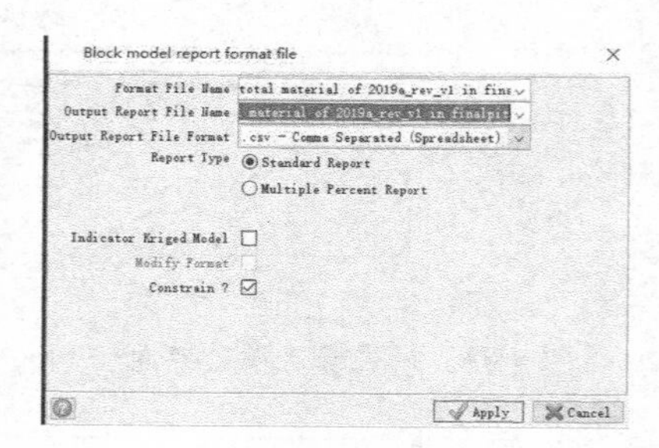

图 5-42　模型报告文件格式设定界面

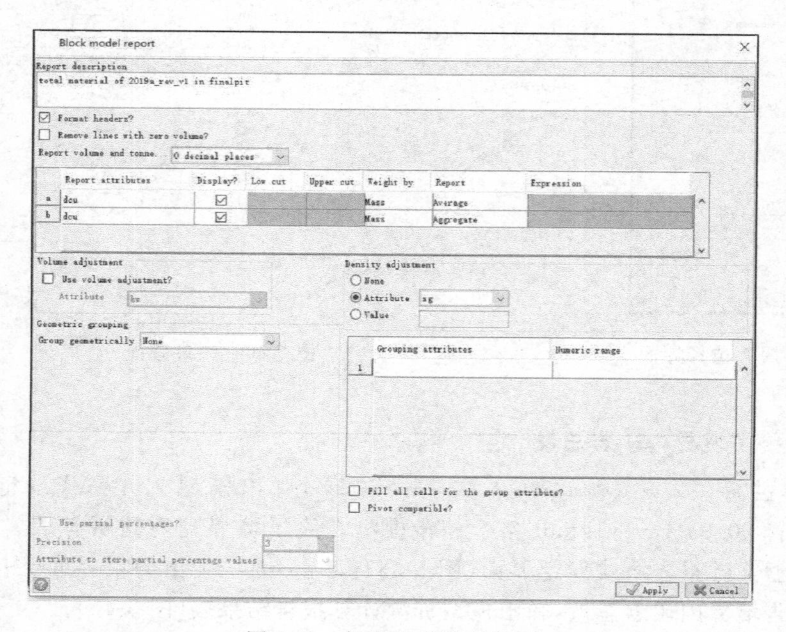

图 5-43　报告格式设定界面

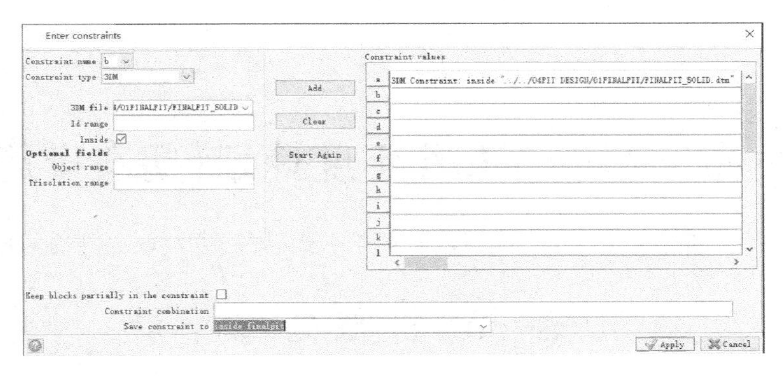

图 5-44 约束界面

Gemcom S 2019

Block model report
Block Model: 2019a_min_v1
total material of 2019a_rev_v1 in finalpit

Constraints used
a. INSIDE 3DM ../../04PIT DESIGN/01FINALPIT/FINALPIT_SOLID.dtm

Keep blocks partially in the constraint : False

Volume	Tonnes	Dcu	Dcu
76968360	184724064	1.019	1881755713

1/1

图 5-45 模型资源计算报告结果表

四、整理境界内矿岩总量及剥采比

利用电子表格，把境界内矿岩总量和矿化物料总量的数据合并，形成境界内矿岩量及剥采比的 Excel 表。如表 5-3 所示为境界内矿岩量及剥采比。

表 5-3 境界内矿岩量及剥采比

项目	体积 /m³	质量 /t	当量铜品位 /%	当量铜金属量 /t	铜品位 /%	铜金属量 /t	钴品位 /%	钴金属量 /t
ecu	3 595	8 629	2.839	245.0	2.839	245.0	—	—
eco	9 827	23 584	6.026	1 421.2	5.191	1 224.4	0.112	26.5
矿石小计	13 422	32 213	5.172	1 666	4.561	1 469	0.082	27
lcu	1 177	2 825	1.230	34.8		34.8		—
lco	1 391	3 339	0.932	31.1		11.6		2.6
waste	60 978	146 347						
废石小计	63 546	152 511		65.9		46.3		2.6
采剥总量	76 968	184 724						
剥采比	4.73	4.73						

第六章　MineSched 年度计划(初次排产)

初次排产的目的是获取第一年采矿范围,用于生产勘探,以获取更准确的排产模型。

第一节　模型处理

一、另存为排产模型

(1) 设置工作文件夹

设置 openpit\02_LOM\02model\05model_msh\v1 文件夹为工作文件夹。

(2) 打开块文件

双击左边导航窗口 2019a_rev_v1.mdl 打开块模型"2019a_rev_v1. mdl"。

(3) 另存为排产模型

单击顶部菜单栏 Block model → Block model → Save as ,弹出另存文件界面,如图 6-1 填写,显示结果 2019a_msh_v1 ,说明保存成功。

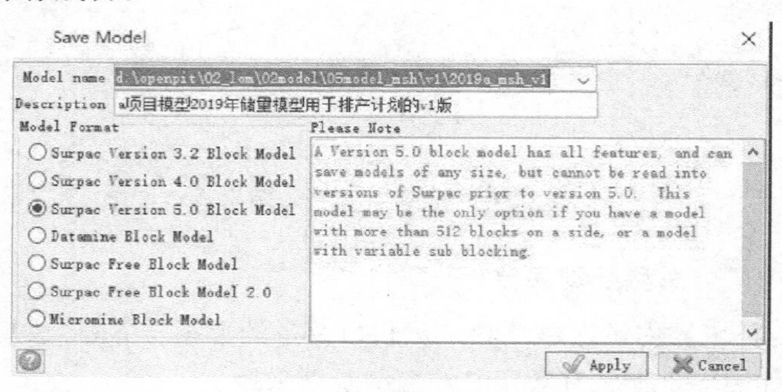

图 6-1　另存文件界面

工作块模型名称"2019a_msh_v1"说明如下:

① 表示 2019 年的更新块模型。

② msh_v1 表示为排产模型 v1 版,msh 为 MineShced 的缩写。

③ 保存版本为 Surpac 5.0,高版本软件可以向下兼容。

二、处理体积调整系数 vaf

前面我们体积调整系数 vaf,实际上是对矿石进行比例计算,但废石的 vaf 值为零,只能单独准确计算矿石量,废石由(采剥总量－矿石量)得来的。

但 MineSched 中 体积调整属性 vaf 为全局量,其中废石的 vaf 值绝大部分为零,如果不进行处理,我们排产时废石量将严重失真,所以本次我们将对废石的 vaf 进行处理。约束废石的 vaf 赋值为 1。

点击菜单栏 Block model → Attributes → Maths ,弹出属性赋值界面图 6-2,单击 Apply 弹出约束

界面,如图 6-3 填写,单击 Apply 完成属性计算。

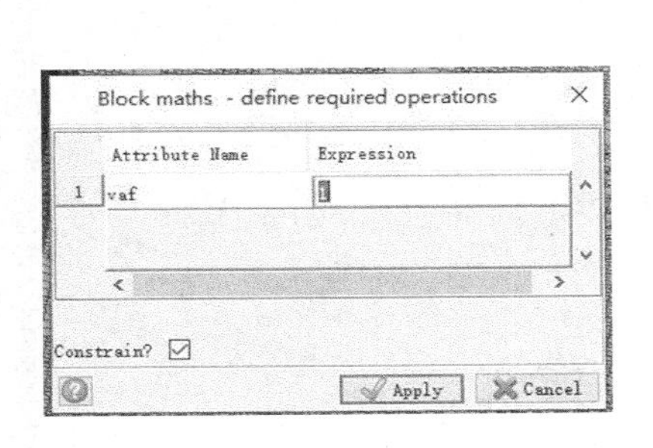

图 6-2　属性赋值界面

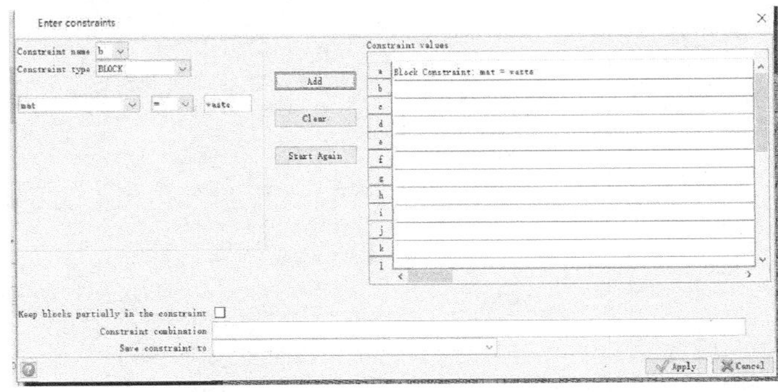

图 6-3　约束界面

三、保存排产模型的 summary

单击菜单栏 Block model → Block model → Summary,弹出模型 summary 文件格式界面,如图 6-4 填写,Save Summary? ☑ 需打"√",输出报告名如下填写 Output Report File Name 2019a_msh_v1 。单击 Apply 完成模型 summary 的保存,以便后期工作需要时使用。

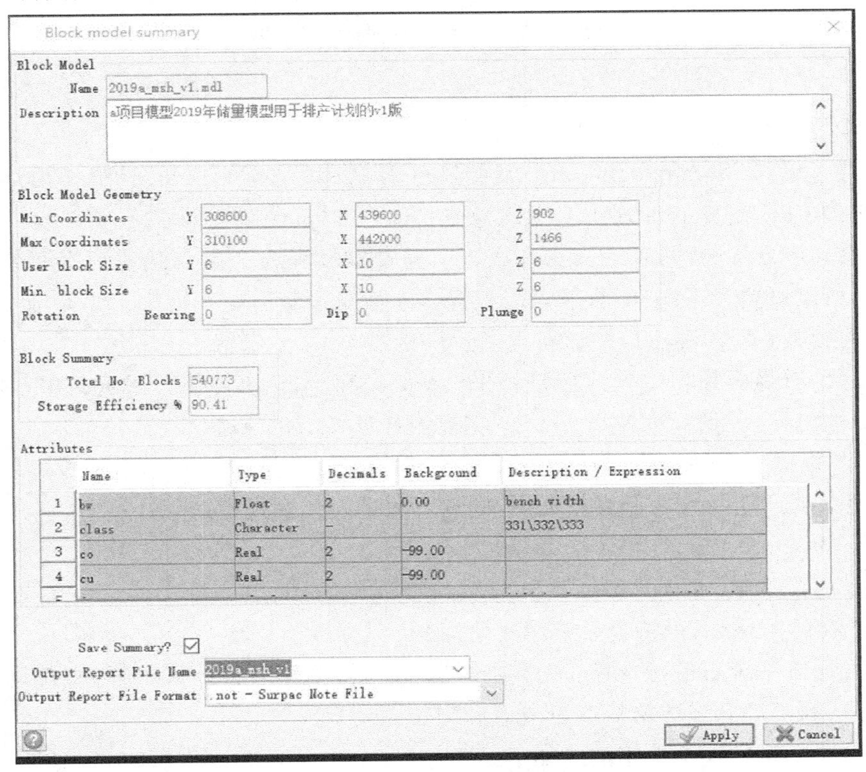

图 6-4　模型 summary 文件格式界面

排产模型 2019a_msh_v1.mdl 的 summary 文件内容显示如图 6-5 所示。

```
GEOVIA                                                      Dec 12, 2019
Type                   Y         X        Z
--------------------------------------------------
Minimum Coordinates    308600    439600   902
Maximum Coordinates    310100    442000   1466
User Block Size        6         10       6
Min. Block Size        6         10       6
Rotation               0.000     0.000    0.000

----------------------------
Total Blocks             540773
Storage Efficiency %     90.41
Attribute Name   Type         Decimals  Background  Description
------------------------------------------------------------------------------------------------------------------
bw               Float        2         0           bench width
class            Character    -                     331\332\333
co               Real         2         -99
cu               Real         2         -99
dcu              Calculated   -         -           iif(min_d=4,cu+7.42*co,iif(min_d=4,cu+0*co,iif(min_d=1,0,cu+co)))
mat              Character    -         waste       air/waste/ecu/eco
min_d            Integer      -         99          1 air_domain 2 countrycrock_domain 3 cu_domain 4 cuco_domain
osa              Float        2         0           over slope angle
pob              Float        2         0           比例系数
relf             Float        3         0           Reliability coefficient可靠系数
res_ca           Integer      -         6           1 measured, 2 indicated, 3 inferred, 4 Exploration target, 5 mined, 6 rock
sg               Real         2         2.4         densiy
vaf              Float        3         0           volume adjust factor
wba              Float        2         0           work bench angle
                         Block Model Summary                          Block model:2019a_msh_v1
a项目模型2019年储量模型用于排产计划的v1版

Block Model Summary                                             1/1
```

图 6-5 summary 文件内容显示

第二节 排产前提条件

一、生产规模

根据终了境界 finalpit_solid. dtm 及储量模型 2019a_rev_v1. mdl 计算得出终了境界内矿石量 32 213 kt、废石 152 511 kt、采剥总量 184 724 kt、剥采比 4. 73。

采矿贫化率 5%,损失率 4%,为什么不一样?本教程为了更直观地观察两者之间对矿石的影响,所以设置为不一样,自学者需根据实际情况设置。

(1) 供给选矿厂和湿法厂的矿石类型及供给量

供选厂矿石为两种类型 ecu(经济可采铜矿石) 和 e_cuco(经济可采铜钴矿石)。

① ecu 境界内矿量 8 629 kt,e_cuco 境界内矿量 23 584 kt。

② 生产规模为 7 000 t/d,340 d/a,2 380 kt/a,采剥总量 38 000 t/d(12 920 kt/a),服务 14. 29 a,考虑减产期及堆场低品位利用,则选厂服务期先假设 17 a。

③ ecu 为 2 000 t/d,340 d/a,680 kt/a。

④ eco 为 5 000 t/d,340 d/a,1 700 kt/a。

(2) 堆存的矿化废石(待今后视情况使用)

以下含铜或钴废石进行堆存,不做生产排产计划,按照废石计算,待将来金属价格上涨或技术进步,利用后有经济价值时再考虑利用。

各自堆存物料堆存与使用措施如下:

① l_cu 单独堆存,需要时可以和高品位 ecu 配矿。

② l_co 单独堆存,需要时可以和高品位 eco 配矿。

③ waste_m 单独堆存。

(3) 排弃今后不可能利用的废石

基本没有品位的废石或表土将进行永久排弃,矿石类型为 waste。

二、排产目标及目的

本次排产主要目的是取得第一年采剥作业的范围,以便地质人员进行生产勘探工作,升级第一年采剥作业内矿石的资源级别及资源可靠程度。

由于有堆场的堆存矿量作为调节矿量,堆存矿量可直接与入选矿量混合,保证选矿厂获得的矿石品位和矿量符合生成需要,避免出现矿量忽高忽低、不同时间处理量偏差太大的现象,从而保证选厂处理矿石品位的稳定性,所以采矿采剥生产主要目标为:

(1) 采剥总量每年保持平稳。

(2) 采出铜矿石与铜钴矿石数量基本保持与处理能力一致,并略有盈余。

(3) 剥离非矿石保持一定数量,即剥采比固定。

(4) 每年采出品位尽可能基本平稳。

(5) 获得第一、二、三年的境界范围。

(6) 为保证第一年的采矿范围在生产勘探后满足生产需求,提供给地质部门用于生产勘探的范围要更大,需要超出第一年,故需提供第二年采矿范围,以用于生产勘探范围确定。

三、终了境界参数

终了境界参数如下:

坑底标高:1 139 m。

露采最高标高:1 427 m。

采坑上口尺寸:1 630 m×766 m。

坑底尺寸:362 m×53 m。

西北部出入沟标高:1 403 m。

东南部出入沟标高:1 437 m。

台阶高:12 m(双并段 24 m)。

坑内道路:单车道宽 18 m,双车道宽 25 m,坡度 10%。

第三节　建立工程文件

一、打开 MineSched 软件

双击,运行 MineSched 软件,显示如图 6-6 所示。

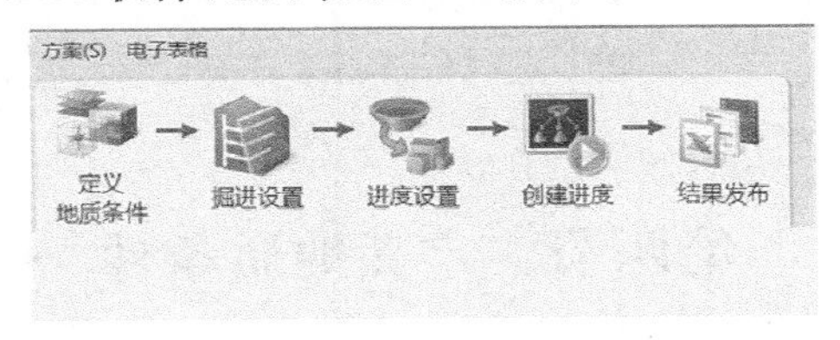

图 6-6　MineSched 软件打开结果显示图

二、新建工程文件

(1) 点击顶部菜单方案(S),弹出菜单。

(2) 点击 新(N)... ,弹出新建方案配置界面,如图 6-7 所示。

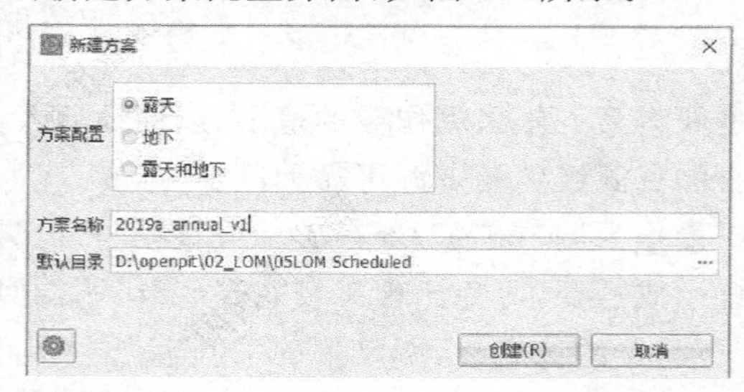

图 6-7　新建方案配置界面

新建方案配置界面参数说明如下:

① 方案配置:选露天。

② 方案名称,本次选 2019a_annual_v1,因为是初次排产,按年排产,为获取第一年采矿范围,用于地质生产勘探。

③ 工作文件夹选本次设计的工作文件夹 openpit\02_LOM\05LOM Scheduled。

(3) 点 创建(R) ,完成新方案的建立,弹出 MineSched 界面,详见图 6-8。

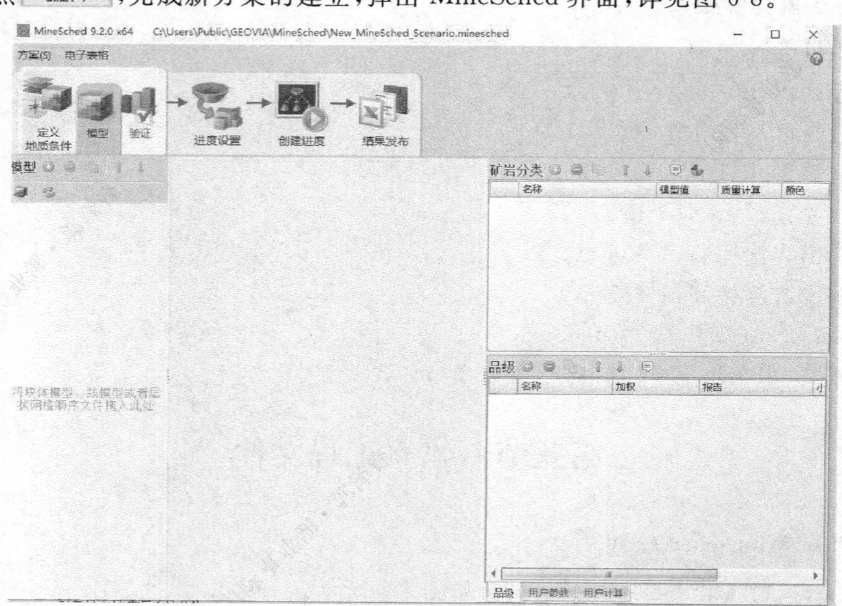

图 6-8　MineSched 界面

第四节　定义地质条件

一、模型文件导入

点击左边顶部模型的 ,添加模型,找到我们前面准备好的"2019a_msh_v1. mdl"模型,完成导入。

二、矿岩属性配置

点击矿岩分类属性 material 中的 下拉三角标志，弹出矿岩分类属性提取界面（图 6-9 左图），点击从模型中提取，程序自动从模型中提取属性，属性结果显示如图 6-9 右图所示，我们选取 mat character 矿岩分类属性，结果为矿岩分类属性 mat 。

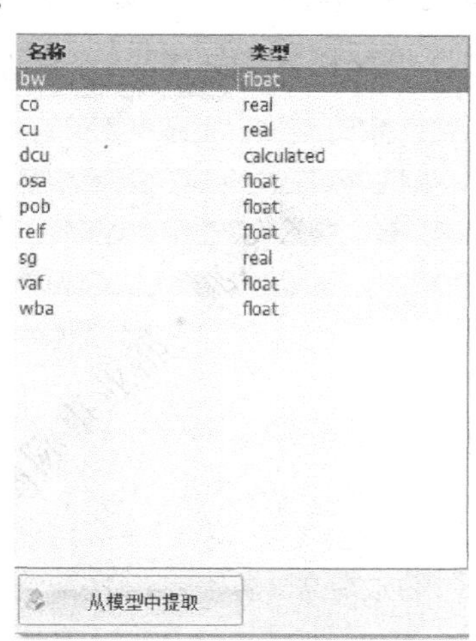

图 6-9　矿岩分类属性提取界面

三、体积调整属性配置

步骤和矿岩属性配置一样，结果为体积调整属性 vaf

四、比重属性配置

步骤和矿岩属性配置一样，结果如图 6-10 所示。

图 6-10　比重属性配置界面

五、矿岩分类

点击从 2019minesched 中提取，结果如图 6-11 所示，颜色根据自己的喜好设定，最好前后一致。air 由于不需要可以不打“√”。

矿岩分类

从 2019a_msh_v1 中提取

	名称	模型值	质量计算	颜色
1	air	air	☐	
2	ecu	ecu	☑	
3	eco	eco	☑	
4	lcu	lcu	☑	
5	lco	lco	☑	
6	waste_m	waste_m	☑	
7	waste	waste	☑	

图 6-11　矿岩分类提取结果显示

六、品级

点击从 2019minesched 中提取,结果如图 6-12 所示,除了 dcu、cu、co 属性外其余的都不需要在品级中显示,故删除。选择要删除的属性,颜色点亮后,点⊖完成删除,结果如图 6-13 所示。⇧⇩为移动属性从而上下调整该属性在窗口显示位置的工具,比如图 6-13 中,我们选中属性 co,点击⇧,co 属性这个项目就上升了一位,排在 cu 的前面。

品级

从 2019a_msh_v1 中提取

	名称	加权	报告	小数位数	"2019a_msh_v1"中的属
1	dcu	质量	平均	3	dcu
2	cu	质量	平均	3	cu
3	co	质量	平均	3	co
4	sg	质量	平均	3	sg
5	pob	质量	平均	3	pob
6	relf	质量	平均	3	relf
7	vaf	质量	平均	3	vaf
8	osa	质量	平均	3	osa
9	bw	质量	平均	3	bw
>10	wba	质量	平均	3	wba

图 6-12　提取的品级属性显示结果

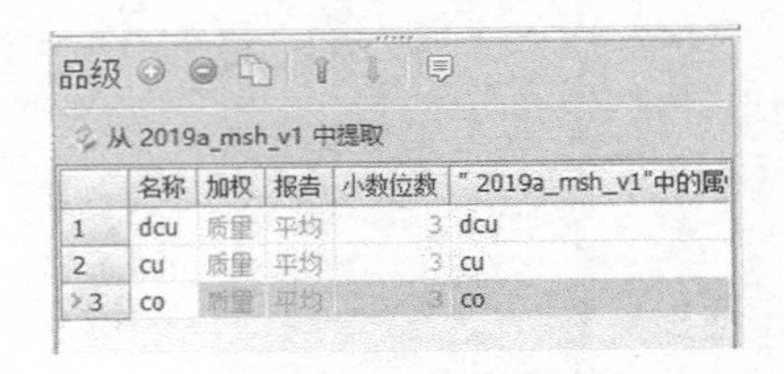

品级

从 2019a_msh_v1 中提取

	名称	加权	报告	小数位数	"2019a_msh_v1"中的属
1	dcu	质量	平均	3	dcu
2	cu	质量	平均	3	cu
>3	co	质量	平均	3	co

图 6-13　修改后的品级属性结果

七、用户参数设置

点击底部品级 用户参数 用户计算中的用户参数,显示用户参数界面,如图 6-14 填写,设置采矿回收率 0.96;贫化率填 0.95(实际上是 0.05),是为了方便我们到时直接乘以"dillution",这样就不需要用(1－dillution)来表示了,更简单。

用户参数

	名称	类型	加权	背景值
1	recovery	数字	质量	0.96
2	dillution	数字	质量	0.95

图 6-14　用户参数界面

八、用户计算

点击底部品级 用户参数 用户计算中的用户计算,显示用户计算界面,如图 6-15 填写。

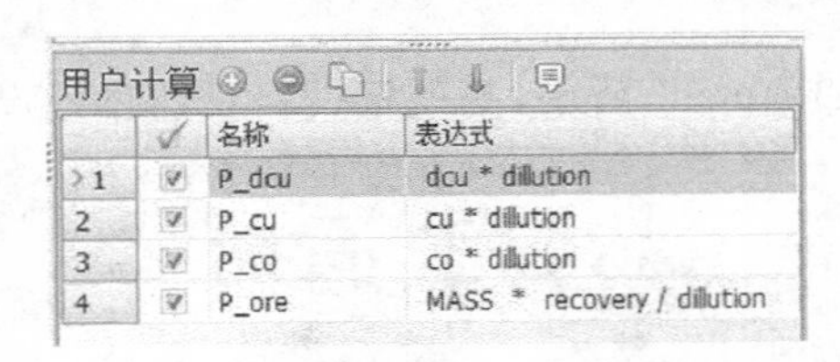

用户计算

	✓	名称	表达式
>1	✓	P_dcu	dcu * dillution
2	✓	P_cu	cu * dillution
3	✓	P_co	co * dillution
4	✓	P_ore	MASS * recovery / dillution

图 6-15　用户计算界面

用户属性计算设定说明如下:

① P_dcu 为采出矿石的 dcu 品位。

② P_cu 为采出矿石的 Cu 品位。

③ P_co 为采出矿石的 Co 品位。

④ P_ore 为采出的经过贫化损失后的矿石量。

第五节　模型验证

一、验证

点击 ,弹出界面中只显示矿岩量,金属元素品位为零。

二、更新图表

点击左下角的 ,更新结果如图 6-16 所示(选择一页最多显示 9 个图)。

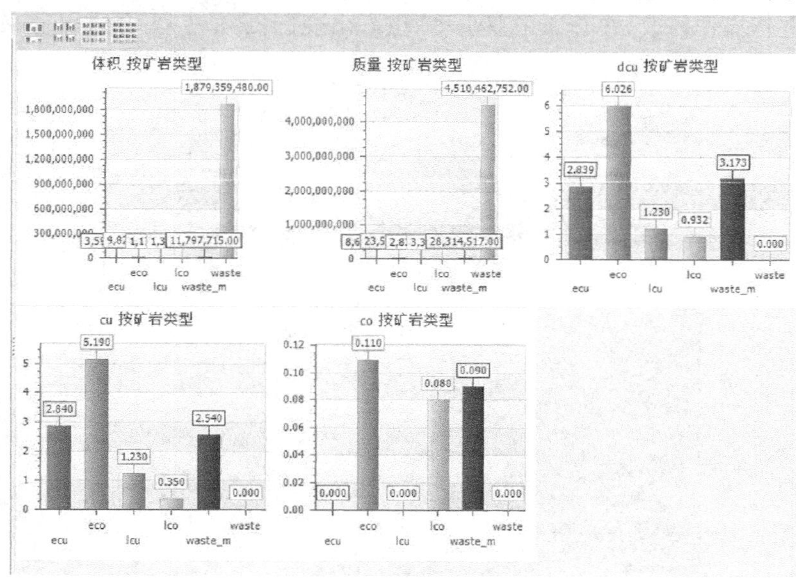

图 6-16　模型验证参数更新结果

三、检查模型中的错误

点击左下角 ,自动检查,如无误可以保存,如有误返回前面步骤检查修改。信息提示 没有发现错误或者警告 无误,可以进行下一步。

第六节　进度设置

一、进入进度设置界面

点击 ,进度设置菜单展开 。

二、场所设置

因为本次排产只为了获得第一、二、三年的境界范围,为保证第一年的采矿范围在生产勘探后满足生产需求,提供给地质用于生产勘探的范围要更大,需要超出第一年,故需提供第二年采矿范围,随之用于生产勘探范围确定。所以本次排产不涉及选厂及湿法厂排产,场所只选露天采坑、堆场和排土场,排土场可用堆场代替。

(1) 建立场所

点击,进入场所设置,选择左边工具栏,拖动对应的场所到中间画布,在画布中选择场所可以对场所进行操作——改名、填参数等。

拖动一个到中间画布,命名为"finalpit";再拖动 6 个到中间画布,分别命名为"stockpile_ecu""stockpile_lcu""stockpile_eco""stockpile_lco""pile_waste_m""dump_waste"。

(2) 露天采坑场所属性修改定义

对场所进行操作修改,在画布中双击场所,出现圆圈并放大,右边出现采坑场所属性窗口(图 6-17)。

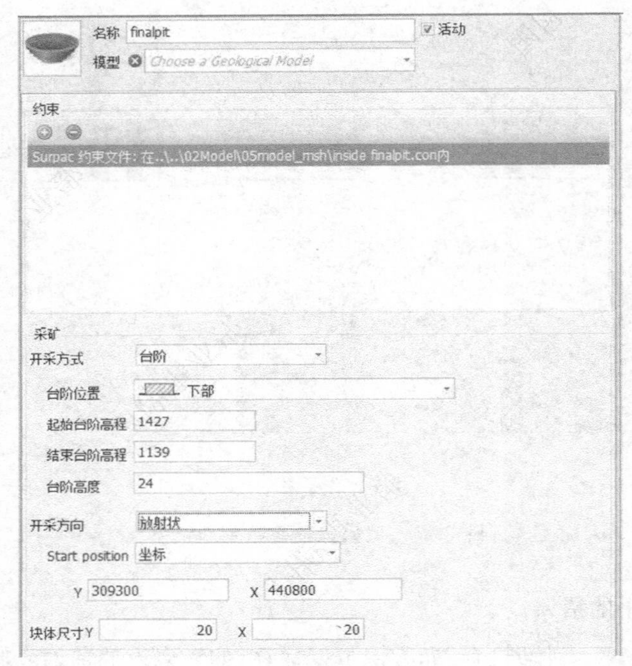

图 6-17 采坑场所属性窗口

点击 名称 location_1 活动 填入我们要命名的名称,这里填为 finalpit。模型 2019a_msh_v1 中点选择对应的块模型,约束 中点添加约束条件,弹出约束界面(图 6-18)。有很多种方法定义约束,建议选择 Surpac 约束文件,因为这种约束文件计算量少,对 MineSched 排产运算的速度有很大提高,这也是我们前面同时保存各种约束文件的原因。选中约束类型为"Swrpac 约束文件"(图 6-19),选择已经定义好的约束文件 inside finalpit.con,单击 确定 完成约束定义,结果如图 6-20 所示。

采矿参数如图 6-21 选择。本次开采方式选"台阶",台阶位置选"下部",起始台阶高程填"1 427",结束台阶高程选"1 139",台阶高"24"(我们前面查询过终了境界的最高台阶和坑底台阶,就是为这里准备的)。

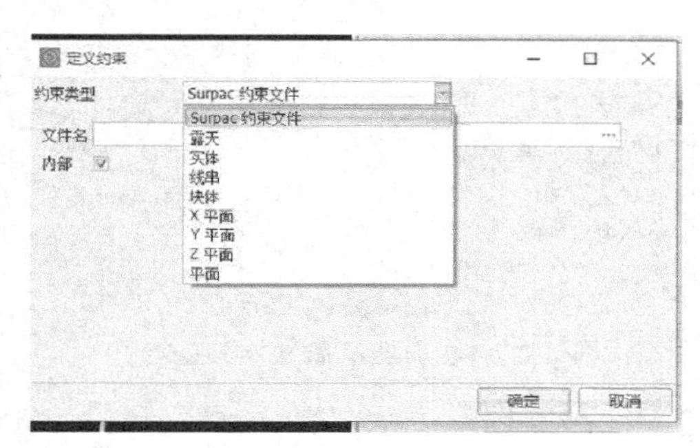

图 6-18　约束界面

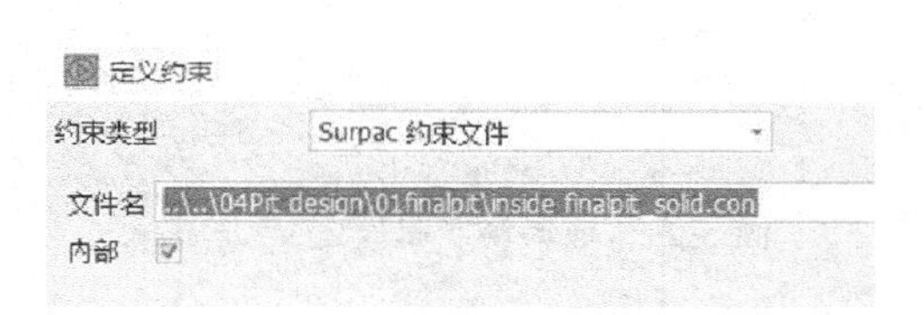

图 6-19　定义约束文件

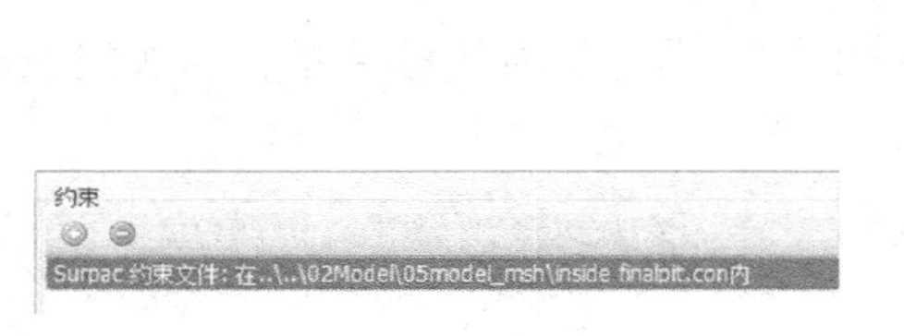

图 6-20　选中的约束条件

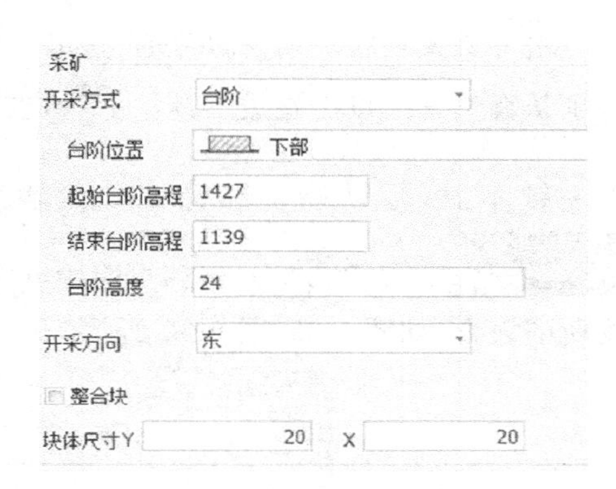

图 6-21　采矿参数

开采方向一定要选，因为有堆场平衡，无品位开采要求。开采方向选“放射状”，如 开采方向 放射状 所示，采用这样的开采方向作业，开采限制条件少，能实现采坑开采预期要求。

块尺寸根据实际调整，开始为计算块，选大尺寸，后期可以调小。

(3) 堆场场所属性修改定义

依次双击 6 个堆场，完成属性修改定义，结果分别如图 6-22～图 6-27 所示。

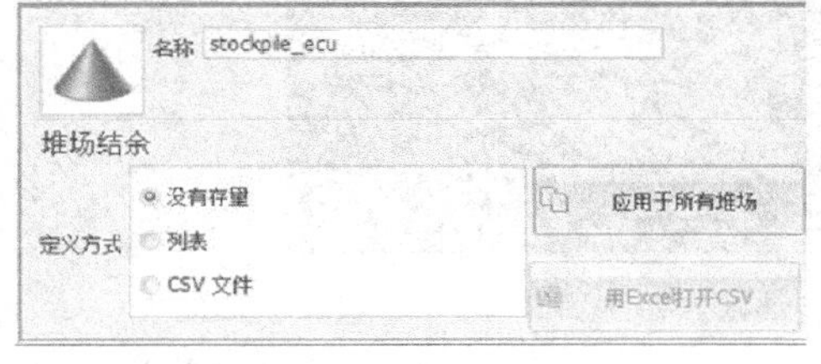

图 6-22　堆场场所属性定义(一)

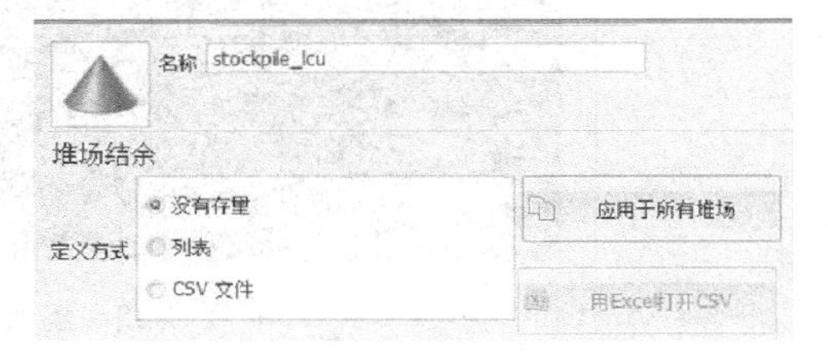

图 6-23　堆场场所属性定义(二)

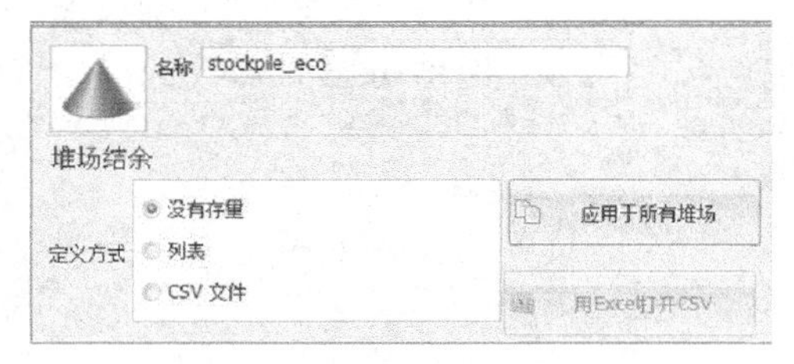

图 6-24　堆场场所属性定义(三)

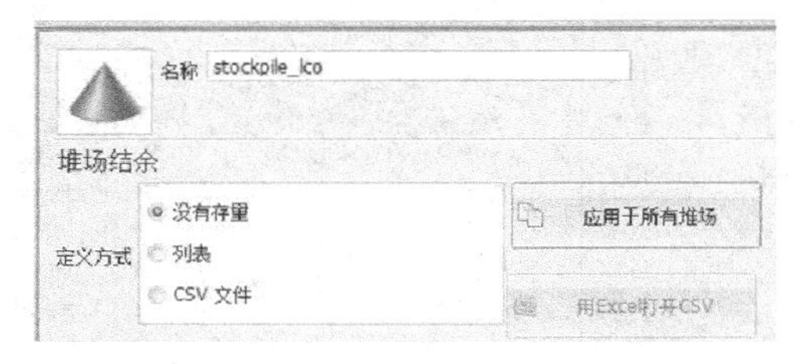

图 6-25　堆场场所属性定义(四)

图 6-26　堆场场所属性定义(五)

图 6-27　堆场场所属性定义(六)

三、物料位移

点击进入物料运动设置界面,这里设置采场出来的矿岩分别去哪里,两个加工厂的原料分别从哪里来。点击左边工具栏中,在中央画布中选中第一个场所 finalpit,按住鼠标左键不放,拖动箭头线到需要运输物料到达的场所 stockpile_ecu,结果为。在右边矿岩运移界面中点击,如图 6-28 设置矿岩运移关系。同法完成剩余场所的设置,如图 6-29、图 6-30 所示。

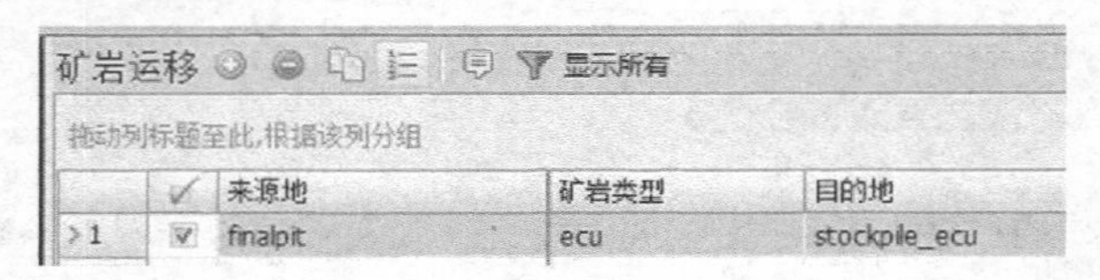

矿岩运移　显示所有

拖动列标题至此,根据该列分组

	✓	来源地	矿岩类型	目的地
1	☑	finalpit	ecu	stockpile_ecu

图 6-28　设置矿岩运移关系

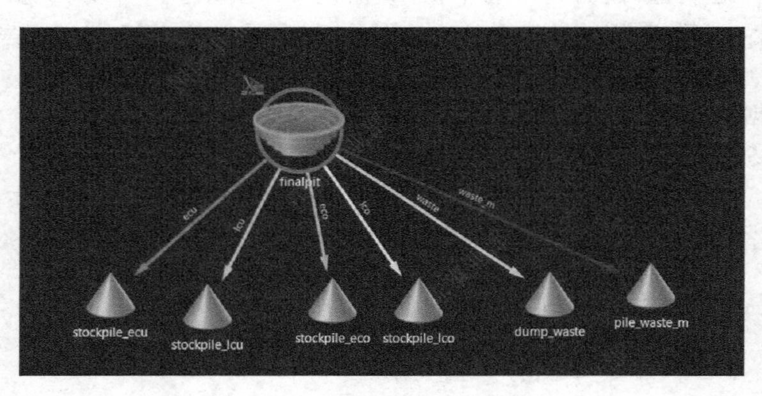

图 6-29　场所矿岩运移示意图

矿岩运移　显示所有

拖动列标题至此,根据该列分组

	✓	来源地	矿岩类型	目的地	比率/优先级	日...	延期	运输路线	序号
1	☑	finalpit	ecu	stockpile_ecu	10		0		
2	☑	finalpit	eco	stockpile_eco	10		0		
3	☑	finalpit	lco	stockpile_lco	10		0		
4	☑	finalpit	waste	dump_waste	10		0		
5	☑	finalpit	waste_m	pile_waste_m	10		0		
6	☑	finalpit	lcu	stockpile_lcu	10		0		

图 6-30　场所矿岩运移关系

四、评估

(1) 更新场所进行评估

点击 评估 进入评估界面,在左边导航窗口选中 finalpit ,点击左边导航窗底部 更新所选场所 ,执行更新,右上部出现图 6-31 体积按矿岩类型分类,图 6-32 质量按矿岩类型分类,图 6-33 dcu、cu、co、p_dcu、p_cu、p_co 按矿岩类型统计,图 6-34 p_ore 按矿岩类型统计等界面。

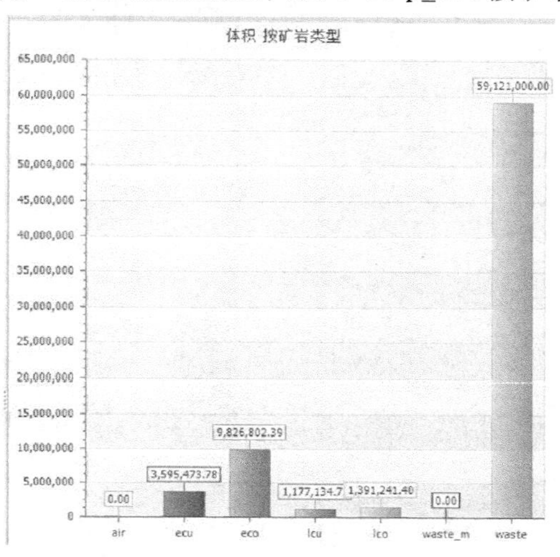

图 6-31　体积按矿岩类型分类

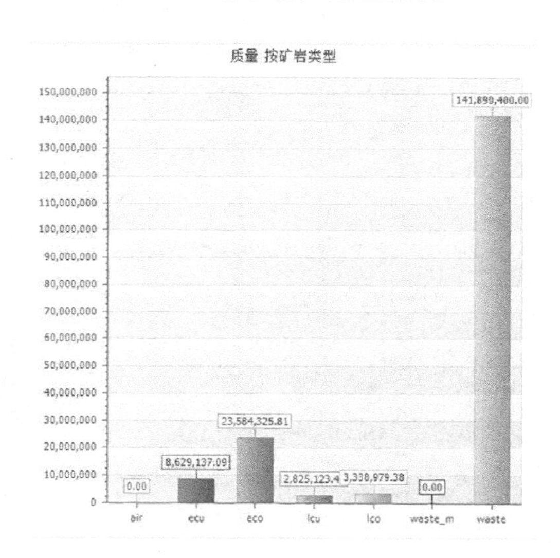

图 6-32　质量按矿岩类型分类

(2) 结果校验

我们需要养成随时进行校验的习惯,以免后期工作快完成时发现前面出错,造成出错位置以后的工作全白做的情况。

右下角报告(点右键会弹出 复制数据 ,可以复制数据到电子表中进行计算处理和整理),与第五章第四节“终了境界壳内储量及剥采比报告”中的数据进行对比校验,基本一致,所以

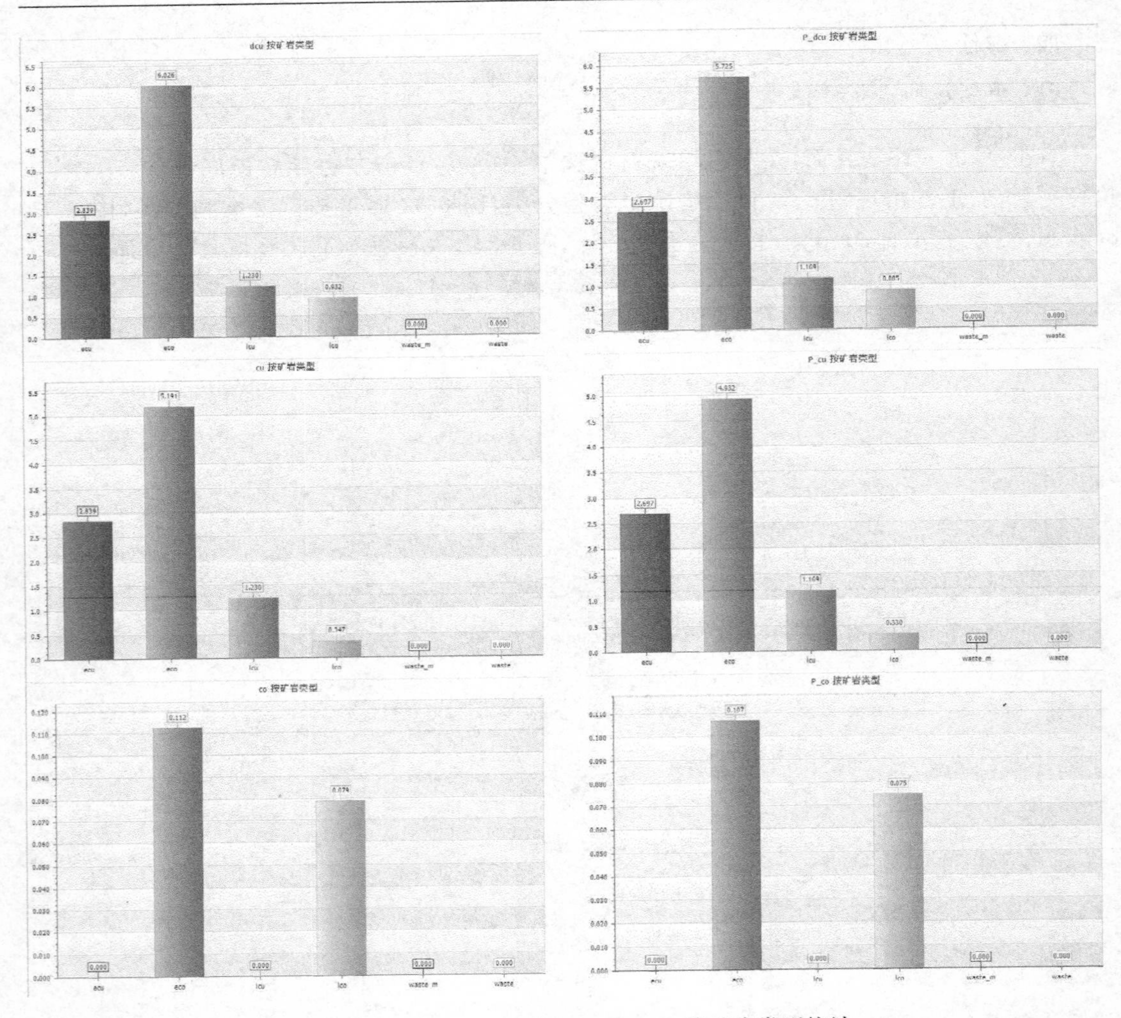

图 6-33　dcu、cu、co、p_dcu、p_cu、p_co 按矿岩类型统计

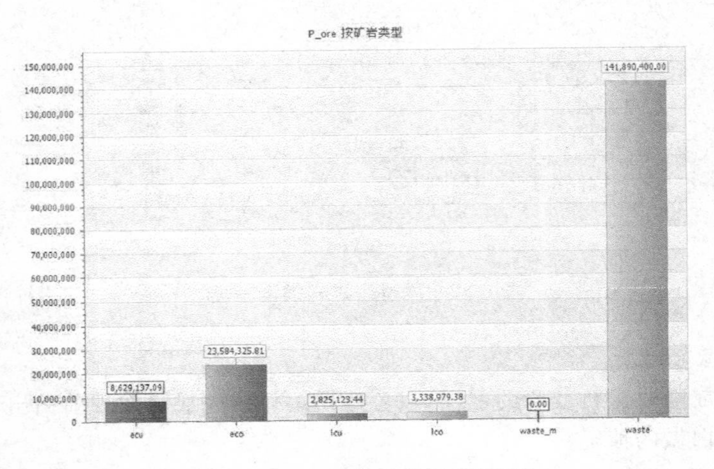

图 6-34　p_ore 按矿岩类型统计

到目前为止我们的数据是正确且合适的,可以进行下一步工作了。

(3) 检查模型中的错误

点击左边导航窗口，弹出运行检查过程(图 6-35)和检查结果(图 6-36),单击完成检查。

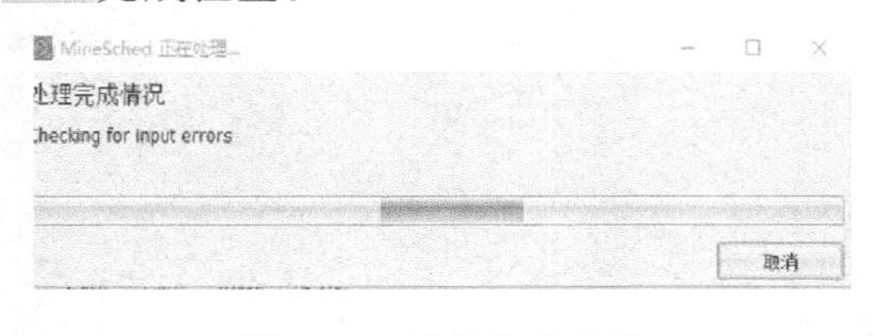

图 6-35　运行检查过程

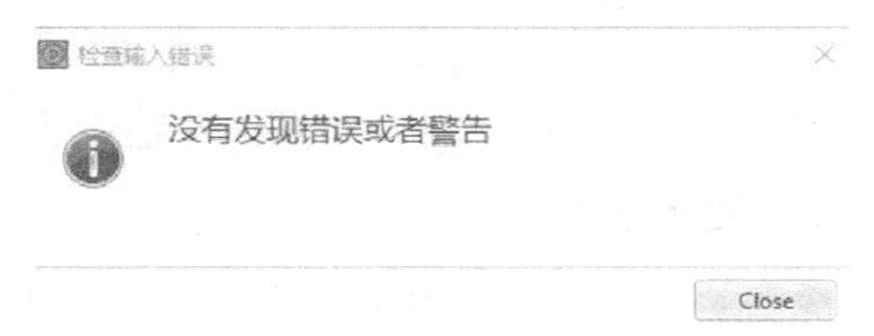

图 6-36　检查结果

五、回采(设置采剥能力)

(1) 设备能力

点击左边工具栏，增加采剥设备，在右边弹出设备能力栏，如图 6-37 填写,参数填写说明如下:

① 设备名改为 m1(可以自行定义)。

② 单位选 mass。

③ 日生产能力 41 000 t/d(根据前面计算,日采矿 7 000 t,剥采比 4.37,剥离 30 590 t/d,出矿按富余 20%计,则增加日出矿 1 400 t, 日采剥总能力需求 38 990 t/d,综合考虑选采剥能力 39 000 t/d)。

④ 矿岩类型全选(空气除外)。

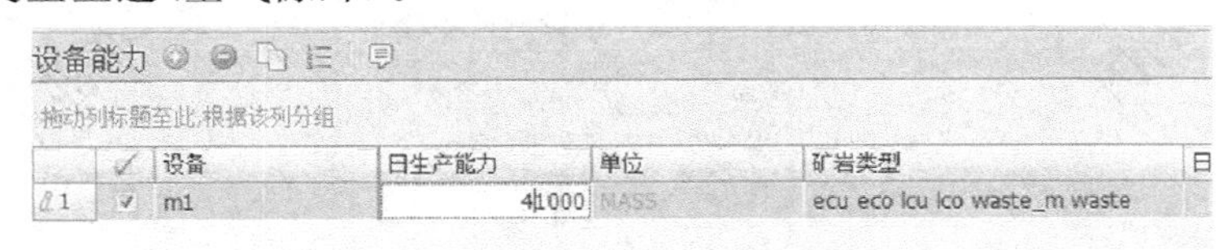

图 6-37　设备能力栏

(2) 生产效率

点击右下角中的，显示生产能力参数界面,如图 6-38 填写,生产效率最大为 38 000 t/d,根据计算时间只需要 37 590 t/d 就能满足要求。

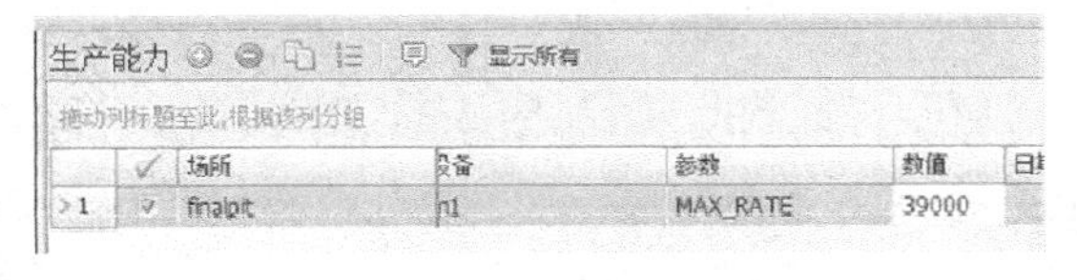

图 6-38　生产能力参数界面

(3) 场所约束

因为不需要限制采场的采矿能力,剥离能力也不需要限制,所以本项目不需填写。

第七节　创建进度

一、进入创建进度界面

点击顶部菜单栏 创建进度 ,进入创建进度界面。

二、更改周期

点击 更改周期 进入周期设置界面(图 6-39)。

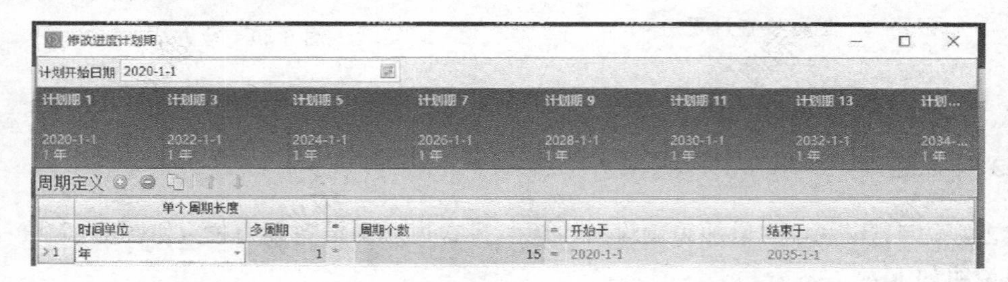

图 6-39　周期设置界面

(1) 设定计划时间

点击“计划开始日期”栏中的 ,弹出日历选择界面(图 6-40),选择开始时间,本次选择 2020 年 1 月 1 日为开始时间(可以根据实际情况选择)。

图 6-40　日历选择界面

(2) 周期定义

点击 周期定义 中的 增加一行计划时间,如图 6-41 填写,单击 确定 完成设置。

图 6-41　增加一行计划时间

三、运行进度计划

单击顶部菜单，运行程序，出现运行过程(图 6-42)，结果在动画画布中显示进度计划动画(图 6-43)。

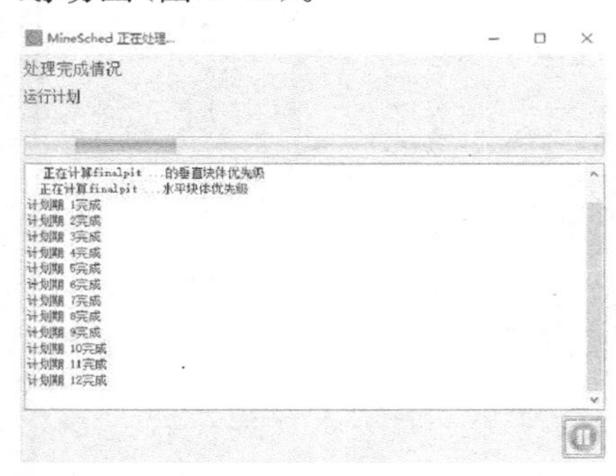

图 6-42　运行过程

图 6-43　进度计划动画结果显示

这样初步建立了排产计划，但该计划基本上与预期符合度不是太好，所以需要增加一些图表观察，一些约束条件去约束，使得最终结果符合我们的要求，具体调试见下一节。

第八节　调 试 阶 段

一、建立观察图表辅助调试

(1) 采剥总量平衡

点击顶部第三行菜单栏 添加图表·，选择 自定义...，弹出定制图表界面(图 6-44)，如图 6-45 填写定制图表参数，单击 确定，完成采剥总量图表建立。采剥总量是均衡了，但剥离量太多了，需要调节工作天数使之符合 340 天的工作量，下一步需进行参数约束调试。

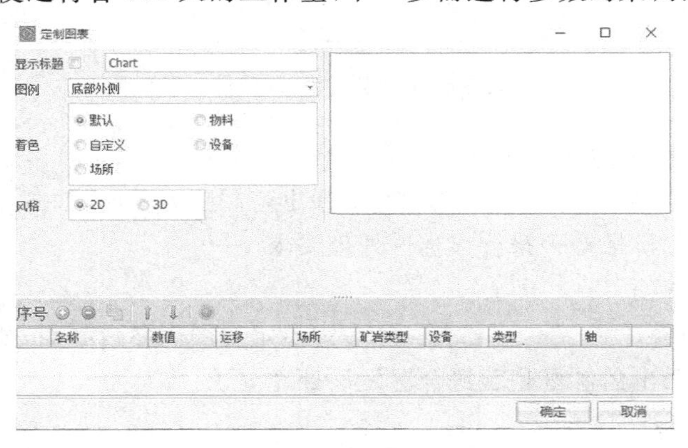

图 6-44　定制图表界面

(2) 开采的地质矿量(未贫化损失)

点击顶部第三行菜单栏 添加图表·，选择 自定义...，弹出定制图表界面，如图 6-46 填写定制图表参数，用于观察开采的矿量是否符合处理量要求。

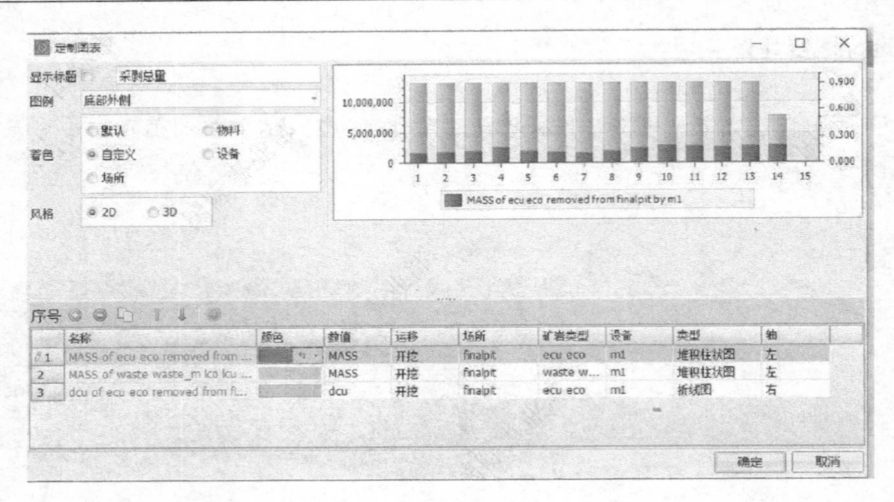

图 6-45　填写定制图表参数

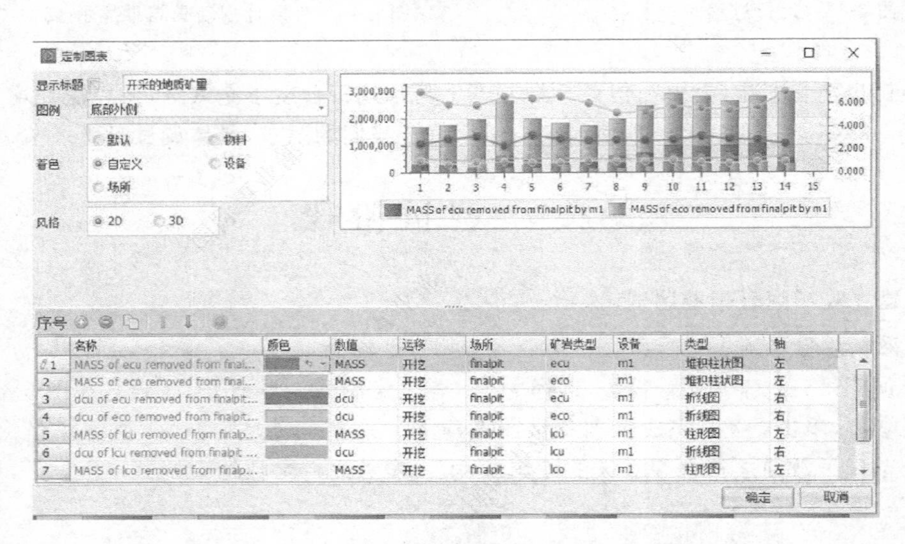

图 6-46　填写定制图表参数(开采的地质矿量)

(3) 入堆含铜物料量(贫化损失后)

点击顶部第三行菜单栏 添加图表·,选择 自定义... ,弹出定制图表界面,如图 6-47 填写定制图表参数,用于观察采出的矿量是否符合浮选厂处理要求。

(4) 入堆含钴物料量

点击顶部第三行菜单栏 添加图表·,选择 自定义... ,弹出定制图表参数界面,如图 6-48 填写定制图表参数,用于观察采出的矿量是否符合湿发厂处理要求。

二、调节采剥总量

(1) 设定日历时间

目前工作时间是 365 天,所以每年的采剥总量为 13 869 997 t 左右,而实际我们工作 340 天的采剥总量为 13 260 000 t/a,多了 609 997 t。

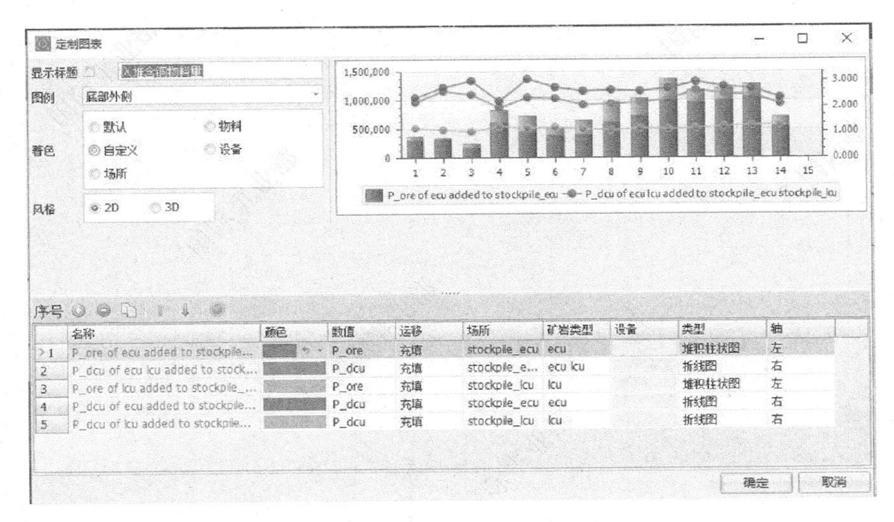

图 6-47　填写定制图表参数(入堆含铜物料量)

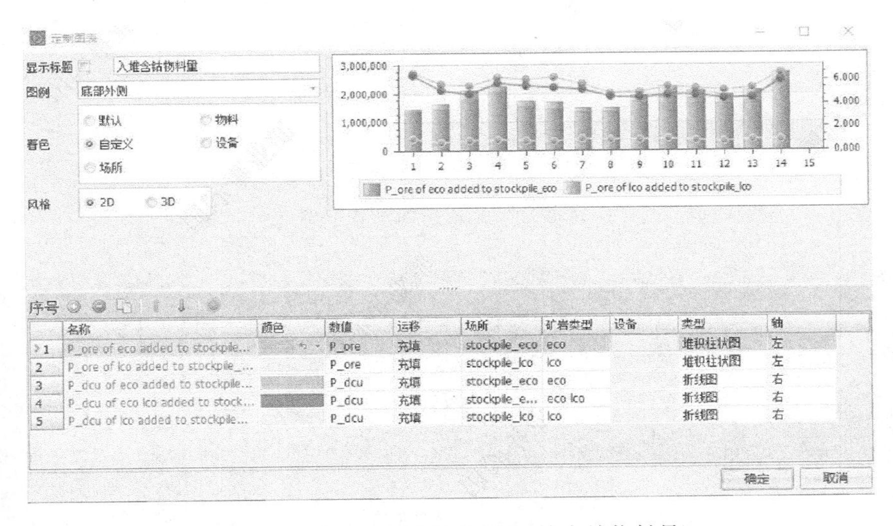

图 6-48　填写定制图表参数(入堆含钴物料量)

点击 展开菜单，再点击 进入日历设置，如图 6-49 设置工作时间参数，每月休 1 天，一年共 12 天；春节休 7 天；国庆休 6 天。一年总共合计 25 天，年工作时间刚好 340 天。

(2) 给设备赋予工作时间

依次把三个休息日历，拖动到采矿设备 m1，完成设备工作日历设置，设置结果如图 6-50 所示。

(3) 运行创建进度

点击顶部菜单栏 ，进入创建进度界面，观察图表选“采剥总量”，点击 运行进度，运行完，采剥总量图显示如图 6-51 所示。查看数据，每年的采剥总量为 13 259 997 t，与我们的设定 13 260 000 t/a 是一致的，说明采剥总量结果达到预期目标。

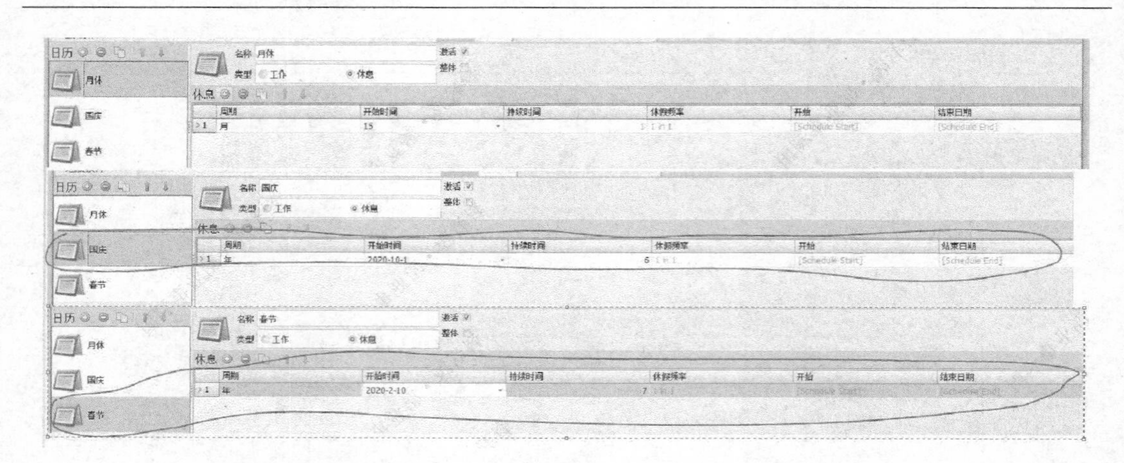

图 6-49　设置工作时间参数

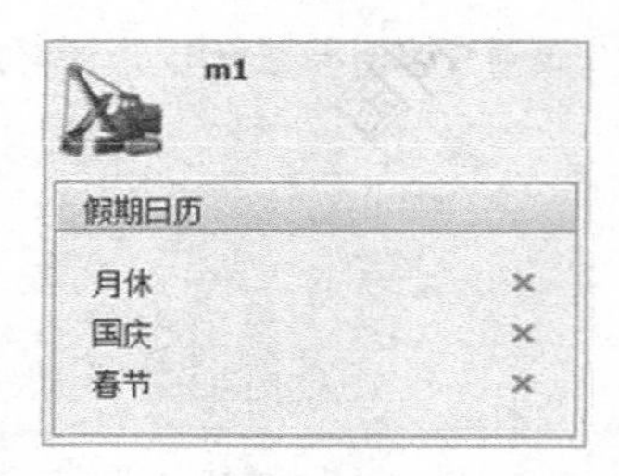

图 6-50　工作时间设置结果

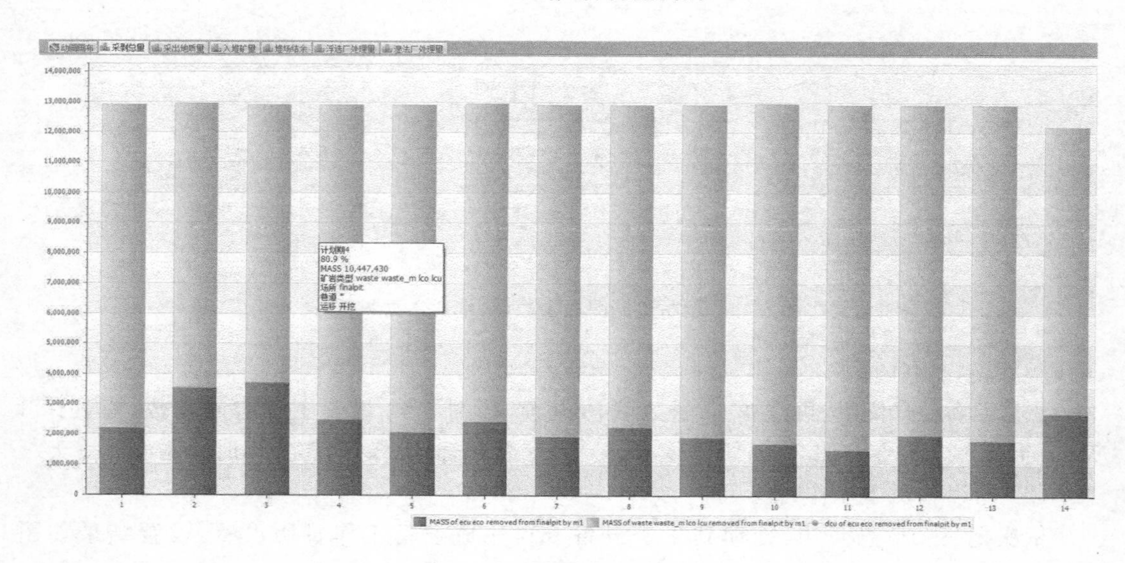

图 6-51　采剥总量图表显示

三、符合开采实际生产参数

图 6-52 中绿色柱状图　为 e_co 矿石,红色柱状图　为 e_cu 矿石,金色柱状图　为 l_cu 矿石,黄绿色　柱状图为 l_co 矿石;dcu of ecu removed from finalpit by m1 红线为 e_cu 矿石 dcu 品位,dcu of eco removed from finalpit by 绿色线为 e_co 矿石矿石 dcu 品位,dcu of lcu removed from finalpit by m1 金色线为 lcu 矿

石 dcu 品位，dcu of lco removed from finalpit by m1 黄绿色线为 l_co 矿石 dcu 品位。

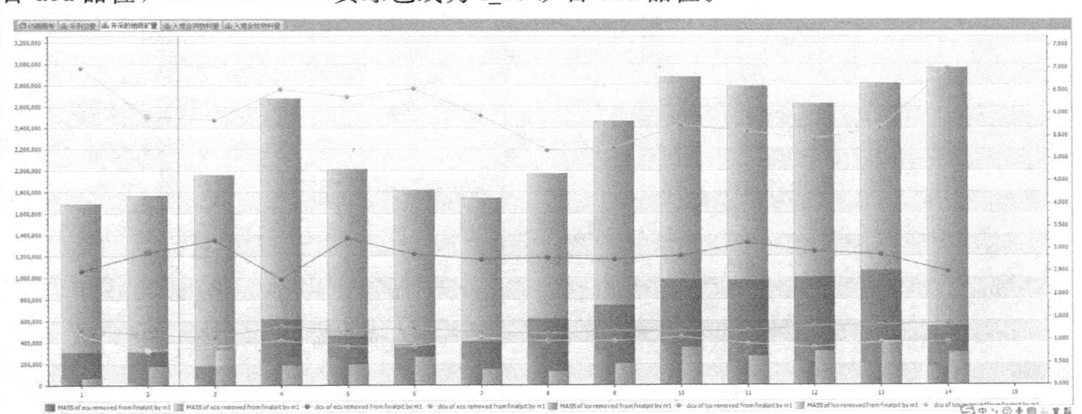

图 6-52　开采的地质矿量图表显示

从图 6-52 中可以看出，如果没有约束条件限制，采坑采出的矿石数量、矿石品位、废石量等数据，从第 1 年到第 15 年每年都是变化且无序的，这样是不符合实际生成的需要，也无法满足选厂的供矿要求。

四、设定生产实际参数

点击 ，进度设置菜单展开 ，再点击 进入参数设置界面，如图 6-53 设置工作平台参数和生产参数，设置每期最大台阶数 10 个，同时作业的台阶数 8 个；设置最小平盘宽度 20 m，最大平盘宽度 30 m，最小采掘带宽 20 m。

参数

拖动列标题至此,根据该列分组

	✓	场所	参数	值	日期/事件	延迟
1	✓	finalpit	MAX_ACTIVE_BENCHES	8		0
>2	✓	finalpit	MAX_BENCHES_PER_PERIOD	10		0

生产参数

拖动列标题至此,根据该列分组

	✓	场所	参数	参数值
1	✓	finalpit	VERTICAL_LAG_ALL_DIRECTIONS	20
2	✓	finalpit	MAXIMUM_LAG_DISTANCE	30
>3	✓	finalpit	HORIZONTAL_LAG_ALL_DIRECTIONS	20

图 6-53　设置工作平台参数和生产参数

运行 ，开采的地质矿量、入堆含铜物料量、入堆含钴物料量分别如图 6-54～图 6-56 所示。

由图 6-54～图 6-56 可以看出，第 1～3 采矿量(t/a)1 693 640，1 770 976，1 963 677，远远小于计划的 2 859 400 t/a；入堆铜矿第 1～3 采矿量(t/a)为 312 281，317 749，180 533，也远远低于预计的 680 000 t/a；入堆的含钴矿第 1～3 采矿量(t/a)为 1 381 359，1 453 227，1 783 144，第 1～2 年远远低于预计的 1 700 000 t/a，第 3 年基本符合预计的 1 700 000 t/a。

这就需要在目标中设定采出矿量的要求了。

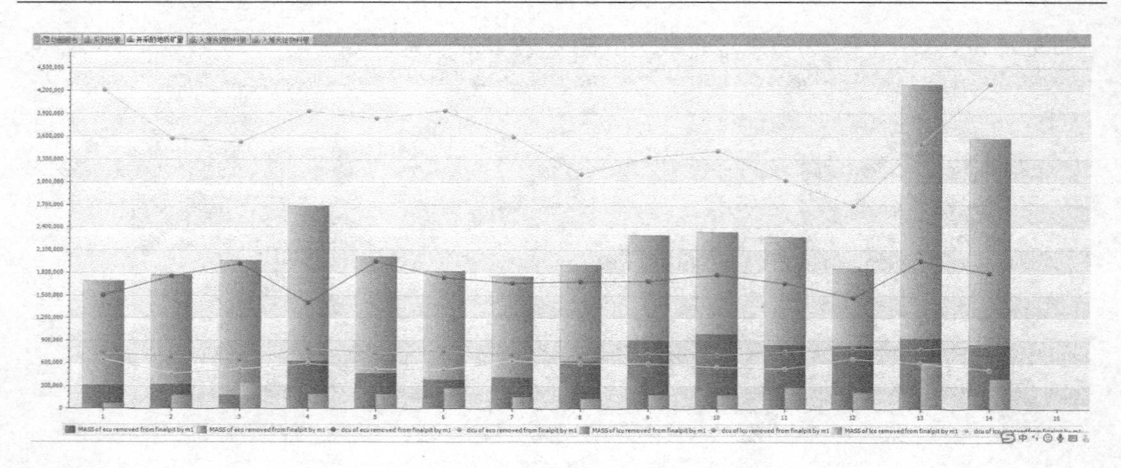

图 6-54　开采的地质矿量

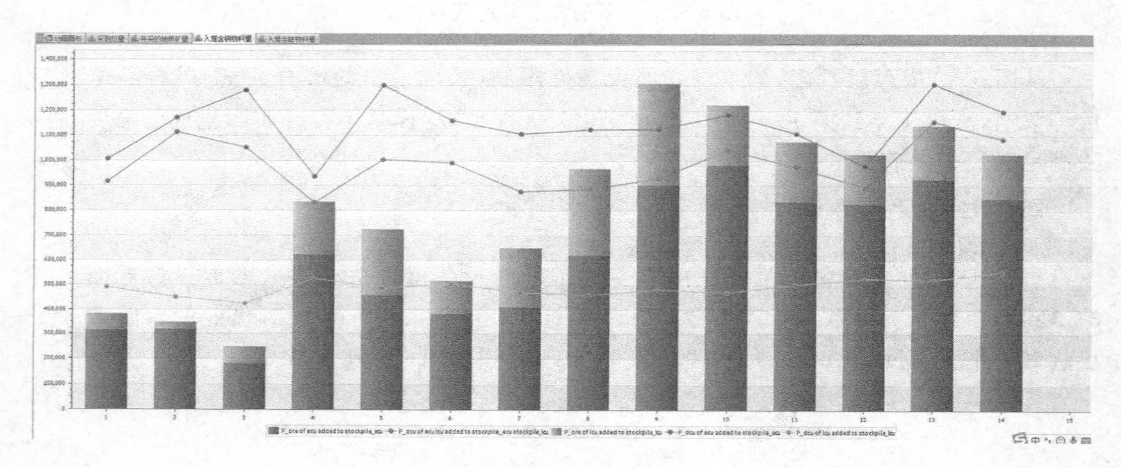

图 6-55　入堆含铜物料量

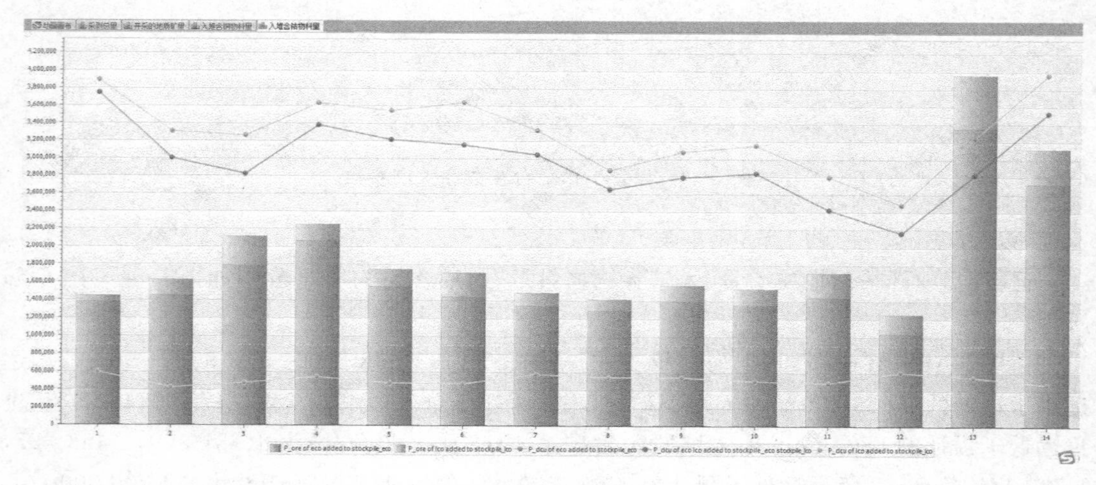

图 6-56　入堆含钴物料量

五、采出矿量目标要求

点击，进度设置菜单展开，再点击进入目标设置界面，如图6-57设置矿岩比率目标，运行，开采的地质矿量、入堆含铜物料量、入堆含钴物料量分别如图6-58～图6-60入堆含钴物料量所示，每年的采出矿量ecu＋eco总量前三年基本在2 800 000 t/a左右，超过处理能力，多余的可以堆放堆场，供处理厂与低品位配矿。

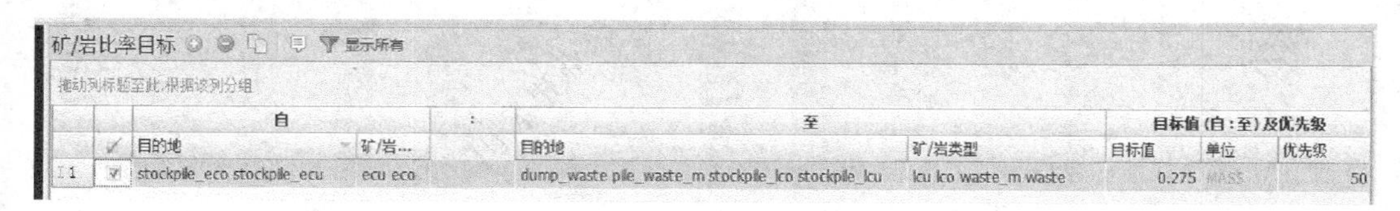
矿/岩比率目标　显示所有

拖动列标题至此,根据该列分组

		自		:	至		目标值(自:至)及优先级		
	✓	目的地	矿/岩...		目的地	矿/岩类型	目标值	单位	优先级
1	✓	stockpile_eco stockpile_ecu	ecu eco		dump_waste pile_waste_m stockpile_lco stockpile_lcu	lcu lco waste_m waste	0.275	MASS	50

图 6-57　设置矿岩比率目标

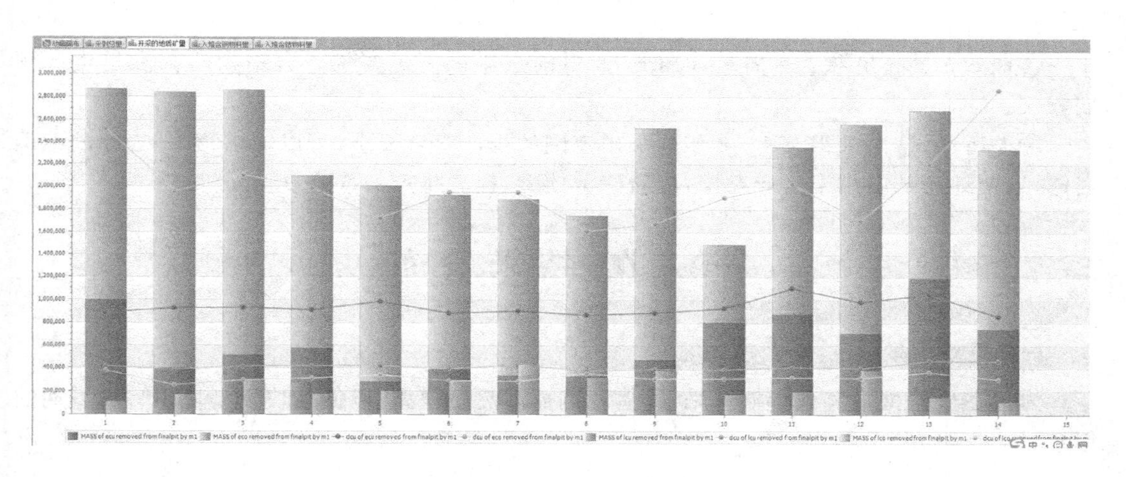

图 6-58　开采的地质矿量

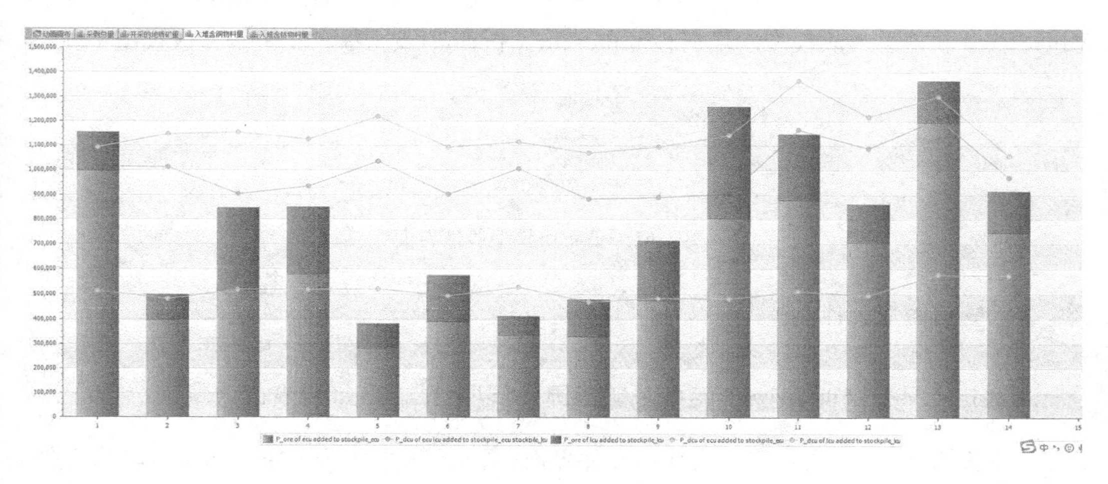

图 6-59　入堆含铜物料量

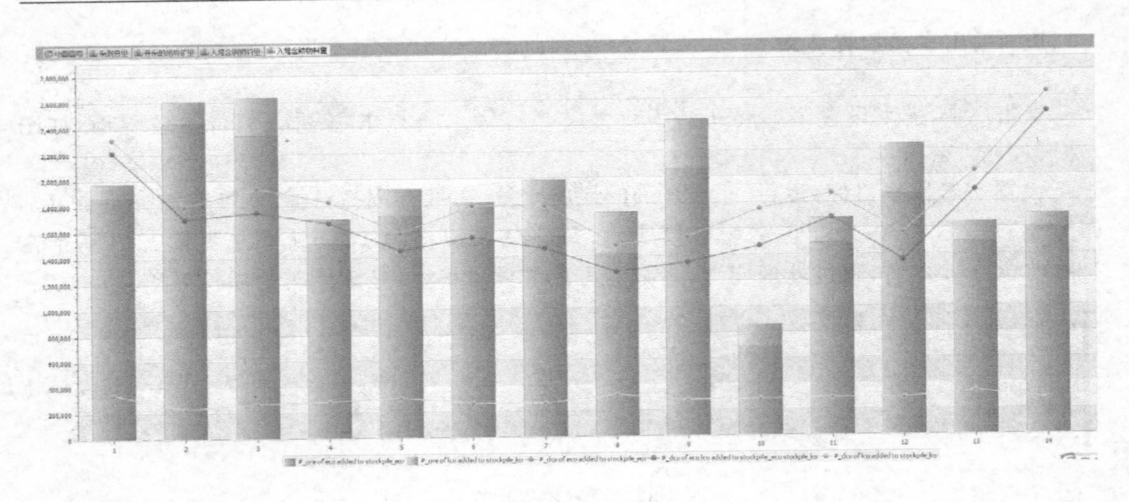

图 6-60　入堆含钴物料量

含铜 ecu 量满足第 1 年需求，ecu＋lcu 量前三年都满足要求。含钴物料都满足生产预期需求。

综上所述，该次求得第 1～3 年的采矿范围的排产符合要求，可以输出第 1～3 年的范围实体，以便地质部门用于生产勘探，更新储量模型，提高排产的准确度。

第九节　结果发布

一、更新模型

为了在块模型中体现每期开采情况，我们需要更新模型，以便在块模型块中写入每期的信息。

点击 ，弹出结果发布菜单，点击 ，弹出更新块模型属性界面，如图 6-61 填写，MineSched 软件会为块模型新增属性 minesched_period，点击 ，完成模型更新。

图 6-61　更新块模型属性界面

二、输出图形文件

本次排产只要求得第 1～3 年的采矿范围，所以只要输出每期表面的结束。点击 ，弹出结果发布菜单，点击 ，弹出输出文件界面(图 6-62)，输出格式选 Surpac，输出文件夹选择文件保存的文件夹，本次建立文件夹 results_draw(表示图形结果文件夹)，“块体”和“台阶平面”不需激活，只需激活“每期表面的结束”。如图 6-63 所示为每期表面的结束界面,选择网格间距 20,场所选择 finalpit,点击场所中的 DTM选项 弹出编辑场所形状界面图 6-64,选择正确的上部 DTM 和下部 DTM。

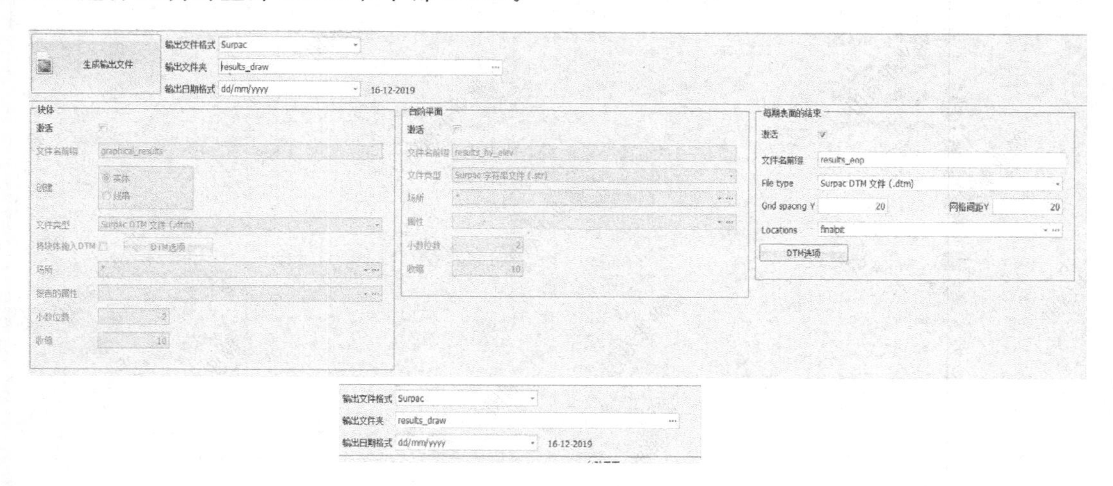

图 6-62 输出文件界面

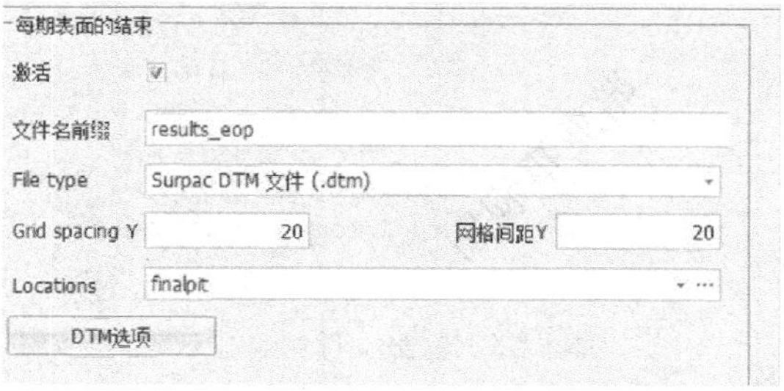

图 6-63 每期表面的结束界面

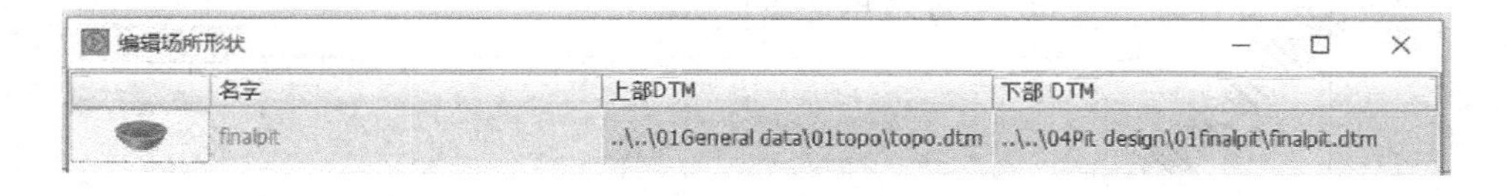

图 6-64 编辑场所形状界面

点击 生成输出文件 ,创建输出文件,结果在工作文件夹中,输出文件结果见图 6-65。

三、核实第 1 年期末境界量

(1) 打开软件和排产模型

单击 打开 Surpac 软件,双击 2019a_msh_v1.mdl 打开排产模型。

(2) 报告第一期内矿量和采剥比

点击菜单栏 Block model → Block model → Report ,弹出模型文件格式设定界面,如图 6-66 填写,对利用 2019a_msh_v1. mdl 排产模型进行排产,获得第 1 期(第 1 年)时间内的矿

名称	修改日期	类型	大小
results_eop1	2019-12-16 16:15	DTM 文件	539 KB
results_eop1	2019-12-16 16:15	STR 文件	3,391 KB
results_eop2	2019-12-16 16:15	DTM 文件	531 KB
results_eop2	2019-12-16 16:15	STR 文件	3,391 KB
results_eop3	2019-12-16 16:15	DTM 文件	531 KB
results_eop3	2019-12-16 16:15	STR 文件	3,391 KB
results_eop4	2019-12-16 16:15	DTM 文件	531 KB
results_eop4	2019-12-16 16:15	STR 文件	3,391 KB
results_eop5	2019-12-16 16:15	DTM 文件	531 KB
results_eop5	2019-12-16 16:15	STR 文件	3,391 KB
results_eop6	2019-12-16 16:15	DTM 文件	531 KB
results_eop6	2019-12-16 16:15	STR 文件	3,391 KB
results_eop7	2019-12-16 16:15	DTM 文件	531 KB
results_eop7	2019-12-16 16:15	STR 文件	3,391 KB
results_eop8	2019-12-16 16:15	DTM 文件	531 KB
results_eop8	2019-12-16 16:15	STR 文件	3,391 KB
results_eop9	2019-12-16 16:15	DTM 文件	531 KB
results_eop9	2019-12-16 16:15	STR 文件	3,391 KB
results_eop10	2019-12-16 16:15	DTM 文件	531 KB
results_eop10	2019-12-16 16:15	STR 文件	3,391 KB
results_eop11	2019-12-16 16:15	DTM 文件	531 KB
results_eop11	2019-12-16 16:15	STR 文件	3,391 KB
results_eop12	2019-12-16 16:15	DTM 文件	531 KB
results_eop12	2019-12-16 16:15	STR 文件	3,391 KB
results_eop13	2019-12-16 16:15	DTM 文件	531 KB
results_eop13	2019-12-16 16:15	STR 文件	3,391 KB
results_eop14	2019-12-16 16:15	DTM 文件	531 KB
results_eop14	2019-12-16 16:15	STR 文件	3,391 KB

图 6-65　输出文件结果显示

石量和废石量进行计算，从而获取矿石和废石资源量。单击 Apply 弹出模型报告文件格式设定界面(图 6-67)，单击 Apply 弹出 mat 属性选择界面图 6-68，单击 Apply 弹出约束界面图 6-69，单击 Apply 进行报告计算，计算结果表见图 6-70。

Block model report format file

Format File Name: ore and waste in first period
Output Report File Name: ore and waste in first period
Output Report File Format: .csv – Comma Separated (Spreadsheet)
Report Type: ◉ Standard Report ○ Multiple Percent Report
Indicator Kriged Model ☐
Modify Format ☐
Constrain ? ☑
Apply　Cancel

图 6-66　模型文件格式设定界面

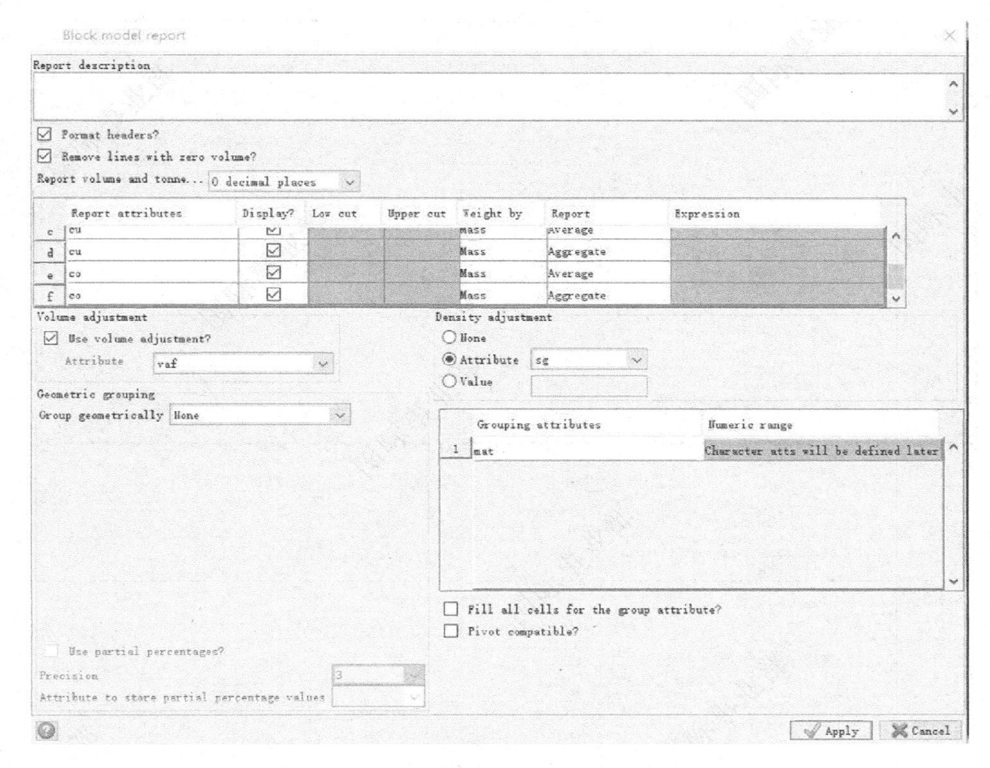

图 6-67　模型报告文件格式设定界面

Define string groups
Populate browsers
Grouping character attributes
mat
Report all values for this attribute?
Report grouped on these values only

	Value
1	ecu
2	eco
3	lcu
4	lco
5	waste_m
6	waste

Apply　Cancel

图 6-68　mat 属性选择界面

四、核实第 2 年期末境界量

点击菜单栏 Block model → Block model → Report，弹出文件名设定格式界面，如图 6-71 填写，对利用 2019a_msh_v1. mdl 排产模型进行排产，获得第 2 期(第 2 年)时间内的矿石量和废石量进行计算，从而获取矿石和废石资源量。单击 Apply 弹出模型文件报告格式设定界面(图 6-72)，单击 Apply 弹出 mat 属性选择界面(图 6-73)，单击 Apply 弹出约束文件界面

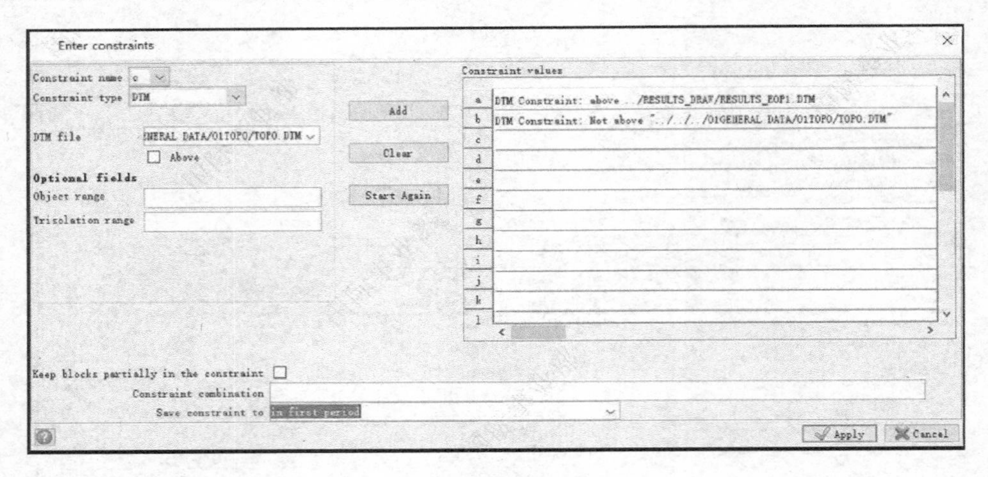

图 6-69　约束界面

GEOVIA　2019

Block model report
Block Model: 2019a_msh_v1.mdl

Constraints used
Constraint File : in first period

Attribute used for volume adjustment : vaf

Mat	Volume	Tonnes	Dcu	Dcu	Cu	Cu	Co	Co
ecu	393738	944971	2.617	2472713	2.62	2472713	0	0
eco	654693	1571263	7.691	12083878	6.54	10280137	0.15	243091.8
lcu	58392	140141	1.246	174631.2	1.25	174631.2	0	0
lco	36538	87690	1.139	99859.15	0.77	67778.21	0.05	4323.58
waste_m	2196	5270	2.228	11743.83	2.23	11743.83	0	0
waste	4345200	10428480	0	0	0	0	0	0
Grand Tota	5490756	13177815	1.126	14842824	0.99	13007002	0.02	247415.3

1/1

图 6-70　计算结果表

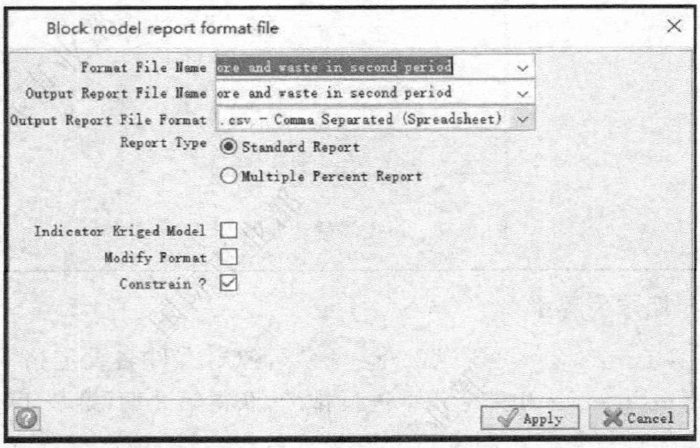

Block model report format file

Format File Name: ore and waste in second period
Output Report File Name: ore and waste in second period
Output Report File Format: .csv – Comma Separated (Spreadsheet)
Report Type: Standard Report / Multiple Percent Report
Indicator Kriged Model
Modify Format
Constrain ?
Apply　Cancel

图 6-71　文件名设定格式界面

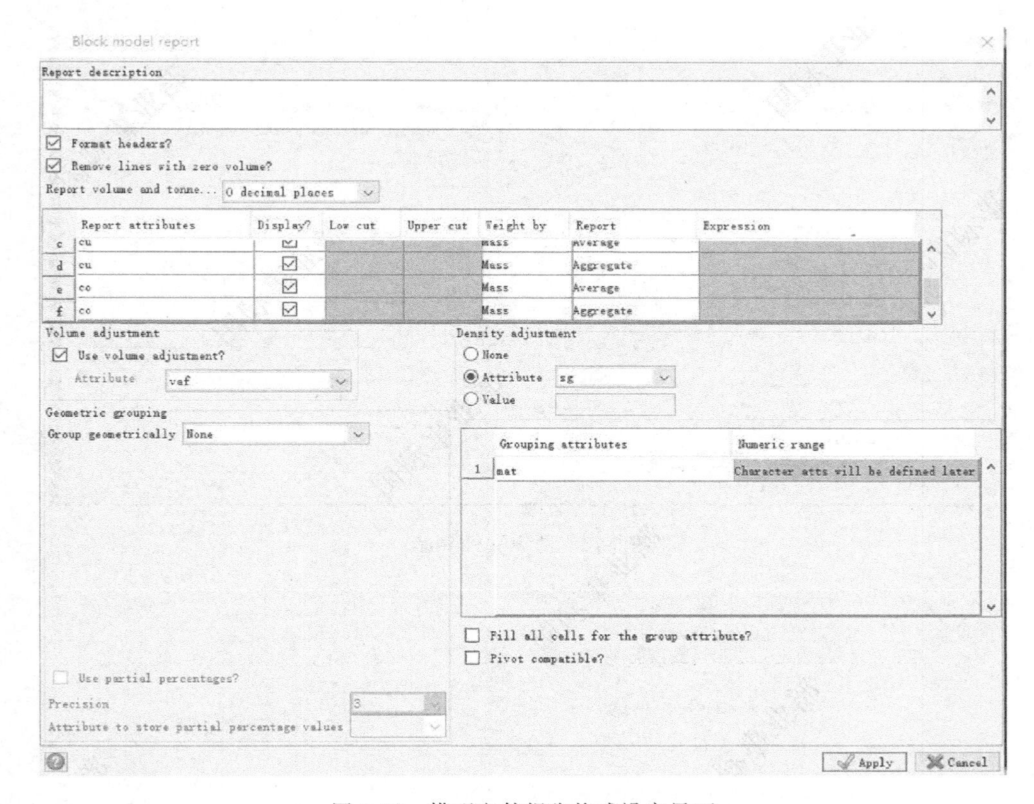

图 6-72　模型文件报告格式设定界面

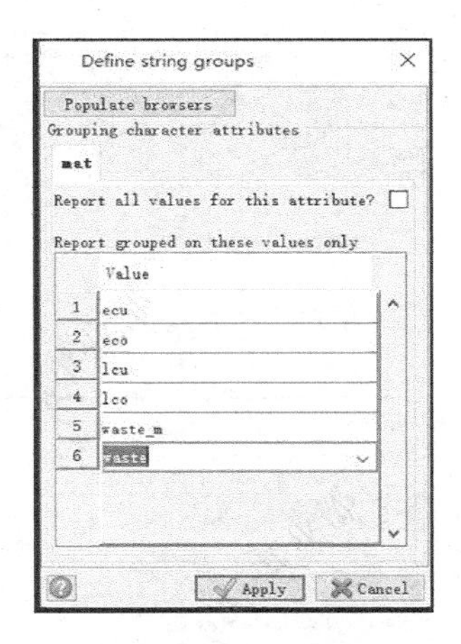

图 6-73　mat 属性选择界面

(图 6-74),单击 Apply 进行报告计算,计算结果表见图 6-75。

五、核实第 3 年期末境界量

点击菜单栏 Block model → Block model → Report,弹出文件名设定格式界面,如图 6-76 填写,对利用 2019a_msh_v1. mdl 排产模型进行排产,获得第 3 期(第 3 年)时间内的矿石量和废石量进行计算,从而获取矿石和废石资源量。单击 Apply 弹出模型文件报告格式设定界面(图 6-77),单击 Apply 弹出 mat 属性选择界面(图 6-78),单击 Apply 弹出约束文件界面

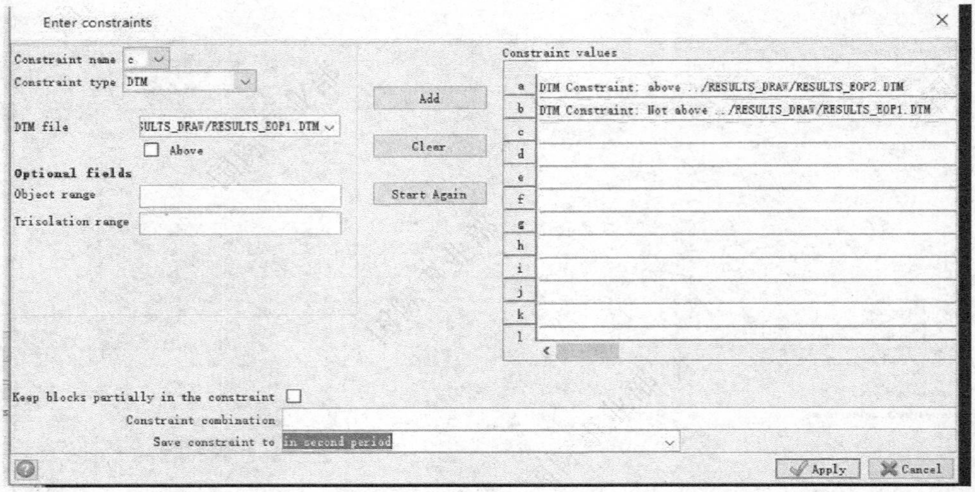

Enter constraints

Constraint name c
Constraint type DTM
DTM file SULTS_DRAW/RESULTS_EOP1.DTM
Above
Optional fields
Object range
Trisolation range
Add
Clear
Start Again
Constraint values
a DTM Constraint: above ../RESULTS_DRAW/RESULTS_EOP2.DTM
b DTM Constraint: Not above ../RESULTS_DRAW/RESULTS_EOP1.DTM
c
d
e
f
g
h
i
j
k
l
Keep blocks partially in the constraint
Constraint combination
Save constraint to in second period
Apply
Cancel

图 6-74　约束文件界面

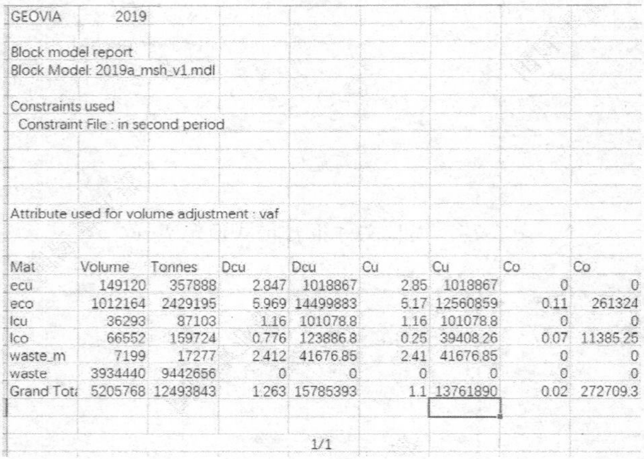

GEOVIA　2019

Block model report
Block Model: 2019a_msh_v1.mdl

Constraints used
Constraint File : in second period

Attribute used for volume adjustment : vaf

Mat	Volume	Tonnes	Dcu	Dcu	Cu	Cu	Co	Co
ecu	149120	357888	2.847	1018867	2.85	1018867	0	0
eco	1012164	2429195	5.969	14499883	5.17	12560859	0.11	261324
lcu	36293	87103	1.16	101078.8	1.16	101078.8	0	0
lco	66552	159724	0.776	123886.8	0.25	39408.26	0.07	11385.25
waste_m	7199	17277	2.412	41676.85	2.41	41676.85	0	0
waste	3934440	9442656	0	0	0	0	0	0
Grand Tota	5205768	12493843	1.263	15785393	1.1	13761890	0.02	272709.3

1/1

图 6-75　计算结果表

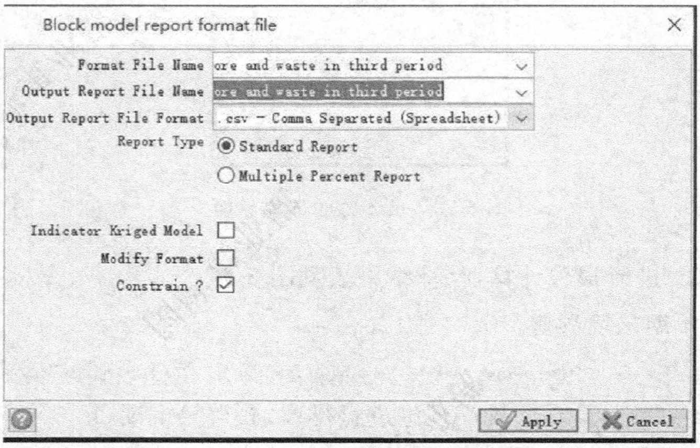

Block model report format file

Format File Name ore and waste in third period
Output Report File Name ore and waste in third period
Output Report File Format .csv - Comma Separated (Spreadsheet)
Report Type Standard Report
Multiple Percent Report
Indicator Kriged Model
Modify Format
Constrain ?
Apply
Cancel

图 6-76　文件名设定格式界面

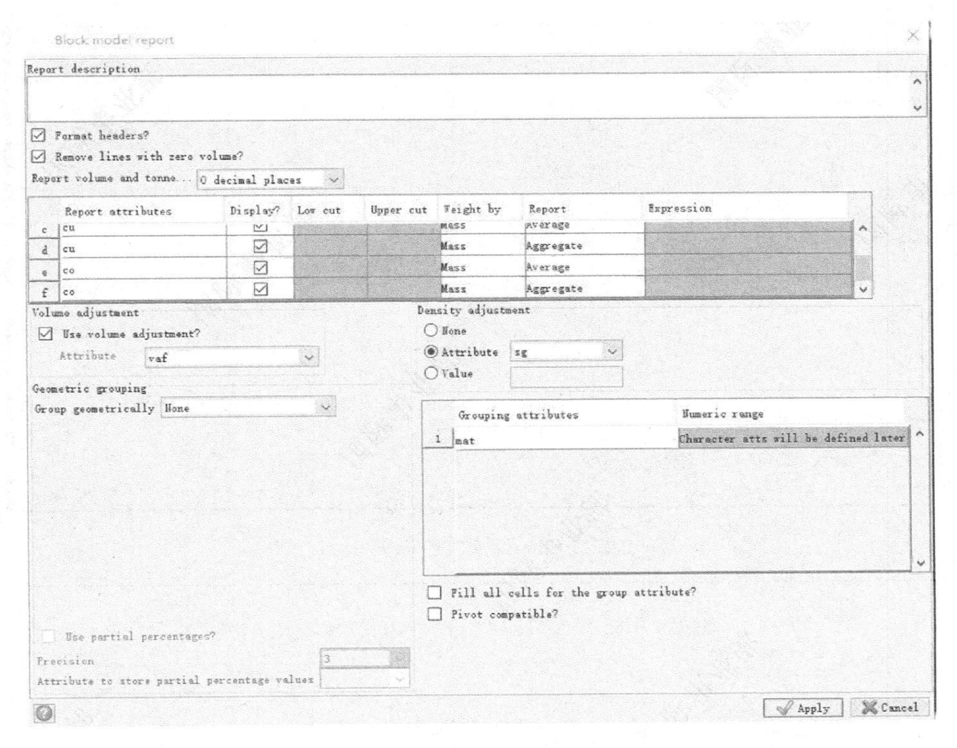

图 6-77　模型文件报告格式设定界面

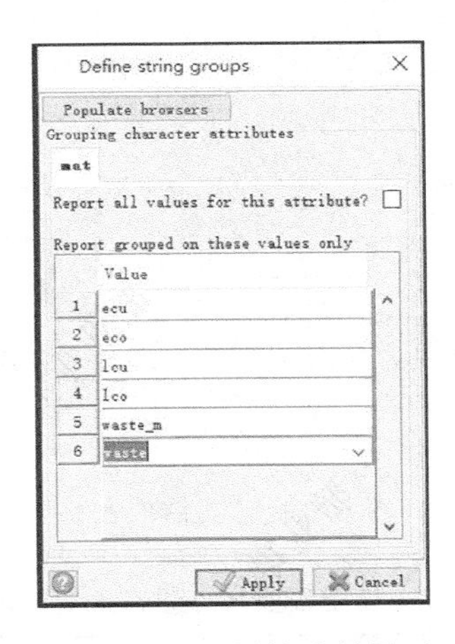

图 6-78　mat 属性选择界面

(图 6-79),单击 Apply 进行报告计算,计算结果表见图 6-80。

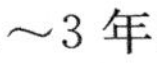

六、验证核实结果

我们用第 1～3 年的期末实体在 Surpac 中 2019a_msh_v1. mdl 模型中报的量(贫化损失后)与 2019a_msh_v1. mdl 模型用 MineSched 排产的量(贫化损失后)对比、用第 1～3 年的期末实体在 Surpac 中 2019a_msh_v1. mdl 模型中报的量(贫化损失后)与本教程计划需要采出的量(贫化损失后)对比,对比结果如表 6-1 所示。

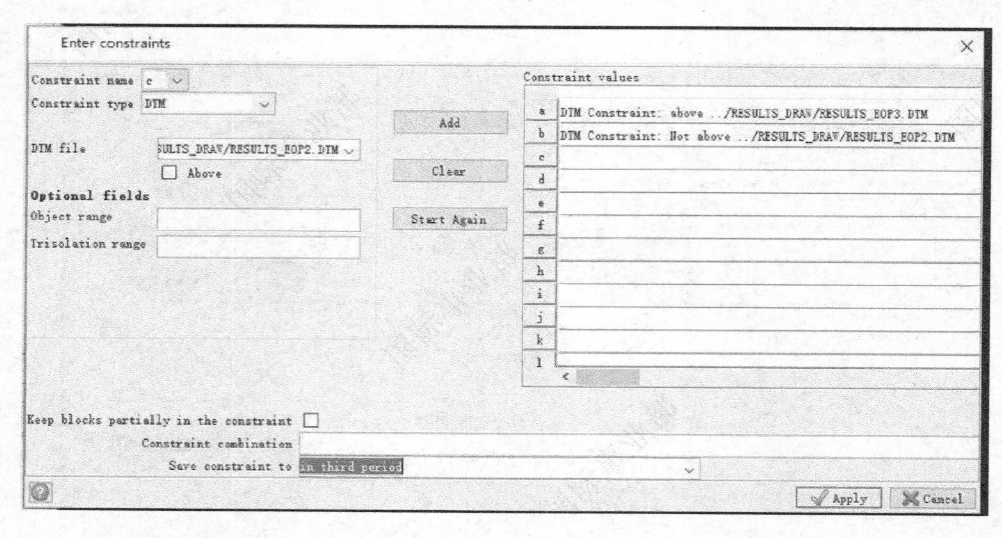

图 6-79 约束文件界面

GEOVIA 2019

Block model report

Block Model: 2019a_msh_v1.mdl

Constraints used

Constraint File : in third period

Attribute used for volume adjustment : vaf

Mat	Volume	Tonnes	Dcu	Dcu	Cu	Cu	Co	Co
ecu	220704	529689	2.768	1466163	2.77	1466163	0	0
eco	1013153	2431568	6.29	15294871	5.52	13429491	0.1	251398.9
lcu	118830	285193	1.27	362078.5	1.27	362078.5	0	0
lco	119649	287159	0.846	242809.6	0.33	95817.87	0.07	19810.21
waste_m	8895	21349	1.721	36740.19	1.72	36740.19	0	0
waste	3993120	9583488	0	0	0	0	0	0
Grand Tota	5474352	13138444	1.325	17402663	1.17	15390291	0.02	271209.1

1/1

图 6-80 计算结果表

表 6-1 模型报量与计划开采量对比

period（生产期）	matrial（物料）	item（项目）	unit（单位）	Surpac 计算结果	MineSched 排产结果	本教程计划	Surpac 计算结果与 MineSched 排产结果的差别	Surpac 计算结果与计划目标的差别
1	ecu	P_ore	t	954 918	997 070	819 400	−42 152	177 670
		P_dcu	%	2.46	2.33		0.13	
	eco	P_ore	t	1 587 803	1 871 360	2 040 000	−283 558	−168 640
		P_dcu	%	7.23	7.16		0.07	
	ecu+eco	P_ore	t	2 542 721	2 868 430	2 859 400	−325 709	9 030
		P_dcu	%	5.44	5.48		−0.04	

表 6-1(续)

period(生产期)	matrial(物料)	item(项目)	unit(单位)	Surpac 计算结果	MineSched 排产结果	本教程计划	Surpac 计算结果与 MineSched 排产结果的差别	Surpac 计算结果与计划目标的差别
2	ecu	P_ore	t	361 655	397 708	819 400	−36 053	−421 692
		P_dcu	%	2.68	2.33		0.35	
	eco	P_ore	t	2 454 765	2 441 466	2 040 000	13 299	401 466
		P_dcu	%	5.61	5.56		0.05	
	ecu+eco	P_ore	t	2 816 421	2 839 174	2 859 400	−22 754	−20 226
		P_dcu	%	5.23	5.11		0.13	
3	ecu	P_ore	t	535 265	513 695	819 400	21 570	−305 705
		P_dcu	%	2.60	2.07		0.53	
	eco	P_ore	t	2 457 163	2 344 716	2 040 000	112 447	304 716
		P_dcu	%	5.91	5.98		−0.06	
	ecu+eco	P_ore	t	2 992 428	2 858 411	2 859 400	134 017	−989
		P_dcu	%	5.32	5.28		0.05	

由表 6-1 可以看出，MineSched 运行的量比实际的多，但基本符合要求，要更准确还需要按照预期生产量圈定境界，但本次只是求得地质生产勘探 1～2 年间的采矿范围，所以目前的期末图符合设计要求，可以把第 2 年年末的期末图交给地质部门进行生产勘探，以获得更新后的资源模型。

假如地质人员不是在我们排产模型上直接更新，还是在其资源模型 2019a. mdl 的基础上更新，那我们还是需要照前文的模型一步一步处理一遍，这时我们就可以修改原来的宏命令参数，用于二次更新模型。这里就不讲解宏命令如何修改了，只讲如何重新更新模型。

第七章　更新 v2 版本的模型

第一节　创建 v2 版资源模型

一、设置工作文件夹

同前文一样设置工作文件夹为 02_LOM\02model\01model_res\v2。

二、打开块文件

双击左边导航窗口 2019a_v2.mdl 文件,在底部工具栏显示 2019a_v2 ,说明已经打开块模型了。但屏幕上还没显示,需使用显示命令显示。

三、另存块模型文件

单击顶部菜单栏 Block model ,弹出子菜单,选择 Block model 中 Save as 命令,弹出另存模型文件界面,如图 7-1 填写,显示结果为 2019a_res_v2 ,说明保存成功。

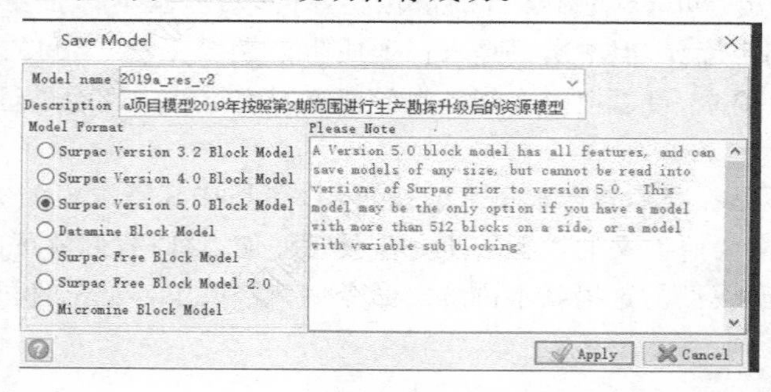

图 7-1　另存模型文件界面

显示工作块模型名称"2019a_res_v2",文件保存参数解释如下:

(1) 表示 2019 年 a 项目块模型。

(2) res 表示为 resource 资源模型。

(3) v2 为本年度第 2 版。

(4) 保存文件夹为 openpit\02_lom\02Model\01_model_res\v2。

(5) 保存版本为 Surpac 5.0,高版本软件可以向下兼容。

四、删除采矿设计不需要的属性

单击顶部菜单栏 Block model ,弹出子菜单,选择 Attributes (属性)命令中的 Delete 命令,弹出删除属性界面,如图 7-2 填写,删除不必要的属性。

采矿设计需删除的不必要的属性如下:

(1) 插值次数。

(2) 矿石类型(地质定义的与采矿设计定义的不同,所以不保留)。

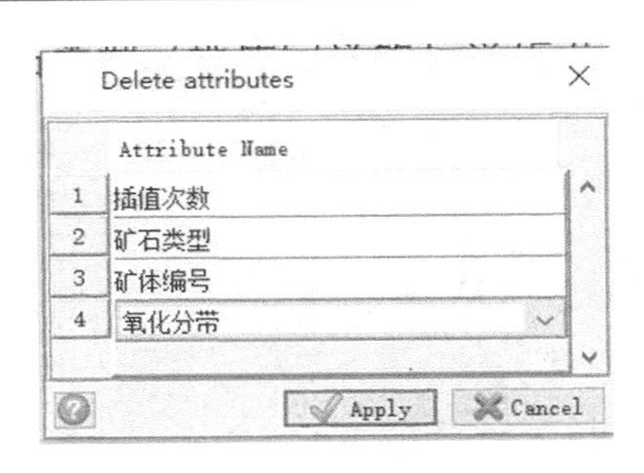

图 7-2　删除属性界面

(3) 矿体编号。

(4) 氧化分带(目前后段工序选冶工艺对氧化程度没要求,故本次不保留该属性,如果需要根据氧化程度划分矿石类型,则该属性需保留)。

采矿设计需要保留的属性如下:

(1) 金属元素。

(2) 体重属性。

(3) 资源分级属性。

五、修改属性名

单击顶部菜单栏 Block model ,弹出子菜单,选择 Attributes 中的 Edit / Rename 命令,弹出属性修改界面,如图 7-3 填写,单击 Apply 完成属性名修改。

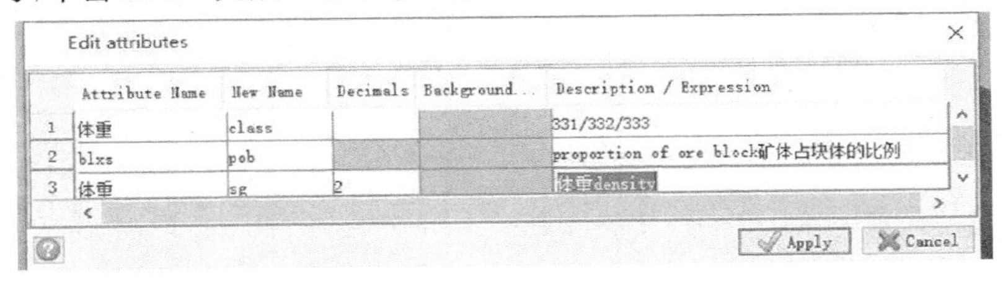

图 7-3　属性修改界面

六、重新给 pob 属性赋值

单击菜单栏 Block model → Estimation → Partial Percentage ,弹出模型属性百分比估值界面,如图 7-4 填写,单击 Apply 完成 pob 百分比赋值。

七、增加矿化域属性 min_d 并赋值

单击菜单栏 Block model → Attributes → New 新建属性功能,弹出新建属性界面,按照图 7-5 填写,单击 Apply 新建矿化域属性“min_d”。

(1) 给矿化域属性 domain_air 赋值

单击菜单栏 Block model → Estimation → Assign value 进行属性赋值,弹出赋值属性界面,按照图 7-6 填写,1 代表 air 空气,点击 Apply ,弹出约束条件界面,按照图 7-7 填写,约束条件为地表以上为空气。点击 Apply ,完成矿化域 domain_air 的赋值。

(2) 给矿化域属性 domain_cu 赋值

单击菜单栏 Block model → Estimation → Assign value 进行属性赋值,弹出赋值属性界面,按图 7-8 填

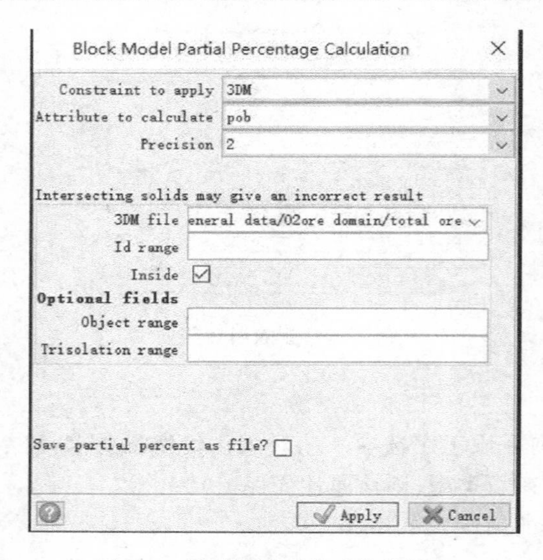

图 7-4　模型属性百分比估值界面

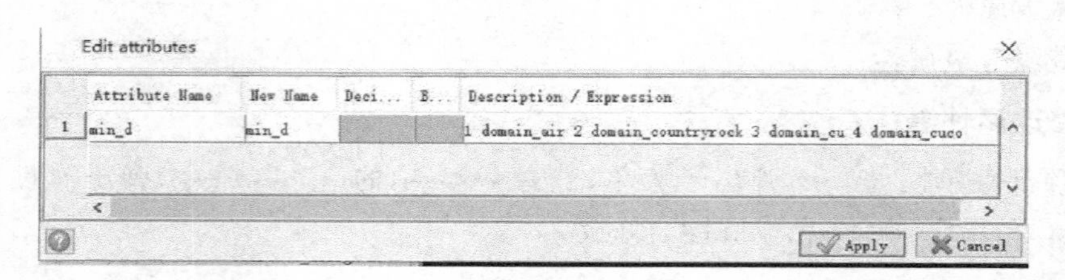

图 7-5　新建属性界面

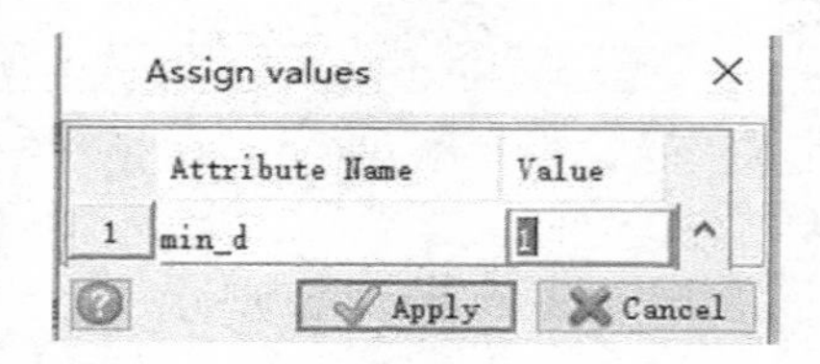

图 7-6　赋值属性界面

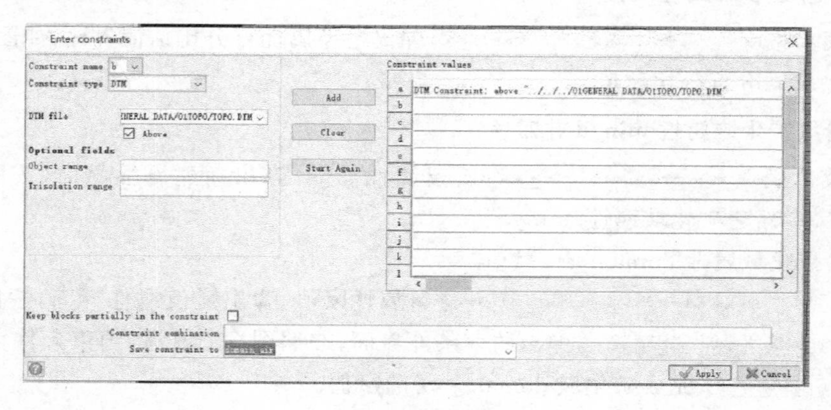

图 7-7　约束条件界面

写,3 代表 domain_cu 铜矿化域,点击 Apply ,弹出约束条件界面,按图 7-9 填写,约束条件为地表以下,在铜矿化域内。点击 Apply ,完成矿化域 domain_cu 铜矿化域的赋值。

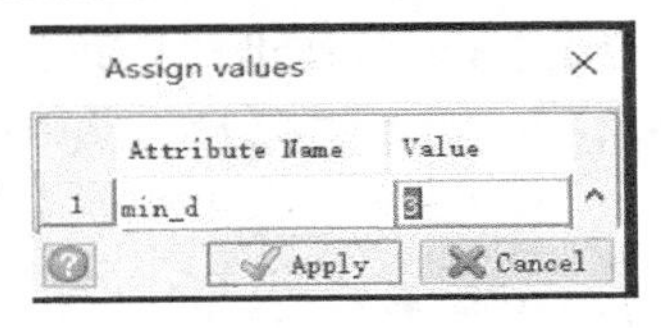

图 7-8　赋值属性界面

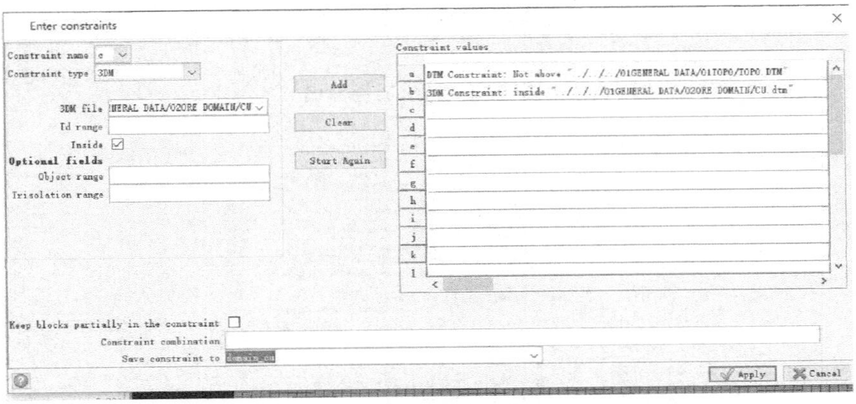

图 7-9　约束条件界面

(3) 给矿化域属性 domain_cuco 赋值

单击菜单栏 Block model → Estimation → Assign value 进行属性赋值,弹出赋值属性界面,按图 7-10 填写,4 代表 domain_cuco,点击 Apply ,弹出约束条件界面,按图 7-11 填写,约束条件为地表以下,且在铜钴矿化域内。点击 Apply ,完成矿化域 domain_cuco 铜钴矿化域的赋值。

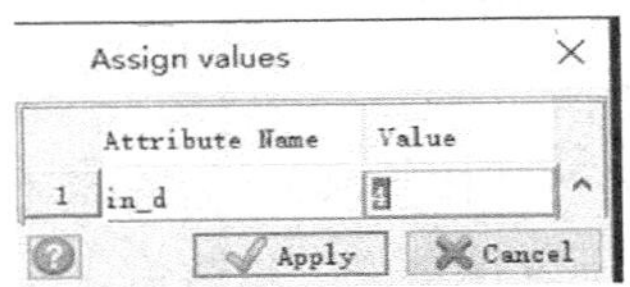

图 7-10　赋值属性界面

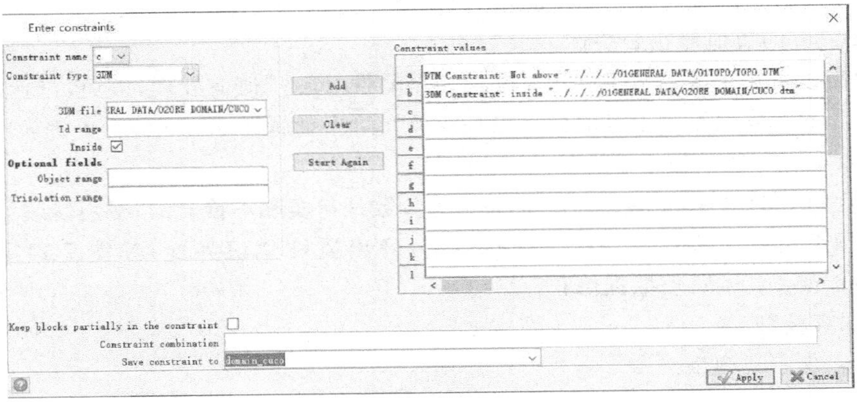

图 7-11　约束条件界面

（4）给矿化域属性 domain_countryrock 赋值

单击菜单栏 Block model → Estimation → Assign value 进行属性赋值，弹出赋值属性界面，按图 7-12 填写，2 代表 domain_countryrock，点击 Apply，弹出约束条件界面，按图 7-13 填写，约束条件为地表以下，不在铜矿化域也不在铜钴矿化域。点击 Apply，完成矿化域 domain_countryrock 围岩域的赋值。

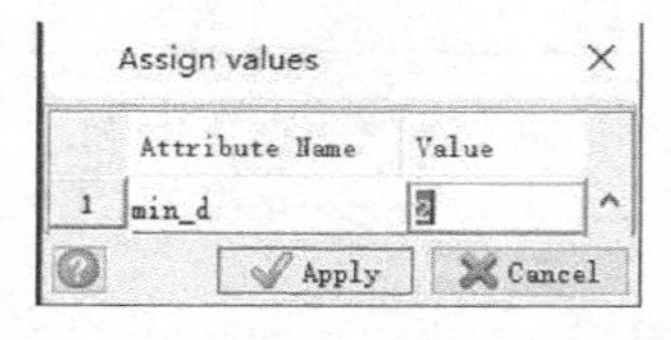

图 7-12　赋值属性界面

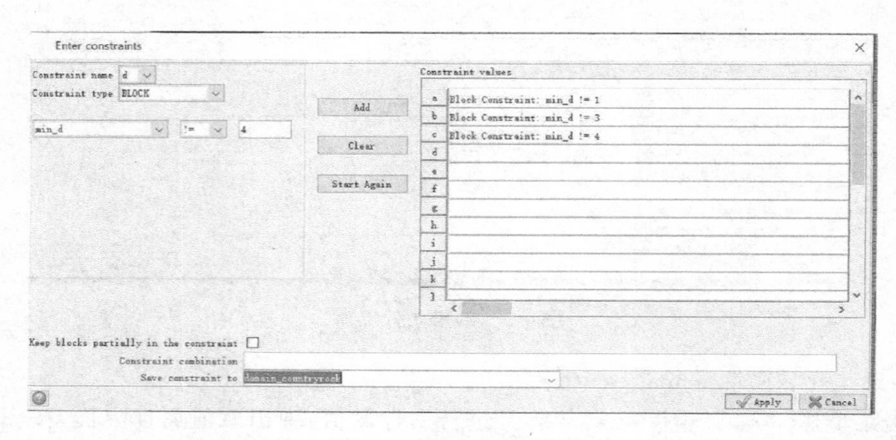

图 7-13　约束条件界面

八、体重数据、cu 和 co 的负值修正

（1）体重 sg 属性值修改必要性

地质人员建模时，一般只给矿体的体重赋值，岩石基本不给赋值，但生产不只是用到矿石，废石和围岩也会动用的，所以围岩体重也必须赋值。sg 属性值不能为背景值（−99），这样会严重影响最终矿岩吨数统计数据。

这里假设围岩体重只有一个数值，2.40 t/m^3。

（2）cu、co 的负值修正必要性

cu 地表以下小于零的数字一定要在给当量属性 dcu 赋值前处理，以免负值影响当量属性的计算。co 地表以下小于零的数字也一定要在给当量属性 dcu 赋值前处理。

（3）sg、cu、co 的负值修正方法

要避免负数的出现，地表以下元素品位为负数是与实际不符合的，必须修改为 0。

单击顶部菜单栏 Block model → Attributes → Maths，弹出属性赋值界面，如图 7-14 填写，单击 Apply，完成 sg、cu、co 负值数据修正。

（4）保存模型

单击，保存块模型。

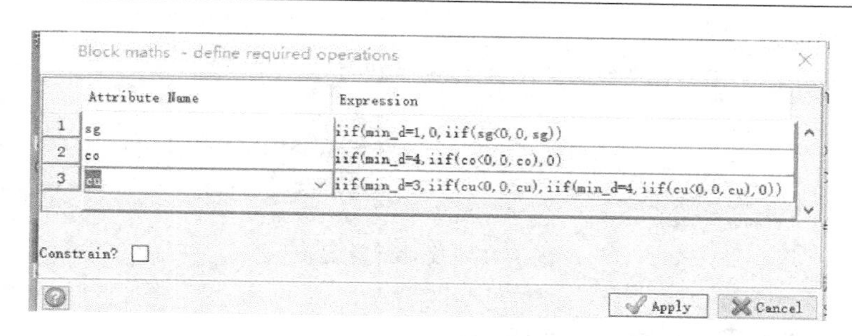

图 7-14　属性赋值界面

九、新建 dcu 属性并赋值

单击菜单栏 Block model → Attributes → New，弹出新建属性界面，按图 7-15 填写，单击 Apply 建立矿石类型属性“dcu”并自动计算赋值。查询铜钴矿体、铜矿体内部块，发现 dcu 已经计算完成。根据当量系数计算，cuco 矿体 co 的当量铜系数为 7.42，矿化域为 min_d=4；cu 矿体 co 的当量铜系数为 0，矿化域为 min_d=3。

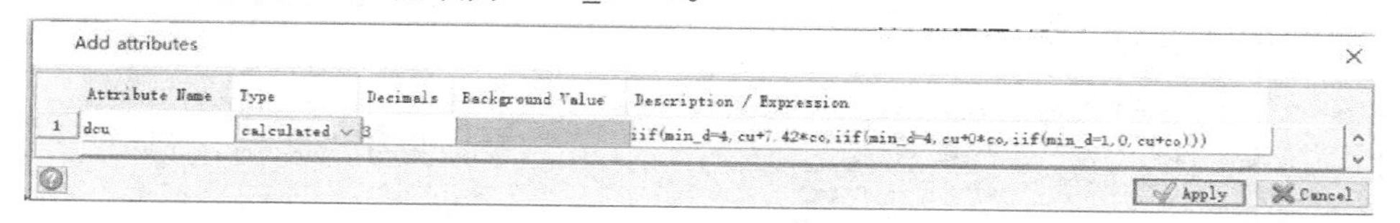

图 7-15　新建属性界面

十、增加可靠系数(资源量转化系数)relf

(1) 资源可靠系数说明

采矿设计和境界优化需用到可靠系数，根据规范，331、332 的可靠系数取 1.0，333 可靠系数取 0.5～0.8。

根据矿体赋存情况及成矿类型，本次设计 331、332 的可靠系数取 1.0，333 可靠系数取 0.7。

(2) 建立资源可靠系数 relf 属性

单击菜单栏 Block model → Attributes → New，弹出新建属性界面，按图 7-16 填写，单击 Apply 建立资源可靠系数 relf 属性。

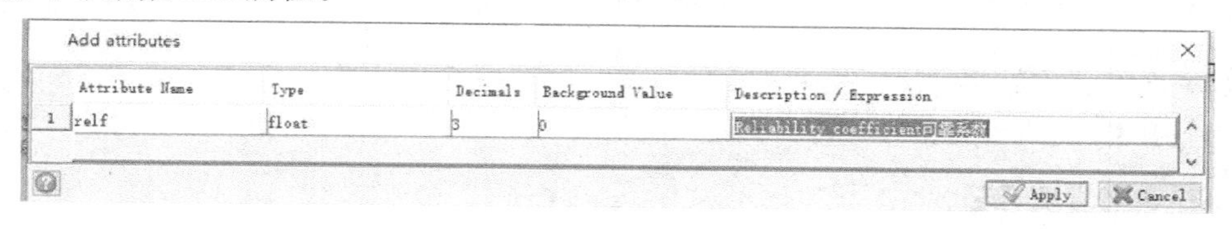

图 7-16　新建属性界面

(3) 给可靠系数 relf 赋值

单击菜单栏 Block model → Attributes → Maths，弹出属性计算界面，如图 7-17 填写，单击 Apply 完成可靠系数赋值。

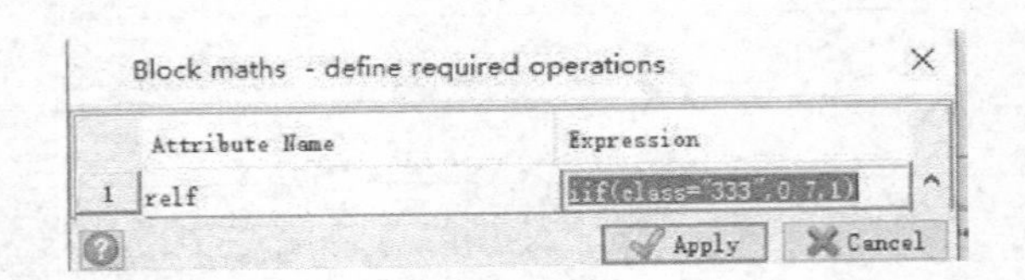

图 7-17　属性计算界面

十一、增加体积调整系数 vaf（考虑 pob、relf）

（1）体积调整系数

体积调整系数为最终的调整系数，需要考虑矿块系数、可靠系数（如果有资源修正系数也需要考虑）。

（2）建立体积调整系数 vaf 属性

单击菜单栏 Block model → Attributes → New，弹出新建属性界面，按图 7-18 填写，单击 Apply 建立资源可靠系数 relf 属性。

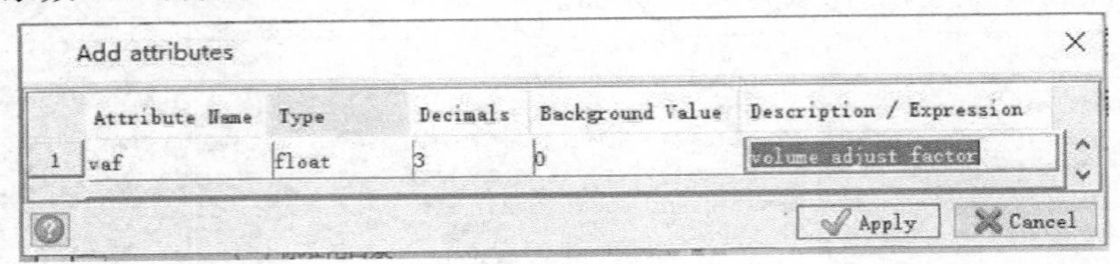

图 7-18　新建属性界面

（3）给体积调整系数 vaf 赋值

单击菜单栏 Block model → Attributes → Maths，弹出属性计算界面，如图 7-19 填写，单击 Apply 完成体积调整系数赋值。

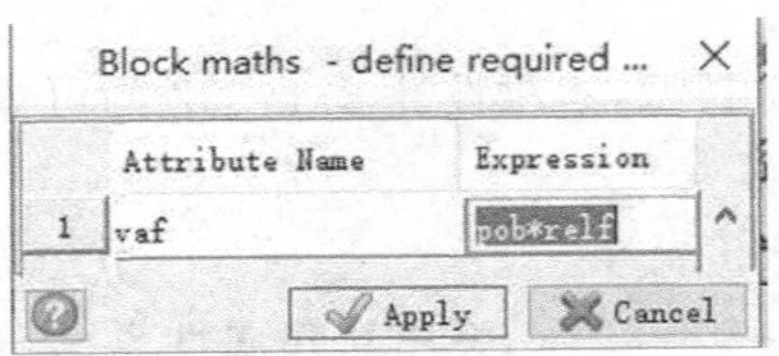

图 7-19　属性计算界面

（4）保存工作结果

保存块模型。

十二、报告资源量

单击菜单栏 Block model → Block model → Report，弹出模型文件命名格式设定界面（图 7-20），单击 Apply，弹出模型报告文件格式设定界面，如图 7-21 填写，单击 Apply，弹出约束界面（图 7-22），单击 Apply，进行计算，得出地表以下 dcu>0 的所有资源量，模型报量结果如图 7-23 所示。经过与“2019a_res_v1.mdl”中模型的资源量数据比较，矿石量不变，Cu 品位提高了，可以进行下步工作。

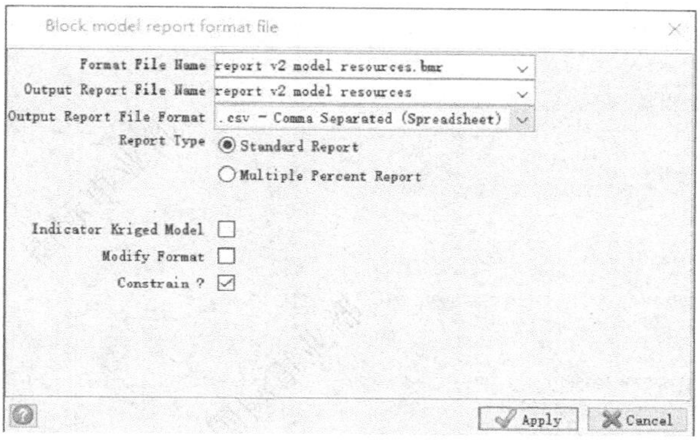

Block model report format file
Format File Name report v2 model resources.bmr
Output Report File Name report v2 model resources
Output Report File Format .csv - Comma Separated (Spreadsheet)
Report Type Standard Report
Multiple Percent Report
Indicator Kriged Model
Modify Format
Constrain ?
Apply
Cancel

图 7-20　模型文件命名格式设定界面

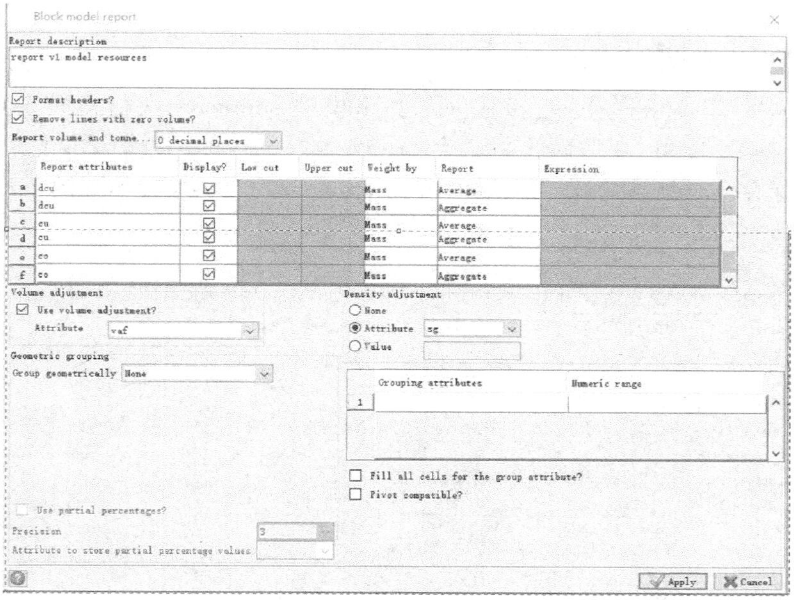

Block model report
Report description
report v1 model resources
Format headers?
Remove lines with zero volume?
Report volume and tonne... 0 decimal places

	Report attributes	Display?	Low cut	Upper cut	Weight by	Report	Expression
a	dcu	☑			Mass	Average	
b	dcu	☑			Mass	Aggregate	
c	cu	☑			Mass	Average	
d	cu	☑			Mass	Aggregate	
e	co	☑			Mass	Average	
f	co	☑			Mass	Aggregate	

Volume adjustment
Use volume adjustment?
Attribute vaf
Density adjustment
None
Attribute sg
Value
Geometric grouping
Group geometrically None
Grouping attributes
Numeric range
1
Fill all cells for the group attribute?
Pivot compatible?
Use partial percentages?
Precision 3
Attribute to store partial percentage values
Apply
Cancel

图 7-21　模型报告文件格式设定界面

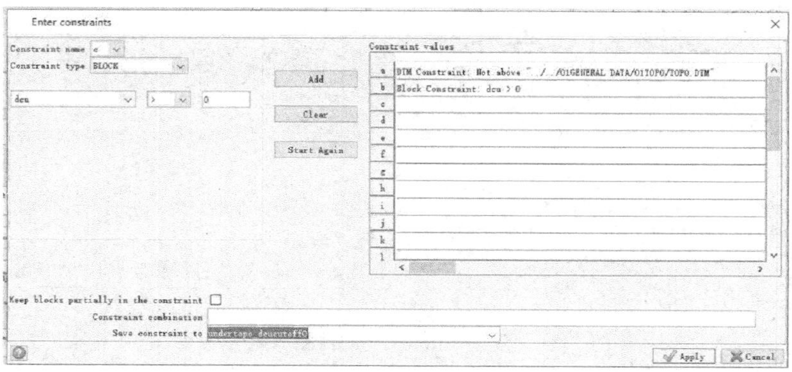

Enter constraints
Constraint name c
Constraint type BLOCK
dcu > 0
Add
Clear
Start Again
Constraint values
a DTM Constraint: Not above "../../01GENERAL DATA/01TOPO/TOPO.DTM"
b Block Constraint: dcu > 0
c
d
e
f
g
h
i
j
k
l
Keep blocks partially in the constraint
Constraint combination
Save constraint to undertopo_dcucutoff0
Apply
Cancel

图 7-22　约束界面

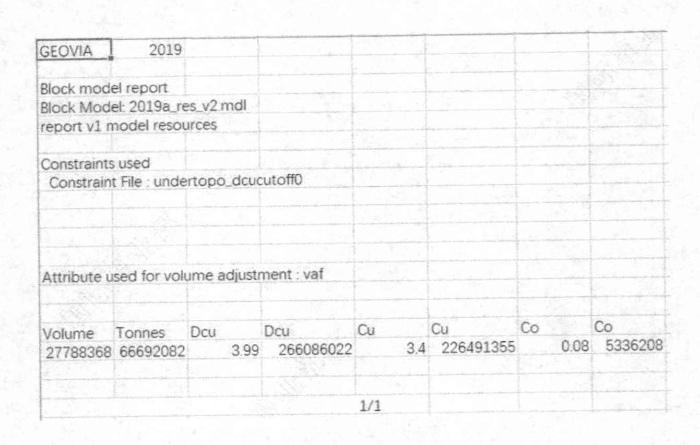

GEOVIA 2019

Block model report
Block Model: 2019a_res_v2.mdl
report v1 model resources

Constraints used
Constraint File : undertopo_dcucutoff0

Attribute used for volume adjustment : vaf

Volume	Tonnes	Dcu	Dcu	Cu	Cu	Co	Co
27788368	66692082	3.99	266086022	3.4	226491355	0.08	5336208

1/1

图 7-23　模型报量结果

十三、保存资源模型的 summary

单击菜单栏 Block model → Block model → Summary，弹出模型 summary 文件格式设定界面，如图 7-24 填写，Save Summary? ☑ 需打"√"，输出报告名如 Output Report File Name 2019a_res_v2.mdl 填写，单击 Apply 完成模型 summary 的保存，以便后期工作需要时使用。summary 文件内容显示如图 7-25 所示。

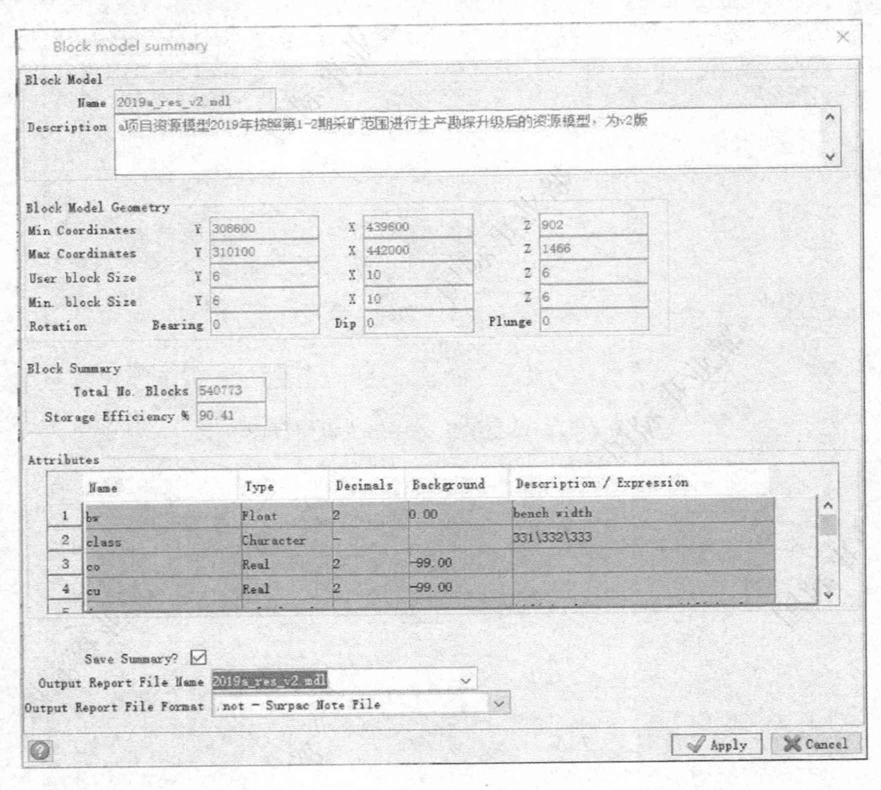

图 7-24　模型 summary 文件格式设定界面

```
GEOVIA                                                                    Dec 17, 2019
Type                    Y        X        Z
------------------------------------------------
Minimum Coordinates     308600   439600   902
Maximum Coordinates     310100   442000   1466
User Block Size         6        10       6
Min. Block Size         6        10       6
Rotation                0.000    0.000    0.000

----------------------------
Total Blocks            540773
Storage Efficiency %    90.41
Attribute Name  Type         Decimals  Background  Description
-----------------------------------------------------------------------------------------------
bw              Float        2         0           bench width
class           Character    -                     331\332\333
co              Real         2         -99
cu              Real         2         -99
dcu             Calculated   -         -           iif(min_d=4,cu+7.42*co,iif(min_d=4,cu+0*co,iif(min_d=1,0,cu+co)))
mat             Character    -         waste       air/waste/ecu/eco
min_d           Integer      -         99          1 air_domain 2 countrycrock_domain 3 cu_domain 4 cuco_domain
osa             Float        2         0           over slope angle
pob             Float        2         0           比例系数
relf            Float        3         0           Reliability coefficient可靠系数
res_ca          Integer      -         6           1 measured, 2 indicated, 3 inferred, 4 Exploration target, 5 mined, 6 rock
sg              Real         2         2.4         densiy
vaf             Float        3         0           volume adjust factor
wba             Float        2         0           work bench angle
                          Block Model Summary                          Block model:2019a_res_v2
a项目资源模型2019年按照第1-2期采矿范围进行生产勘探升级后的资源模型，为v2版

Block Model Summary                                                   1/1
```

图 7-25　summary 文件内容显示

第二节　创建 v2 版境界优化模型

一、设置工作文件夹

同前文一样设置工作文件夹为 openpit\02_LOM\02model\03model_whl\v2。

二、打开块文件

双击左边导航窗口 2019a_res_v2.mdl，在底部工具栏显示 2019a_res_v2，说明已经打开块模型了，但屏幕上还没显示，需使用显示命令显示。

三、另存块模型文件

单击顶部菜单栏 Block model，弹出子菜单，选择 Block model 中 Save as 命令，弹出另存模型文件界面，如图 7-26 填写。显示工作块模型名称“2019a_whl_v2”，文件名命名参数说明如下：

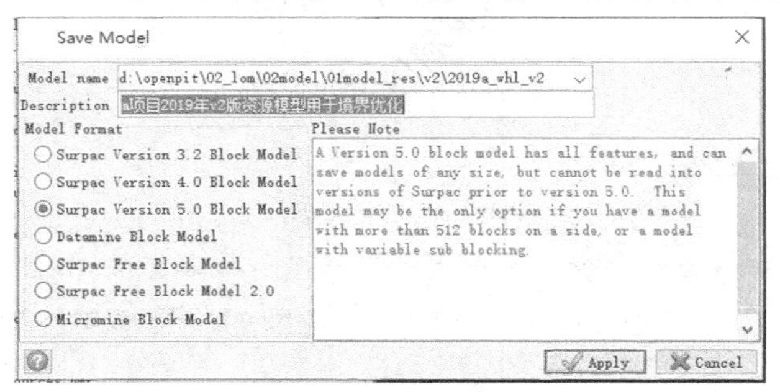

图 7-26　另存模型文件界面

(1) 表示 2019 年 a 项目块模型。

(2) whl 表示为 Whittle 使用的模型。

(3) v2 为本年度第 2 版。

(4) 保存文件夹为 openpit\02_lom\02Model\03model_whl\v2。

(5) 保存版本为 Surpac 5.0，高版本软件可以向下兼容。

四、属性验证处理

前文资源模型已经进行模型的修改及验证，本次就不需重复进行了，只需要增加 Whittle 设计需要使用的物料属性 mat。

五、增加物料属性 mat

(1) 新建物料属性

单击菜单栏 Block model → Attributes → New，弹出新建属性界面，按图 7-27 填写，单击 Apply 建立矿石类型属性“mat”，属性类型选字符“character”，背景值取“air”，描述中说明属性值有 air、ecu、eco、waste 等 4 类。

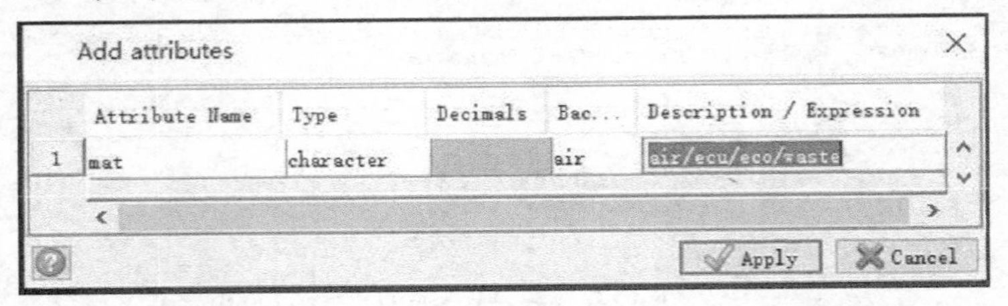

图 7-27　新建属性界面

(2) 给物料属性赋空气值

单击顶部菜单栏 Block model，弹出子菜单，选择 Estimation 中 Assign value 命令，弹出属性赋值界面，如图 7-28 填写，物料属性值为 air，单击 Apply，弹出赋值约束界面，如图 7-29 填写，约束条件 a 为地表以上所有块，单击 Apply 完成赋值。

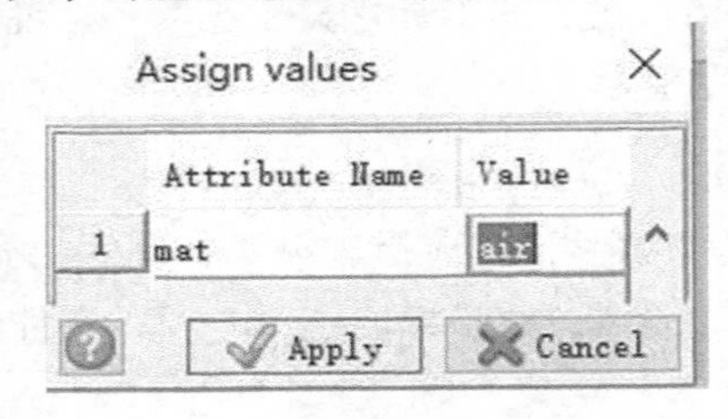

图 7-28　属性赋值界面

(3) 给物料属性 eco 赋值

单击顶部菜单栏 Block model，弹出子菜单，选择 Estimation 中 Assign value 命令，弹出属性赋值界面，如图 7-30 填写，物料属性值为 eco，单击 Apply，弹出约束界面，如图 7-31 填写，约束条件 a 为地表以下，b 为 dcu>0，c 为 min_d=4（代表在 cuco 矿化域内），单击 Apply 完成赋值，保存块模型。

(4) 给物料属性 ecu 赋值

单击顶部菜单栏 Block model，弹出子菜单，选择 Estimation 中 Assign value 命令，弹出属性赋值界面，物料属性值为 ecu，如图 7-32 填写，单击 Apply，弹出赋值约束界面，如图 7-33 填写，约束条件 a 为地表以下，b 为 dcu>0，c 为 min_d=3（代表在 cu 矿化域内），单击 Apply 完成赋值。

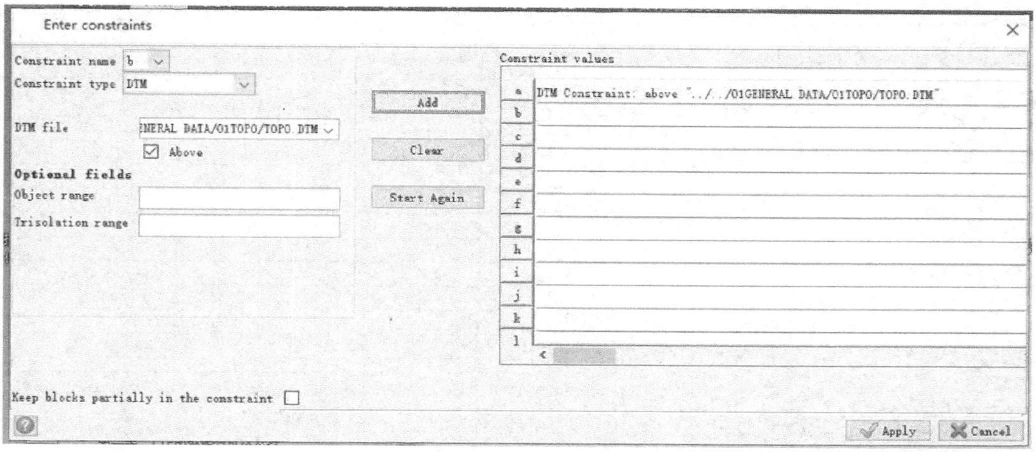

图 7-29　赋值约束界面

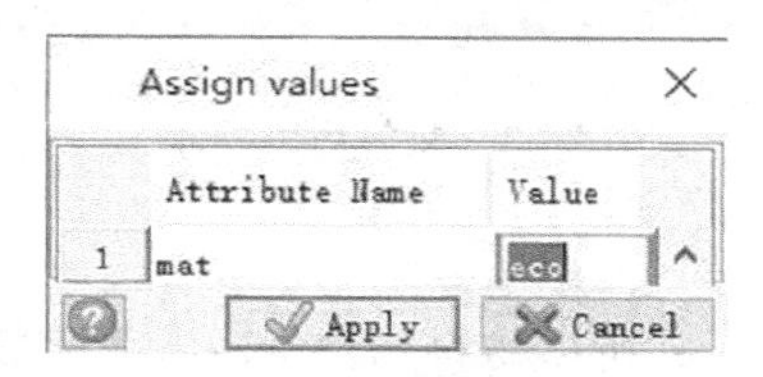

图 7-30　属性赋值界面

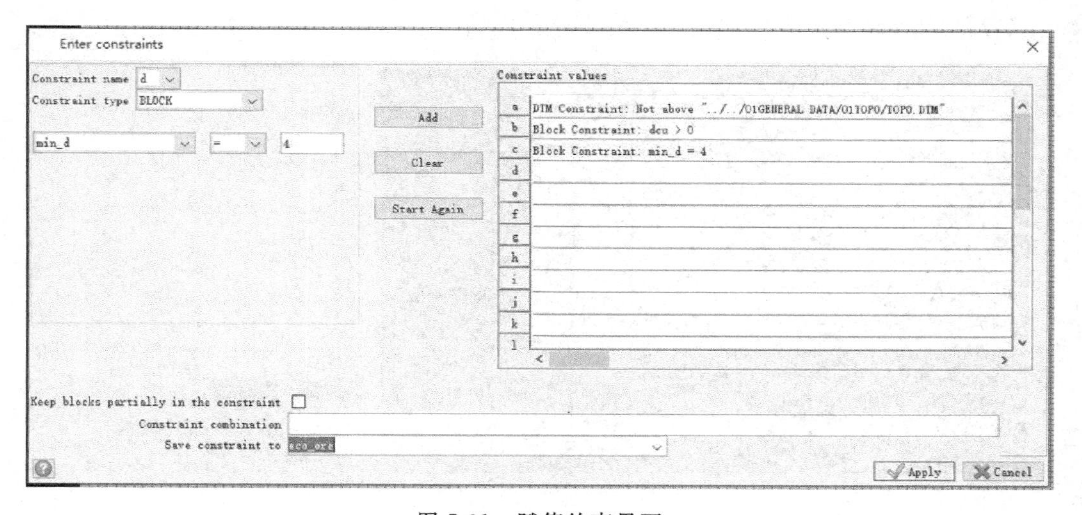

图 7-31　赋值约束界面

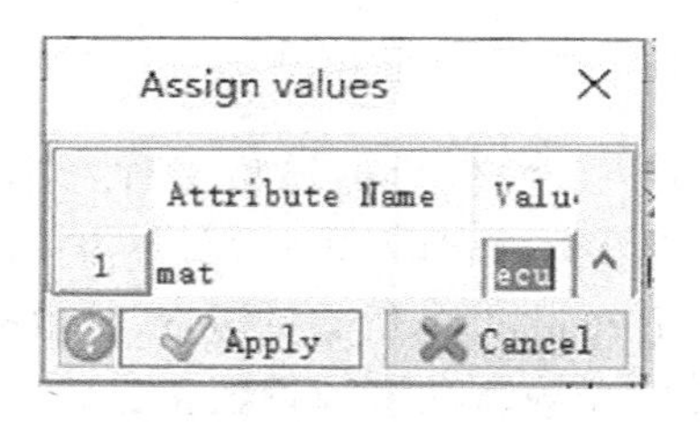

图 7-32　属性估值界面

Enter constraints

Constraint name d

Constraint type BLOCK

min_d = 3

Add

Clear

Start Again

Constraint values

a	DTM Constraint: Not above "../../01GENERAL DATA/01TOPO/TOPO.DTM"
b	Block Constraint: dcu > 0
c	Block Constraint: min_d = 3
d	
e	
f	
g	
h	
i	
j	
k	
l	

Keep blocks partially in the constraint

Constraint combination

Save constraint to ecu_ore

Apply Cancel

图 7-33　赋值约束界面

（5）物料属性废石

因为物料属性背景值为 waste，所以物料属性 waste 不需赋值。

图 7-34 为根据 mat 属性显示颜色（剔除地表以上空气），外围■是 waste，▦（黄色）为 ecu，▦（青色）为 eco。

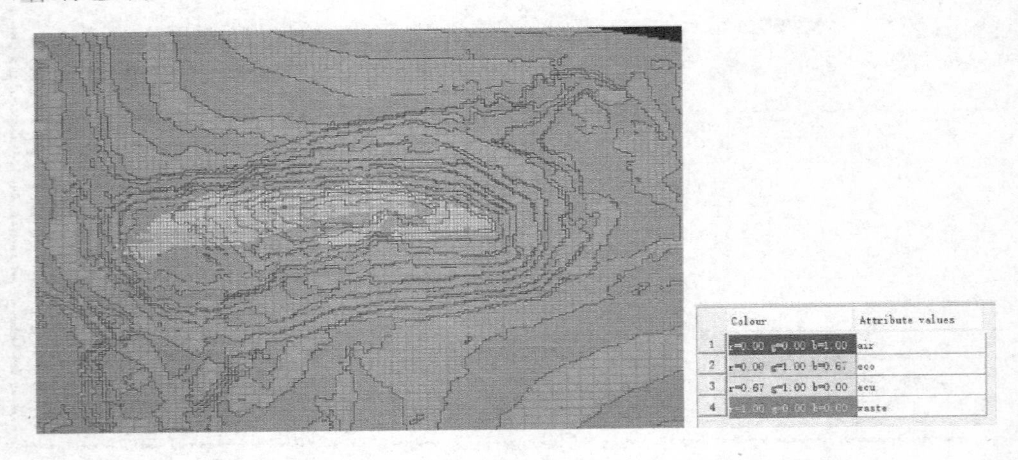

图 7-34　mat 属性按照不同标准显示对应颜色

六、报告资源量

单击菜单栏 Block model → Block model → Report，弹出模型文件命名格式设定界面图 7-35，单击 Apply，弹出模型报告格式设定界面，如图 7-36 填写，单击 Apply，弹出约束界面图 7-37，单击 Apply 进行计算，得出地表以下 dcu>0 的所有资源量，模型报量计算结果如图 7-38 所示。

经过与“2019a_whl_v1. mdl”中模型的资源量数据比较，矿石量不变，Cu 品位提高了，可以进行下步工作。

Block model report format file

Format File Name report whl_model_v2 resources
Output Report File Name report whl_model_v2 resources
Output Report File Format .csv - Comma Separated (Spreadsheet)
Report Type (●) Standard Report
( ) Multiple Percent Report

Indicator Kriged Model ☐
Modify Format ☐
Constrain ? ☑

Apply　Cancel

图 7-35　模型文件命名格式设定界面

Block model report

Report description
report　model resources

☑ Format headers?
☑ Remove lines with zero volume?
Report volume and tonne... 0 decimal places

	Report attributes	Display?	Low cut	Upper cut	Weight by	Report	Expression
a	dcu	☑			Mass	Average	
b	dcu	☑			Mass	Aggregate	
c	cu	☑			Mass	Average	
d	cu	☑			Mass	Aggregate	
e	co	☑			Mass	Average	
f	co	☑			Mass	Aggregate	

Volume adjustment
☑ Use volume adjustment?
Attribute vaf

Density adjustment
( ) None
(●) Attribute sg
( ) Value

Geometric grouping
Group geometrically None

	Grouping attributes	Numeric range
1		

☐ Fill all cells for the group attribute?
☐ Pivot compatible?

☐ Use partial percentages?
Precision 3
Attribute to store partial percentage values

Apply　Cancel

图 7-36　模型报告格式设定界面

Enter constraints

Constraint name c
Constraint type BLOCK
dcu　>　0

Add
Clear
Start Again

Constraint values

a	DTM Constraint: Not above "../../01GENERAL DATA/01TOPO/TOPO.DTM"
b	Block Constraint: dcu > 0
c	
d	
e	
f	
g	
h	
i	
j	
k	
l	

Keep blocks partially in the constraint ☐
Constraint combination
Save constraint to undertopo dcucutoff0

Apply　Cancel

图 7-37　约束界面

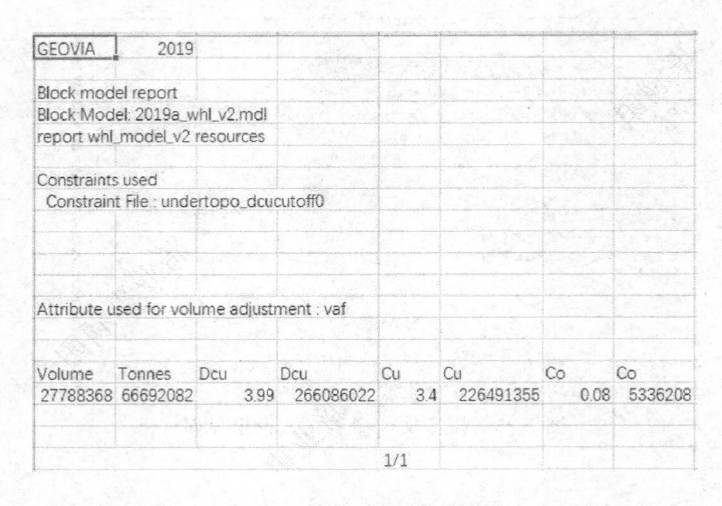

GEOVIA 2019

Block model report
Block Model: 2019a_whl_v2.mdl
report whl_model_v2 resources

Constraints used
Constraint File : undertopo_dcucutoff0

Attribute used for volume adjustment : vaf

Volume	Tonnes	Dcu	Dcu	Cu	Cu	Co	Co
27788368	66692082	3.99	266086022	3.4	226491355	0.08	5336208

1/1

图 7-38　模型报量计算结果

七、保存境界优化模型的 summary

单击菜单栏 Block model → Block model → Summary，弹出模型 summary 文件格式设定界面，如图 7-39 填写，Save Summary? ☑ 需打“√”，输出报告名如 Output Report File Name 2019a_whl_v2.mdl 填写。

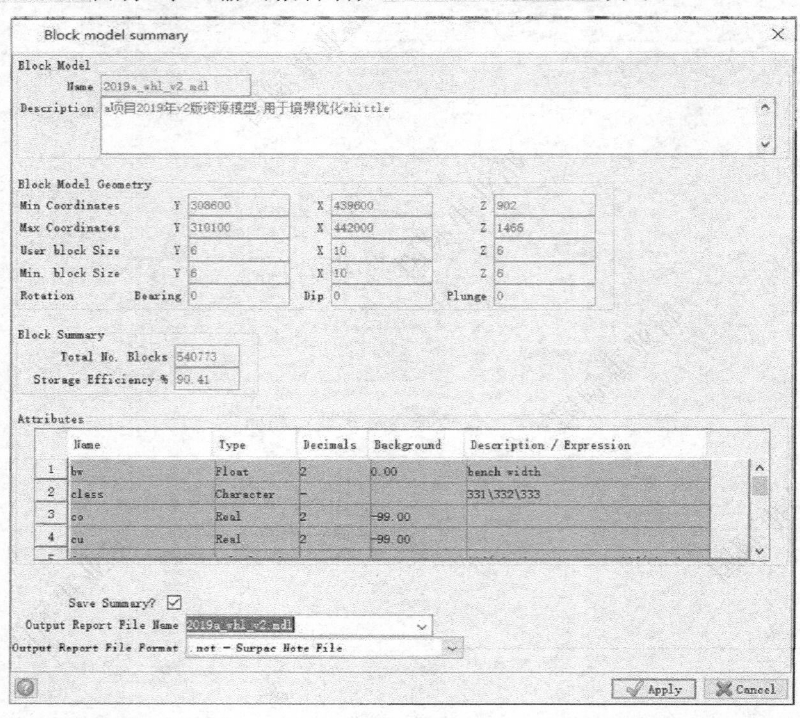

图 7-39　模型 summary 文件格式设定界面

2019a_whl_v2. mdl 的 summary 文件内容显示如图 7-40 所示。

```
GEOVIA                                                      Dec 17, 2019
Type                      Y        X        Z
-------------------------------------------
Minimum Coordinates    308600   439600   902
Maximum Coordinates    310100   442000   1466
User Block Size        6        10       6
Min. Block Size        6        10       6
Rotation               0.000    0.000    0.000

-----------------------------
Total Blocks             540773
Storage Efficiency %     90.41
Attribute Name   Type        Decimals  Background  Description
-----------------------------------------------------------------------------------------
bw               Float       2         0           bench width
class            Character   -                     331\332\333
co               Real        2         -99
cu               Real        2         -99
dcu              Calculated  -         -           iif(min_d=4,cu+7.42*co,iif(min_d=4,cu+0*co,iif(min_d=1,0,cu+co)))
mat              Character   -         waste       air/waste/ecu/eco
min_d            Integer     -         99          1 air_domain 2 countrycrock_domain 3 cu_domain 4 cuco_domain
osa              Float       2         0           over slope angle
pob              Float       2         0           比例系数
relf             Float       3         0           Reliability coefficient可靠系数
res_ca           Integer     -         6           1 measured, 2 indicated, 3 inferred, 4 Exploration target, 5 mined, 6 rock
sg               Real        2         2.4         densiy
vaf              Float       3         0           volume adjust factor
wba              Float       2         0           work bench angle
                                 Block Model Summary                  Block model:2019a_whl_v2
a项目2019年v2版资源模型,用于境界优化whittle

Block Model Summary                                          1/1
```

图 7-40　2019a_whl_v2. mdl 的 summary 文件内容

第三节　创建 v2 版采矿设计模型

新建 wba、bw、osa 这三个属性，wba 表示工作面坡面角、bw 表示平台宽度、osa 表示采坑坡面角。

一、设置工作文件夹

设置 openpit\02_LOM\02model\04model_pit\v2 为工作文件夹。

二、打开块模型

双击 2019a_whl_v2.mdl，打开采矿设计模型 2019a_whl_v2，mdl，单击底部工具栏 2019a_whl_v2 → Display 显示块模型。

三、另存为设计模型

单击顶部菜单栏 Block model，弹出子菜单，选择 Block model 中 Save as 命令，弹出模型另存文件界面，如图 7-41 填写，显示结果如 2019a_min_v2，说明保存成功。

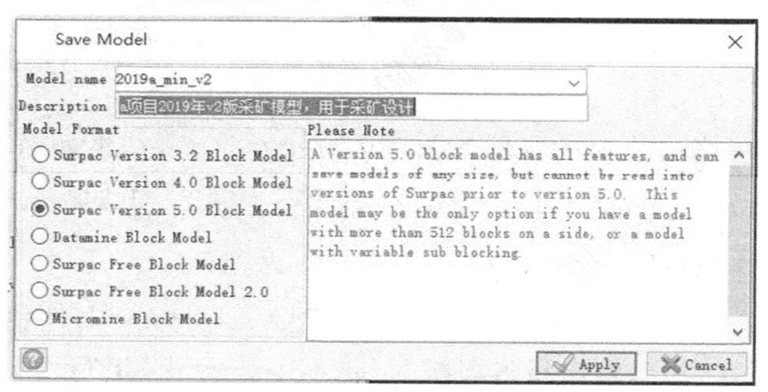

图 7-41　模型另存文件界面

显示工作块模型名称“2019a_min_v2”，参数说明如下：

(1) 表示 2019 年 a 项目块模型。

(2) min 表示为采矿模型。

(3) v2 为本年度第 2 版。

(4) 保存文件夹为 openpit\02_lom\02Model\04_model_pit\v2。

(5) 保存版本为 Surpac 5.0，高版本软件可以向下兼容。

四、新建边坡属性并赋值

(1) 新建属性

单击 Block model → Attributes → New ，弹出增加属性界面，如图 7-42 填写，单击 Apply 完成新属性增加，单击 Block model → Block model → Save ，保存块模型修改成果(增加属性)。

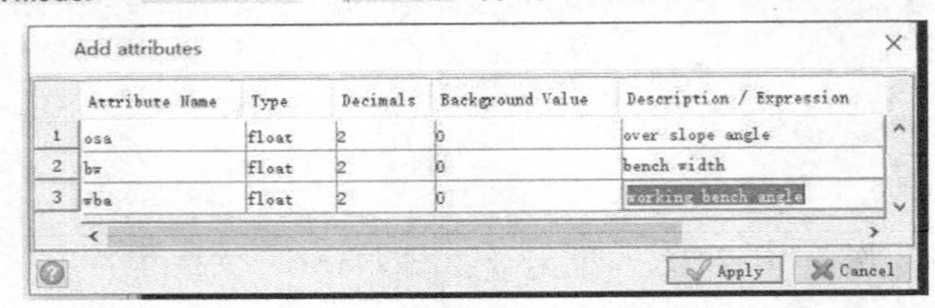

图 7-42　增加属性界面

(2) 给属性赋值

注意：这里的平台宽度 bw 要按照 12 m 台阶高重新划分，即为 24 m 台阶高的一半。这是因为除了最终境界，其他境界采坑我们都是按照 12 m 台阶高绘制的，不实行并段开采。

单击 Block model → Estimation → Assign value ，弹出属性赋值界面(图 7-43)，三个属性一起赋值(因为赋值约束条件是一样的)，点击 Apply ，弹出约束条件界面，如图 7-44 填写，点击 Apply ，进行属性赋值运算，单击 Block model → Block model → Save ，保存块模型修改成果。

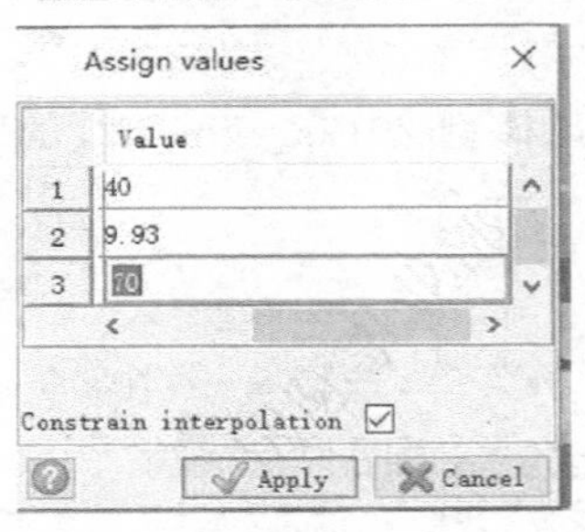

图 7-43　属性赋值界面

按照相同方法完成剩余分区的属性赋值(共 10 个分区)。结果如图 7-45 所示按属性值显示对应颜色(左图标高为 1 340～1 500 m，右图标高为 900～1 340 m)。

五、保存采矿设计模型的 summary

单击菜单栏 Block model → Block model → Summary ，弹出模型 summary 文件格式设定界面，如图 7-46 填写，Save Summary? ☑ 需打“√”，输出报告名按 Output Report File Name 2019a_min_v2.mdl 填写。

2019a_min_v2.mdl 的 summary 文件内容显示如图 7-47 所示。

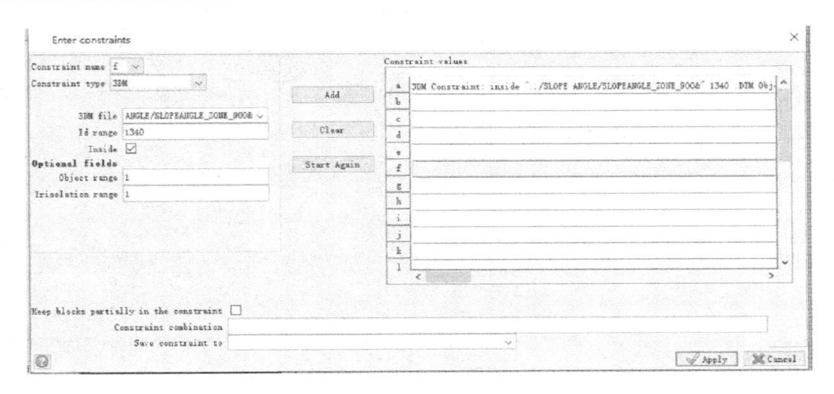

图 7-44　约束条件界面

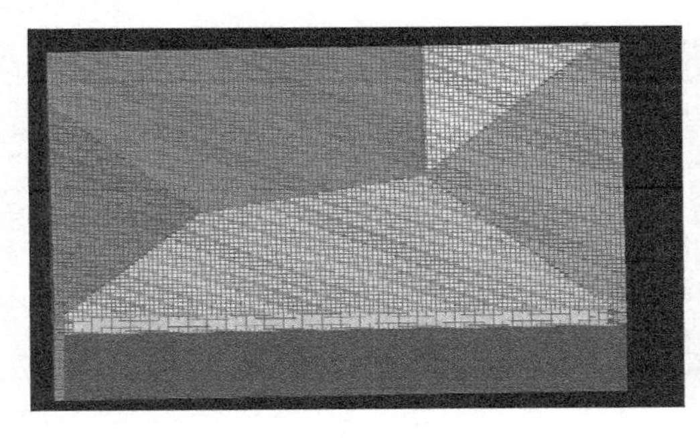
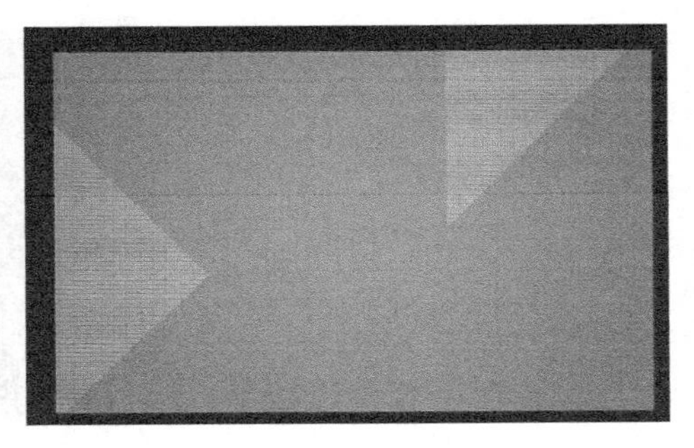

图 7-45　按属性值显示对应颜色

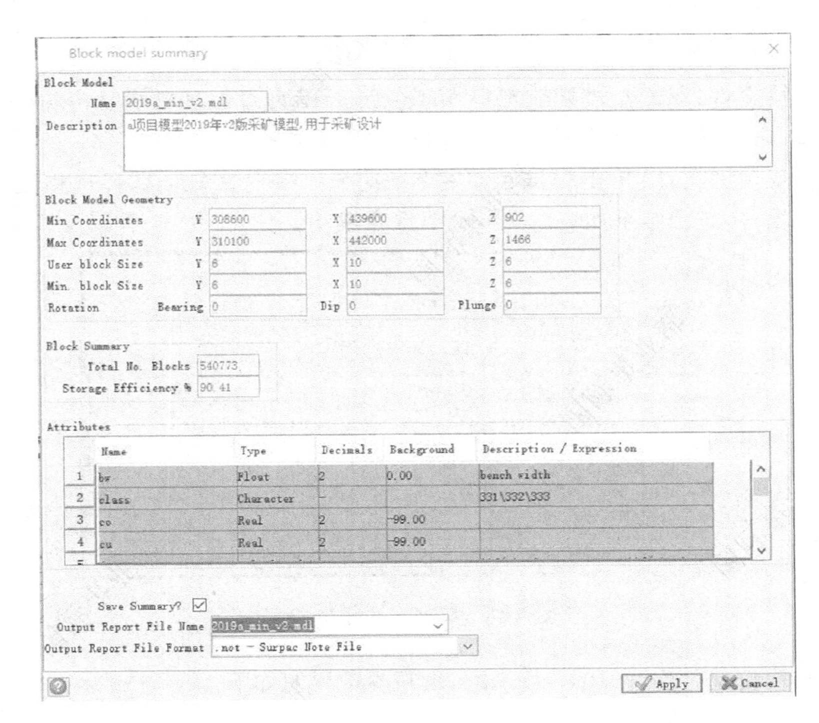

图 7-46　模型 summary 文件格式设定界面

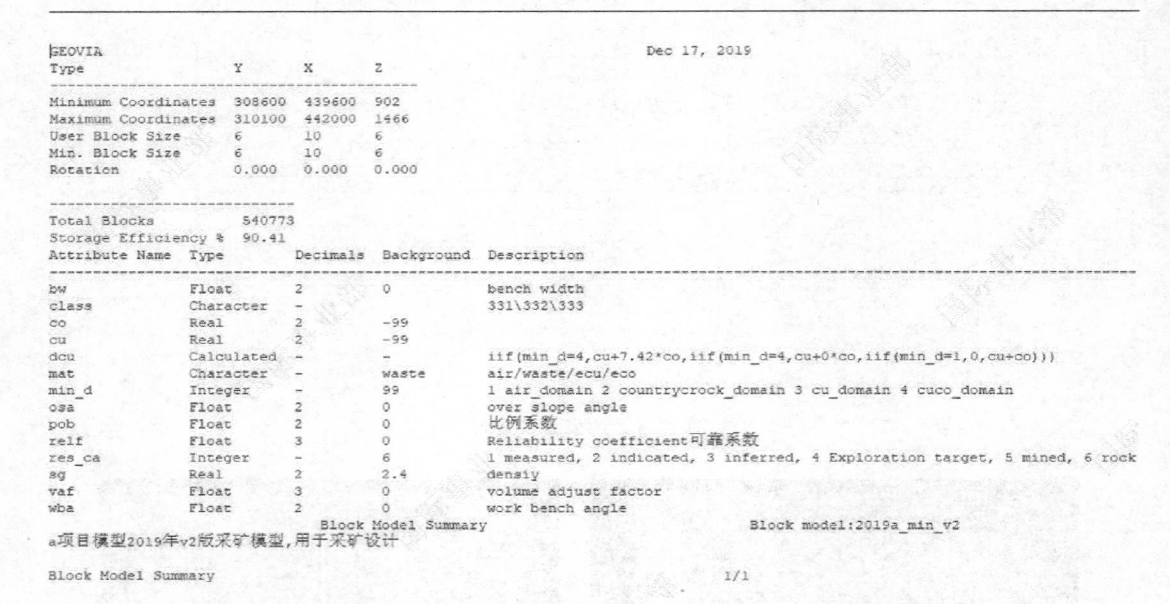

GEOVIA Dec 17, 2019

Type	Y	X	Z
Minimum Coordinates	308600	439600	902
Maximum Coordinates	310100	442000	1466
User Block Size	6	10	6
Min. Block Size	6	10	6
Rotation	0.000	0.000	0.000

Total Blocks 540773
Storage Efficiency % 90.41

Attribute Name	Type	Decimals	Background	Description
bw	Float	2	0	bench width
class	Character	-		331\332\333
co	Real	2	-99	
cu	Real	2	-99	
dcu	Calculated	-	-	iif(min_d=4,cu+7.42*co,iif(min_d=4,cu+0*co,iif(min_d=1,0,cu+co)))
mat	Character	-	waste	air/waste/ecu/eco
min_d	Integer	-	99	1 air_domain 2 countrycrock_domain 3 cu_domain 4 cuco_domain
osa	Float	2	0	over slope angle
pob	Float	2	0	比例系数
relf	Float	3	0	Reliability coefficient可靠系数
res_ca	Integer	-	6	1 measured, 2 indicated, 3 inferred, 4 Exploration target, 5 mined, 6 rock
sg	Real	2	2.4	densiy
vaf	Float	3	0	volume adjust factor
wba	Float	2	0	work bench angle

Block Model Summary Block model:2019a_min_v2
a项目模型2019年v2版采矿模型,用于采矿设计

Block Model Summary 1/1

图 7-47　2019a_min_v2. mdl 的 summary 文件内容

第四节　创建 v2 版储量模型

一、设置工作文件夹

(1) 设置工作文件夹为 openpit\02_LOM\02model\02model_rev\v2。

(2) 打开块文件:双击左边导航窗口 2019a_min_v2.mdl,在底部工具栏显示 2019a_min_v2,说明已经打开块模型了,但屏幕上还没显示,需使用显示命令显示。

(3) 另存块模型文件:单击顶部菜单栏 Block model → Block model → Save as,弹出模型文件另存界面,如图 7-48 填写,显示结果如 2019a_rev_v2,说明保存成功。

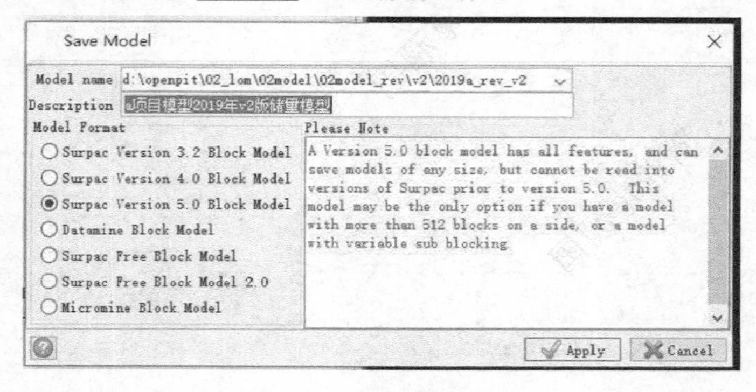

图 7-48　模型文件另存界面

显示工作块模型名称"2019a_rev_v2",填写参数说明如下:

① 表示 2019 年的更新块模。型

② rev_v2 表示储量模型 v2 版,rev 为 reserve 的缩写。

③ 保存版本为 Surpac 5.0，高版本软件可以向下兼容。

二、新建资源储量级别属性 res_ca 并赋值

(1) 新建属性 res_ca

单击菜单栏 Block model → Attributes → New，弹出新建属性界面（图 7-49），单击 Apply 完成属性创建。

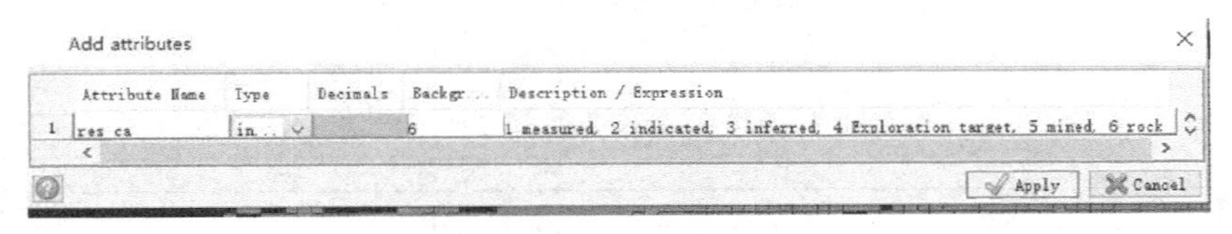

图 7-49 新建属性界面

(2) 给 res_ca value 1(measured)赋值

单击菜单栏 Block model → Estimation → Assign value，弹出属性赋值界面（图 7-50），单击 Apply 进入约束界面，如图 7-51 填写，然后完成修改保存。

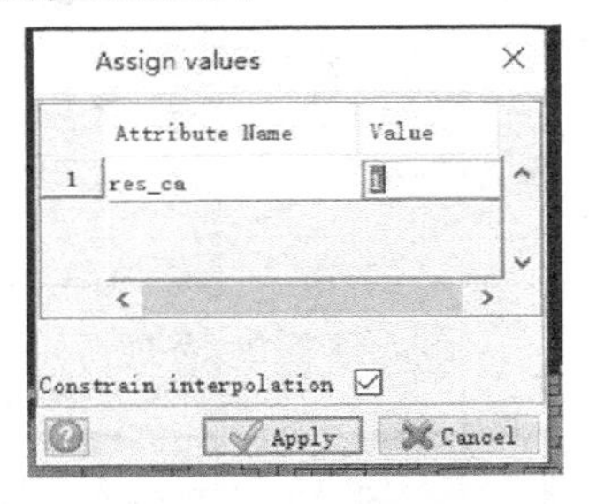

图 7-50 属性赋值界面

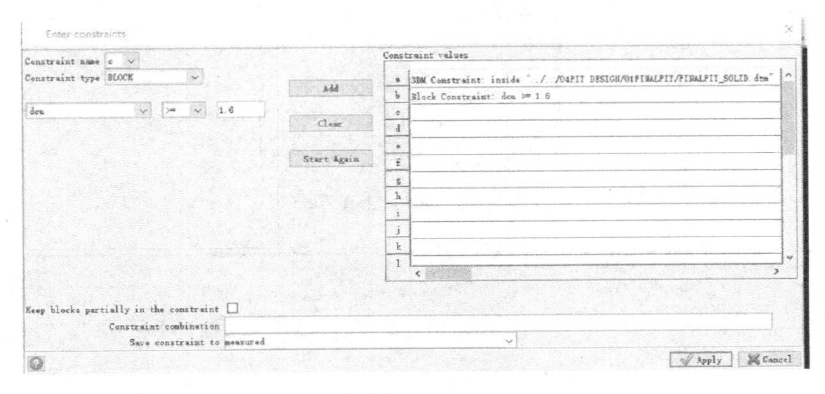

图 7-51 约束界面

(3) 给 res_cat value 2(indicated)赋值

单击菜单栏 Block model → Estimation → Assign value，弹出属性赋值界面（图 7-52），单击 Apply 进入约束界面，如图 7-53 填写，完成修改保存。

(4) 给 res_cat value 3(infered)赋值

单击菜单栏 Block model → Estimation → Assign value，弹出属性赋值界面（图 7-54），单击 Apply 进入约束界面，如图 7-55 填写，完成修改保存。

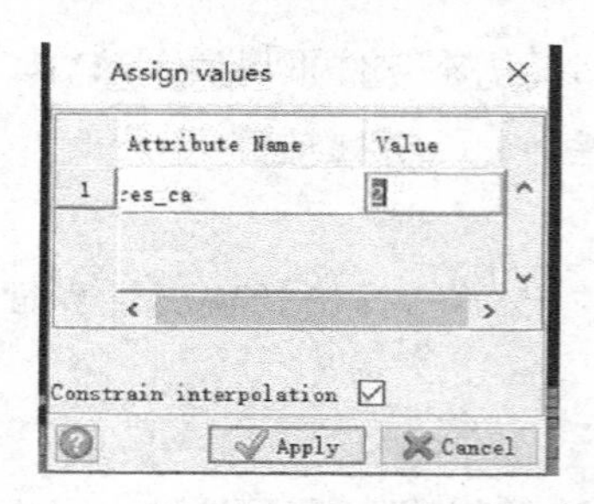

图 7-52　属性赋值界面

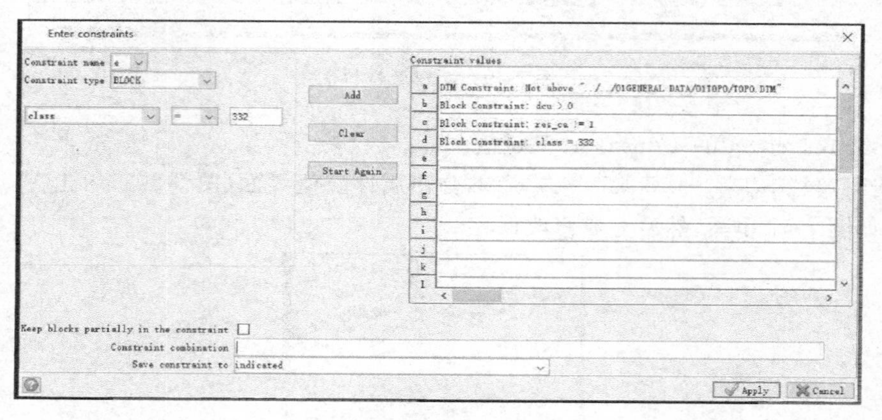

图 7-53　约束界面

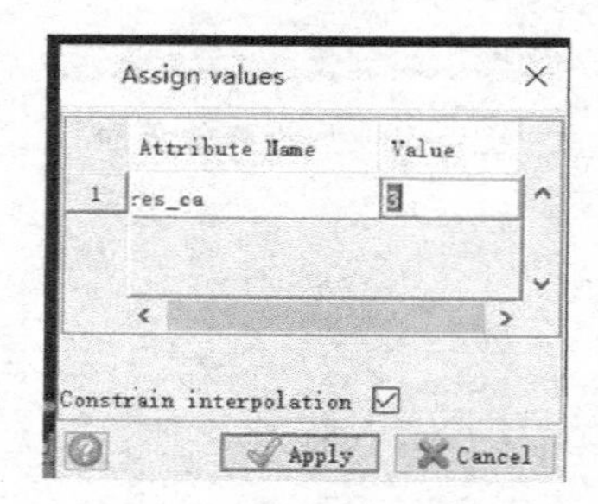

图 7-54　属性赋值界面

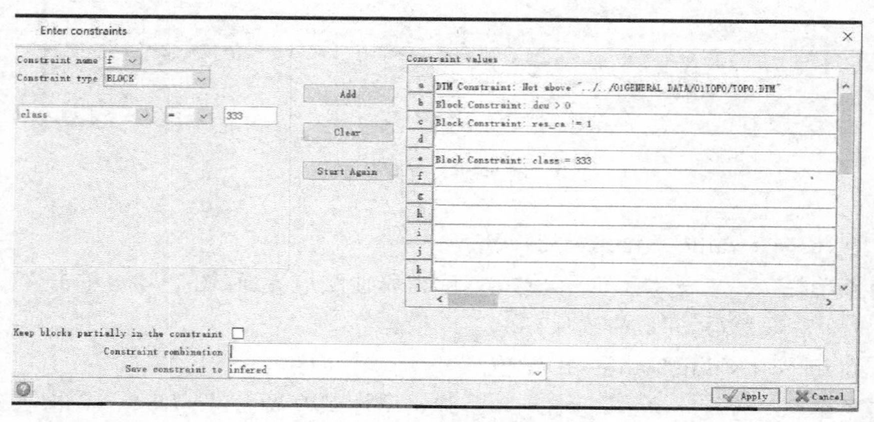

图 7-55　约束界面

(5) 给 res_cat value 4(Exploration target)赋值

单击菜单栏 Block model → Estimation → Assign value，弹出属性赋值界面(图 7-56)，单击 Apply 进入约束界面，如图 7-57 填写，完成修改保存。

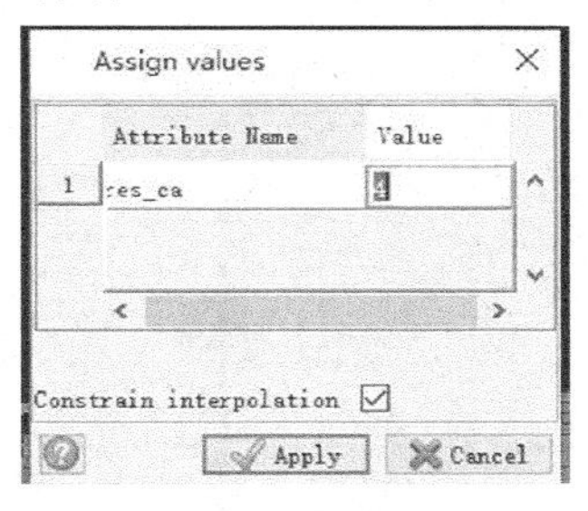

图 7-56　属性赋值界面

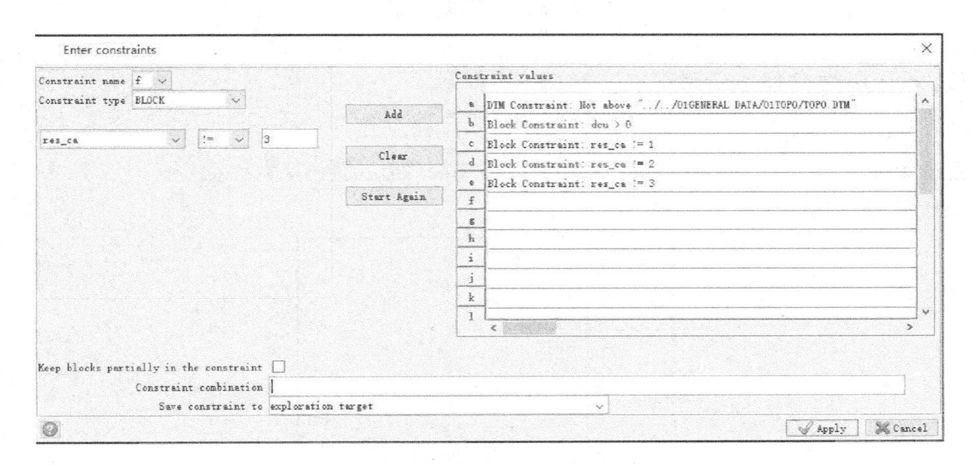

图 7-57　约束界面

(6) 给 res_cat value 5(mined)赋值

单击菜单栏 Block model → Estimation → Assign value，弹出属性赋值界面(图 7-58)，单击 Apply 进入约束界面，如图 7-59 填写，完成修改保存。

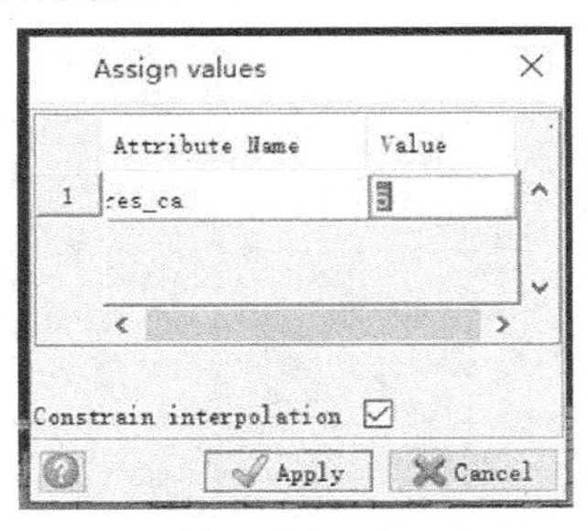

图 7-58　属性赋值界面

(7) 给 res_cat value 6(rock)赋值

背景值，不需赋值。

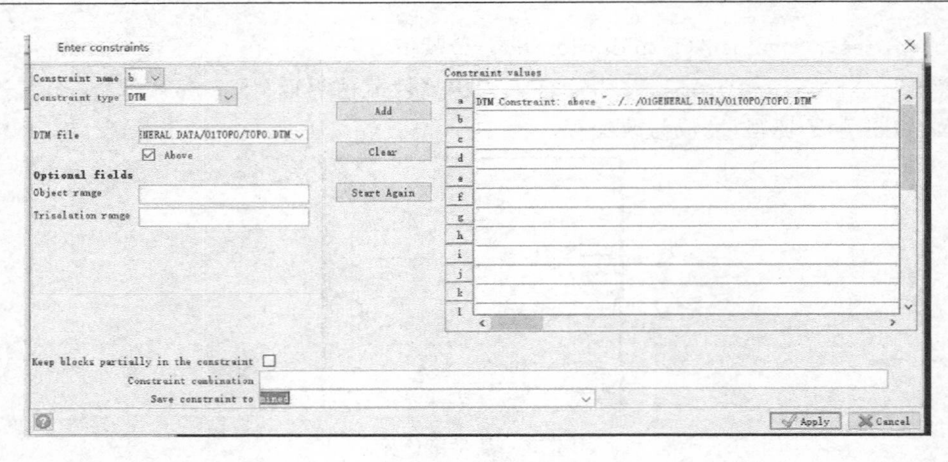

图 7-59　约束界面

三、mat 属性类型重新赋值

(1) mat 属性清零

点击菜单栏 Block model → Attributes → Clear / Reset to background value,弹出属性清零界面(图 7-60),单击 Apply 完成 mat 属性清零。

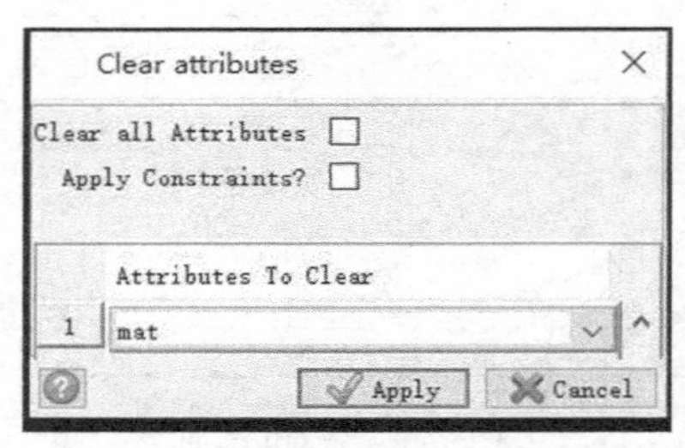

图 7-60　属性清零界面

(2) 给 mat 属性赋值为 ecu

点击菜单栏 Block model → Estimation → Assign value,弹出属性赋值界面(图 7-61),单击 Apply 弹出约束界面(图 7-62),完成 ecu 赋值。

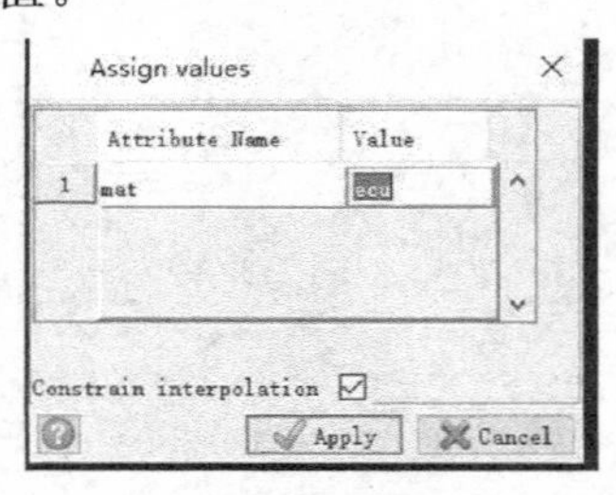

图 7-61　属性赋值界面

(3) 给 mat 属性赋值为 eco

点击菜单栏 Block model → Estimation → Assign value,弹出属性赋值界面(图 7-63),单击 Apply 弹出约束界面(图 7-64),完成 eco 赋值。

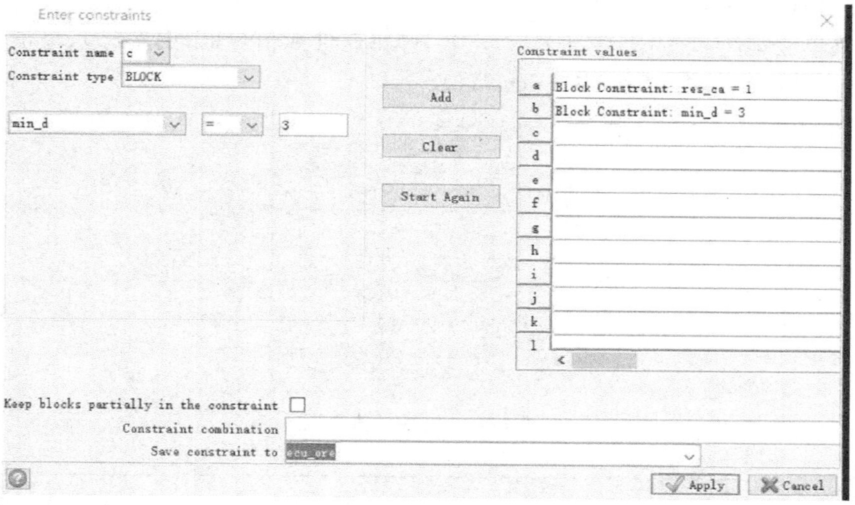

Enter constraints
Constraint name c
Constraint type BLOCK
min_d = 3
Add
Clear
Start Again
Constraint values
a Block Constraint: res_ca = 1
b Block Constraint: min_d = 3
c
d
e
f
g
h
i
j
k
l
Keep blocks partially in the constraint
Constraint combination
Save constraint to eco_ore
Apply
Cancel

图 7-62 约束界面

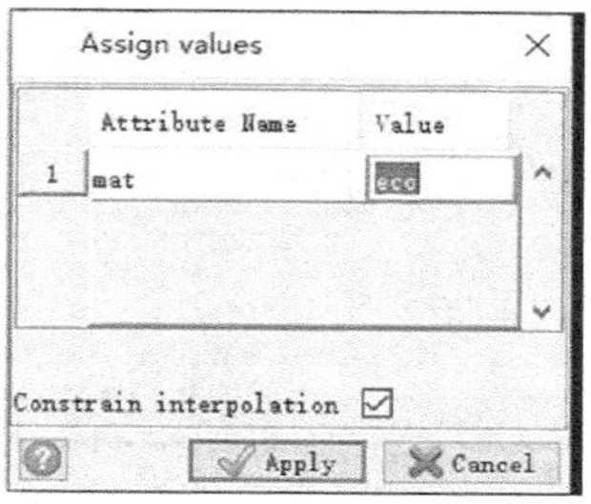

Assign values
Attribute Name Value
1 mat eco
Constrain interpolation
Apply
Cancel

图 7-63 属性赋值界面

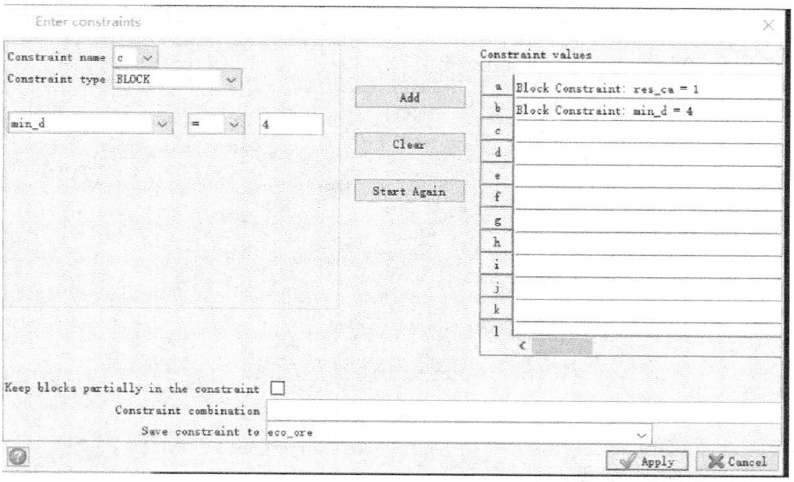

Enter constraints
Constraint name c
Constraint type BLOCK
min_d = 4
Add
Clear
Start Again
Constraint values
a Block Constraint: res_ca = 1
b Block Constraint: min_d = 4
c
d
e
f
g
h
i
j
k
l
Keep blocks partially in the constraint
Constraint combination
Save constraint to eco_ore
Apply
Cancel

图 7-64 约束界面

（4）给 mat 属性赋值为 lcu

点击菜单栏 Block model → Estimation →| Assign value，弹出属性赋值界面（图 7-65），单击 Apply 弹出约束界面（图 7-66），单击 Apply 完成 lcu 赋值。

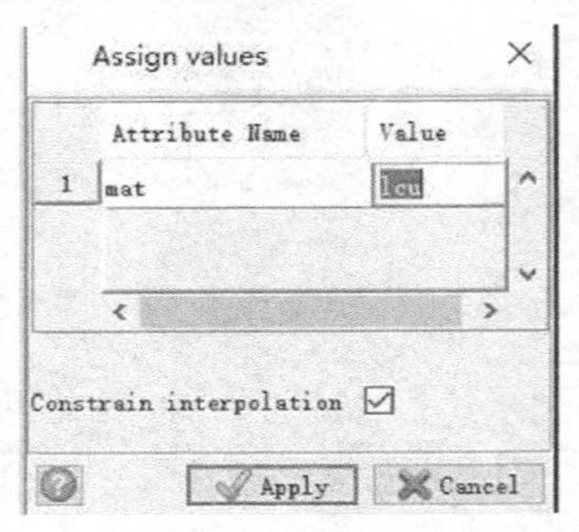

图 7-65　属性赋值界面

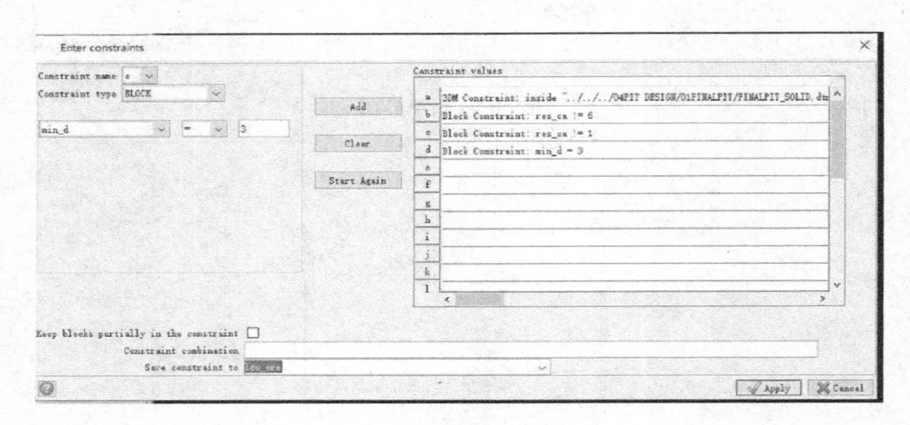

图 7-66　约束界面

（5）给 mat 属性赋值为 lco

点击菜单栏 Block model → Estimation →| Assign value，弹出属性赋值界面（图 7-67），单击 Apply 弹出约束界面（图 7-68），单击 Apply 完成 lco 赋值。

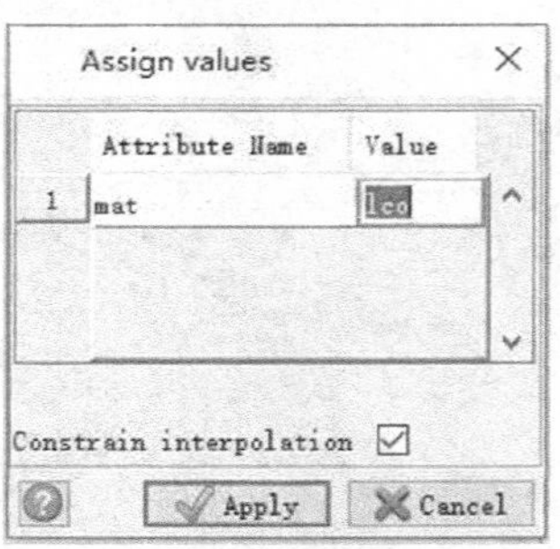

图 7-67　属性赋值界面

（6）给 mat 属性赋值为 waste_m

点击菜单栏 Block model → Estimation →| Assign value，弹出属性赋值界面（图 7-69），单击 Apply 弹出约束界面（图 7-70），单击 Apply 完成 waste_m 赋值。

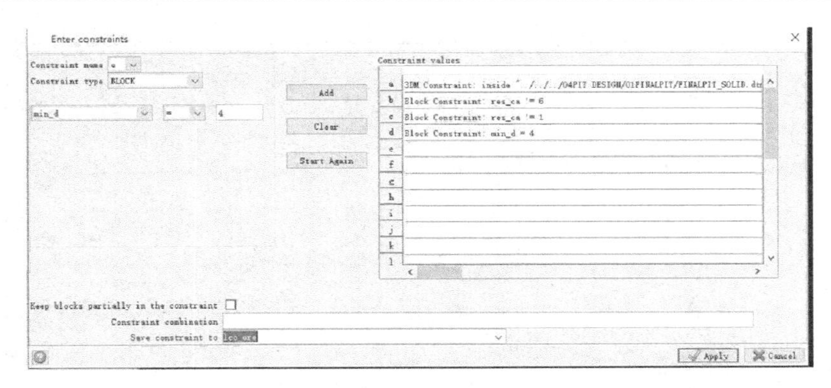

图 7-68　约束界面

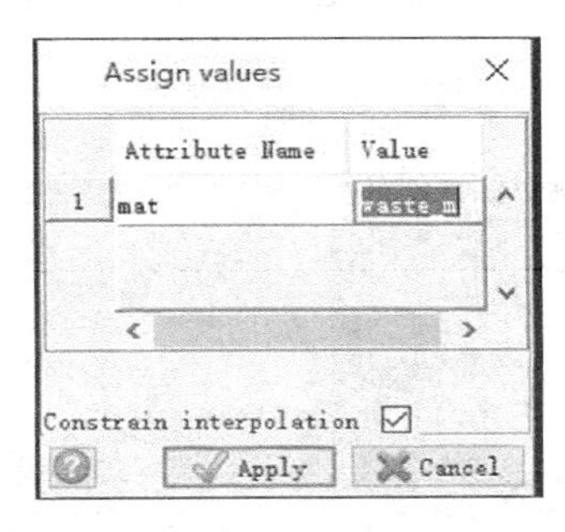

图 7-69　属性赋值界面

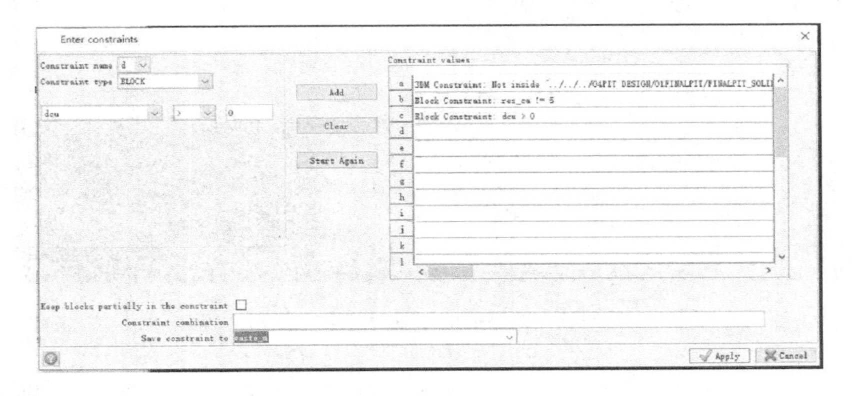

图 7-70　约束界面

（7）给 mat 属性赋值为 waste

点击菜单栏 Block model → Estimation → Assign value，弹出属性赋值界面（图 7-71），单击 Apply 弹出约束界面（图 7-72），单击 Apply 完成 waste 赋值。

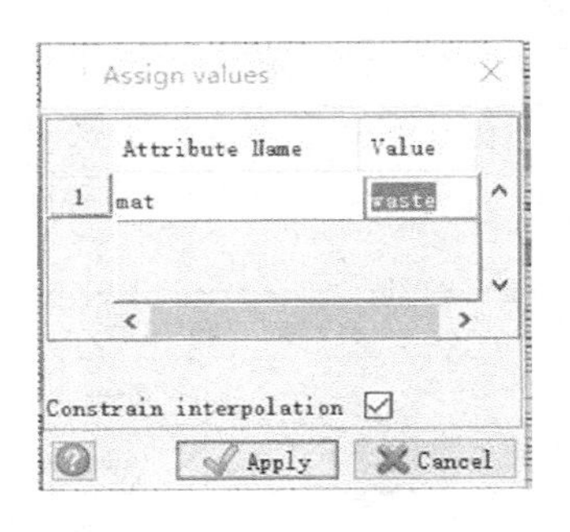

图 7-71　属性赋值界面

物料赋值结果对应颜色显示如图 7-73 所示。

四、pob、relf、vaf 系数修正

（1）pob、relf、vaf 重新定义

我们重新定义的 res_ca 资源中 1 measured 和 2 indicated

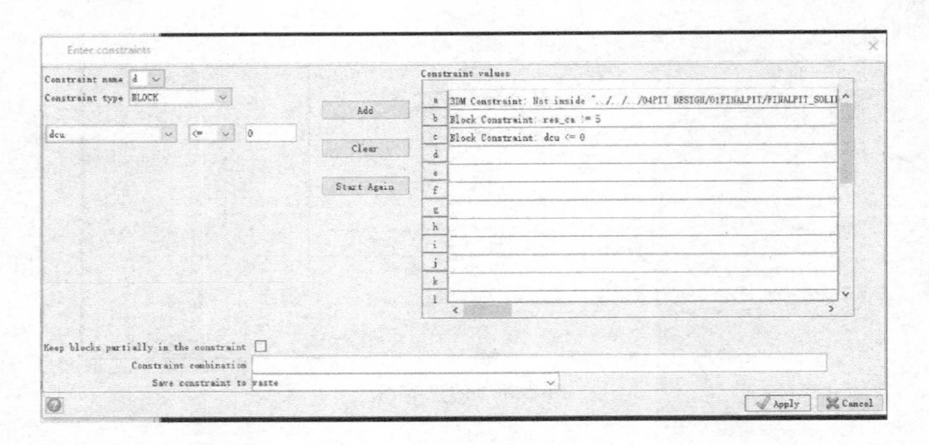

图 7-72　约束界面

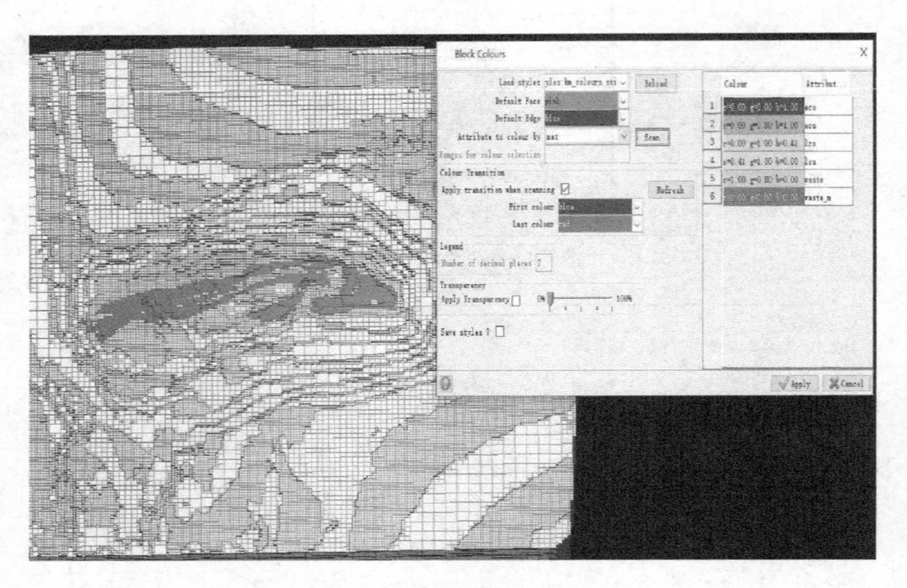

图 7-73　物料赋值结果对应颜色显示

已经包含原来的 pob、relf，转为 measured 后 relf 可能有部分由 0.7 变为 1，则需要修改 pob，使之包含原来的 relf 数据。

res_cat 资源中 3 infered relf 不变，还是 0.7，不需要修改 pob。

pob、relf、vaf 重新定义见表 7-1。

表 7-1　pob、relf、vaf 重新定义

res_cat(资源级别)		pob 属性	relf 属性	vaf 属性
1	measured(探明)	pob * rel	1	pob * rel
2	indicated(控制)	pob * rel	1	pob * rel
3	infered(推断)	pob	0.7	pob * rel

（2）修正 pob

点击菜单栏 Block model → Attributes → Maths，弹出属性计算界面（图 7-74），单击 Apply 完成属性计算。

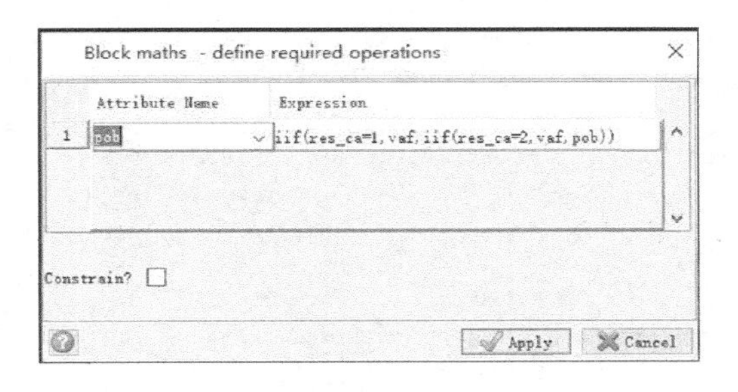

图 7-74　属性计算界面

（3）修正 relf

点击菜单栏 Block model → Attributes → Maths，弹出属性计算界面（图 7-75），单击 Apply 完成属性计算。

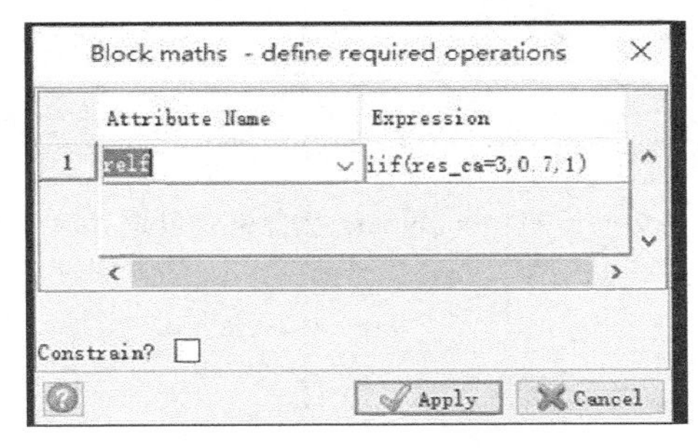

图 7-75　属性计算界面

（4）修正 vaf

点击菜单栏 Block model → Attributes → Maths，弹出属性计算界面（图 7-76），单击 Apply 完成属性计算。

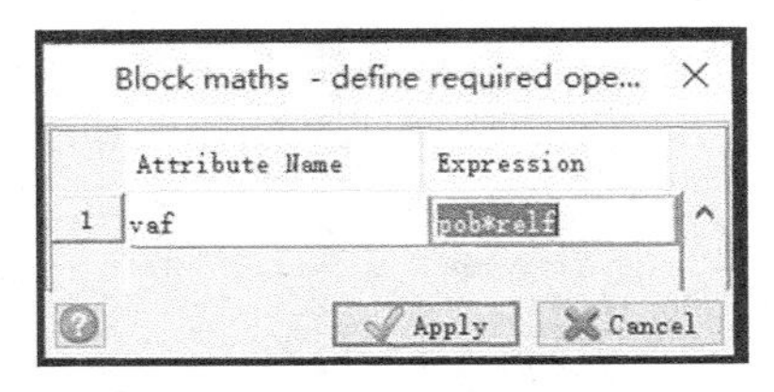

图 7-76　属性计算界面

五、保存储量模型的 summary

单击菜单栏 Block model → Block model → Summary，弹出模型 summary 文件格式设定界面，如图 7-77 填写，Save Summary? ☑需打"√"，输出报告名如 Output Report File Name 2019a_rev_v2.mdl 填写。保存的 summary 文件内容显示如图 7-78 所示。

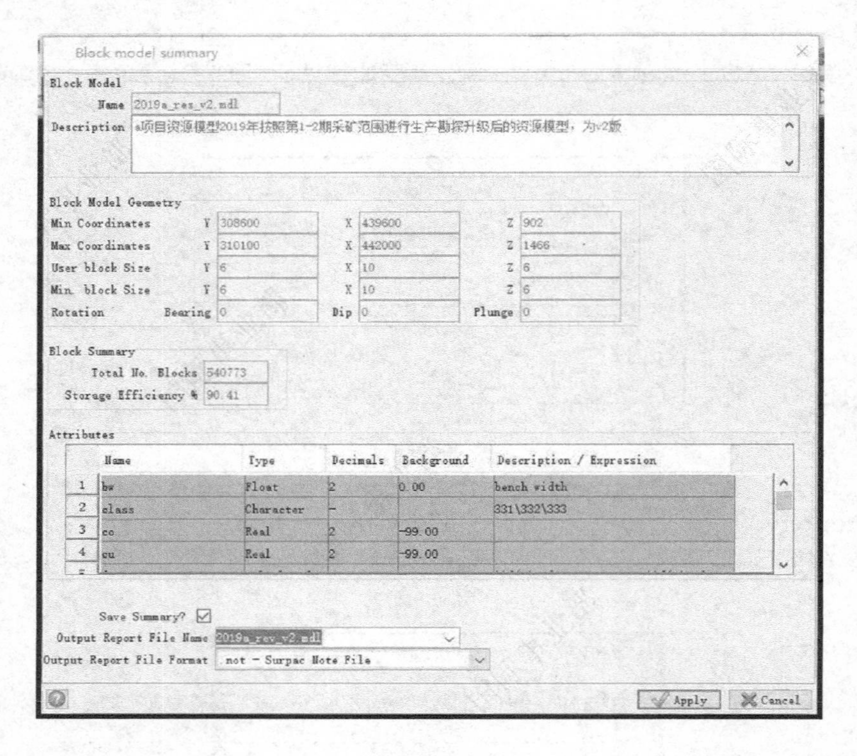

图 7-77　模型 summary 文件格式设定界面

```
GEOVIA                                                          Dec 17, 2019
Type                      Y         X         Z
-------------------------------------------------
Minimum Coordinates    308600    439600    902
Maximum Coordinates    310100    442000    1466
User Block Size        6         10        6
Min. Block Size        6         10        6
Rotation               0.000     0.000     0.000

------------------------------
Total Blocks              540773
Storage Efficiency %     90.41
Attribute Name   Type        Decimals  Background  Description
------------------------------------------------------------------------------------------------------------------------------------
bw               Float       2         0           bench width
class            Character   -                     331\332\333
co               Real        2         -99
cu               Real        2         -99
dcu              Calculated  -         -           iif(min_d=4,cu+7.42*co,iif(min_d=4,cu+0*co,iif(min_d=1,0,cu+co)))
mat              Character   -         waste       air/waste/ecu/eco
min_d            Integer     -         99          1 air_domain 2 countrycrock_domain 3 cu_domain 4 cuco_domain
osa              Float       2         0           over slope angle
pob              Float       2         0           比例系数
relf             Float       3         0           Reliability coefficient可靠系数
res_ca           Integer     -         6           1 measured, 2 indicated, 3 inferred, 4 Exploration target, 5 mined, 6 rock
sg               Real        2         2.4         densiy
vaf              Float       3         0           volume adjust factor
wba              Float       2         0           work bench angle
                                 Block Model Summary                             Block model:2019a_res_v2
a项目资源模型2019年按照第1-2期采矿范围进行生产勘探升级后的资源模型，为v2版

Block Model Summary                                                    1/1
```

图 7-78　保存的 summary 文件内容显示

六、块模型整体资源储量报告

点击菜单栏 Block model → Block model › → Report ，弹出模型文件命名格式设定界面，如

图 7-79 填写，报告整个储量模型的所有资源量。单击 Apply 弹出模型文件格式设定界面（图 7-80），单击 Apply 弹出 mat 属性选择界面（图 7-81），单击 Apply 弹出约束文件界面（图7-82），单击 Apply 进行报告计算，弹出模型报量计算结果表（图 7-83），保存该表为 xls 格式，防止下次计算覆盖该 CSV 格式的表。

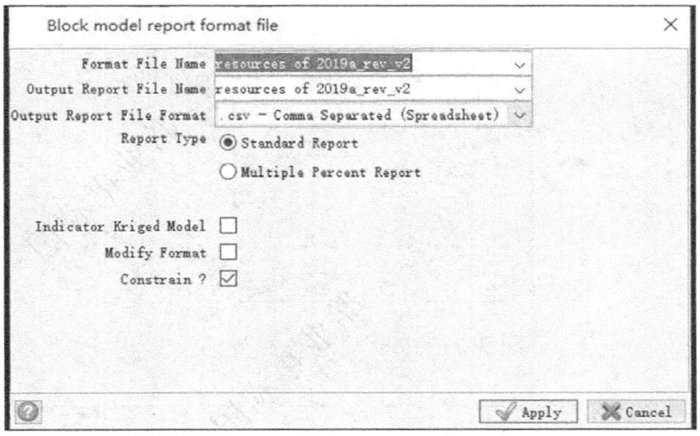

Block model report format file

Format File Name　resources of 2019a_rev_v2
Output Report File Name　resources of 2019a_rev_v2
Output Report File Format　.csv - Comma Separated (Spreadsheet)
Report Type　Standard Report
Multiple Percent Report
Indicator Kriged Model
Modify Format
Constrain ?
Apply　Cancel

图 7-79　模型文件命名格式设定界面

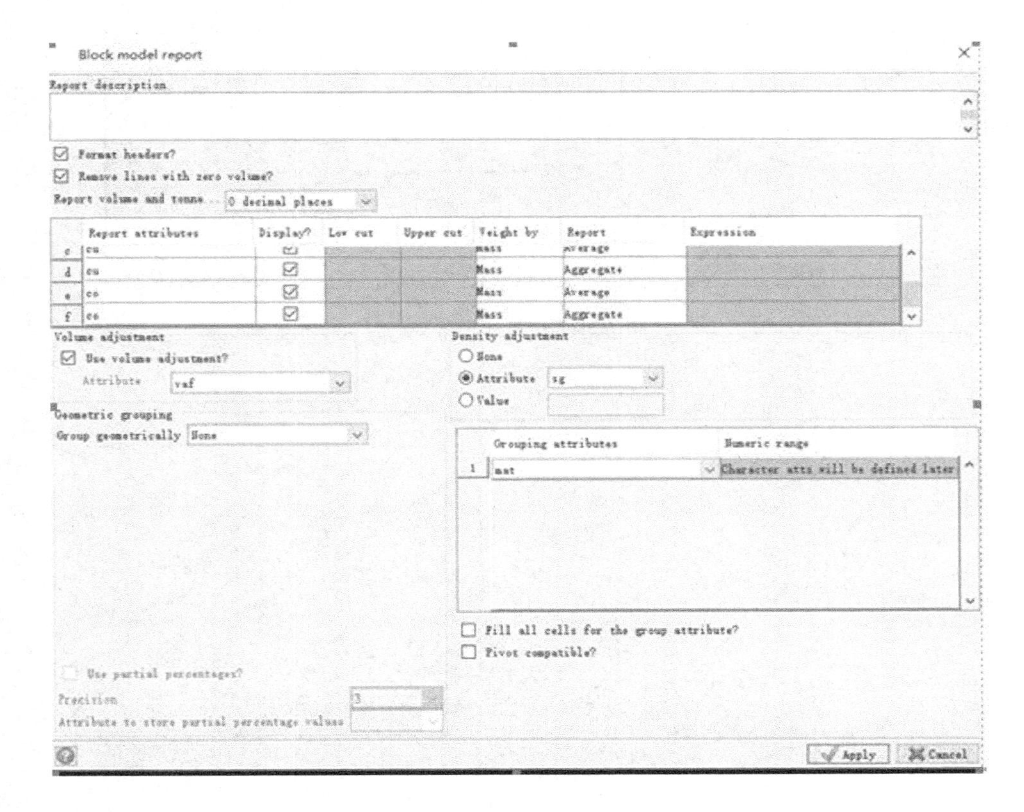

图 7-80　模型文件格式设定界面

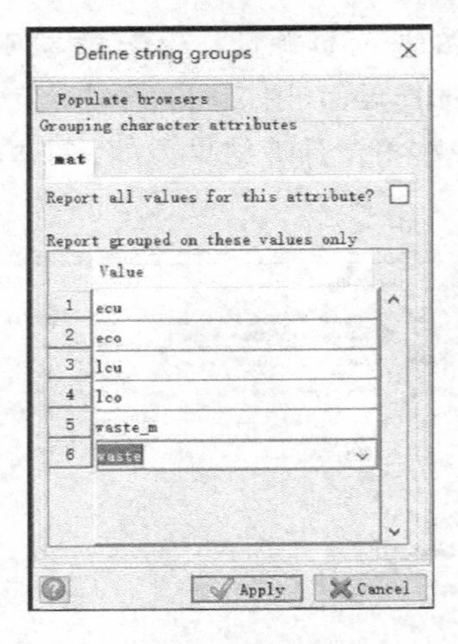

图 7-81　mat 属性选择界面

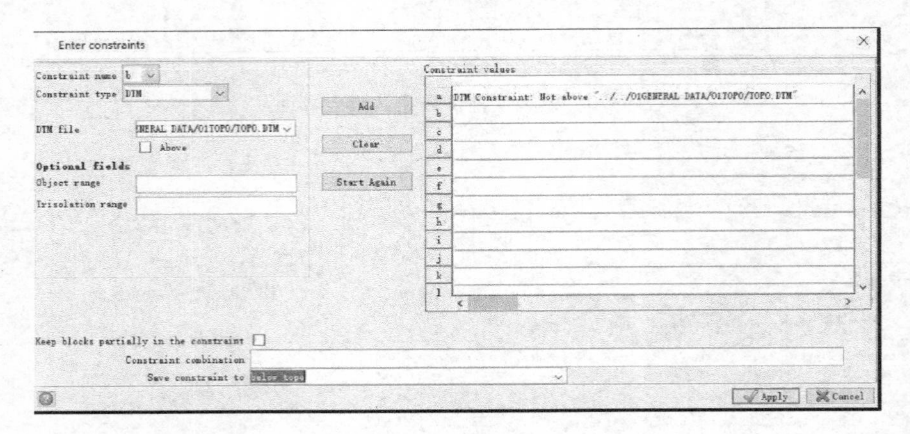

图 7-82　约束文件界面

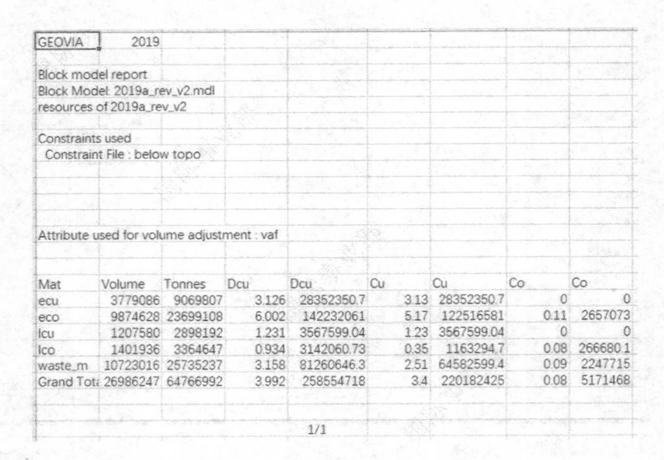

GEOVIA　2019

Block model report
Block Model: 2019a_rev_v2.mdl
resources of 2019a_rev_v2

Constraints used
Constraint File : below topo

Attribute used for volume adjustment : vaf

Mat	Volume	Tonnes	Dcu	Dcu	Cu	Cu	Co	Co
ecu	3779086	9069807	3.126	28352350.7	3.13	28352350.7	0	0
eco	9874628	23699108	6.002	142232061	5.17	122516581	0.11	2657073
lcu	1207580	2898192	1.231	3567599.04	1.23	3567599.04	0	0
lco	1401936	3364647	0.934	3142060.73	0.35	1163294.7	0.08	266680.1
waste_m	10723016	25735237	3.158	81260646.3	2.51	64582599.4	0.09	2247715
Grand Tot:	26986247	64766992	3.992	258554718	3.4	220182425	0.08	5171468

1/1

图 7-83　模型报量计算结果表

七、报告终了境界内矿化物料的量

点击菜单栏 Block model → Block model → Report ，弹出模型文件命名格式设定界面，如图 7-84 填写，报告 2019a_rev_v1. mdl 整个储量模型在终了境界壳内的所有矿化物料，单击 Apply 弹出模型文件格式设定界面（图 7-85），单击 Apply 弹出 mat 属性选择界面（图 7-86），单击 Apply 弹出约束文件界面（图 7-87），单击 Apply 进行报告计算，弹出计算结果表（图 7-88），保存该表为 xls 格式，防止下次计算覆盖该 CSV 格式的表。

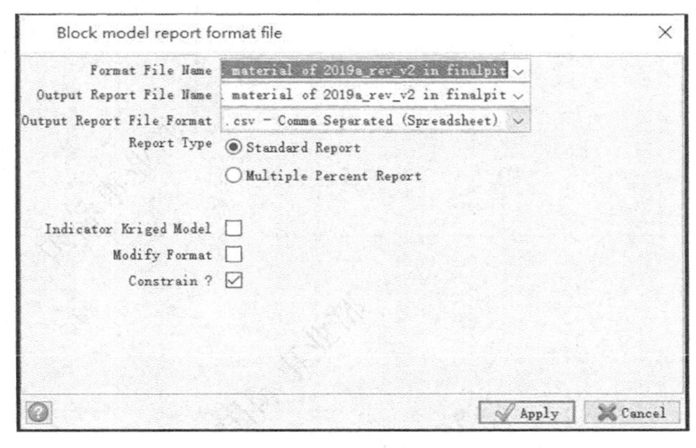

图 7-84　模型文件命名格式设定界面

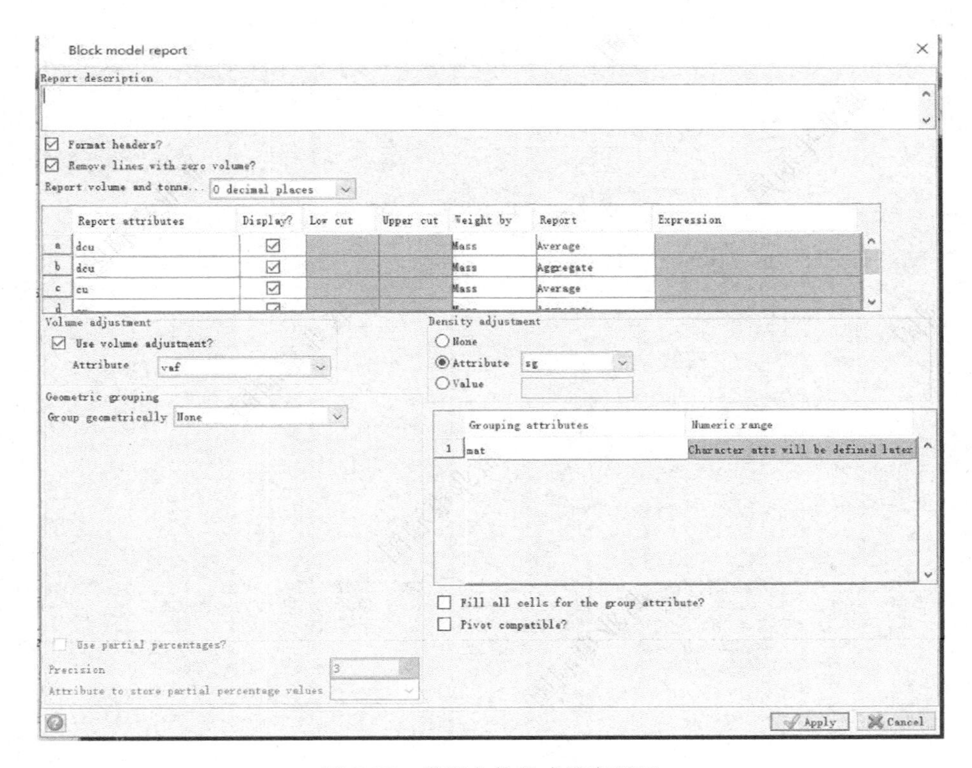

图 7-85　模型文件格式设定界面

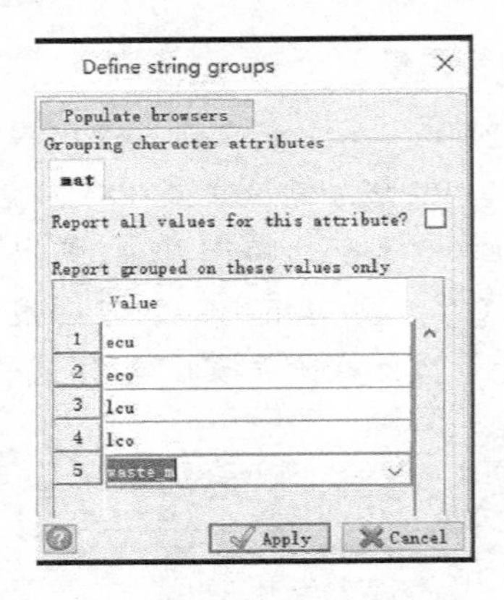

图 7-86　mat 属性选择界面

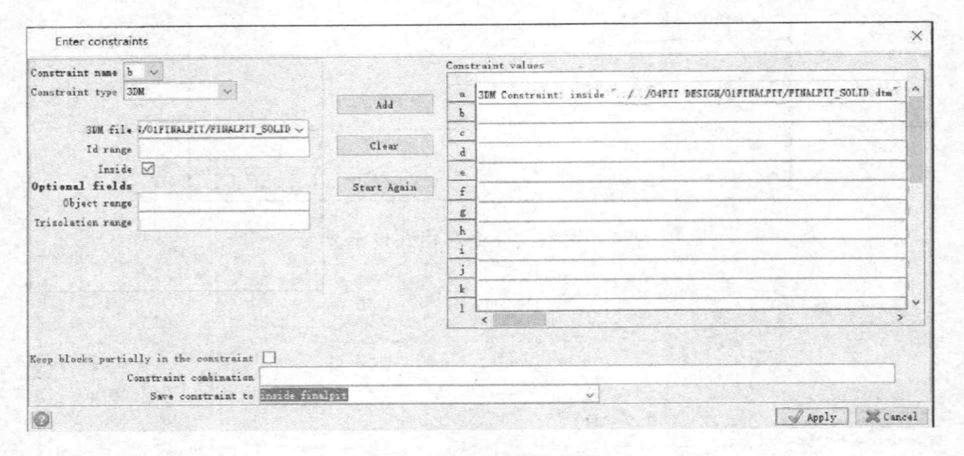

图 7-87　约束文件界面

GEOVIA 2019

Block model report
Block Model: 2019a_rev_v2.mdl
total mineral material of 2019a_rev_v2 in finalpit

Constraints used
Constraint File : inside finalpit

Attribute used for volume adjustment : vaf

Mat	Volume	Tonnes	Dcu	Dcu	Cu	Cu	Co	Co
ecu	3773762	9057029	3.126	28311521.7	3.13	28311521.7	0	0
eco	9871568	23691764	6.002	142204248	5.17	122491676	0.11	2656681
lcu	1206255	2895011	1.231	3564136.58	1.23	3564136.58	0	0
lco	1400135	3360325	0.934	3139435.65	0.35	1163294.7	0.08	266326.3
Grand Tot	16251721	39004130	4.544	177219342	3.99	155530629	0.07	2923007

1/1

图 7-88　计算结果表

八、报告终了境界内矿岩总量

点击菜单栏 Block model → Block model → Report ，弹出模型文件命名格式设定界面，如图 7-89 填写，报告 2019a_rev_v1. mdl 整个储量模型在终了境界壳内的所有矿岩总量，单击 Apply 弹出模型文件格式设定界面（图 7-90），单击 Apply 弹出约束文件界面（图 7-91），单击 Apply 进行报告境界内矿岩总量，弹出模型报量计算结果表（图 7-92）。

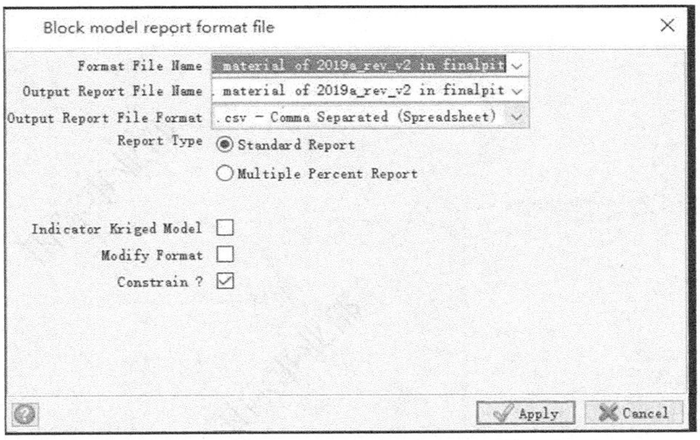

图 7-89　模型文件命名格式设定界面

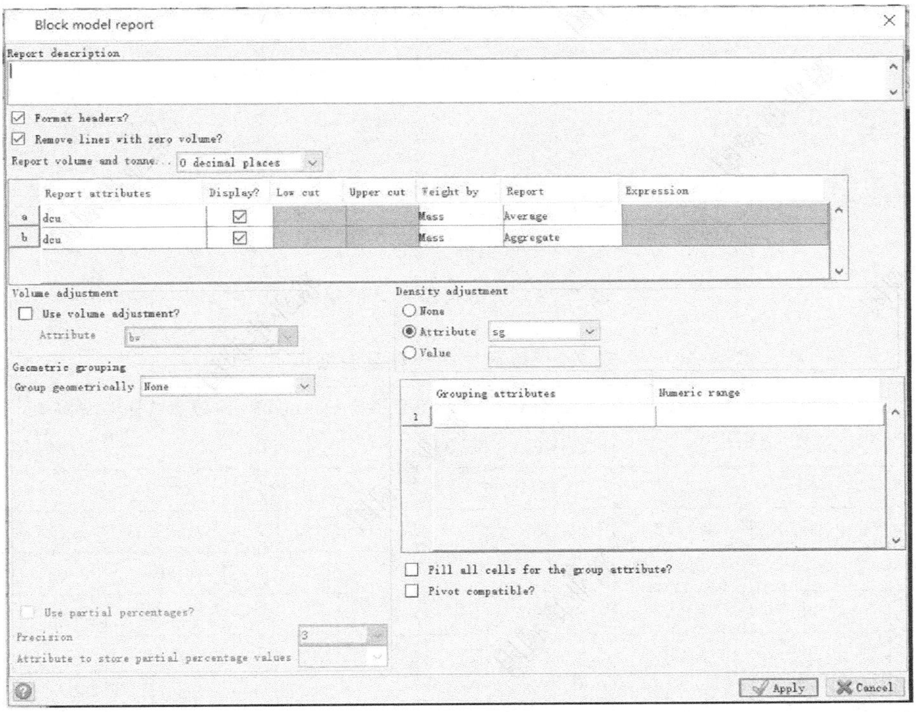

图 7-90　模型文件格式设定界面

九、整理境界内矿岩总量及剥采比

利用电子表格，把境界内矿岩总量和矿化物料总量的数据合并，形成境界内矿岩量及剥采比的 Excel 表，如表 7-2 所示为境界内矿岩量及剥采比。

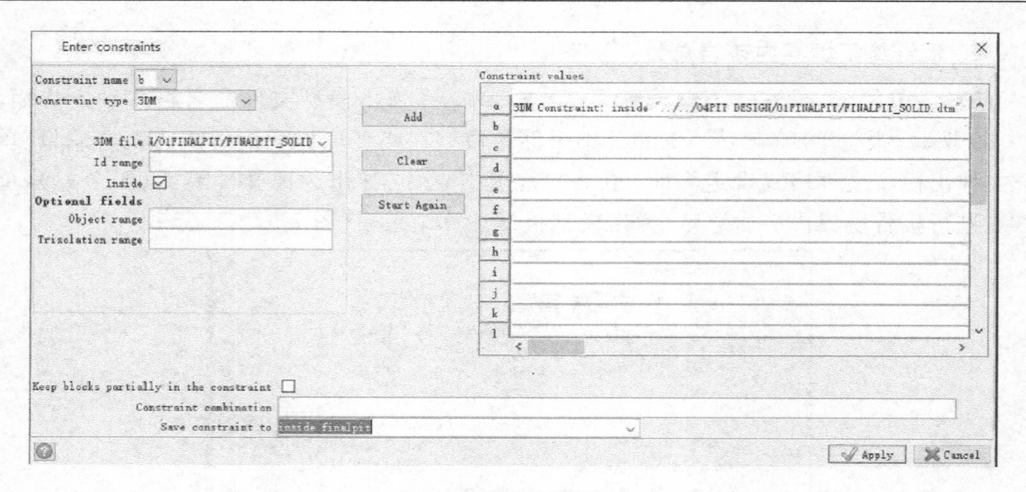

图 7-91 约束文件界面

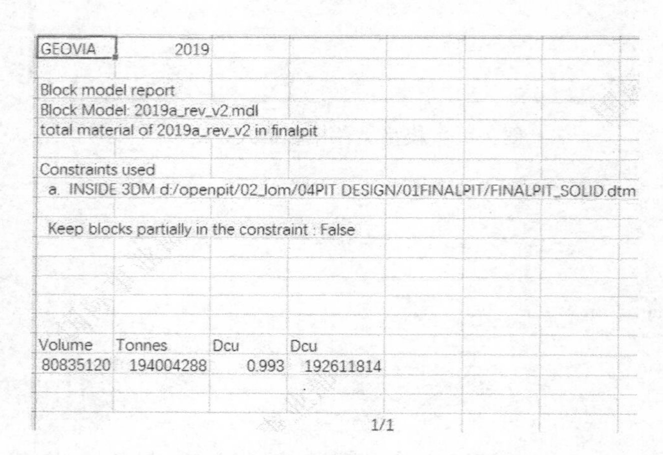

GEOVIA 2019

Block model report
Block Model: 2019a_rev_v2.mdl
total material of 2019a_rev_v2 in finalpit

Constraints used
a. INSIDE 3DM d:/openpit/02_lom/04PIT DESIGN/01FINALPIT/FINALPIT_SOLID.dtm

Keep blocks partially in the constraint : False

Volume	Tonnes	Dcu	Dcu
80835120	194004288	0.993	192611814

1/1

图 7-92 模型报量计算结果表

表 7-2 境界内矿岩量及剥采比

项目	体积 /m³	质量 /t	当量铜品位 /%	当量铜金属量 /t	铜品位 /%	铜金属量 /t	钴品位 /%	钴金属量 /t
ecu	3 774	9 057	3 126	283.1	3.126	283.1	—	—
eco	9 844	23 626	6.020	1 422.2	5.185	1 225.1	0.112	26.6
矿石小计	13 618	32 683	5.218	1 705	4.615	1 508	0.081	27
lcu	1 206	2 895	1.231	35.6		35.6		—
lco	1 402	3 366	0.935	31.5		11.7		2.7
waste	64 608	155 060						
废石小计	67 217	161 321		67.1		47.3		2.7
采剥总量	80 835	194 004						
剥采比	4.94	4.94						

第五节　创建 v2 版排产模型

一、设置工作文件夹

设置文件夹 openpit\02_LOM\02model\05model_msh\v2 为工作文件夹。

二、打开块文件

双击左边导航窗口 2019a_rev_v2.mdl 打开块模型“2019a_rev_v2.mdl”。

三、另存为排产模型

单击顶部菜单 Block model → Block model → Save as 命令，弹出模型文件另存界面，如图 7-93 填写，显示结果如 2019a_msh_v2，说明保存成功。

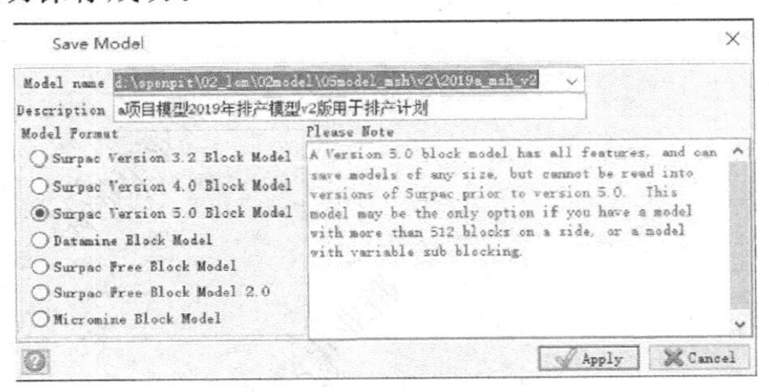

图 7-93　模型文件另存界面

显示工作块模型名称“2019a_msh_v2”，填写参数说明如下：

(1) 表示 2019 年的更新块模型。

(2) msh_v2 为排产模型 v2 版，msh 为 MineShced 的缩写。

(3) 保存版本为 Surpac 5.0，高版本软件可以向下兼容。

四、处理体积调整系数 vaf

前面我们设置体积调整系数 vaf，实际上是对矿石进行比例计算，但废石的 vaf 值为零，只能单独准确计算矿石量，废石由(采剥总量－矿石量)得来。

但 MineSched 中 体积调整属性 vaf 为全局量，其中废石的 vaf 值绝大部分为零，如果不进行处理，排产时废石量将严重失真，所以本次我们将对废石的 vaf 进行处理。约束废石的 vaf 赋值为 1。

点击菜单栏 Block model → Attributes → Maths，弹出属性计算界面(图 7-94)，单击 Apply 弹出约束文件界面(图 7-95)，单击 Apply 完成属性计算。

五、保存排产模型的 summary

单击菜单栏 Block model → Block model → Summary，弹出模型 summary 文件格式设定界面，如图 7-96 填写，Save Summary? ☑ 需打“√”，输出报告名如 Output Report File Name 2019a_msh_v2.mdl 填写，单击 Apply 完成模型 summary 的保存，以便后期工作需要时使用。保存的 summary 文件内容显示如图 7-97 所示。

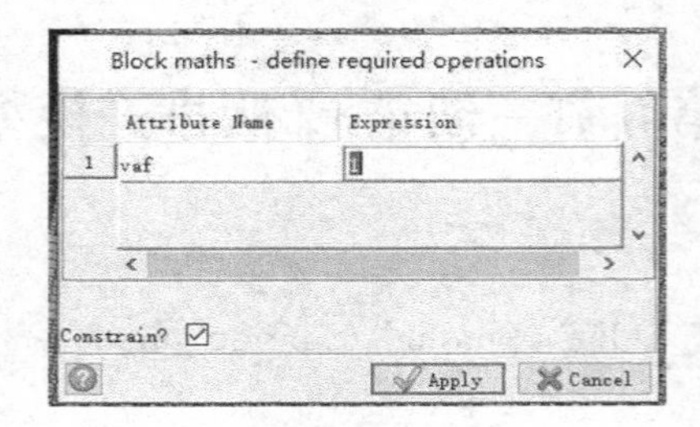

图 7-94　属性计算界面

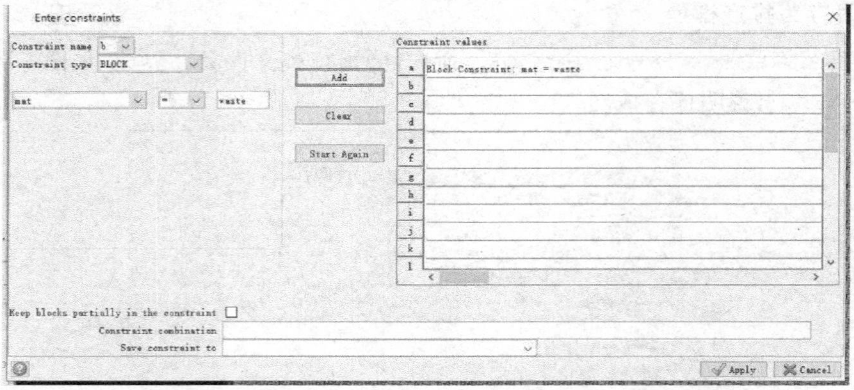

图 7-95　约束文件界面

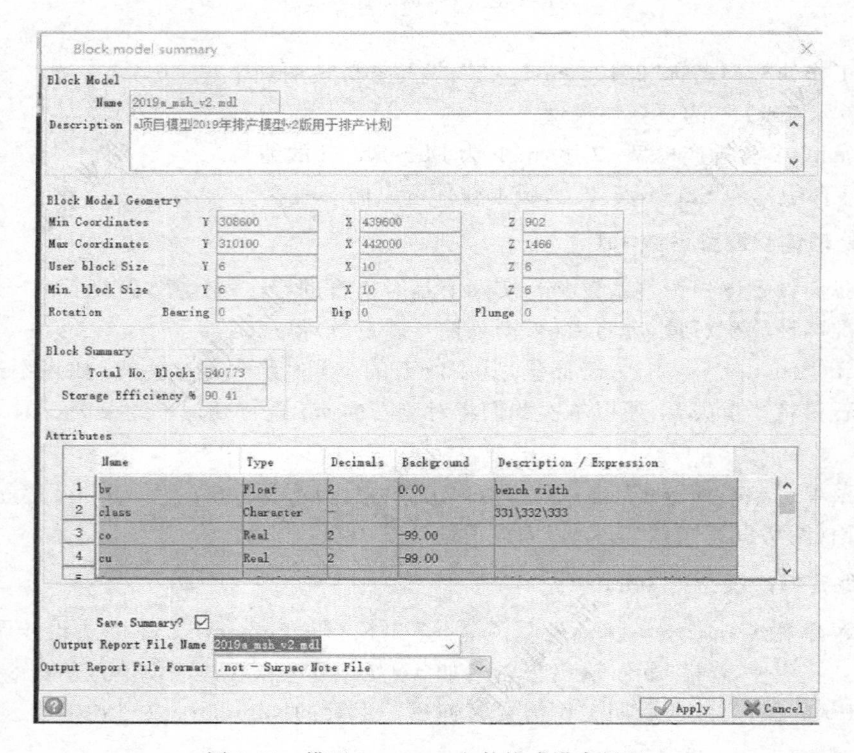

图 7-96　模型 summary 文件格式设定界面

```
GEOVIA                                                                          Dec 17, 2019
Type                    Y       X       Z
------------------------------------------
Minimum Coordinates     308600  439600  902
Maximum Coordinates     310100  442000  1466
User Block Size         6       10      6
Min. Block Size         6       10      6
Rotation                0.000   0.000   0.000

----------------------------
Total Blocks             540773
Storage Efficiency %     90.41
Attribute Name  Type        Decimals  Background  Description
--------------------------------------------------------------------------------------------------------------------------
bw              Float       2         0           bench width
class           Character   -                     331\332\333
co              Real        2         -99
cu              Real        2         -99
dcu             Calculated  -         -           iif(min_d=4,cu+7.42*co,iif(min_d=4,cu+0*co,iif(min_d=1,0,cu+co)))
mat             Character   -         waste       air/waste/ecu/eco
min_d           Integer     -         99          1 air_domain 2 countrycrock_domain 3 cu_domain 4 cuco_domain
osa             Float       2         0           over slope angle
pob             Float       2         0           比例系数
relf            Float       3         0           Reliability coefficient可靠系数
res_ca          Integer     -         6           1 measured, 2 indicated, 3 inferred, 4 Exploration target, 5 mined, 6 rock
sg              Real        2         2.4         densiy
vaf             Float       3         0           volume adjust factor
wba             Float       2         0           work bench angle
                                Block Model Summary                              Block model:2019a_msh_v2
a项目模型2019年排产模型v2版用于排产计划

Block Model Summary                                                              1/1
```

图 7-97　保存的 summary 文件内容显示

第八章　前三年露采采坑绘制

第一节　第一年的露采境界绘制

一、设置工作文件夹

同前文一样设置工作文件夹为 02_LOM\03pit design\02firstyear。

二、打开块文件

双击左边导航窗口 2019a_msh_v2.mdl ,在底部工具栏显示 2019a_msh_v2 ,说明已经打开块模型了,但屏幕上还没显示,需使用显示命令显示。

三、第一年境界参数

第一年露采境界设计参数如下:

(1) 最高台阶高 1 463 m。

(2) 坑底标高 1 307 m。

(3) 双车道宽 25 m,单车道宽 15 m。

(4) 道路坡度 10%。

(5) 采坑布置 2 条坑内道路,坑底为单车道。

(6) 采坑东西部各布置一条道路。

(7) 台阶高 12 m。

(8) 满足采剥总量 13 260 000 t/a 左右。

(9) 采出 ecu 816 000 t/a,采出 eco 2 040 000 t/a,合计采出 ecu+ceo 矿石 2 856 000 t/a。

四、获取台阶周线

(1) 新建文件夹 counter_lines

点击 02firstyear ,按右键弹出快捷菜单,选择新建文件夹 New Folder 功能,在 02firstyear 文件夹下新建文件夹 counter_lines(用于存放 MineSched 运行排产获得的第一期结束平面图的等值线文件)。

(2) 设置工作文件夹

设置 counter_lines 为工作文件夹。

(3) 打开第一期期末图

双击 results_eop1.dtm ,打开图形,结果如图 8-1 所示。

(4) 查询最低标高和最高标高

点击顶部菜单 Inquire → Report layer extents ,命令窗口显示 Zmin = 1307, Zmax = 1464.796 ,说明第一期境界最低标高为 1 307 m,最高标高为 1 464.796 m。

(5) 查询坑底标高

点击顶部菜单 Inquire → Point properties ,选取坑底的任一点,命令行显示

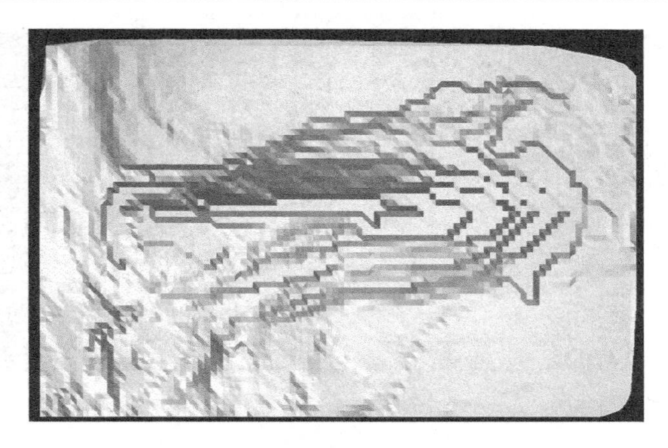

图 8-1　第一期期末 DTM 图

Layer=results_eop1.dtm String=1 Segment=1 Point=3,587 Y=309310 X=440690 Z=1307，表示坑底标高为 1 307 m。

（6）绘制等值线

点击顶部菜单 Surfaces → Contouring → Contour DTM in layer 绘制当前图层 DTM 的等值线，弹出通过 DTM 汇总等值线界面，如图 8-2 填写，最低标高 Minimum contour 1 307（坑底），最高标高 Maximum contour 1 467（最高台阶），步距 Contour interval 12，等值线图层 Contour layer pit_y1（第一年境界壳）。单击 Apply，进行等值线绘制，等值线绘制结果如图 8-3 所示。

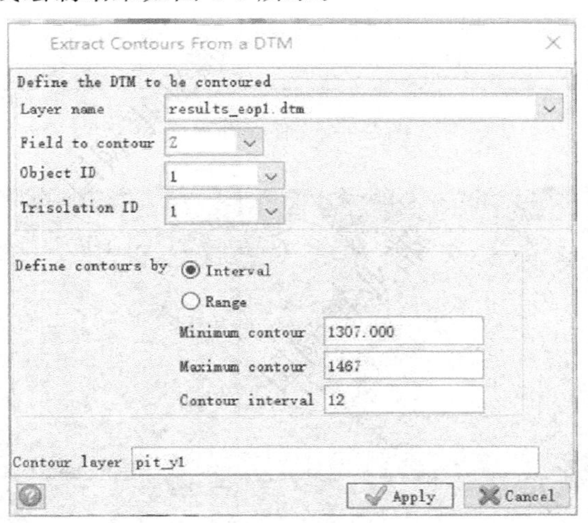

图 8-2　通过 DTM 汇总等值线功能界面

（7）保存等值线文件

双击图层，设置为当前图层，单击顶部工具栏，弹出文件保存界面，如图 8-4 填写，单击 Apply 完成文件保存。

（8）修改等值线文件

使用删除线段删除不必要的线段，使用删除多余的点和拐点，使之平滑，再次保存文件。修改结果见图 8-5。

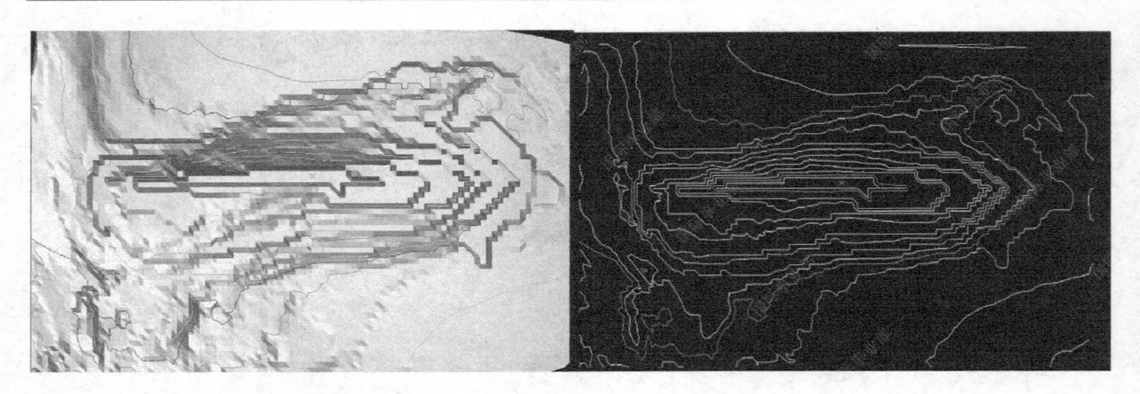

图 8-3　等值线绘制结果

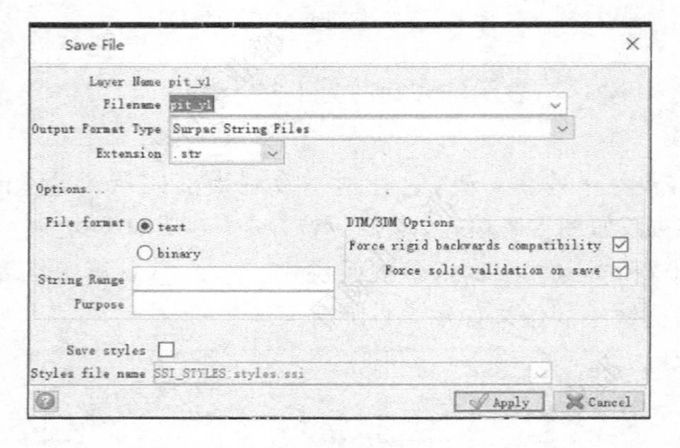

图 8-4　文件保存界面

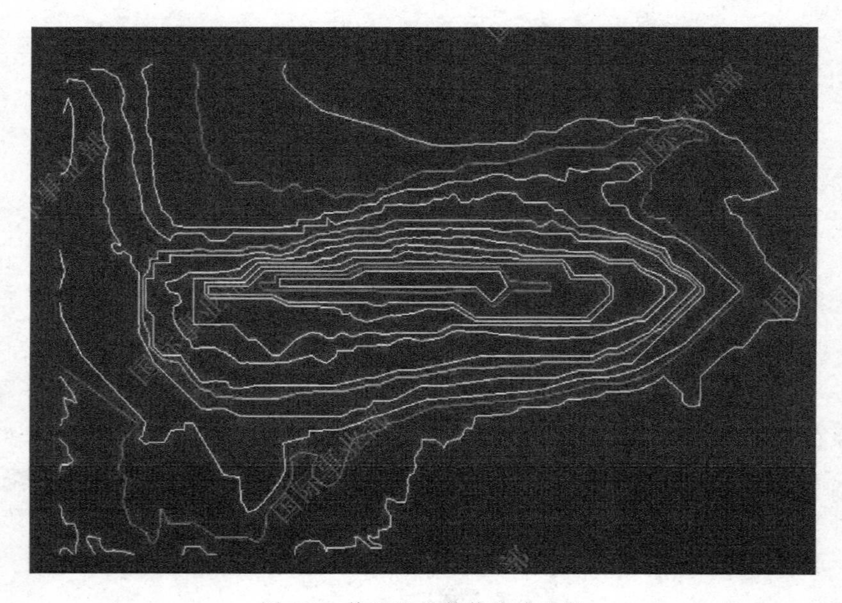

图 8-5　修改后的等值线线文件

五、按照台阶分离线串

(1) 查看线串号

点击顶部菜单 Inquire → Point properties，选取等值线最内侧的线串（白色），命令行显示 Layer=pit_y1.str String=1 Segment=1 Point=28 Y=309330 X=440810 Z=1307"，线串号为 1，标高为 1 307。

同理查询最外侧线串（青色），命令行显示 Layer=pit_y1.str String=12 Segment=5 Point=19 Y=308610 X=440423.183 Z=1439，线串号为 19，标高 1 439。

(2) 录制宏命令获取一个台阶的线串

点击工具栏录制宏命令，弹出宏命令文件名命名界面（图 8-6），填写宏命令 seprate lines by elevation. tcl，加序号 01 是为了使宏命令按照序号排序。单击 Apply，开始录制宏命令。

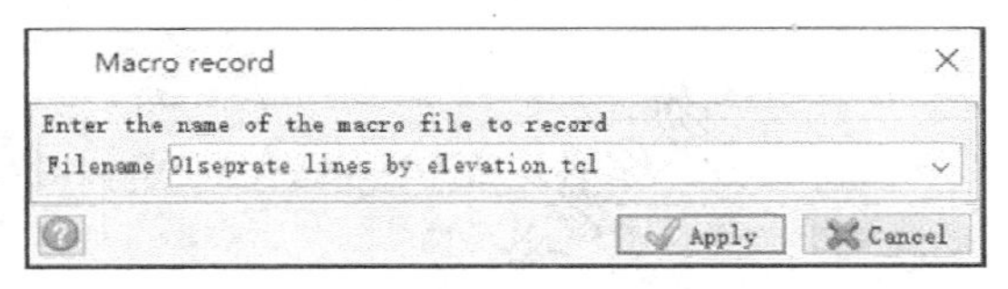

图 8-6　宏命令文件名命名界面

双击 pit_y1.str，调入第 1 期结束平面图等值线文件，点击顶部菜单 Edit → String → Delete range，弹出通过线号范围删除线的功能界面，如图 8-7 填写，保留线串 1，其余的删除，单击 Apply，完成线串删除，删除无用线后线文件显示如图 8-8 所示。单击工具栏，弹出线文件保存界面，如图 8-9 填写，保存 1 307 台阶的坡底线文件。

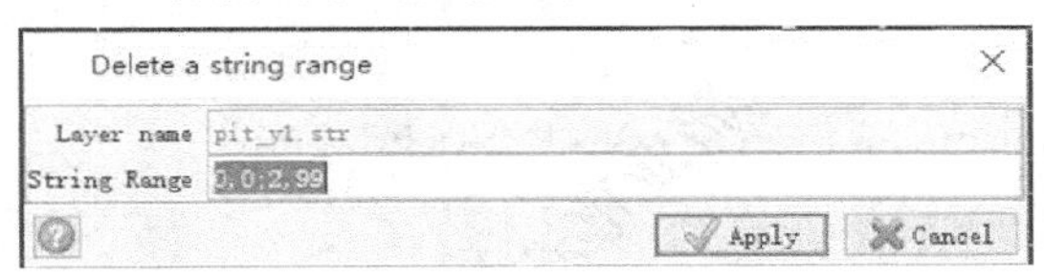

图 8-7　通过线号范围删除线的功能界面

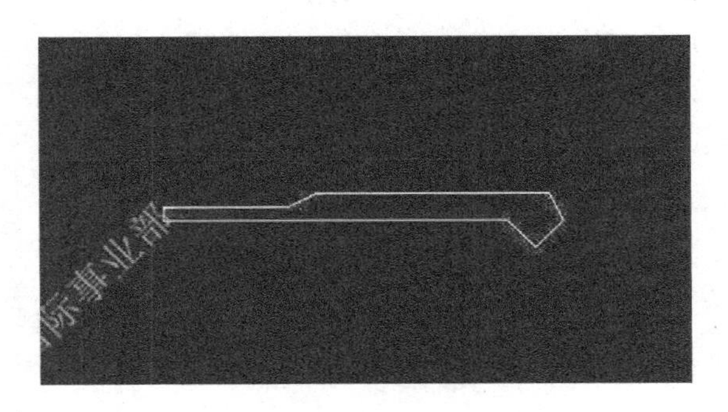

图 8-8　删除无用线后线文件显示

点击工具栏，清除屏幕。点击闪烁的，停止宏命令录制。

(3) 编辑宏命令获取批处理

鼠标左键选中并点击 01seprate lines by ele...，弹出右键快捷菜单，选择 Edit，对宏命令进行编辑，宏命令编辑结果如下：

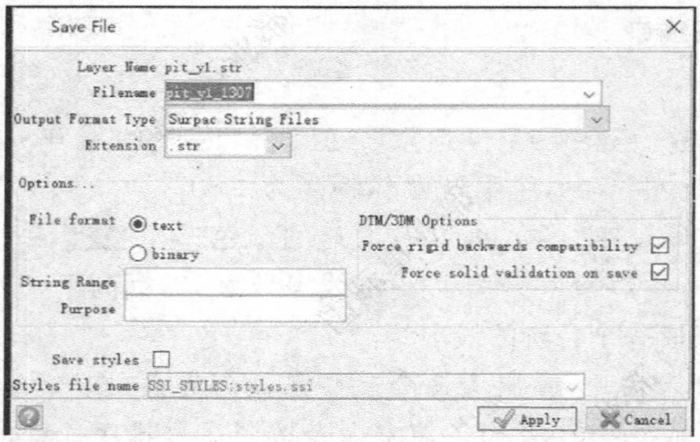

Save File
Layer Name pit_y1.str
Filename pit_y1_1307
Output Format Type Surpac String Files
Extension .str
Options...
File format text binary
DTM/3DM Options
Force rigid backwards compatibility
Force solid validation on save
String Range
Purpose
Save styles
Styles file name SSI_STYLES:styles.ssi
Apply Cancel

图 8-9　线文件保存界面

```
##################################
# Macro Name : d:\openpit\02_lom\04pit design\02firstyear\counter_lines\seprate lines by elevation.tcl
## Version       : Surpac 6.9 (x64)
## Creation Date: Wed Dec 18 10:51:24 2019
## Description:
##################################
set n 12
set z 1307
for { set i 1 } { $i <= $n} {incr i } {
set status [ SclFunction "RECALL ANY FILE" {
  file="pit_y1.str"
  mode="none"
}]
set n1 [expr $i-1]
set n2 [expr $i+1]
set status [ SclFunction "STRING DELETE RANGE" {
  frm00066={
    {
      strange="0,$n1;$n2,99"
    }
  }
}]

set status [ SclFunction "FILE SAVE" {
  frmsaveFileAs={
    {
      output_file="pit_y1_$z"
```

```
        output_type="Surpac String Files"
        outputExt=".str"
        Surpac={
          FileFormat="text"
          range=""
          Purpose=""
          ForceCompatibility="true"
          ForceValidation="true"
        }
        saveStyle="N"
      }
    }
}]
incr z 12
puts $z
set status [ SclFunction "EXIT GRAPHICS" {} ]
}
```

(4) 运行宏命令

双击 01seprate lines by elevation(for).tcl，运行宏命令，获取各个台阶的坡底线文件，counter_lines 文件夹显示结果如图 8-10 所示。

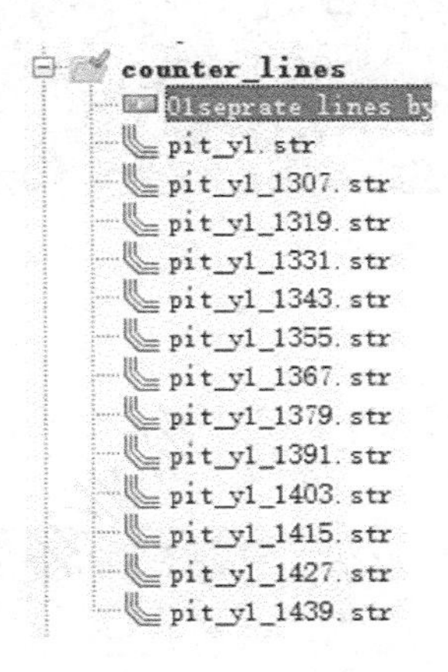

图 8-10　counter_lines 文件夹显示结果

六、绘制露采境界

(1) 设置工作文件夹

同前述一样设置工作文件夹为 02_LOM\03pit design\02firstyear。

(2) 打开块文件

双击左边导航窗口 2019a_msh_v2.mdl，在底部工具栏显示 2019a_msh_v2，说明已经打开块模型了，但屏幕上还没显示，需使用显示命令显示。

(3) 选取初始周线

本次绘制境界采用往上外扩方式绘制,所以初始周线为坑底的坡底线,即 pit_y1_1307.str。双击 pit_y1_1307.str 打开线文件,线文件打开结果显示如图 8-11 所示。

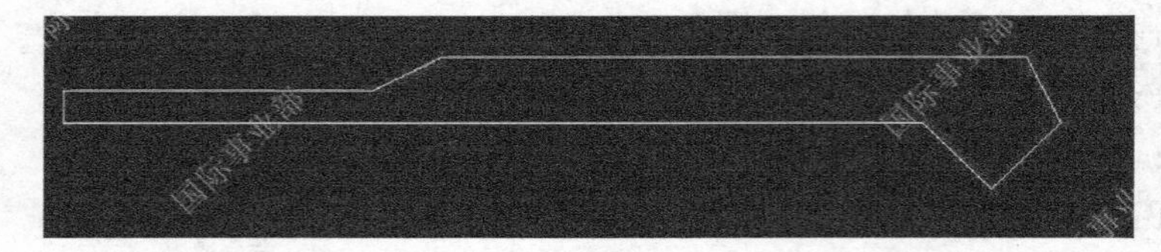

图 8-11　线文件打开结果显示

(4) 平滑初始周线

点击菜单栏 Surfaces → Contouring → Smooth strings in layer,弹出平滑线功能界面(图 8-12),单击 Apply 完成线段平滑工作,平滑后线显示结果如图 8-13 所示。

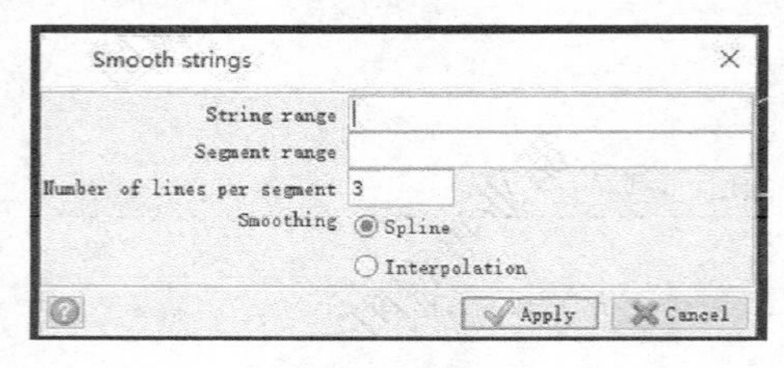

图 8-12　平滑线功能界面

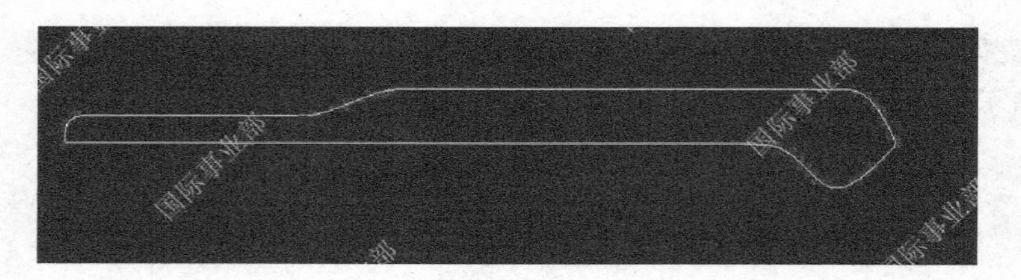

图 8-13　平滑后线显示结果

(5) 绘制采坑境界

绘制方法同第四章第四节,这里就不再进行重复论述了。

采坑终了境界结果如图 8-14 所示,保存为 pit_y1_up.dtm。

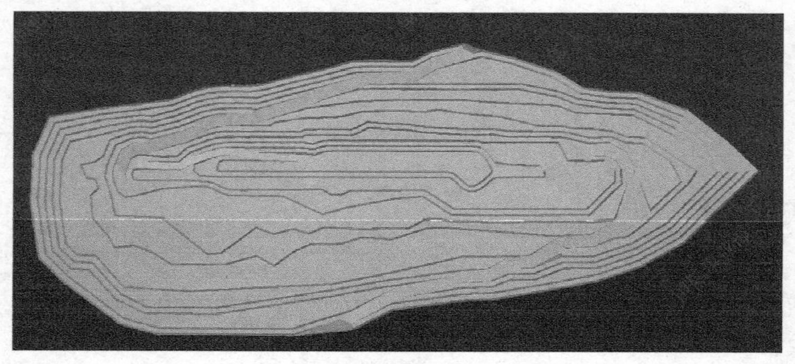

图 8-14　采坑终了境界结果

七、观察露采境界

双击 topo.dtm ,调入地表地形图,地表地形图显示结果如图 8-15 所示。观察图 8-15,第 1 期露采坑有些台阶是超出地表的,说明该露采坑不是我们需要的最终采坑,需要进行运算,求得地表以下的部分。

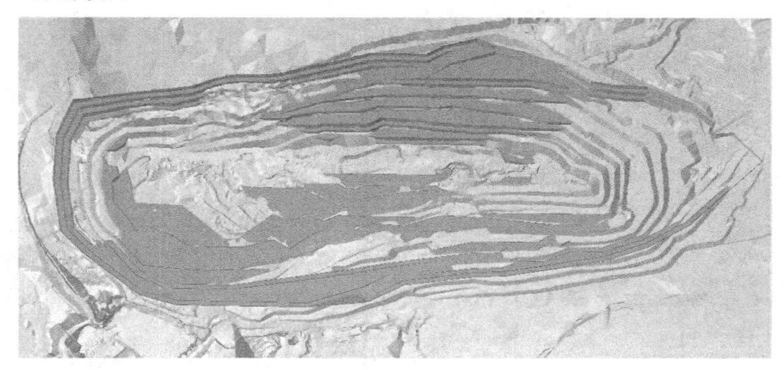

图 8-15　地表地形图显示结果

八、求地表以下采坑

(1) 调入 DTM

分别双击 pit_y1_up.dtm 和 topo.dtm ,调入地表地下和采坑 DTM 文件。

(2) 运算获取下部 DTM

点击 Surfaces → Clip or intersect DTMs → Lower triangles of 2 DTMs 获取两个 DTM 下部三角网功能,弹出选择下部 DTM 界面,如图 8-16 填写,单击 Apply ,命令提示框显示 TRISOLATION DTM/DTM LOWER (TRS3DMDTML) 提示选择下部 DTM,在图形屏幕中分别选取采坑 DTM、地表 DTM,右下角显示 Reconstructing triangulation ,表示正在计算三角网,形成下部 DTM。运算绘制下部 DTM 结果如图 8-17 所示。

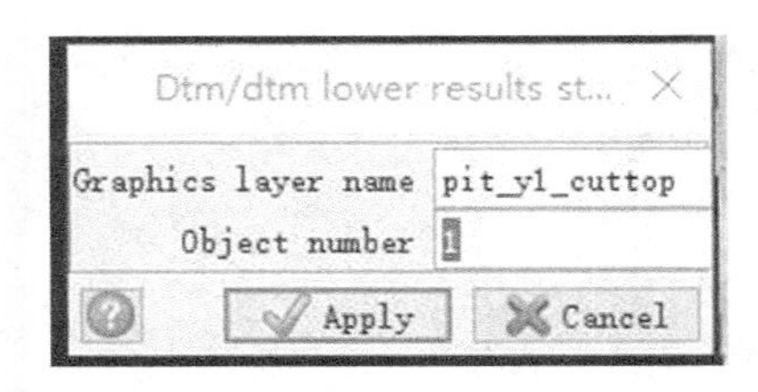

图 8-16　选择下部 DTM 界面

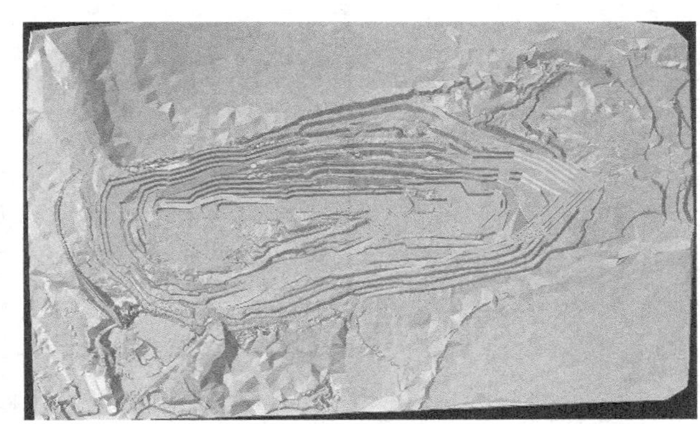

图 8-17　运算绘制下部 DTM 结果

如图 8-18 地表原状示意图所示,红线内都是地表原状,这才是实际开采的第 1 期采坑结束平面。

(3) 保存 DTM 文件

如何保存不再讲述,请看前文。

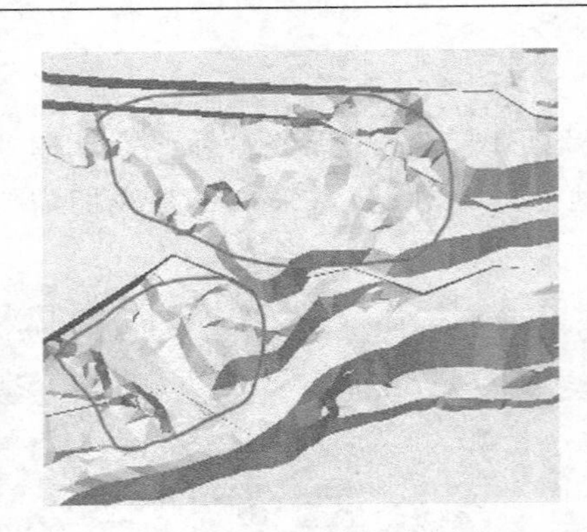

图 8-18　地表原状示意图

九、验证 DTM 文件的有效性

点击菜单栏 Surfaces → Validation → Validate as DTM，弹出实体有效性验证界面(图 8-19)，单击 Apply 进行有效性验证，命令行显示如图 8-20 所示。点击 ，关掉当前图层的可视化，图形屏幕显示如图 8-21 所示，实体无法显示，有交叉(绿色)，有折叠(青色)，需要进行修复。

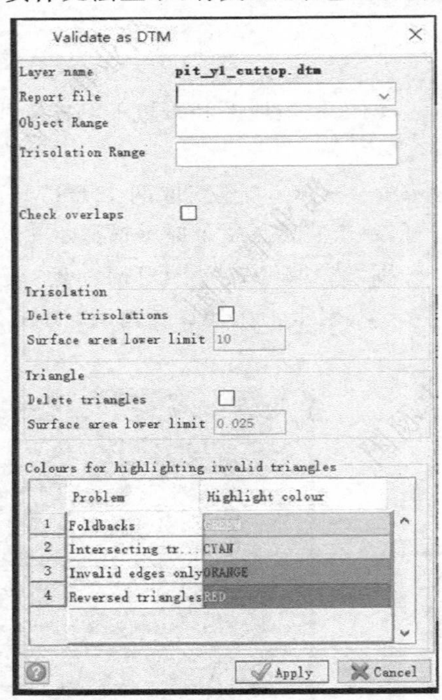

图 8-19　实体有效性验证界面

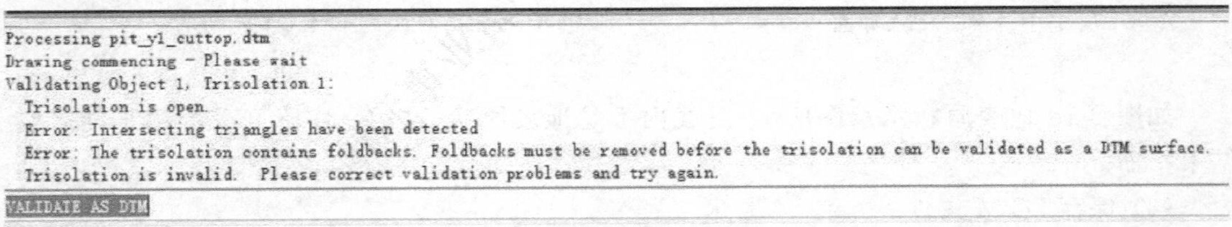

```
Processing pit_y1_cuttop. dtm
Drawing commencing - Please wait
Validating Object 1, Trisolation 1:
  Trisolation is open.
  Error: Intersecting triangles have been detected
  Error: The trisolation contains foldbacks. Foldbacks must be removed before the trisolation can be validated as a DTM surface.
  Trisolation is invalid.  Please correct validation problems and try again.
VALIDATE AS DTM
```

图 8-20　实体有效性验证后命令行显示

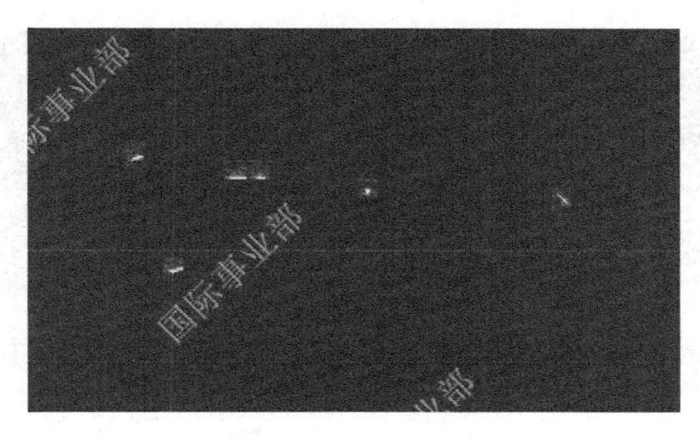

图 8-21　实体无法显示

十、自动修复 DTM

点击菜单栏 Surfaces → Validation → Auto surface repair，弹出实体自动修复界面(图 8-22)，选择体 1，三角网 1，迭代次数选 10(如果计算机运算能力不足，建议数字填小点)，Make a closed solid □不填(因为这是面 DTM，不是实体 DTM，不需形成闭合实体)。点击 Apply，进行修复，如果还有问题再运行一次，点击 Select 选择需要修复的 DTM。实体修复参数填写如图 8-23 所示，

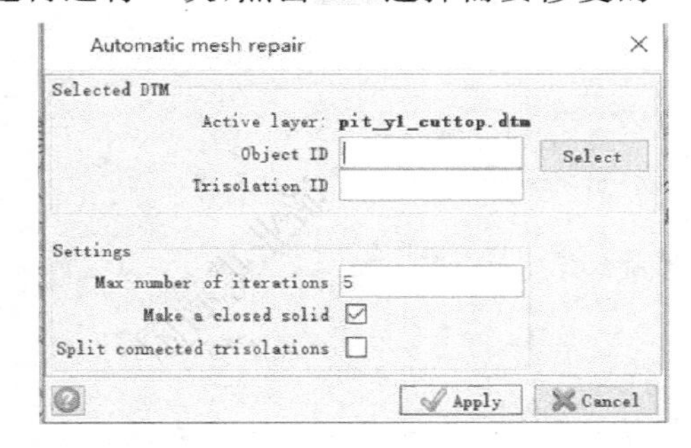

图 8-22　实体自动修复界面

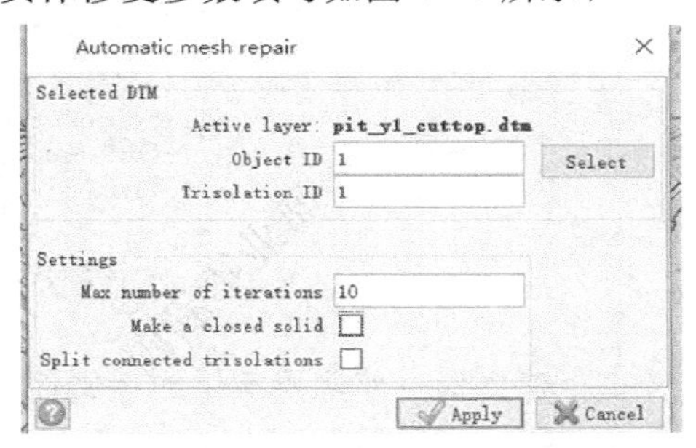

图 8-23　实体修复参数填写

这次自动修复还是有问题，没有完全修复成功，命令行显示如下 Warning: Object 1 Trisolation 1 could not be repaired completely.，没有彻底修复，这就需要手动修复了。

十一、手动修复 DTM

找到需要修复的地方，放大图形，图形需修复地方放大显示(图 8-24)，利用工具栏或顶部菜单栏 Solids → Edit triangle → Delete single triangle，删除单个三角形，结果如图 8-25 所示(圈内为已删除的单个三角形)。使用工具栏或顶部菜单栏 Solids → Triangulate → One triangle，创建单个三角形功能，单击弹出三角网体号和三角网号定义界面(图 8-26)，单击 Apply，选取 3 个点形成三角形，依次修补空缺的三角形，无效三角网修补完结果，如图 8-27 所示，这样完成一个错误点的修复。

同法完成其余错误的修复。

保存 DTM 文件，再次验证 DTM 的有效性(步骤看前文，这里不再重复)，实体有效性验证结果命令行提示信息如图 8-28 所示，说明 DTM 是合法有效的，可以进行下一步工作。

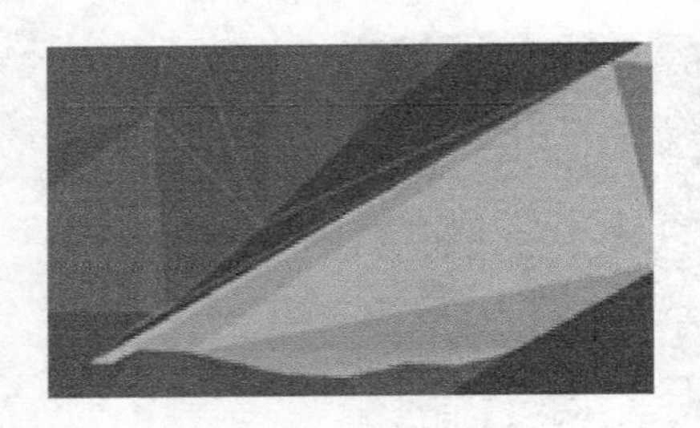

图 8-24　图形需修复地方放大显示

图 8-25　删除单个三角形结果

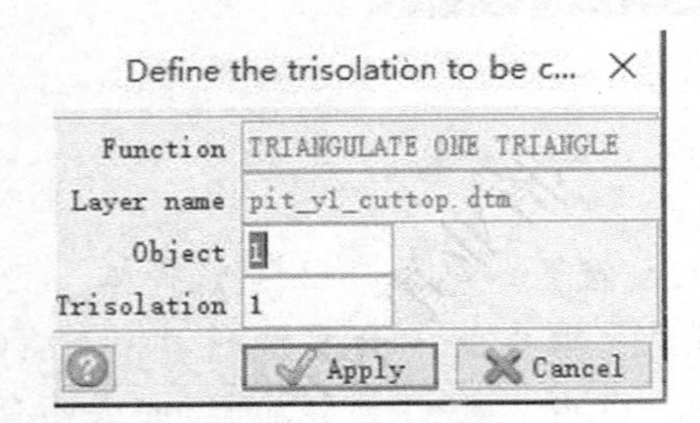

图 8-26　三角网体号和三角网号定义界面

图 8-27　无效三角网修补完结果

```
Validating Object 1, Trisolation 1:
  Trisolation is open.
  Trisolation successfully validated
```

图 8-28　实体有效性验证结果命令行提示信息

十二、建立第一年境界实体约束文件

打开块模型 2019a_msh_v2，显示块模型。单击顶部菜单栏 Block model→Constraints→New graphical constraint，弹出约束文件界面，如图 8-29 填写，单击 Apply，建立地表以下的约束文件 not above topo. con，约束地表以下条件后图形显示结果如图 8-30 所示。

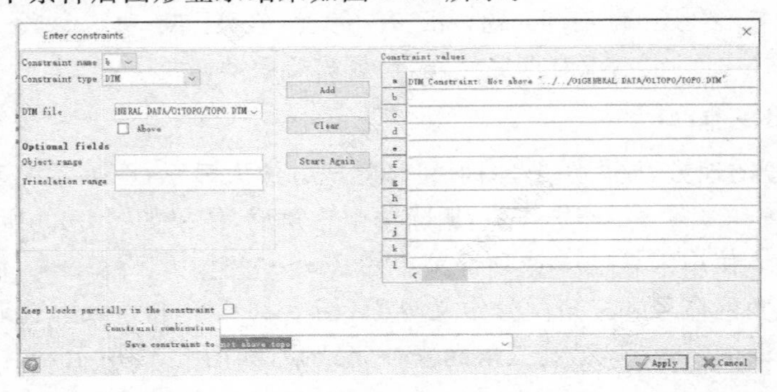

图 8-29　约束条件地表以下约束文件界面

同法，弹出约束条件界面，如图 8-31 填写，单击 Apply，建立第一年排产境界内的约束文件 in first year. con。约束后图形结果如图 8-32 所示。

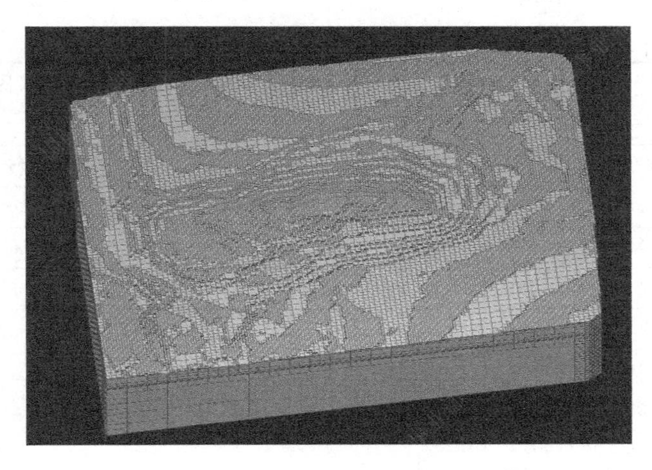

图 8-30　约束为地表以下后图形显示结果

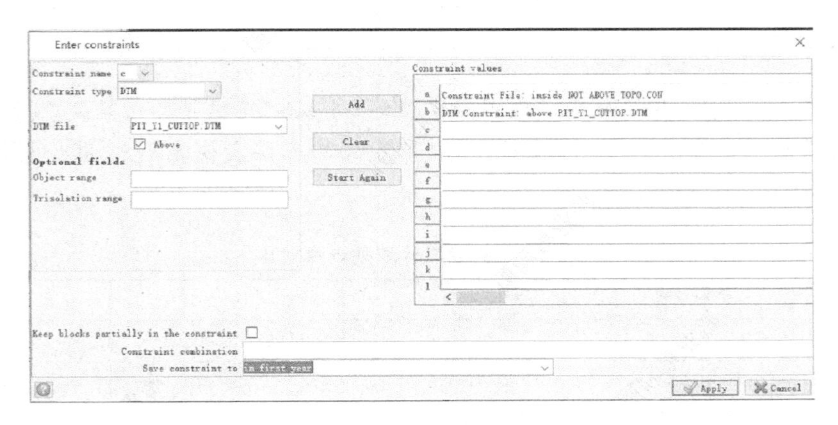

图 8-31　约束条件界面

图 8-32　约束后图形结果

十三、验证第一年境界内采剥总量和矿量

报告第一年境界内分台阶矿量的步骤就不再重复论述，方法请参照前文。第一年境界内采剥总量和矿量见表 8-1。

表 8-1　第一年境界内采剥总量和矿量

项目	体积 /m³	质量 /t	当量铜品位 /%	当量铜金属量 /t	铜品位 /%	铜金属量 /t	钴品位 /%	钴金属量 /t
ecu	548 287	1 315 890	4.33	56 945	4.33	56 945	—	—
eco	636 990	1 528 779	7.93	121 256	6.62	101 135	0.18	2 712
cuo＋eco	1 185 277	2 844 669	6.26	178 201	5.56	158 080	0.10	2 712
lcu	29 597	71 033	1.24	883	1.24	883	—	—
lco	34 651	83 162	1.14	949	0.77	640	0.05	42
waste_m	—	—	—	—	—	—	—	—
waste	2 977 380	7 145 712						
废石小计	3 041 628	7 299 907						
采剥总量	4 226 905	10 144 576		180 032		159 602		2 753
剥采比	2.57	2.57						

如表 8-2 所示,第 1 年境界内可以采出矿量 ecu＋eco 2 844 669 t,采剥总量 10 144 576 t,我们计划采出矿量 2 856 000 t,采剥总量 13 260 000 t,两者相差不大,我们可以认为该境界是符合设计排产要求的。

表 8-2　实际与计划采剥量对比

	采剥总量	ecu	eco	cuo＋eco
计划	13 260 000	816 000	2 040 000	2 856 000
实际	10 144 576	1 315 890	1 528 779	2 844 669
相差	(3 115 424)	499 890	(511 221)	(11 331)

如果剥离量或采矿量不符合预期,需要调整该期境界,返回第六步依次进行修整绘制境界,对应得增加或减少剥离、采矿范围,使之获得预期的采矿量、剥离量,这样的境界才是我们需要的境界。

第二节　第二年的露采境界绘制

第二年的露采境界同绘制第一年的露采境界一样的方法绘制,相同的地方就不重复了。

一、设置工作文件夹

设置工作文件夹为 openpit\02_lom\04pit design\03secongdary year。

二、打开块文件

打开 2019a_msh_v2 块模型。

三、第二年境界参数

第二年境界设计参数如下:

(1) 最高台阶高 1 463 m。

(2) 坑底标高 1 271 m。

(3) 双车道宽 25 m,单车道宽 15 m。

(4) 道路坡度 10%。

(5) 采坑布置 2 条坑内道路,坑底为单车道。

(6) 采坑东西部各布置一条道路。

(7) 台阶高 12 m。

(8) 满足采剥总量 13 260 000 t/a 左右。

(9) ecu 816 000 t/a,eco 2 040 000 t/a,ecu+ceo 2 856 000 t/a。

四、获取台阶周线

前文有讲述,请参照第一年境界绘制。

五、按照台阶分离个线串

前文有讲述,请参照第一年境界绘制。

六、绘制露采境界

前文有讲述,请参照第一年境界绘制,第二年期末采坑图(未剪切)见图 8-33。

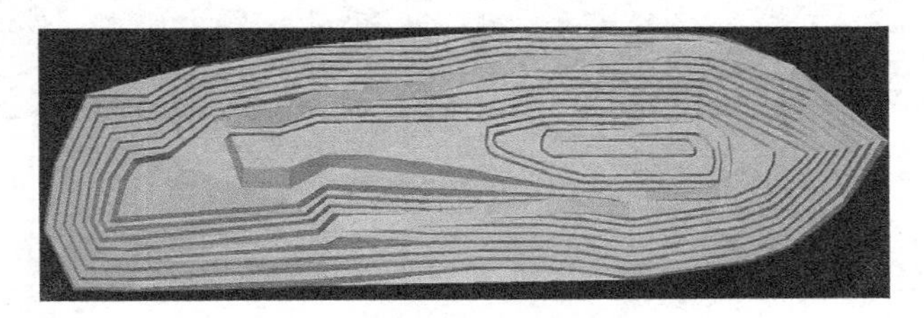

图 8-33　第二年期末采坑图(未剪切)

七、观察露采境界

前文有讲述,请参照第一年境界绘制,第一年期末采坑与第二年期末采坑(未剪切)相交图见图 8-34。

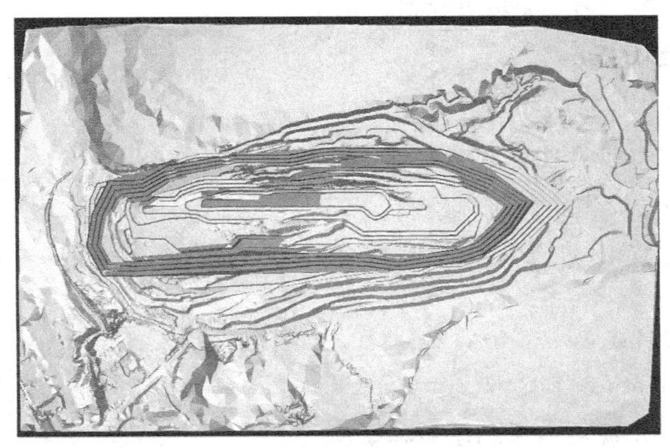

图 8-34　第一年期末采坑与第二年期末采坑(未剪切)相交图

八、第一年期末剪切的第二年期末采坑

(1) 调入 DTM

分别双击 pit_y2_up.dtm 和 pit_y1_cuttop.dtm,调入第一年采坑图和第二年采坑草稿图 DTM 文件。

(2) 运算获取下部 DTM

前文有讲述,请参照第一年境界绘制,第二年期末采坑(剪切)见图 8-35。

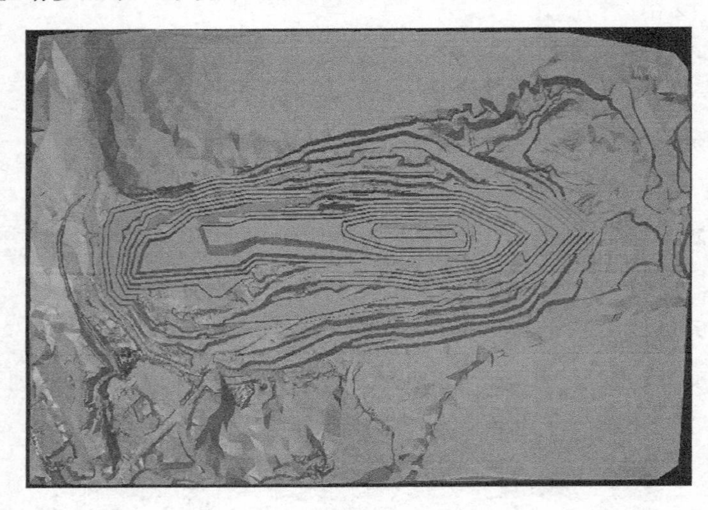

图 8-35　第二年期末采坑图(剪切)

(3) 保存 DTM 文件

如何保存不再讲述,请看前文。

九、验证 DTM 文件的有效性

前文有讲述,请参照第一年境界绘制。

十、自动修复 DTM

前文有讲述,请参照第一年境界绘制。

十一、手动修复 DTM

前文有讲述,请参照第一年境界绘制。

十二、建立第二年境界实体约束文件

前文有讲述,请参照第一年境界绘制。

先建立第二年境界内的约束文件"in secondary year pit. con",约束条件语句如下:

(1) 约束条件 1:below the topo. con。

(2) 约束条件 2:below the first year. con。

(3) 约束条件 3:above pit_y2_cut_first. dtm。

十三、验证第二年境界内采剥总量和矿量

前文有讲述,请参照第一年境界绘制。第二年期末采坑内采剥总量和矿量见表 8-3。

表 8-3　第二年期末采坑内采剥总量和矿量

项目	体积 /m^3	质量 /t	当量铜品位 /%	当量铜金属量 /t	铜品位 /%	铜金属量 /t	钴品位 /%	钴金属量 /t
ecu	173 584	416 601	4.12	17 178	4.12	17 178	—	—
eco	1 869 885	4 487 724	6.23	279 367	5.38	241 356	0.11	5 123
cuo＋eco	2 043 469	4 904 325	6.05	296 545	5.27	258 533	0.10	5 123
lcu	26 246	62 988	1.18	744	1.18	744	—	—
lco	85 418	205 002	1.06	2 179	0.40	822	0.09	183
waste_m	—	—	—	—	—	—	—	—
waste	3 083 940	7 401 456						
废石小计	3 195 604	7 669 446						
采剥总量	5 239 073	12 573 771		299 468		260 100		5 306
剥采比	1.56	1.56						

由表 8-4 可以看出，第二年境界内可以采出矿量 ecu＋eco 4 904 325 t，采剥总量 12 573 771 t，我们计划采出矿量 2 856 000 t，采剥总量 13 260 000 t，矿量满足要求，且比计划更多，采剥总量两者相差不大，我们可以认为该境界是符合设计排产要求的。

表 8-4　计划与实际采剥量对比

	采剥总量	ecu	eco	cuo＋eco
计划	13 260 000	816 000	2 040 000	2 856 000
实际	12 573 771	416 601	4 487 724	4 904 325
相差	(686 229)	(399 399)	2 447 724	2 048 325

如果剥离量或采矿量不符合预期，需要调整该期境界，首先满足矿量，再满足剥离量，返回第六步依次进行修整绘制境界，对应得增加或减少剥离、采矿范围，使之获得预期的采矿量、剥离量，这样的境界才是我们需要的境界。

第三节　第三年的露采境界绘制

一、设置工作文件夹

设置工作文件夹为 openpit\02_lom\04pit design\04third year。

二、打开块文件

打开 2019a_msh_v2 块模型。

三、第三年境界参数

第三年境界设计参数如下：

(1) 最高台阶高 1 463 m。

(2) 坑底标高 1 259 m。

(3) 双车道宽 25 m,单车道宽 15 m。

(4) 道路坡度 10%。

(5) 采坑布置 2 条坑内道路,坑底为单车道。

(6) 采坑东西部各布置一条道路。

(7) 台阶高 12 m。

(8) 满足采剥总量 13 260 000 t/a 左右。

(9) ecu 816 000 t/a,eco 2 040 000 t/a,ecu+ceo 2 856 000 t/a。

四、获取台阶周线

前文有讲述,请参照第一年境界绘制。

五、按照台阶分离个线串

前文有讲述,请参照第一年境界绘制。

六、绘制露采境界

前文有讲述,请参照第一年境界绘制。绘制的第三年期末采坑图(未剪切)见图 8-36。

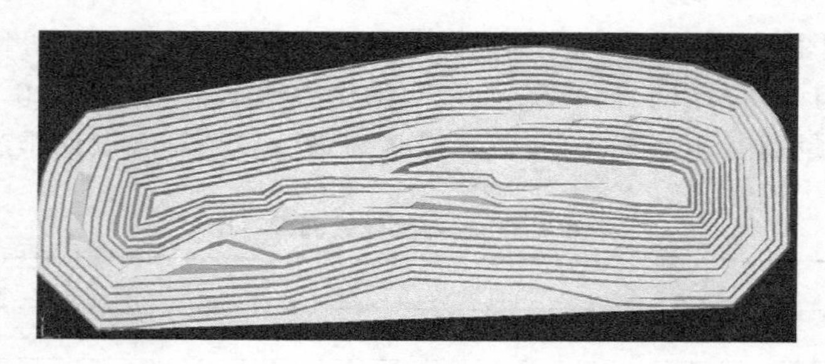

图 8-36 第三年期末采坑图(未剪切)

七、观察露采境界

前文有讲述,请参照第一年境界绘制。第二年期末采坑图(剪切)与第三年期末采坑图(未剪切)见图 8-37。

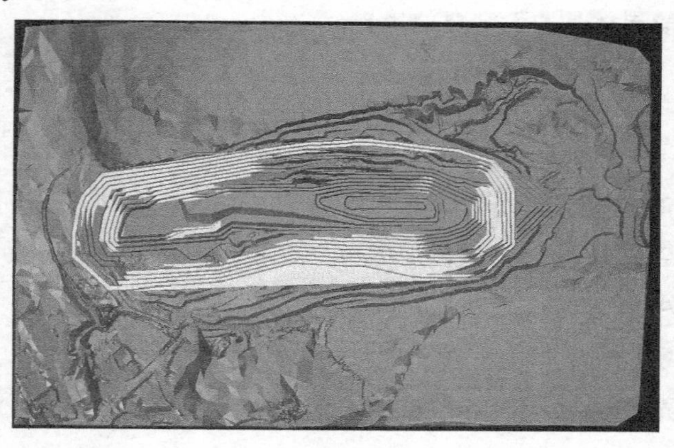

图 8-37 第二年期末采坑图(剪切)与第三年期末采坑图(未剪切)

八、第二年期末剪切的第三年期末采坑

(1) 调入 DTM

分别双击 pit_y2_cut_first.dtm 和 pit_y3_up.dtm ，调入第二年期末采坑图(剪切)和第三年采坑图约束条件。

(2) 运算获取下部 DTM

前文有讲述，请参照第一年境界绘制。

(3) 保存 DTM 文件

如何保存不再讲述，请看前文。

九、验证 DTM 文件的有效性

前文有讲述，请参照第一年境界绘制。

十、自动修复 DTM

前文有讲述，请参照第一年境界绘制。

十一、手动修复 DTM

前文有讲述，请参照第一年境界绘制。

十二、建立第三年境界实体约束文件

前文有论述，请参照第一年境界绘制。

建立第三年境界内的约束文件“in third year pit. con”，约束条件如下：

(1) 约束条件 1：below the topo. con。

(2) 约束条件 2：below the secondary year pit. con。

(3) 约束条件 3：above pit_y3_cut_secondary. dtm。

十三、验证第三年境界内采剥总量和矿量

前文有讲述，请参照第一年境界绘制。第三年境界内采剥总量和矿量见表 8-5。

表 8-5　第三年境界内采剥总量和矿量

项目	体积 /m^3	质量 /t	当量铜品位 /%	当量铜金属量 /t	铜品位 /%	铜金属量 /t	钴品位 /%	钴金属量 /t
ecu	509 165	1 221 999	2.68	32 712	2.68	32 712	—	—
eco	1 248 462	2 996 306	5.70	170 877	4.99	149 387	0.10	2 896
cuo+eco	1 757 627	4 218 305	4.83	203 589	4.32	182 099	0.07	2 896
lcu	270 733	649 756	1.25	8 139	1.25	8 139	—	—
lco	193 938	465 451	0.80	3 701	0.19	877	0.08	381
waste_m	—	—	—	—	—	—	—	—
waste	3 489 660	8 375 184						
废石小计	3 954 331	9 490 391						
采剥总量	5 711 958	13 708 696		215 430		191 115		3 277
剥采比	2.25	2.25						

由表 8-6 可以看出,第三年境界内可以采出矿量 ecu+eco 4 218 305 t,采剥总量 13 708 696 t,我们计划采出矿量 2 856 000 t,采剥总量 13 260 000 t,矿量满足要求,且比计划更多,采剥总量两者相差不大,我们可以认为该境界是符合设计排产要求的。

表 8-6　计划与实际采剥量对比

	采剥总量	ecu	eco	cuo+eco
计划	13 260 000	816 000	2 040 000	2 856 000
实际	13 708 696	1 221 999	2 996 306	4 218 305
相差	448 696	405 999	956 306	1 362 305

如果剥离量或采矿量不符合预期,需要调整该期境界,首先满足矿量,再满足剥离量,返回第六步依次进行修整绘制境界,对应得增加或减少剥离、采矿范围,使之获得预期的采矿量、剥离量,这样的境界才是我们需要的境界。

第四节　剩余年份露采境界绘制

一、设置工作文件夹

设置工作文件夹为 openpit\02_lom\04pit design\05remaining year2。

二、打开块文件

打开 2019a_msh_v2 块模型。

三、剩余年境界参数

剩余年境界设计参数如下:

(1) 最高台阶高 1 463 m。

(2) 坑底标高 1 139 m。

(3) 双车道宽 25 m,单车道宽 15 m。

(4) 道路坡度 10%。

(5) 采坑布置 2 条坑内道路,坑底为单车道。

(6) 采坑东西部各布置一条道路。

(7) 台阶高 24 m。

(8) 满足采剥总量 13 260 000 t/a 左右。

(9) ecu 816 000 t/a,eco 2 040 000 t/a,ecu+ceo 2 856 000 t/a。

四、第三年期末采坑剪切的终了采坑

(1) 调入 DTM

分别双击 finalpit.dtm 和 pit_y3_cut_secondary.dtm,调入终了采坑图(未剪切)和第三年期末采坑图(第二年剪切)DTM 文件,剩余年末采坑图(未剪切)与第 3 年期末采坑图(剪切)相交见图 8-38。

(2) 运算获取下部 DTM

前文有讲述,请参照第一年境界绘制。剩余年末采坑图(剪切)见图 8-39。

(3) 保存 DTM 文件

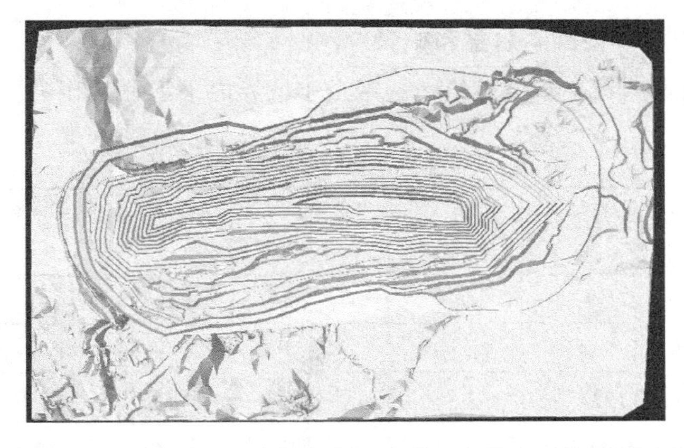

图 8-38　剩余年末采坑图(未剪切)与第 3 年期末采坑图(剪切)

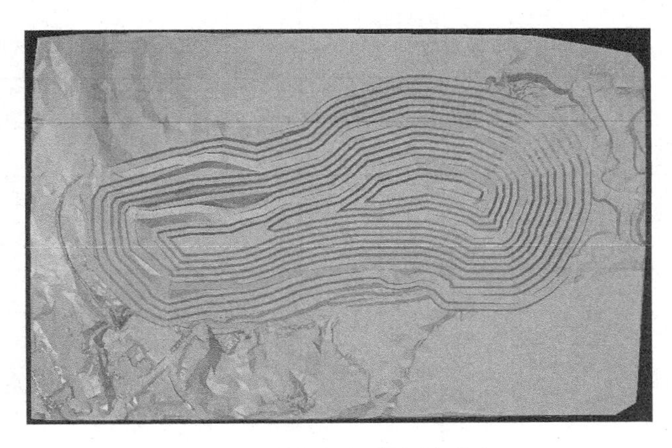

图 8-39　剩余年末采坑图(剪切)

如何保存不再讲述,请看前文。

五、验证 DTM 文件的有效性

前文有讲述,请参照第一年境界绘制。

六、自动修复 DTM

前文有讲述,请参照第一年境界绘制。

七、手动修复 DTM

前文有讲述,请参照第一年境界绘制。

八、建立剩余年境界实体 DTM

前文有讲述,请参照第一年境界绘制。

建立剩余年境界内的约束文件 in remaining years pit. con,约束文件如下:

(1) below the topo. con。

(2) below the third year pit. con。

(3) above pit_ry_cut_third. dtm。

九、报告剩余年境界内采剥总量和矿量

前文有讲述,请参照第一年境界绘制。剩余年境界内采剥总量和矿量见表 8-7。

表 8-7 剩余年境界内采剥总量和矿量

项目	体积/m^3	质量/t	当量铜品位/%	当量铜金属量/t	铜品位/%	铜金属量/t	钴品位/%	钴金属量/t
ecu	2 543 721	6 104 933	2.89	176 480	2.89	176 480	—	—
eco	6 100 949	14 642 282	5.80	849 337	5.00	731 890	0.11	15 828
cuo+eco	8 644 670	20 747 215	4.94	1 025 817	4.38	908 370	0.08	15 828
lcu	878 667	2 108 800	1.22	25 831	1.22	25 831	—	—
lco	1 085 672	2 605 611	0.94	24 532	0.36	9 257	0.08	2 059
waste_m	—	—	—	—	—	—	—	—
waste	53 255 520	127 813 248						
废石小计	55 219 859	132 527 659						
采剥总量	63 864 529	153 274 874		1 076 180		943 458		17 887
剥采比	6.39	6.39						

第九章　MineSched 年度计划排产(二次准确排产)

第一节　第二次 MineSched 排产目标

一、二次排产获取成果目标

第二次排产目标如下:

(1) 获取全服务期采坑采剥平衡表。

(2) 获取全服务期堆场出入堆物料平衡表。

(3) 获取全服务期矿石加工物料平衡表。

(4) 创建全服务期排产动画演示。

(5) 不需要第二次排产来获取第 1～3 年采剥境界,因为前面已经根据第一次排产获得的境界绘制了第 1 年、第 2 年、第 3 年的露采境界,第二次排产可以直接使用已经绘制的第 1 年、第 2 年、第 3 年的露采境界作为实体约束进行排产。

二、二次排产采矿生产计划参数

第二次排产采矿生产计划参数如下:

(1) 第 1～3 年采剥总量、矿量、品位由已经绘制的第 1～3 年的境界获得。

(2) 实际生产中台阶高 12 m,不考虑并段。

(3) 第 4 年以后保持年采剥总量 13 260 000 t 左右,采剥总量平稳。

(4) 每年开采铜矿石 680 000 t、钴矿石 1 700 000 t、总矿石量 2 380 000 t,前期开采量需超过此标准。

(5) 出矿品位 ecu、eco 矿石不做品位要求,供选厂、湿法厂的矿石品位由堆场进行配矿调节。

(6) 采矿损失率 4%,贫化率 5%(为了更好地观察矿量采出与地质量的变化)。

(7) 年工作天数为 340 d/a。

三、堆场参数

设置各堆场名称如下:

(1) 设置 ecu 堆场 stockpile_ecu。

(2) 设置 eco 堆场 stockpile_eco。

(3) 设置 lcu 堆场 stockpile_lcu(含铜废石)。

(4) 设置 lco 堆场 stockpile_lco(含钴废石)。

(5) 设置废石场 dump_waste(无用物料)。

(6) 供选厂的矿石为 ecu,品位过高由 lcu 配矿,处理量不足由 lcu 补充(品位不能偏差目标太多)。

(7) 供湿法厂的矿石为 eco,品位过高由 lco 配矿,处理量不足由 lco 补充(品位不能偏差目标太多)。

四、浮选厂、湿法厂生产参数

矿石处理生产参数如下：

(1) 浮选厂日处理矿石 2 000 t,dcu 品位目标 2.45%。

(2) 湿法厂日处理矿石 5 000 t,dcu 品位目标 5%。

(3) 年工作天数 340 d/a。

第二节　建立工程文件

一、打开 MineSched 软件

双击[GEOVIA MineSch...],运行 MineSched 软件,软件打开运行结果显示如图 9-1 所示。

图 9-1　软件打开运行结果显示

二、另存新工程文件

点击顶部菜单[方案(S)]→[打开(O)...],弹出打开已有工程文件界面(图 9-2),单击[确定]打开第一次的排产文件“2019a_annual_v1”。

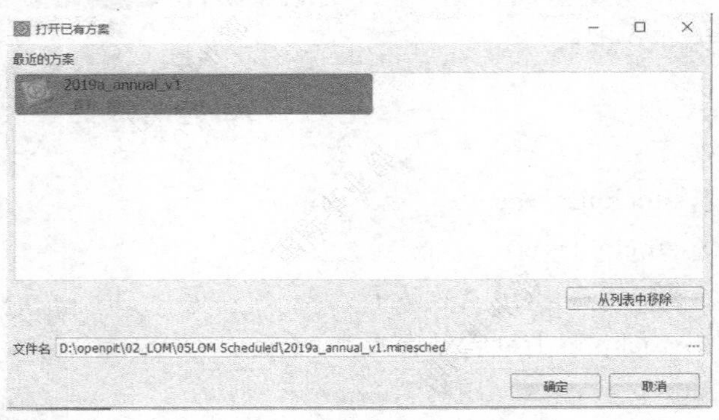

图 9-2　打开已有工程文件界面

单击点击顶部菜单[方案(S)]→[另存为(A)],弹出工程文件另存界面(图 9-3),另存为 2019a_annual_v2 版的排产文件,这样很多设置参数不需要更改,只需要修改部分参数就行,并且

也和第一次排产基本一致。

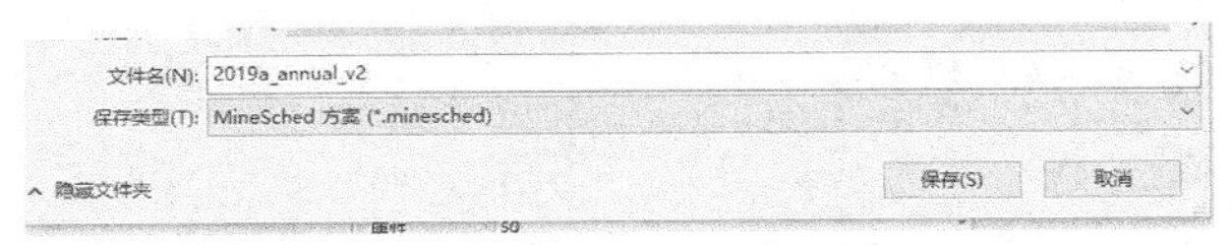

图 9-3　工程文件另存界面

第三节　定义地质条件

一、模型文件导入

点击左边顶部模型的，删除原有模型，弹出删除模型界面(图 9-4)，单击，完成模型删除。

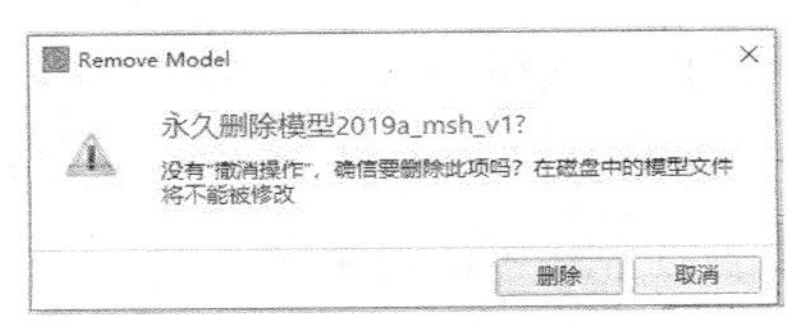

图 9-4　删除模型界面

由图 9-5 可以发现第一次排产设置的一些参数设置还是保留，不会因为模型删除而变化。

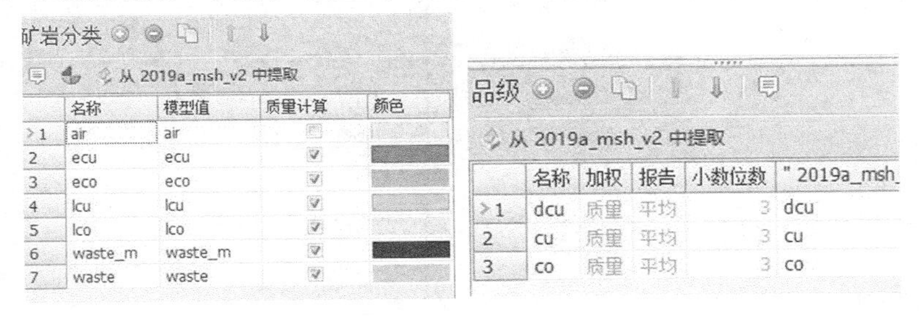

	名称	模型值	质量计算	颜色
1	air	air	☐	
2	ecu	ecu	☑	
3	eco	eco	☑	
4	lcu	lcu	☑	
5	lco	lco	☑	
6	waste_m	waste_m	☑	
7	waste	waste	☑	

	名称	加权	报告	小数位数	" 2019a_msh_
1	dcu	质量	平均	3	dcu
2	cu	质量	平均	3	cu
3	co	质量	平均	3	co

图 9-5　矿岩分类及品级显示

点击左边顶部模型的，添加模型，找到前面准备好的“2019a_msh_v2. mdl”模型，完成导入。

二、矿岩属性配置

点击中的下拉三角标志，弹出矿岩分类属性提取界面，点击，程序自动从模型中提取属性，我们选取，矿岩分类属性结果如图 9-6 所示。

矿岩分类　从 2019a_msh_v2 中提取

	名称	模型值	质量计算	颜色
1	air	air	☐	
2	ecu	ecu	☑	
3	eco	eco	☑	
4	lcu	lcu	☑	
5	lco	lco	☑	
6	waste_m	waste_m	☑	
7	waste	waste	☑	

图 9-6　矿岩分类属性结果

三、体积调整属性配置

步骤和矿岩属性配置一样，结果为 体积调整属性 kaf 。

四、比重属性配置

步骤和矿岩属性配置一样，比重属性配置见图 9-7。

图 9-7　比重属性配置

五、矿岩分类

因为是利用第一次排产的，所以本次不需设置。

六、品级

因为是利用第一次排产的，所以本次不需设置。

七、用户参数设置

点击底部 品级 用户参数 用户计算 中的 用户参数，显示用户参数界面，因为我们修改了损失率，所以对 recover 进行修改，用户参数修改结果如图 9-8 所示。

用户参数

	名称	类型	加权	背景值
1	recovery	数字	质量	0.96
2	dillution	数字	质量	0.95

图 9-8　用户参数修改结果

八、用户计算

考虑到最终报表需要报告采出的金属量和入选金属量，用户计算需增加入选金属量和采出金属量计算。

点击底部 品级 用户参数 用户计算 中的 用户计算，显示用户计算界面修改结果如图 9-9 所示。

用户计算

	✓	名称	表达式
1	✓	P_dcu	dcu * dillution
2	✓	P_cu	cu * dillution
3	✓	P_co	co * dillution
4	✓	P_ore	MASS * recovery / dillution
5	✓	p_cu_metal	P_ore * P_cu
6	✓	p_co_metal	P_ore * P_co
7	✓	p_dcu_metal	P_ore * P_dcu

图 9-9　用户计算界面修改结果

第四节　模 型 验 证

一、验证

点击[图标],弹出界面中只显示矿岩量,金属元素品位为零。

二、更新图表

点击左下角的[图标] 更新所有图表,更新结果如图 9-10 所示(选择一行显示 2 个图)。

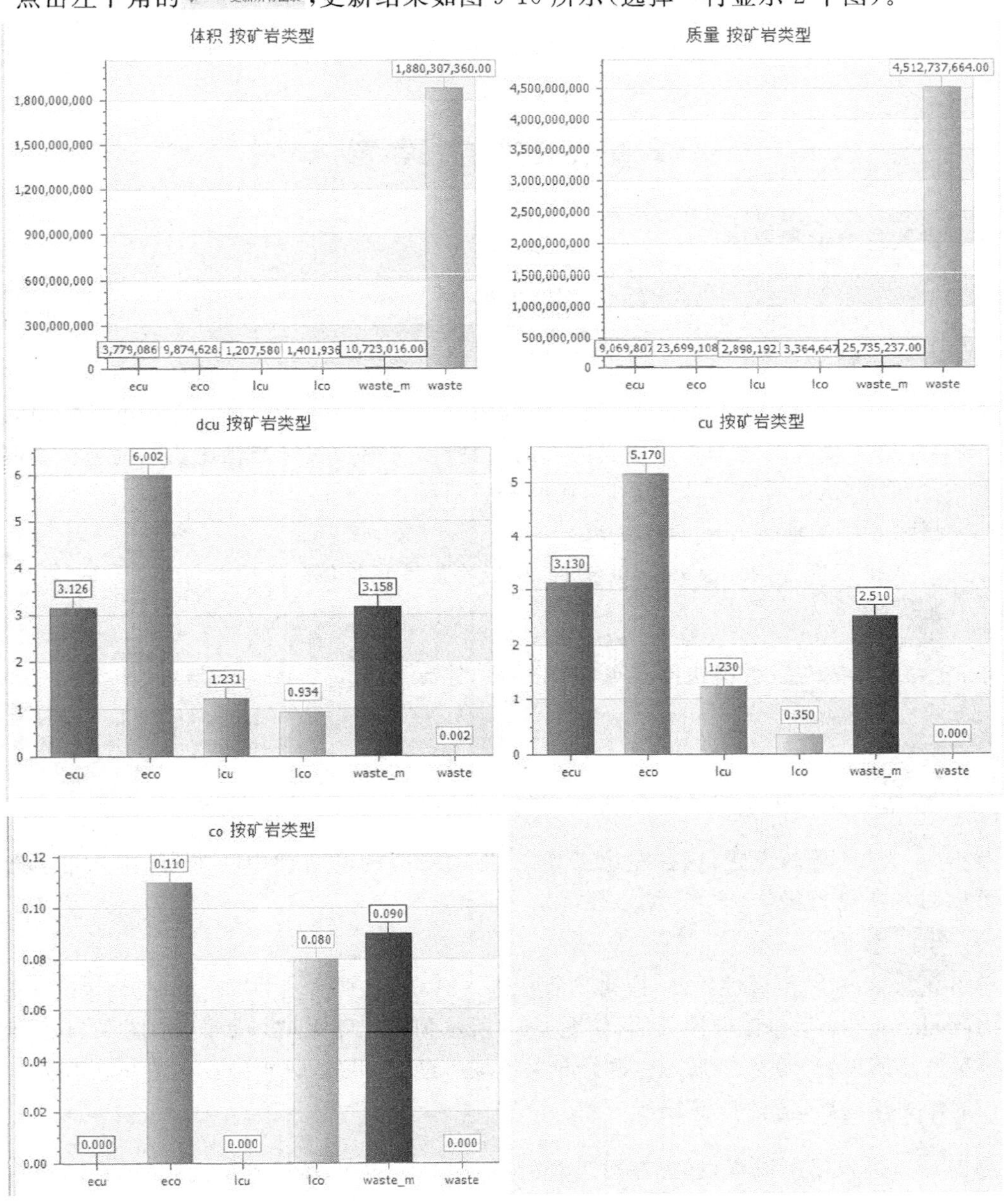

图 9-10　图表更新结果

三、检查模型中的错误

点击左下角，自动检查，如无误可以保存一下，如有误返回前面步骤检查修改。检查结果提示信息如图 9-11 所示，提示没有发现错误，可以进行下一步。

图 9-11　查结果提示信息

第五节　进 度 设 置

一、进入进度设置界面

点击，进度设置菜单展开。

二、场所设置

由于我们绘制了第一年、第二年、第三年的露采境界，并分别创建了第一年、第二年、第三年、剩余年终了境界等 4 个露采境界内的约束，所以与第一次排产相比我们的采坑场所由原来的终了采坑 finalpit 变为 4 个采坑，场所需重新设置。

(1) 删除无用的堆场 pile_waste_m

因为本次排产境界内无 waste_m 物料，所以不需要该堆场。

单击，按右键弹出快捷菜单，单击，删除了 pile_waste_m 堆场。

(2) 建立采坑场所

单击，在右侧属性界面修改第一年采坑场所设置，如图 9-12 所示。

点击，进入场所设置，选择左边工具栏，拖动对应的场所到中间画布，在画布中选择场所可以对场所进行操作、改名、填参数等。

单击，在右侧属性界面，拖动 3 个进入画布，分别命名为“secondary_year”“third_year”“remaining_year”，修改属性界面，如图 9-13 所示为第二年采坑场所设置，图 9-14 所示为第三年采坑场所设置，图 9-15 所示为剩余年采坑场所设置。场所设置结果如图 9-16 所示。

(3) 建立浮选厂、湿法厂等场所

点击，进入场所设置，选择左边工具栏，拖动对应的场所到中间画布，在画布中选择场所可以对场所进行操作、改名、填参数等。依次拖动 2 个命名“浮选厂”“湿法厂”等，属性界面填写如图 9-17 所示。

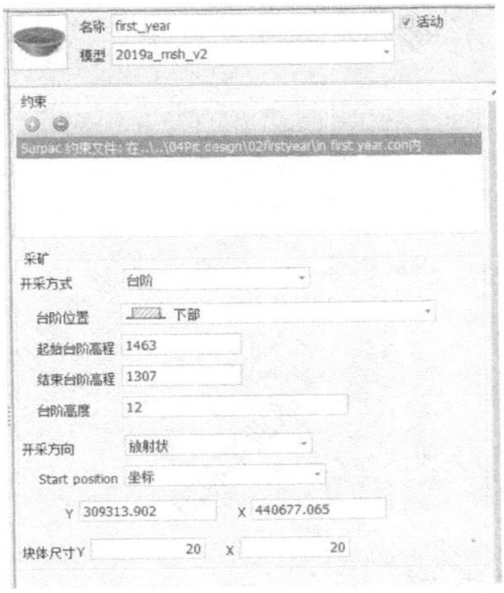

名称 first_year ☑活动
模型 2019a_msh_v2
约束
Surpac 约束文件: 在..\..\04Pit design\02firstyear\in first year.con内
采矿
开采方式 台阶
台阶位置 下部
起始台阶高程 1463
结束台阶高程 1307
台阶高度 12
开采方向 放射状
Start position 坐标
Y 309313.902 X 440677.065
块体尺寸Y 20 X 20

图 9-12 第一年采坑场所设置

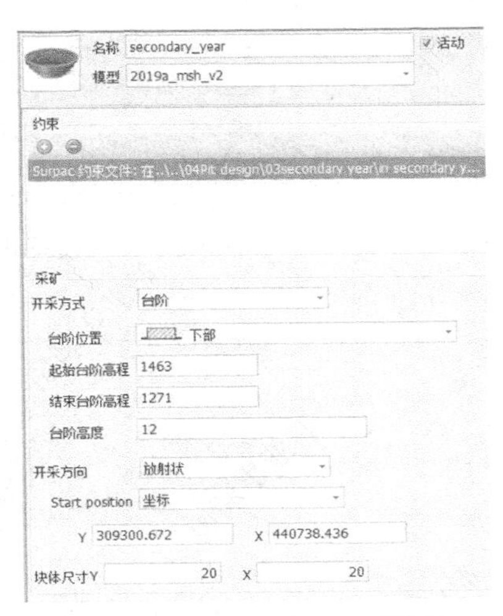

图 9-13 第二年采坑场所设置

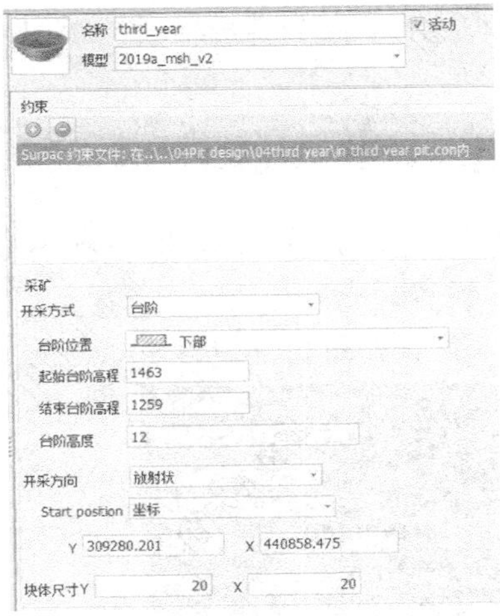

名称 third_year ☑活动
模型 2019a_msh_v2
约束
Surpac 约束文件: 在..\..\04Pit design\04third year\in third year pit.con内
采矿
开采方式 台阶
台阶位置 下部
起始台阶高程 1463
结束台阶高程 1259
台阶高度 12
开采方向 放射状
Start position 坐标
Y 309280.201 X 440858.475
块体尺寸Y 20 X 20

图 9-14 第三年采坑场所设置

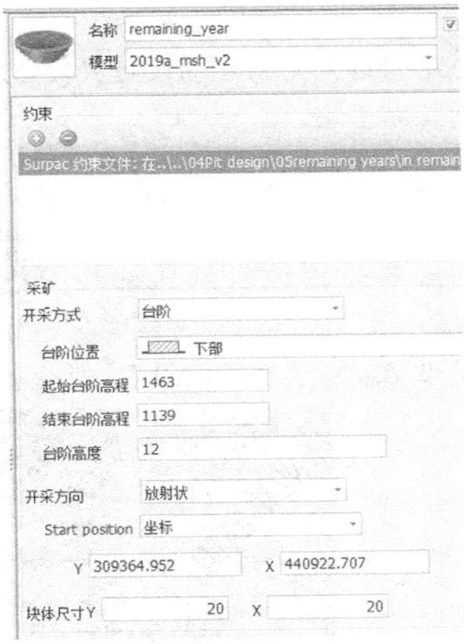

名称 remaining_year
模型 2019a_msh_v2
约束
Surpac 约束文件: 在..\..\04Pit design\05remaining years\in remain
采矿
开采方式 台阶
台阶位置 下部
起始台阶高程 1463
结束台阶高程 1139
台阶高度 12
开采方向 放射状
Start position 坐标
Y 309364.952 X 440922.707
块体尺寸Y 20 X 20

图 9-15 剩余年采坑场所设置

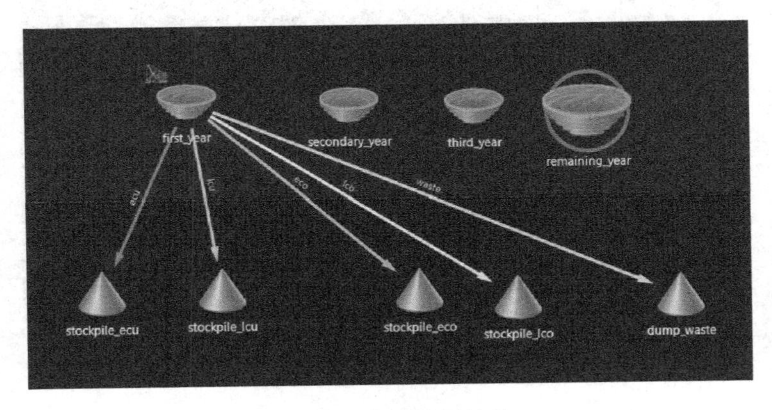

图 9-16 场所设置结果

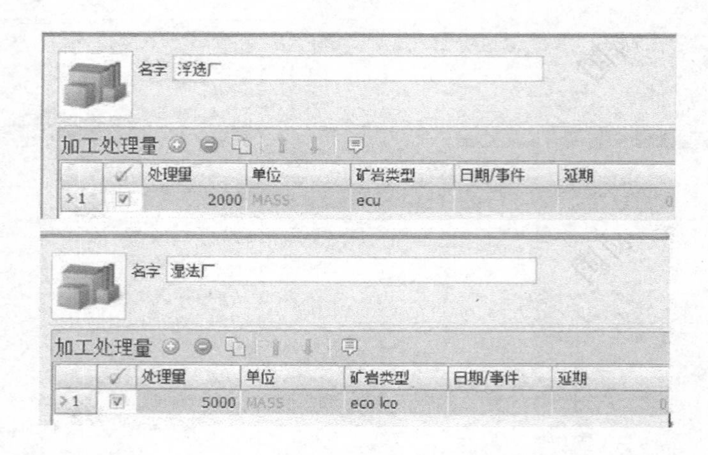

图 9-17　浮选厂、湿法厂参数设置

三、物料位移

点击进入物料运动设置界面，这里设置采场出来的矿岩分别到哪里，两个加工厂的原料分别从哪里来。

点击左边工具栏中，在中央画布中选中第二个场所，按住鼠标左键不放，拖动箭头线到需要运输物料到达的场所。在右边矿岩运移界面中点击，物料位移如设置。

同法完成剩余场所的设置，所有场所物料位移关系设置如图 9-18 所示。

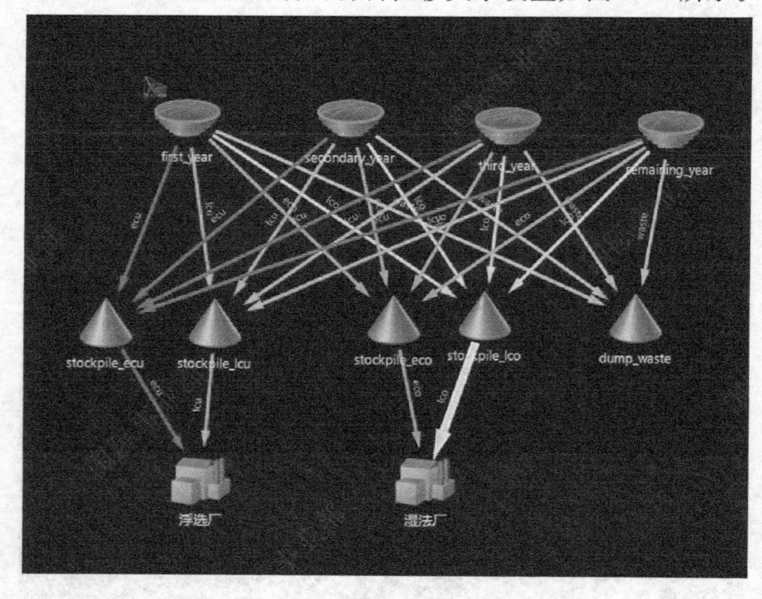

图 9-18　所有场所物料位移关系设置

如图 9-19 设置,由于后续有顺序设置,这里的优先级就不是很重要了,但我们还是按照采坑的先后损失设置优先级,这样有助于我们养成良好的习惯。

矿岩运移　显示所有

拖动列标题至此,根据该列分组

	✓	来源地	矿岩类型	目的地	比率/优先级	日期/事件	延期	运输路线
1	☑	first_year	ecu	stockpile_ecu	5		0	
2	☑	first_year	eco	stockpile_eco	5		0	
3	☑	first_year	lco	stockpile_lco	5		0	
4	☑	first_year	waste	dump_waste	5		0	
5	☑	first_year	lcu	stockpile_lcu	5		0	
6	☑	secondary_year	ecu	stockpile_ecu	10		0	
7	☑	secondary_year	lcu	stockpile_lcu	10		0	
8	☑	secondary_year	eco	stockpile_eco	10		0	
9	☑	secondary_year	lco	stockpile_lco	10		0	
10	☑	secondary_year	waste	dump_waste	10		0	
11	☑	third_year	ecu	stockpile_ecu	100		0	
12	☑	third_year	lcu	stockpile_lcu	100		0	
13	☑	third_year	eco	stockpile_eco	100		0	
14	☑	third_year	lco	stockpile_lco	100		0	
15	☑	third_year	waste	dump_waste	100		0	
16	☑	remaining_year	ecu	stockpile_ecu	1000		0	
17	☑	remaining_year	lcu	stockpile_lcu	1000		0	
18	☑	remaining_year	eco	stockpile_eco	1000		0	
19	☑	remaining_year	lco	stockpile_lco	1000		0	
20	☑	remaining_year	waste	dump_waste	1000		0	
21	☑	stockpile_ecu	ecu	浮选厂	1		0	
22	☑	stockpile_lcu	lcu	浮选厂	1000		0	
23	☑	stockpile_eco	eco	湿法厂	1		0	
> 24	☑	stockpile_lco	lco	湿法厂	1000		0	

图 9-19　矿岩运移优先级设定

四、评估

(1) 更新场所进行评估

点击进入评估界面,点击左边导航窗底部,执行更新。

点击相应的场所,右边图表区出现对应图,详见图 9-20 第一年期末矿量和金属量、品位数据图,图 9-21 第二年期末矿量和金属量、品位数据图,图 9-22 第三年期末矿量、金属量、品位数据图,图 9-23 剩余年矿量、金属量、品位数据图,图 9-24 全服务期矿量、金属量、品位数据图表。

(2) 结果校验

这里不再重复结果校验步骤,具体步骤请参考第一次排产。

(3) 检查模型中的错误

点击左边导航窗口,弹出处理完成情况信息提示图(图 9-25)和检查结果信息显示界面(图 9-26),单击 Close 完成检查。

五、顺序设置

由于有 4 个采坑进行开采,需要设置它们之间的作业顺序。

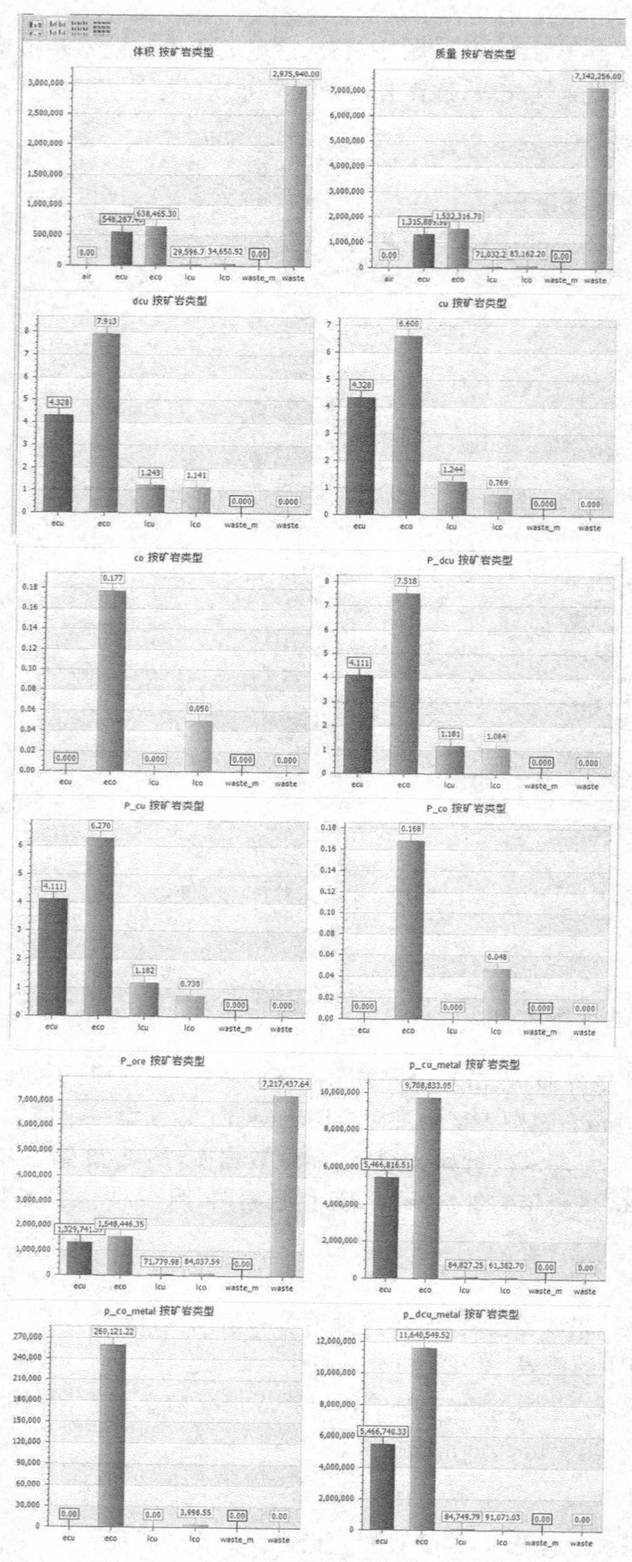

图 9-20　第一年期末矿量、金属量、品位数据图

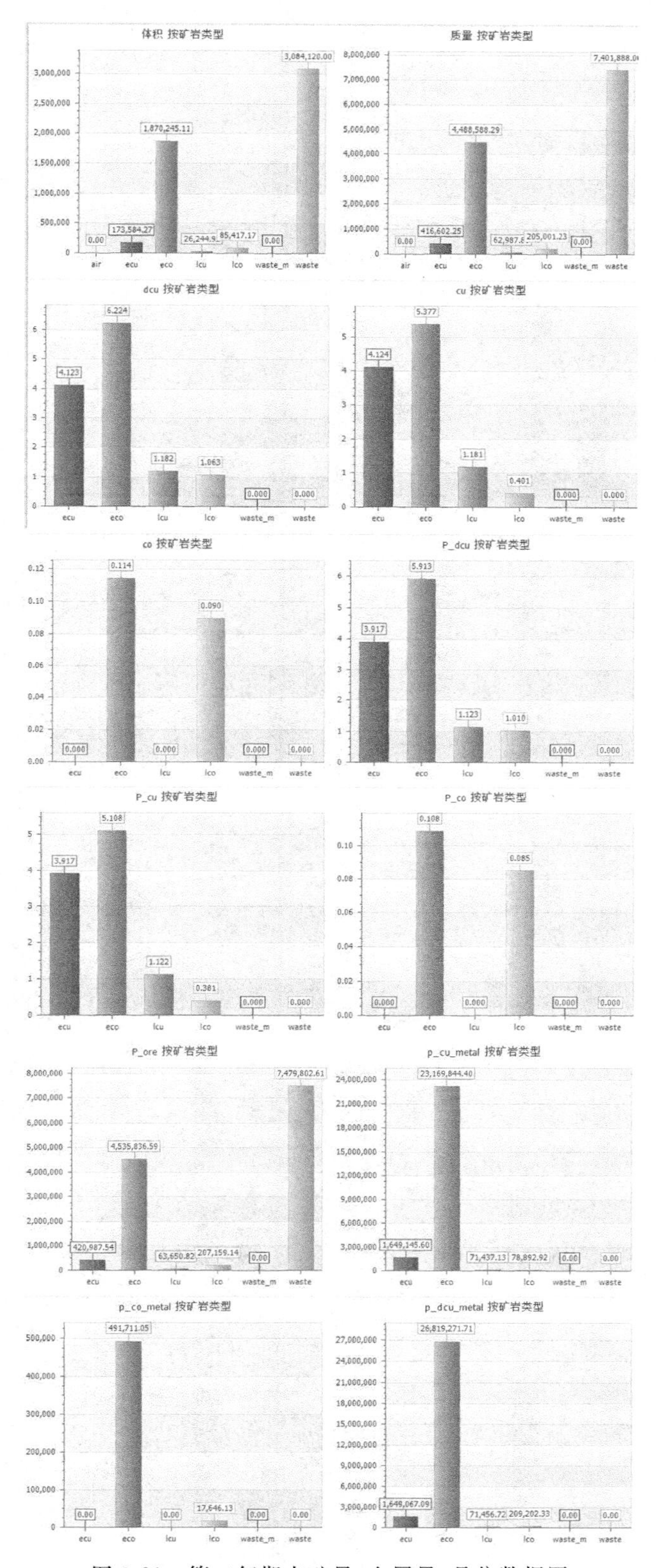

图 9-21　第二年期末矿量、金属量、品位数据图

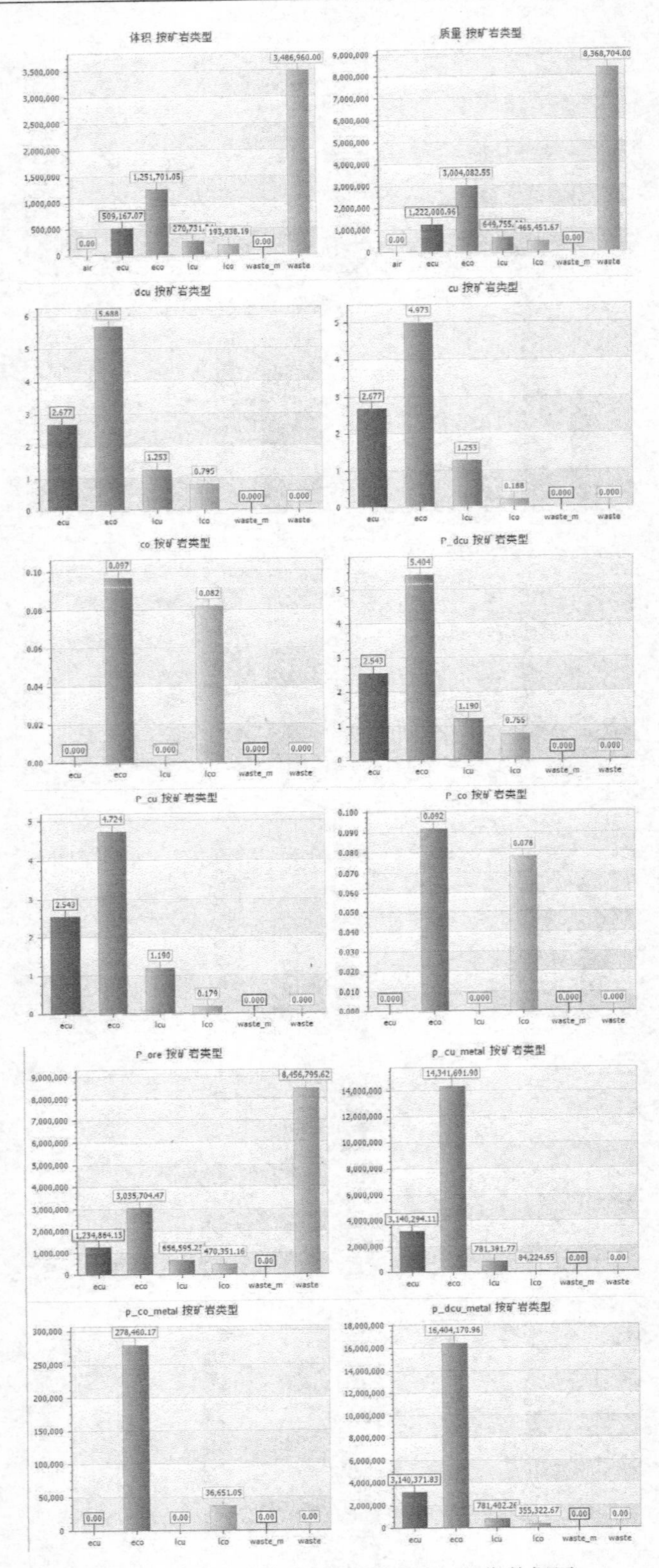

图 9-22　第三年期末矿量、金属量、品位数据图

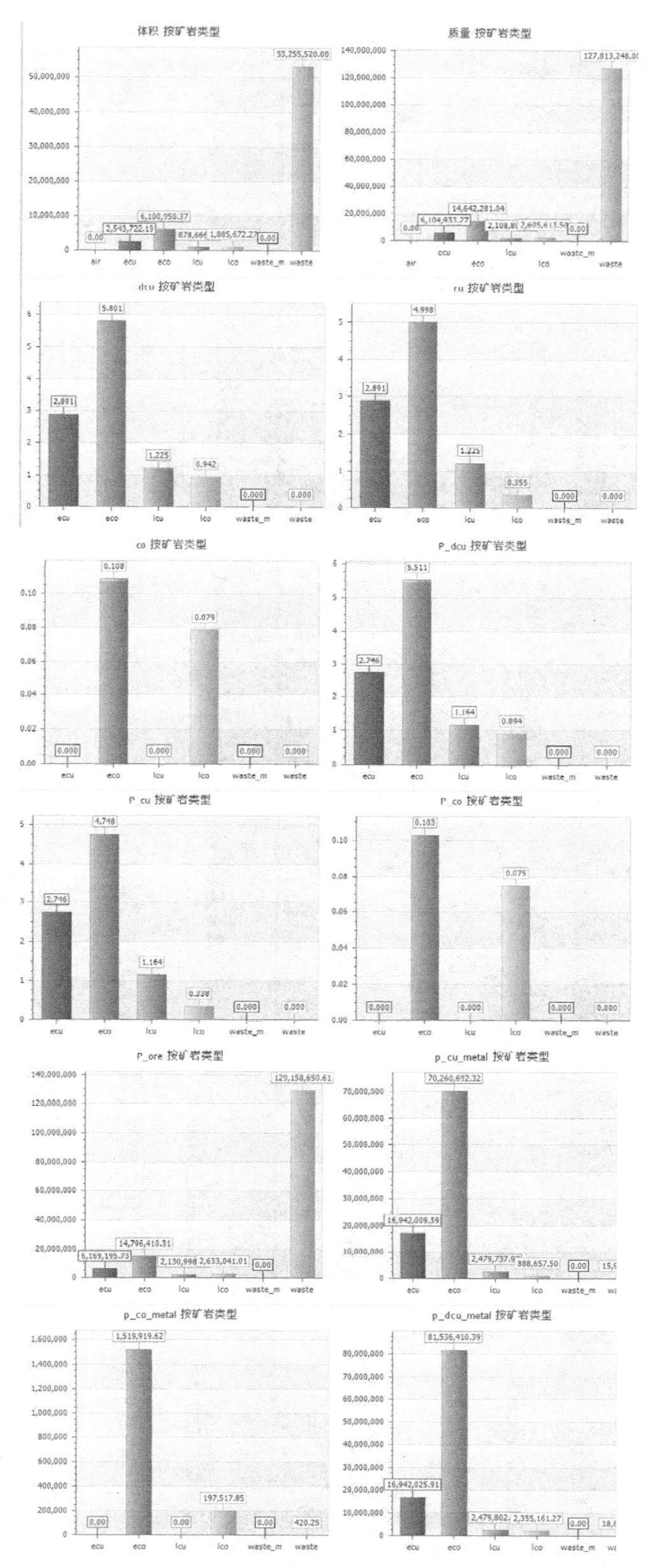

图 9-23　剩余年期末矿量、金属量、品位数据图

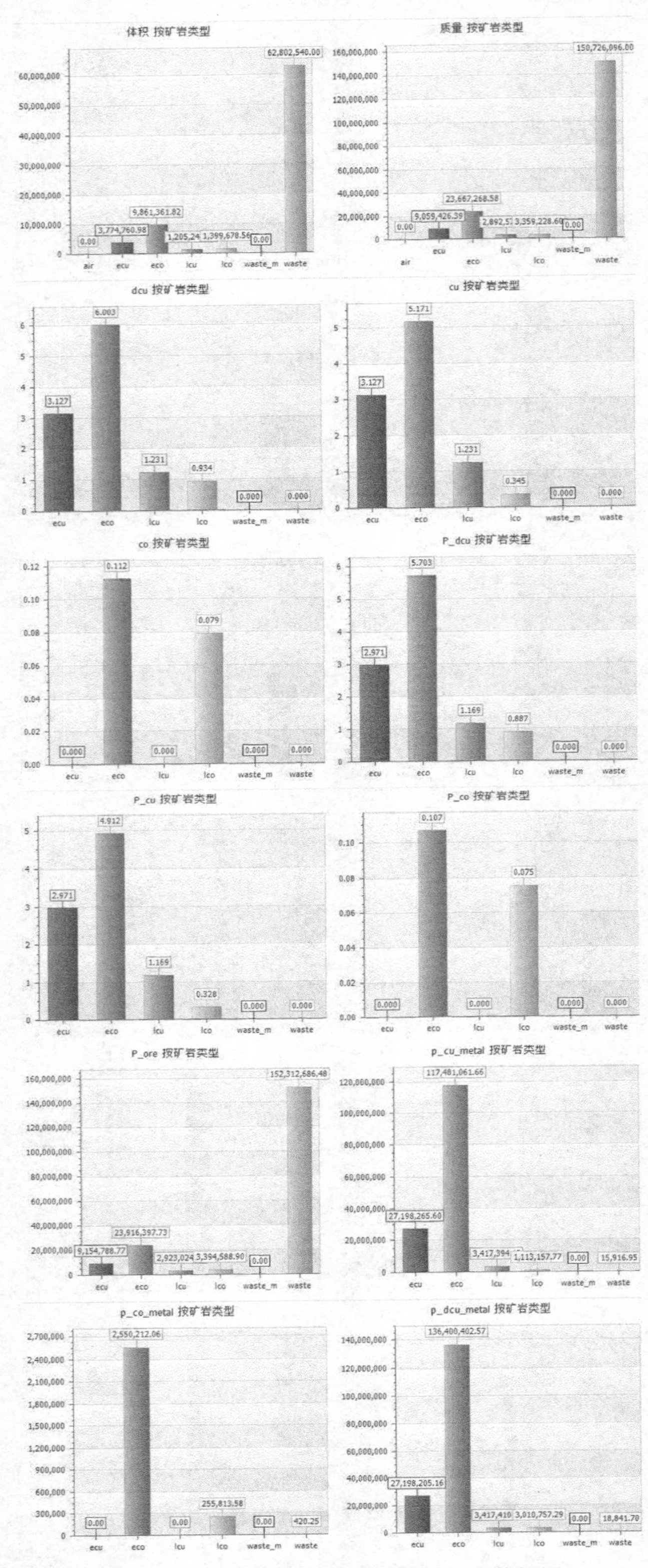

图 9-24　全服务期矿量、金属量、品位数据图

图 9-25　处理完成情况信息提示

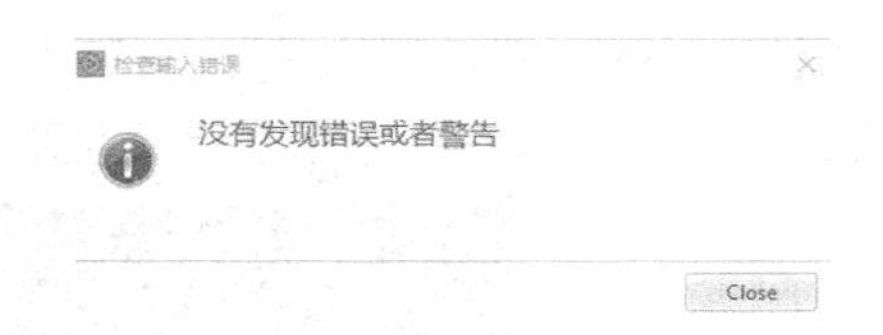

图 9-26　检查结果信息显示界面

单击顶部菜单，画布图形区显示如图 9-27 所示。点击左边工具栏，依次选取 first_year、secondary_year、third_year、remaining_year 进行开采顺序设定，采坑境界开采顺序结果如图 9-28 所示。

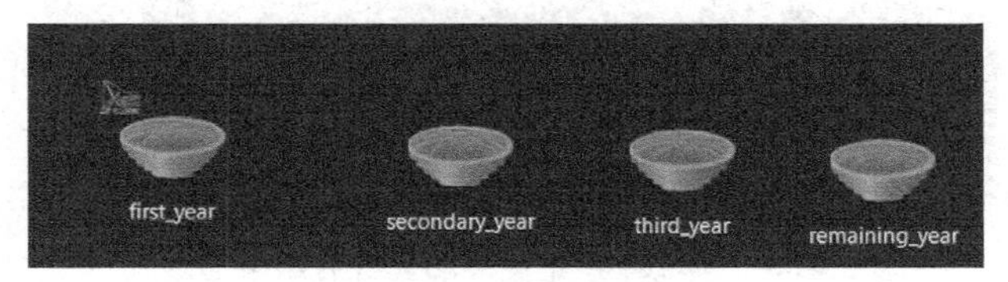

图 9-27　画布图形区显示

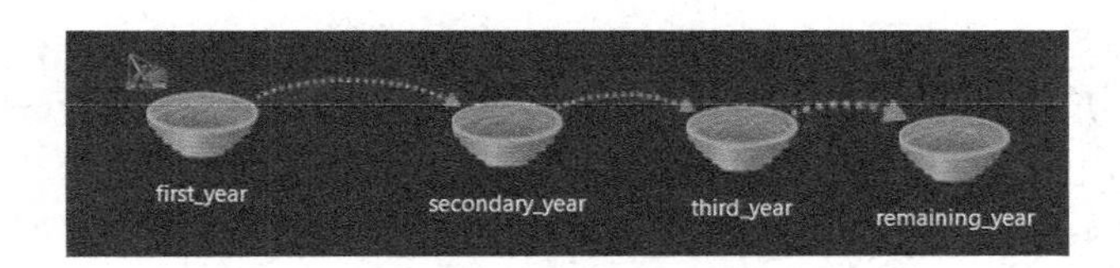

图 9-28　采坑境界开采顺序结果

六、回采(设置采剥能力)

点击左边工具栏，增加采剥设备，依次增加 m2、m3、m4 设备，m1 为第一年计划使用设备，m2 为第二年计划使用设备，m3 为第三年计划使用设备，m4 为终了境界剩余年份计划使用设备，右边设备能力栏填写如图 9-29 所示。如果后续排产设备能力不足或富余，可以回到此处增加或减少设备能力和生产能力。

设备能力

拖动列标题至此,根据该列分组

	✓	设备	日生产能力	单位	矿岩类型
1	☑	m1	42000	MASS	ecu eco lcu lco waste
2	☑	m2	42000	MASS	ecu eco lcu lco waste
3	☑	m3	42000	MASS	ecu eco lcu lco waste
4	☑	m4	42000	MASS	ecu eco lcu lco waste

生产能力　显示所有

拖动列标题至此,根据该列分组

	✓	场所	设备	参数	数值
1	☑	first_year	m1	MAX_RATE	41000
2	☑	secondary_year	m2	MAX_RATE	41000
3	☑	third_year	m3	MAX_RATE	41000
4	☑	remaining_year	m4	MAX_RATE	41000

图 9-29　设备能力及生产能力设置

不需要限制采场的采矿能力,剥离能力也不需要限制,所以本项目不需填写。

如图 9-30 所示,在画布中各个采坑境界已经配置了采矿设备,见图中画圈部分。

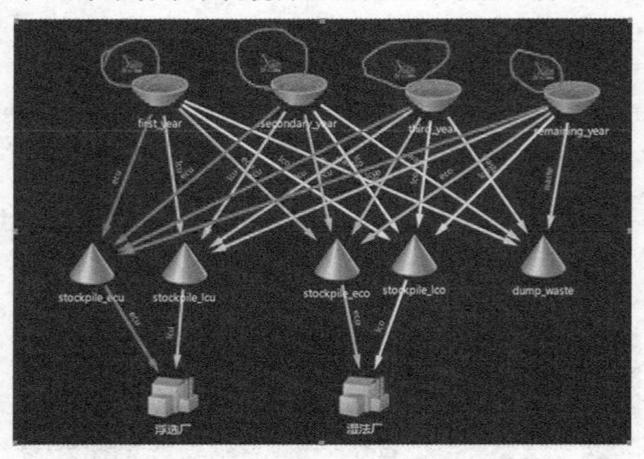

图 9-30　采坑境界配置采坑设备后结果显示

七、日历设置

单击日历进入日历设置页面,利用第一次排产的参数,为 m1、m2、m3、m4 设置日历,由于年工作时间一致,所以可以设置相同的休息日。结果如图 9-31 所示。

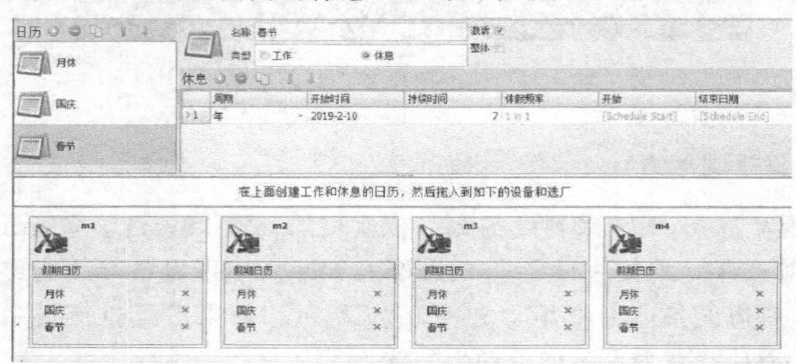

图 9-31　m1、m2、m3、m4 工作时间设置

八、参数设置

清除“参数”的设置。

九、目标设置

清除“目标”的设置。

第六节　创 建 进 度

一、进入创建进度界面

点击顶部菜单栏创建进度,进入创建进度界面。

二、更改周期

(1) 修改进度计划

利用第一次排产参数,不需修改。

(2) 设定计划时间

利用第一次排产参数,不需修改。

(3) 周期定义

利用第一次排产参数,不需修改。

三、创建采剥总量平衡图表

点击顶部第三行菜单栏 添加图表 ,弹出快捷菜单,选择 自定义... ,弹出图表定制界面,如图 9-32 填写,单击 确定 ,完成采剥总量图表建立。为了便于观察前三年采剥总量,需要为前三年的矿石和废石设定不同的颜色。

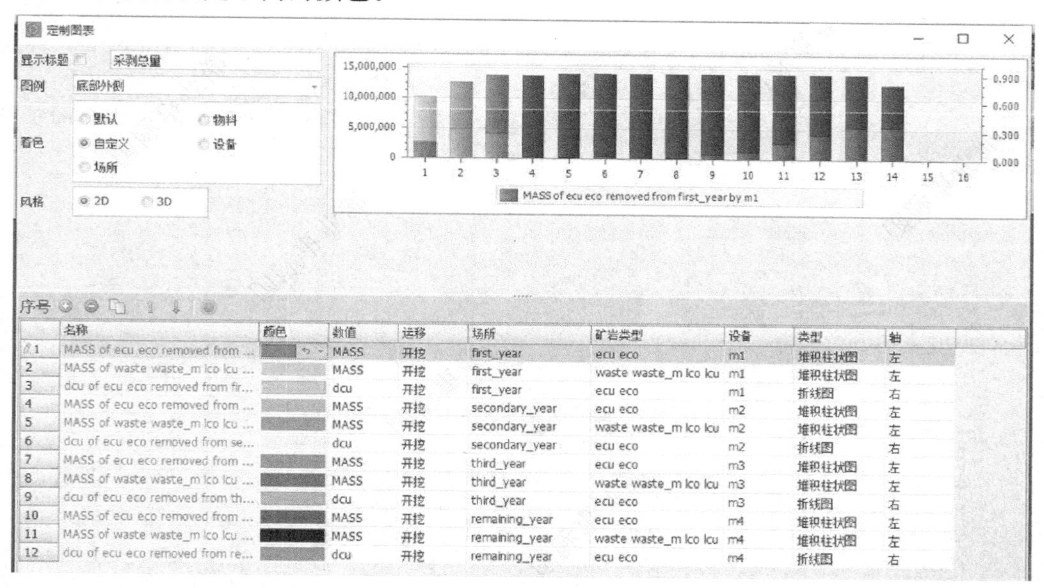

图 9-32　图表定制界面(采剥总量)

四、创建开采的地质矿量(未贫化损失)图表

点击顶部菜单栏 添加图表 ,弹出快捷菜单,选择 自定义... ,弹出图表定制界面,如图 9-33 填写,用于观察开采的矿量符合处理量要求与否。

五、创建入堆矿量(贫化损失后)图表

点击顶部菜单栏 添加图表 ,弹出快捷菜单,选择 自定义... ,弹出定制图表界面,如图 9-34 填写,用于观察采出的矿量是否符合浮选厂、湿法厂处理要求。

六、创建矿堆结余图表

点击顶部菜单栏 添加图表 ,弹出快捷菜单,选择 自定义... ,弹出定制图表界面,如图 9-35 填写,用于观察矿堆每年结余量,观察是否充分利用。

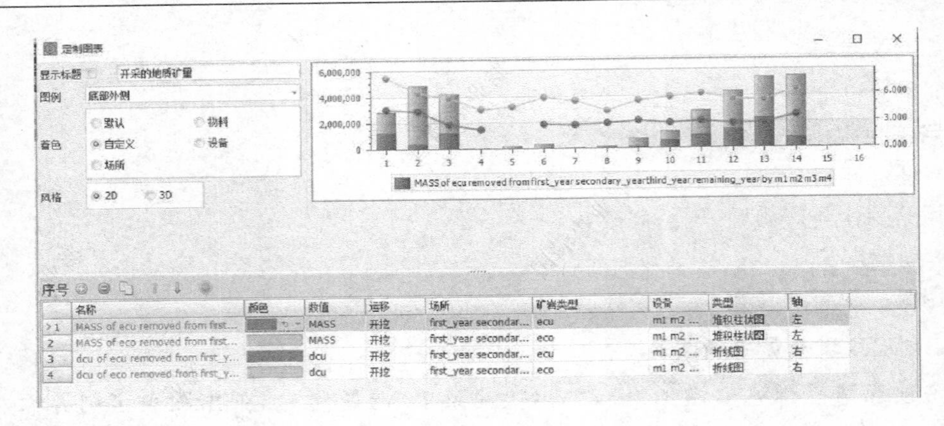

图 9-33 图表定制界面(地质矿量)

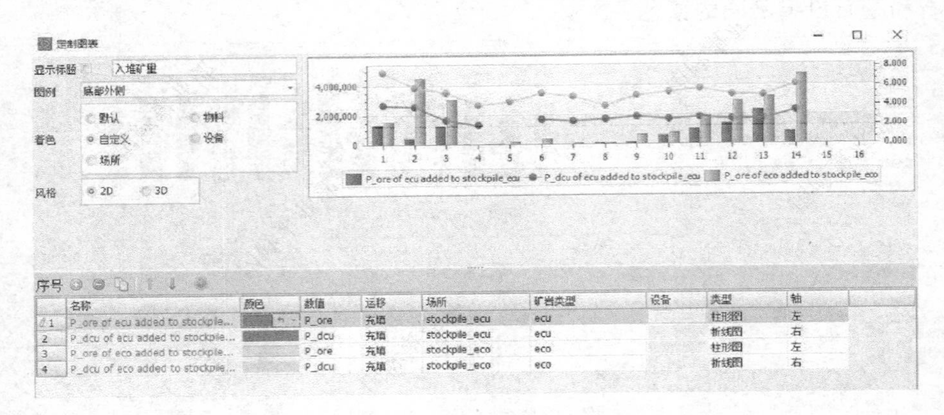

图 9-34 图表定制界面(入堆矿量)

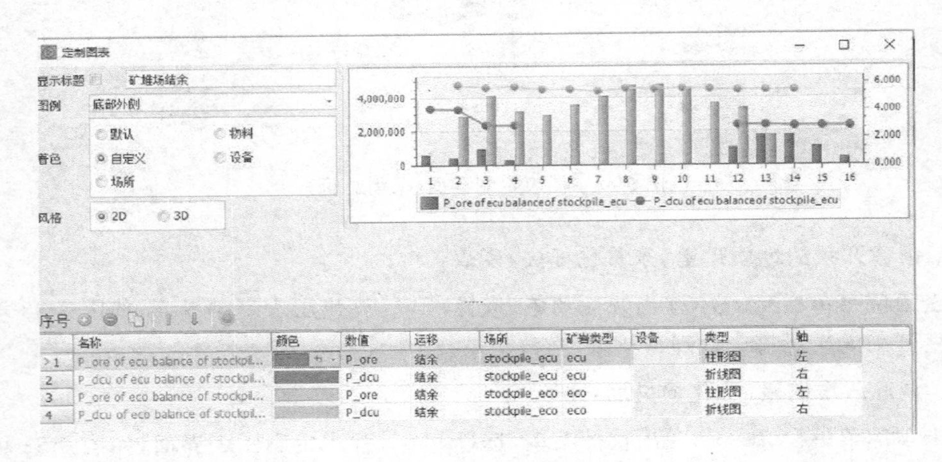

图 9-35 图表定制界面(矿堆结余)

七、创建浮选厂处理量图表

点击顶部菜单栏"添加图表",弹出快捷菜单,选择"自定义...",弹出定制图表界面,如图 9-36 填写,用于观察浮选厂处理矿量的吨数、品位是否符合要求。

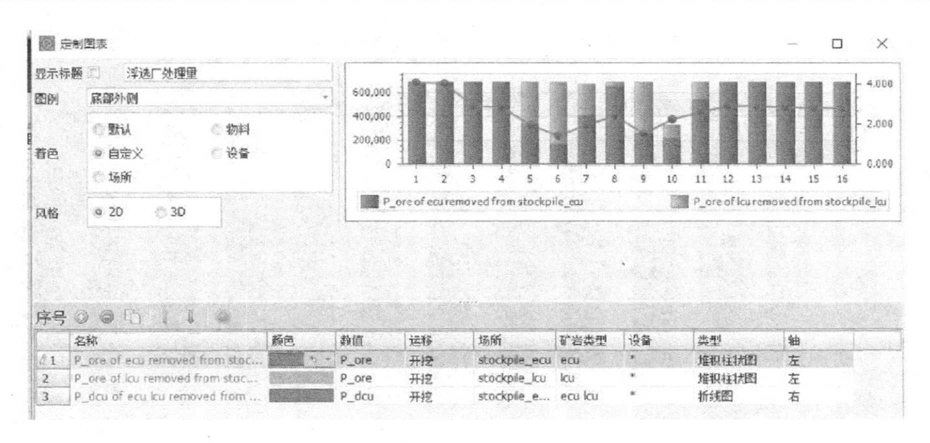

图 9-36　图表定制界面(浮选厂处理量)

八、创建湿法厂处理量图表

点击顶部菜单栏 添加图表 ,弹出快捷菜单,选择 自定义... ,弹出图表定制界面,如图 9-37 填写,用于观察湿法厂处理矿量的吨数、品位是否符合要求。

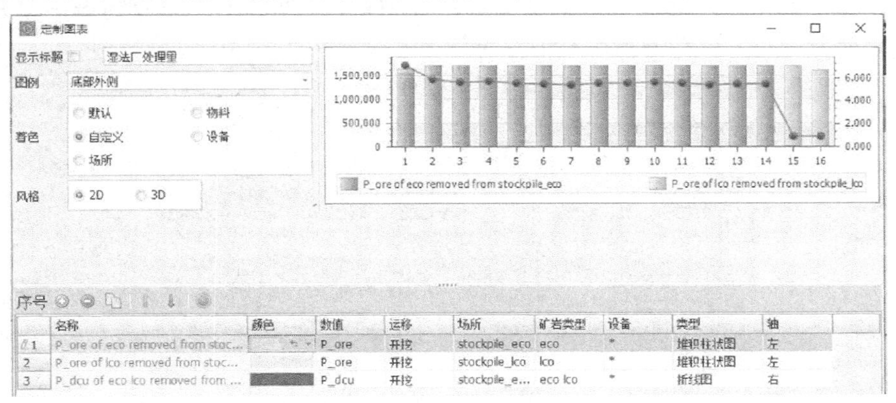

图 9-37　图表定制界面(湿法厂处理量)

第七节　调 试 阶 段

调试需要根据情况对每一个参数进行修改,修改一次就要运行一次,同时观察运行结果,再进行参数修改,所以需要高性能电脑,以提高效率,达到事半功倍的效果。

一、调试采剥总量

单击顶部菜单 ,运行程序,程序运行完后观察采剥总量图(图 9-38)。由图 9-38 可以看出第 1～3 年的采剥能力过大,把后一年的工作都完成一部分了,所以我们需要调整第 1～3 年的生产效率和设备能力。需要一年一年地去调整,每调整一个参数运行一次,再根据结果修改参数。

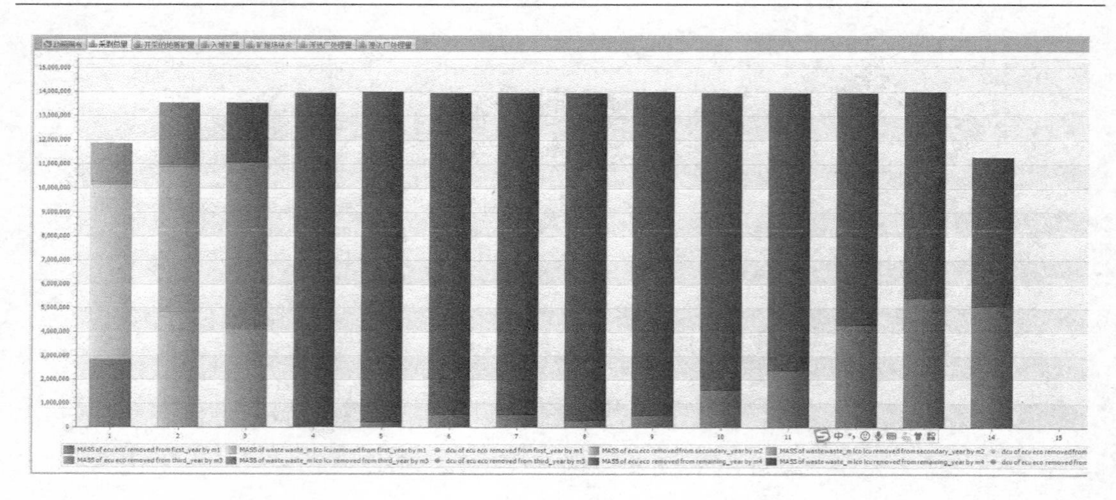

图 9-38　采剥总量图

单击顶部菜单栏，进入设备能力设置页面，最终设备能力和生产能力调整结果如图 9-39 所示。图中根据实际情况修正多余的生产能力，使得每期生产能力和需求符合，根据每期的生产能力修正了每期需要配置的设备能力。

设备能力

拖动列标题至此,根据该列分组

	✓	设备	日生产能力	单位	矿岩类型
1	✓	m1	36000	MASS	ecu eco lcu lco waste
2	✓	m2	39000	MASS	ecu eco lcu lco waste
>3	✓	m3	42000	MASS	ecu eco lcu lco waste
4	✓	m4	42000	MASS	ecu eco lcu lco waste

生产能力　显示所有

拖动列标题至此,根据该列分组

	✓	场所	设备	参数	数值	日期/事
1	✓	first_year	m1	MAX_RATE	35000	
2	✓	secondary_year	m2	MAX_RATE	38000	
3	✓	third_year	m3	MAX_RATE	41500	
>4	✓	remaining_year	m4	MAX_RATE	41500	

图 9-39　设备能力和生产能力调整结果

限制采坑内每天采剥总量为 7 000＋30 590＝37 590(t/d)，最终取 37 600 t/d，见图 9-40。点击运行，调整设备能力、生产能力和场所最大生产能力后的每年采剥总量结果如图 9-41 所示，第 1～3 年采剥总量和矿石量完全符合第 1～3 年计划的采剥总量和矿石量，达到预期目标，第 4 年以后的采剥总量也符合要求(采剥总量平稳保持)13 260 000 t 左右，故采剥总量符合要求。

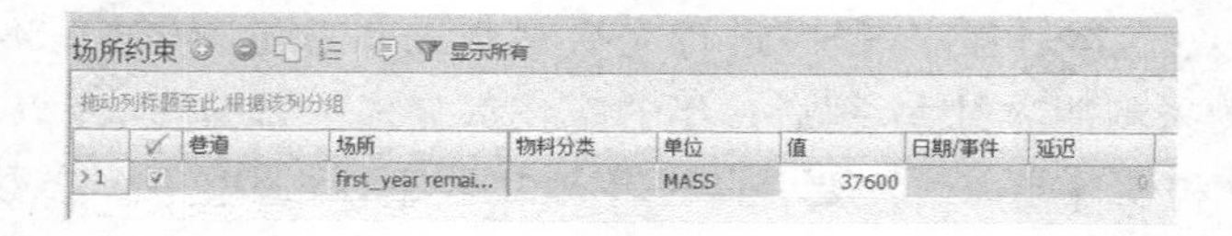

场所约束　显示所有

拖动列标题至此,根据该列分组

	✓	巷道	场所	物料分类	单位	值	日期/事件	延迟
>1	✓		first_year remai...		MASS	37600		0

图 9-40　场所生产能力约束调整结果

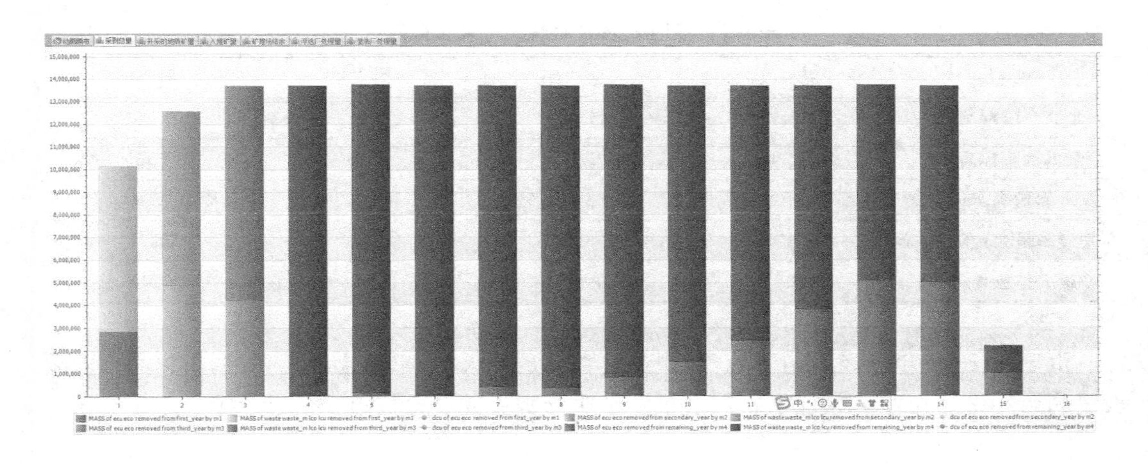

图 9-41　调整设备能力、生产能力和场所最大生产能力后的采剥总量

但第 4 年后出矿量不符合要求,下一步需要调整出矿的参数。

二、调试采出矿量

每年需要采出总矿石量 2 380 000 t,前期开采量需超过此标准。单击图标开采的地质矿量,显示每年开采的地质矿量(图 9-42),第 4 年后出矿量不符合要求,下一步需要调整出矿的参数。

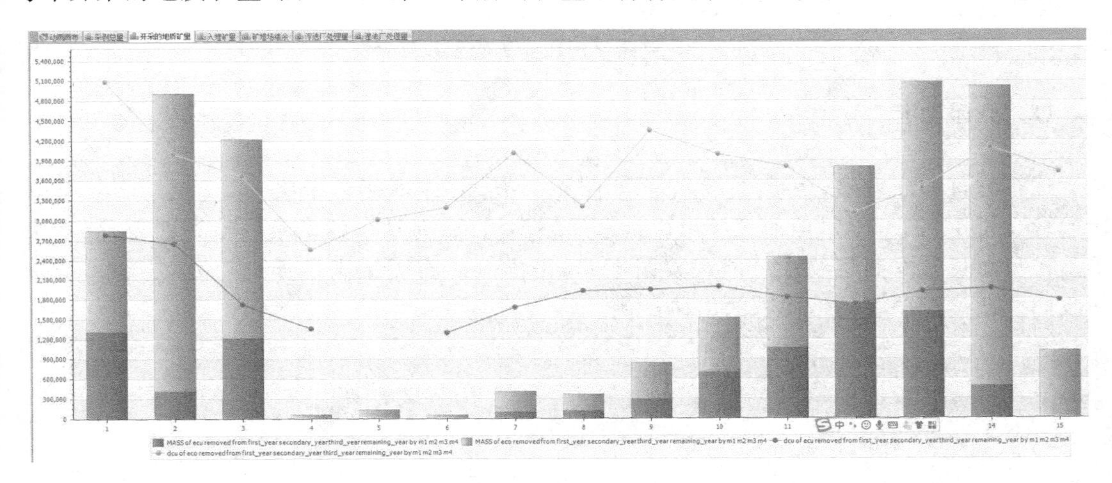

图 9-42　每年开采的地质矿量

(1) 进度中参数调整

要达到此目标,在采剥总量恒定的基础上,需要增加开采矿量的比例,使用进度设置中参数,设定 MAX_ACTIVE_BENCHES(同时开采最大台阶数)、VERTICAL_LAG(最小工作平盘宽度)、MAXIMUM_LAG_DISTANCE(最大平盘宽度)来实现作业能力提高,从而扩大采矿能力来达成。

假设每个台阶都有一个采剥作业点,但实际上可能有的台阶没有作业点,有的台阶有作业点。所以根据生产实际进行调整,最终每期最大可开采的作业点数见表 9-1。

表 9-1　不同开采时期最大可采台阶数

项目	第一年	第二年	第三年	剩余年
最高台阶标高/m	1 463	1 463	1 463	1 463
最低台阶标高/m	1 307	1 271	1 259	1 139
台阶高/m	12	12	12	12
每期开采最大台阶数/个	13	16	17	27
最大作业点/个	24	30	32	51

由于第 1～3 年已经绘制了境界，作业点数满足要求，采矿量也满足要求，所以我们只要设置剩余年份的作业点数行了。剩余年份作业场所参数设置如图 9-43 所示。

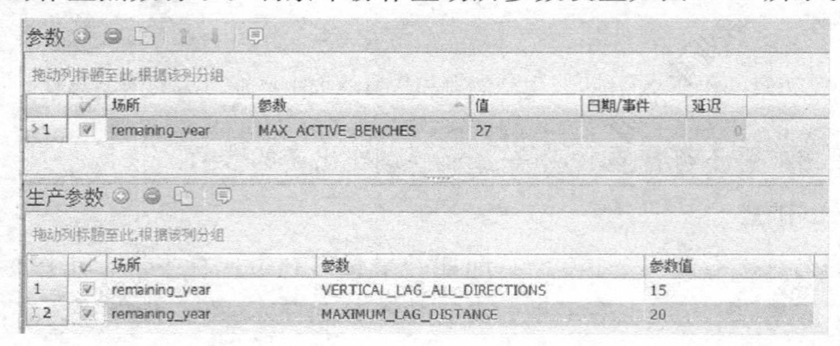

图 9-43　剩余年份作业场所参数设置

（2）目标设定

运行软件程序调整，运行，结果如图 9-44 所示，第四年只采出 786 960 t，对比计划出矿量少了 1 593 040 t，但前三年出矿量远远超出需求，有富余的矿量供给第四年，故本次采出矿量总量基本满足要求。但观察图 9-44，采出铜矿石无法满足浮选厂处理能力，下一步我们要调整铜矿石与钴矿石的出矿比例。

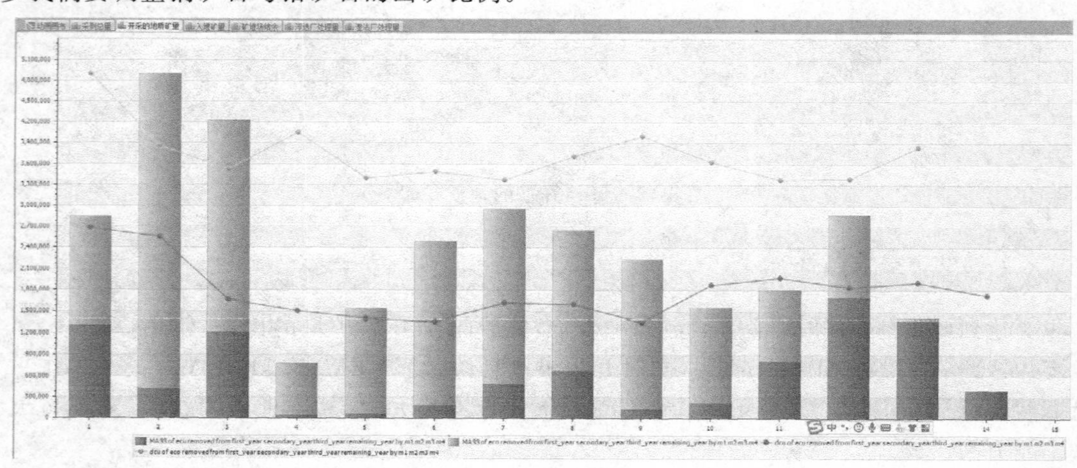

图 9-44　调整参数运行后的每年开采地质矿量

三、调试铜矿石和钴矿石比例

单击进度设置→目标→矿岩比率目标，根据计算进行多次调整，最终确定矿/岩比例系数如图 9-45 所示。点击运行，结果如图 9-46、图 9-47 所示，无论是开采的地质矿量，还是入堆矿量，都显示第四年后铜矿石和钴矿石的比例符合要求，故该调整符合预期，可以进行下一步工作。

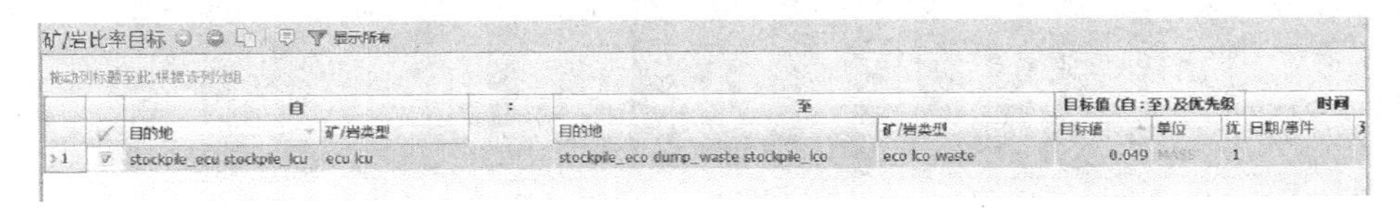

图 9-45　调整后矿/岩比例系数

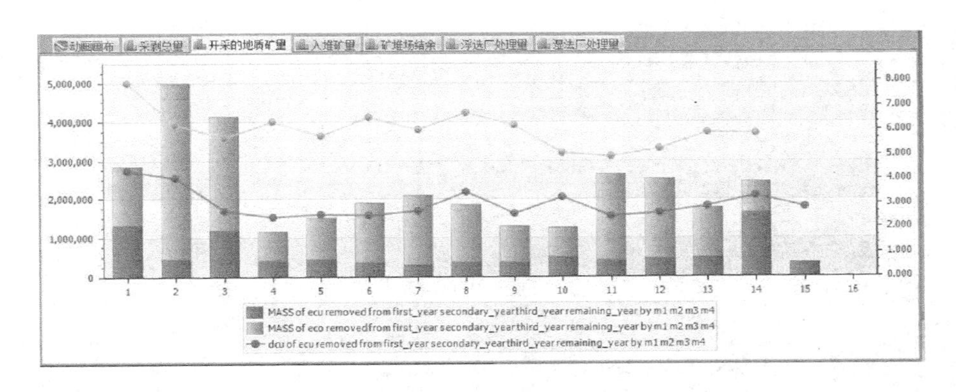

图 9-46　调整后的每年开采地质矿量

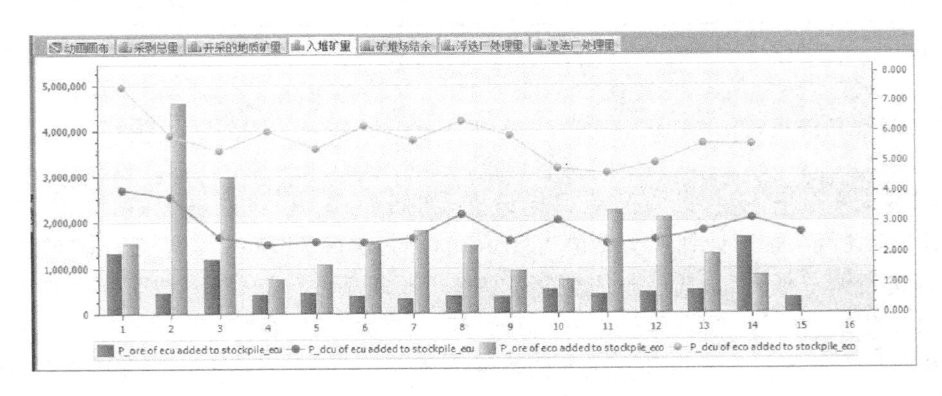

图 9-47　调整后的每年入堆矿量

四、浮选厂处理量和入选品位调整

(1) 观察图

观察图 9-48 和图 9-49 中的铜矿石(红色)结余，由图 9-48 可以看出第 7～14 年处理量不足，且品位未达标，需要进行目标条件约束；由图 9-49 可以看出，最后一年(第 16 年)，铜矿石没有富余，说明全部利用了。

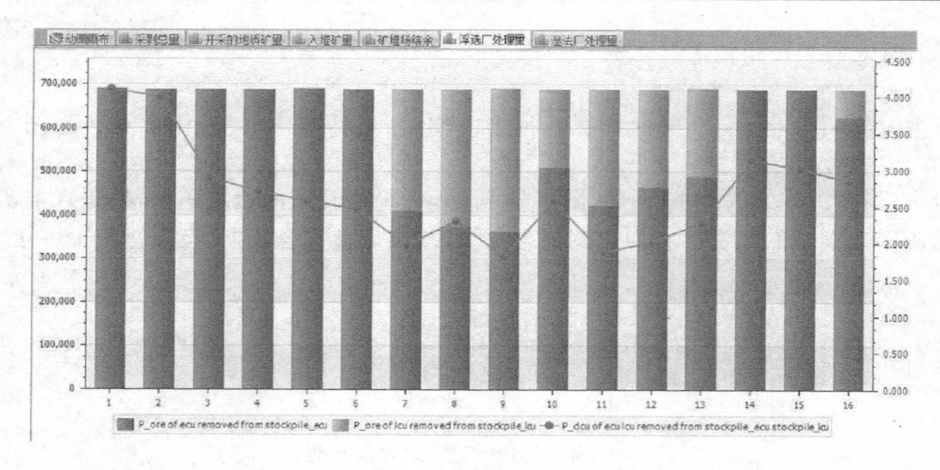

图 9-48　浮选厂每年处理量图

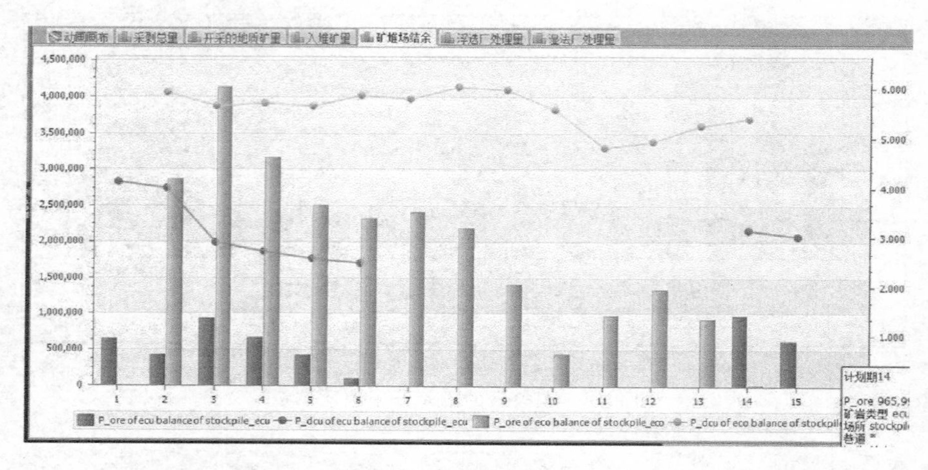

图 9-49　矿堆每年结余图

（2）调整品级目标

单击进度设置→目标→品级目标，进入品级目标设置，如图 9-50 填写，点击运行，结果如图 9-51、图 9-52 所示，选厂计划入选品位为 dcu 2.45%，实际上第 1～2 年入选矿量加入含铜废石 lcu 进行调节平衡后，选厂入选品位还是超出预期品位目标，原因是前期没有足够的含铜废石 lcu 配矿（从矿堆结余量可以看出）；最后一年混入过多的含铜废石 lcu，导致品位不达标，其余年份不论是处理量和入选品位都符合要求，下一步调整最后一年的含铜废石 lcu 混入量来提高入选品位。

品级目标　显示所有

拖动列标题至此,根据该列分组

	目标				目标值及优先级				
	✓	目的地	矿岩类型	品级...	目标值	下限	上限	优	日期
>1	✓	浮选厂	ecu	P_dcu	2.45	2.4	2.5		

图 9-50　品级目标设置

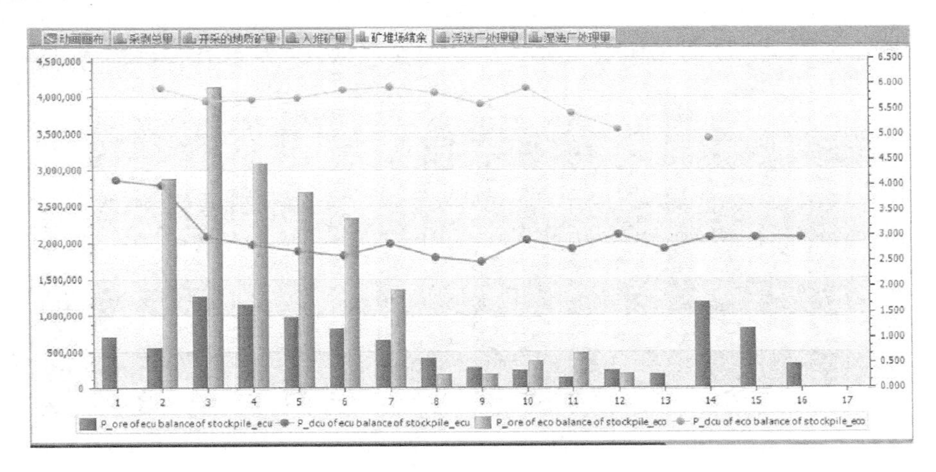

图 9-51 每年矿堆结余矿量

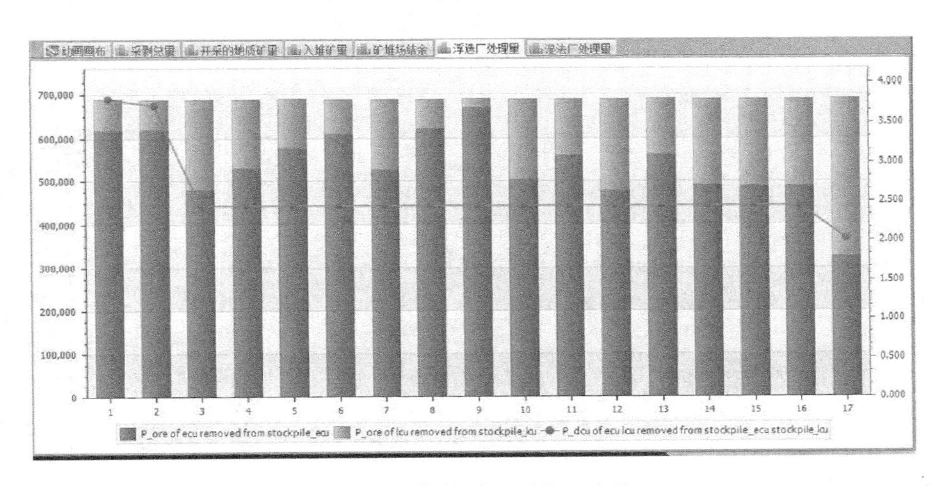

图 9-52 每年浮选厂处理矿量

(3) 调整最后一年的入选品位

单击进度设置→目标→目标参数,进入目标参数设置,利用堆场最大输出量参数 max_draw 来控制 stkockpile_lcu 输出到浮选厂的量,从而达到提高入选品位的目的。需要经过多次调试、观察、再修改、再调试,得出最终的调试参数,目标参数设定如图 9-53 填写,点击运行,结果如图 9-54 所示,完全符合预期目标;图 9-55 中第 17 年铜矿石没有结余,说明铜矿石完全利用了。

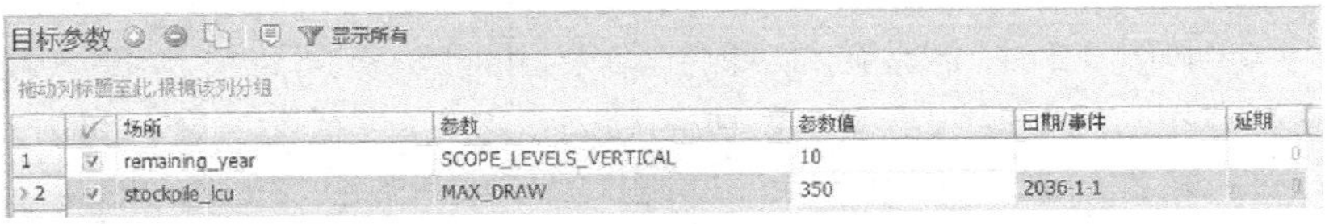

目标参数 显示所有

拖动列标题至此,根据该列分组

	✓	场所	参数	参数值	日期/事件	延期
1	✓	remaining_year	SCOPE_LEVELS_VERTICAL	10		0
2	✓	stockpile_lcu	MAX_DRAW	350	2036-1-1	0

图 9-53 目标参数设定

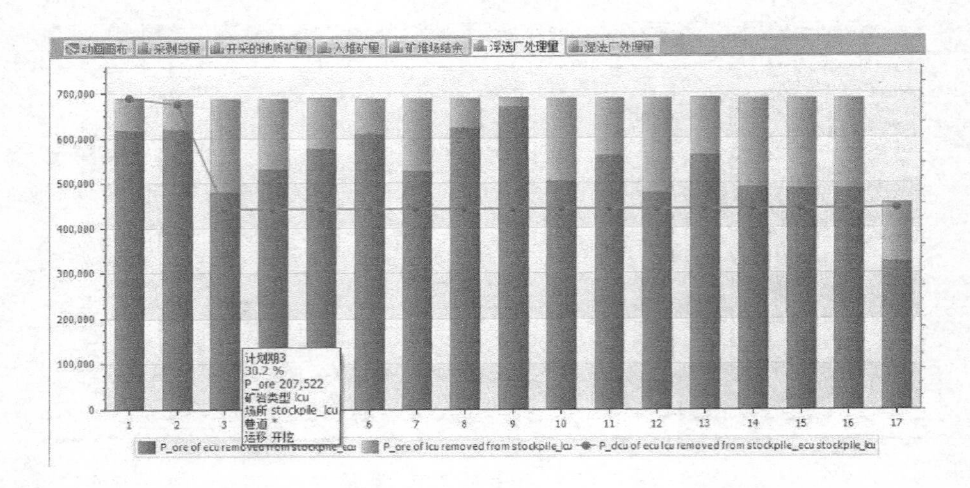

图 9-54　每年浮选厂处理矿量图

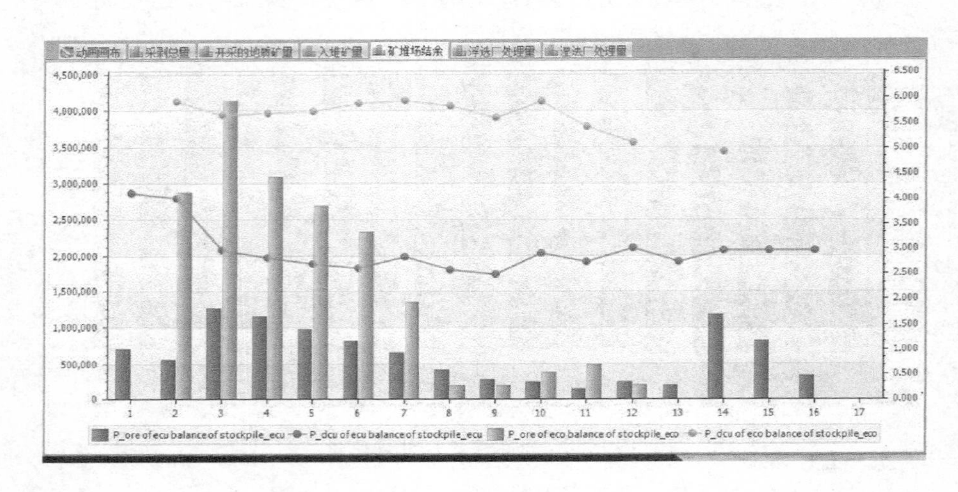

图 9-55　每年矿堆结余图

(4) 调整最后一年的处理量

由图 9-55 可以看出最后一年即第十七年堆场已经没有铜矿石结余,选厂全部利用了铜矿石,同时利用部分含铜废石进行配矿,使得入选品位符合预期要求,但处理量无法满足要求,这是客观原因所限(无矿),所以本处不需调整最后一年的处理量。

五、湿法厂处理量和入选品位调整

(1) 观察图表

观察图 9-56 和图 9-57 中的钴矿石(绿色)结余,由图 9-56 可以看出第一年处理量不足(包括含钴废石利用),第 13 年、第 15、第 16 年处理量不足(包括含钴废石利用)且品位未达标,需要进行目标条件约束,由图 9-57 可以看出,第一年所有钴矿石都利用了,因为堆场没有低品位矿石配矿,从而调节入选矿石量和品位,所以第一年是没有办法达到处理量、入选矿石品位无法降低到选厂入选矿石的品位目标值。第 13～16 年钴矿石没有富余,说明全部利用了。

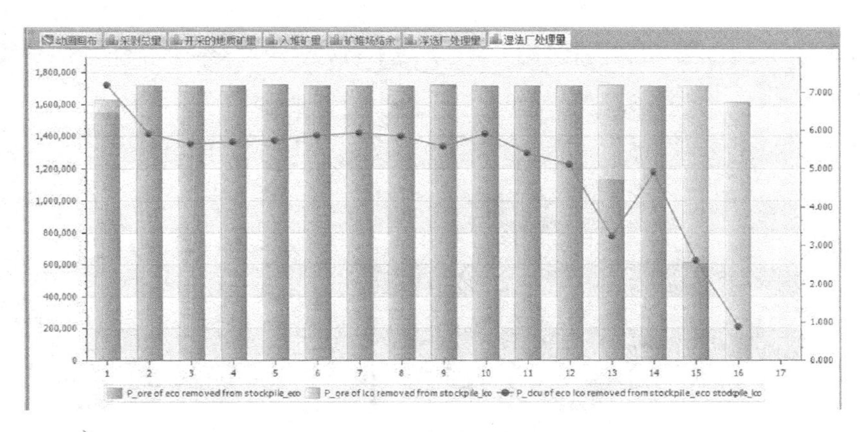

图 9-56 每年湿法厂处理量图

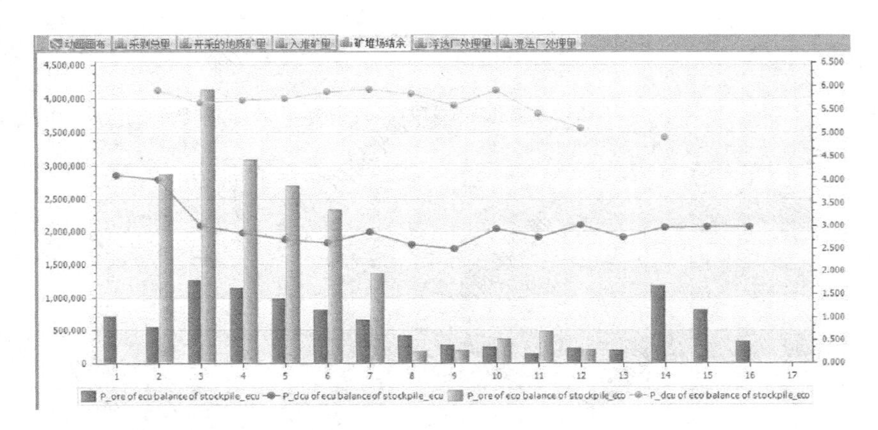

图 9-57 每年矿堆结余图

(2) 调整品级目标

单击进度设置→目标→品级目标,进入品级目标设置,如图 9-58 填写,点击运行,结果如图 9-59、图 9-60 所示。

品级目标 显示所有

拖动列标题至此,根据该列分组

		目标			目标值及优先级				时间	
	✓	目的地	矿岩类型	品级类型	目标值	下限	上限	优先级	日期/事件	延
1	☑	浮选厂	ecu	P_dcu	2.45	2.4	2.5	100		0
>2	☑	湿法厂	eco	P_dcu	5	4.5	6	100		0

图 9-58 品级目标设置

从图 9-60 中可以看出第一年所有钴矿石都利用了,含钴废石也利用了,但处理量还是无法达产,品位无法降低到目标,这是由于第一年开采的钴矿石不足,无法调整。

第八年含钴废石进行配矿后处理量达标,但 dcu 5.213%的品位比计划 5%偏高,观察堆场结余,第八年还有钴矿石结余,说明含钴废石不足,无法降低品位。

最后一年即第 16 年利用了含钴废石后,处理量和品位都低于目标,同时堆场结余第 16 年钴矿石无结余,说明处理量是没办法达到目标,但品位偏低是混入的含钴废石过多造成

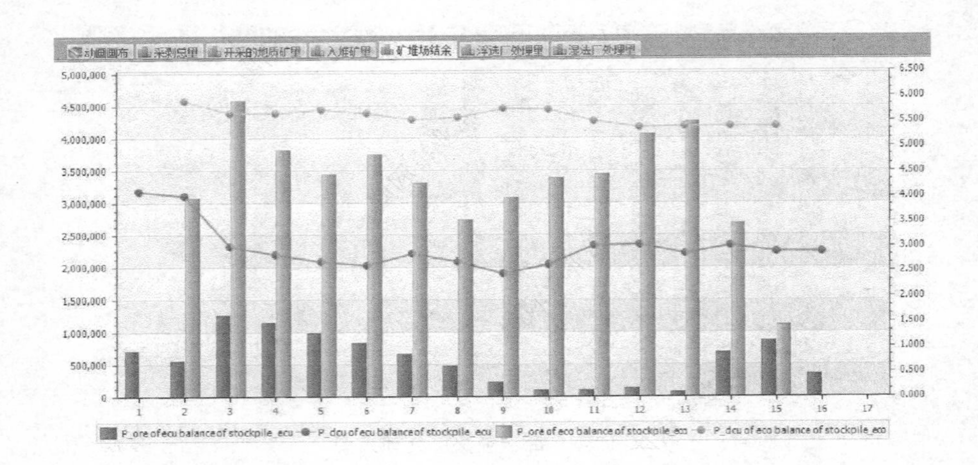

图 9-59　每年矿堆结余

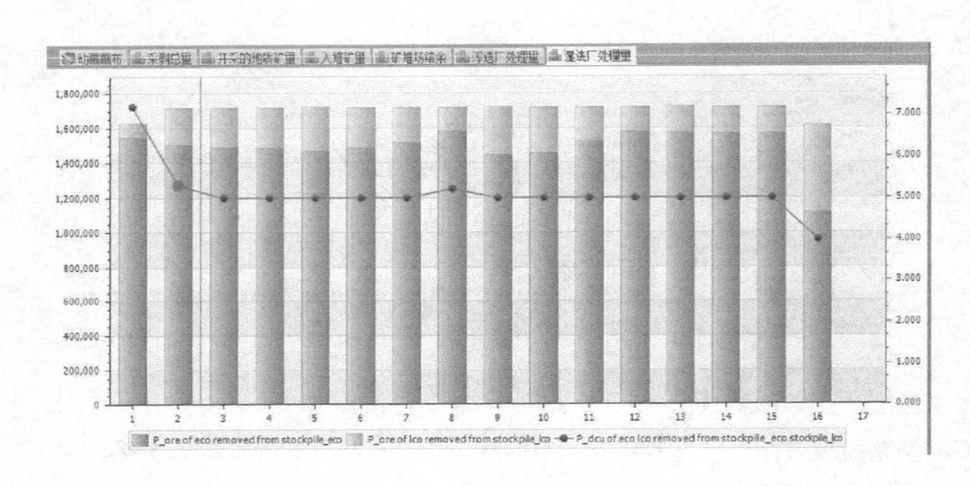

图 9-60　每年湿法厂处理矿量

的,我们只需要控制含钴废石的混入量。

其余年份不管处理量还是入选品位都达到要求。

(3) 调整最后一年的入选品位

单击进度设置→目标→目标参数,进入目标参数设置,利用堆场最大输出量参数 max_draw 来控制 stkockpile_lco 输出到湿法厂的量,从而达到提高入选品位的目的,需要经过多次调试、观察、再修改、再调试,得出最终的调试目标参数(图 9-61)。点击运行,结果如图 9-62、图 9-63 所示,完全符合预期目标。但第 17 年都是含钴废石,这里是因为我们设定的周期是 17 年(浮选厂服务期 17 年),所以我们需要调整使第 17 年的处理量为零。

从图 9-63 中可以看出第 16 年钴矿石没有结余,说明钴矿石完全利用了。

(4) 调整最后一年的处理量

单击进度设置→目标→目标参数,进入目标参数设置,利用堆场最大输出量参数 max_draw 来控制

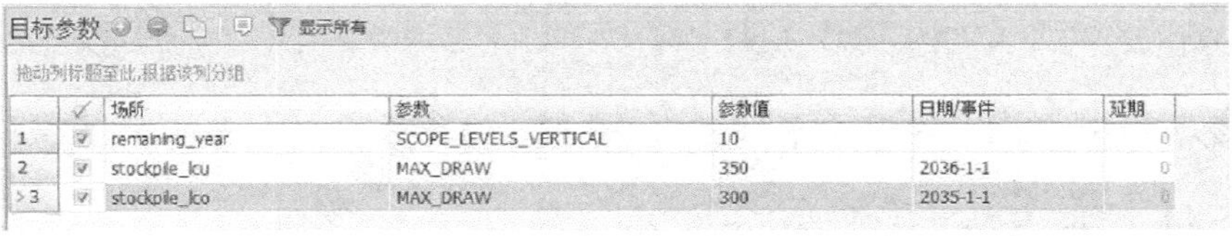

目标参数　显示所有

拖动列标题至此,根据该列分组

	✓	场所	参数	参数值	日期/事件	延期
1	☑	remaining_year	SCOPE_LEVELS_VERTICAL	10		0
2	☑	stockpile_lcu	MAX_DRAW	350	2036-1-1	0
>3	☑	stockpile_lco	MAX_DRAW	300	2035-1-1	0

图 9-61　调试目标参数

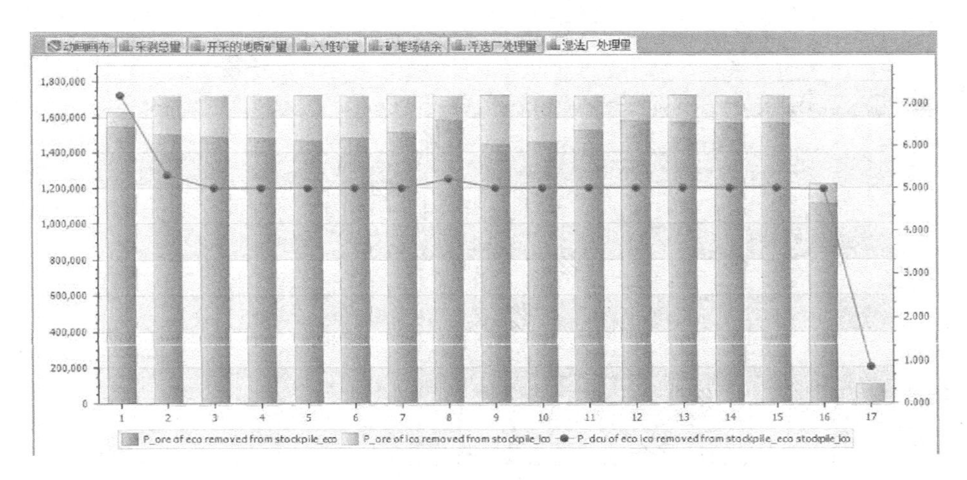

图 9-62　每年湿法厂处理矿量

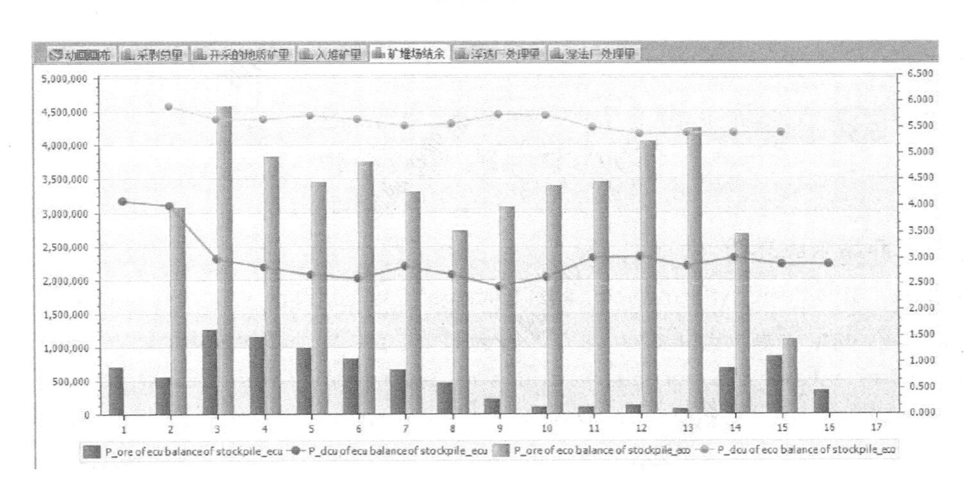

图 9-63　每年矿堆结余

stkockpile_lco 输出到湿法厂的量为零以达到控制输出的目标,如图 9-64 填写目标参数,最后一年 stkockpile_lco 输出量为 300,达到配矿目的就可以了,接下一年由于没有 eco 矿,lco 矿品位不足,单独处理经济上不经济,不需要进行处理,故 stkockpile_lco 输出量设定为 0 就可以了。

点击运行▶,调试结果见图 9-65,完全符合预期目标。

目标参数 显示所有

拖动列标题至此,根据该列分组

	✓	场所	参数	参数值	日期/事件	延期
1	☑	remaining_year	SCOPE_LEVELS_VERTICAL	10		0
2	☑	stockpile_lcu	MAX_DRAW	350	2036-1-1	0
3	☑	stockpile_lco	MAX_DRAW	300	2035-1-1	0
>4	☑	stockpile_lco	MAX_DRAW	0	2036-1-1	0

图 9-64　目标参数

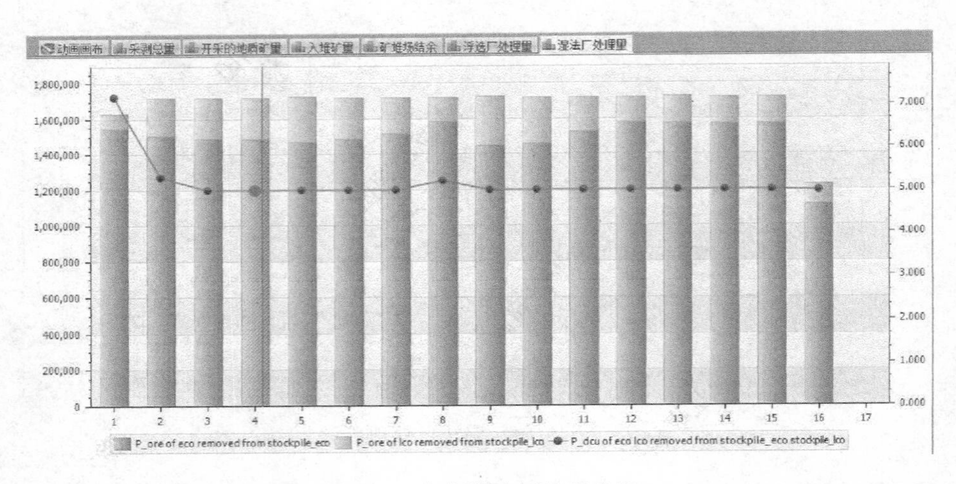

图 9-65　每年湿法厂处理矿量

第八节　结果发布

一、三年期末境界图

分别从 04Pit design\02firstyear、04Pit design\03secondary year、04Pit design\04third year、04Pit design\05remaining years 等文件夹，拷贝 pit_y1_cuttop. dtm(str)、pit_y2_cut_first. dtm(str)、pit_y3_cut_secondary. dtm(str)、pit_ry_cut_third. dtm(str)等 4 个线文件到 05LOM Scheduled\02results_pit 文件夹，完成前三年期末境界图的输出和剩余年份终了境界的输出。

二、自定义报表输出

(1) 进入用户报告界面、格式设定

点击顶部菜单 结果发布 → 用户报告，输出文件夹选 01results_report 输出文件夹 01results_report，日期格式选 日期格式 dd-Mon-yyyy，报表标题选 标题 1 a_项目全服务期排产表。

(2) 采坑物料移动平衡表

点击左侧报告栏 报告 中的 新建“采坑物料移动平衡表” 采坑物料移动平衡表，右侧如图 9-66 所示输出文件界面建立报告报表，报告定义如下：

① 组 1：报告采剥总量见图 9-67。

② 组 2:报告铜矿石 ecu 见图 9-68。

③ 组 3:报告钴矿石 eco 见图 9-69。

④ 组 4:报告含铜废石 lcu 见图 9-70。

⑤ 组 5:报告含钴废石见图 9-71。

⑥ 组 6:报告废石见图 9-72。

创建模板如下:

点击 创建模板 ,完成"采坑物料移动平衡表"的模板创建。

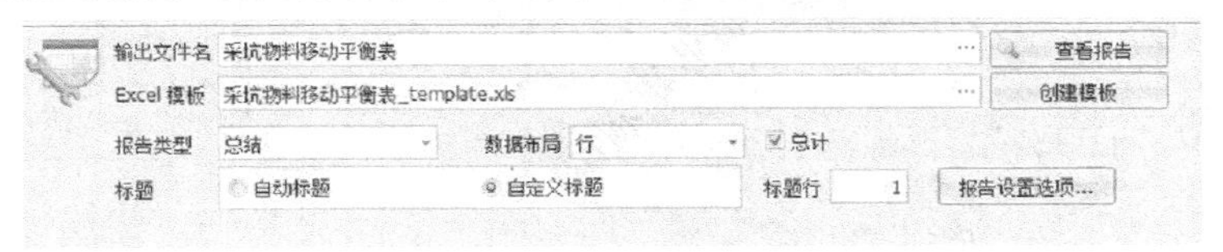

图 9-66　输出文件界面

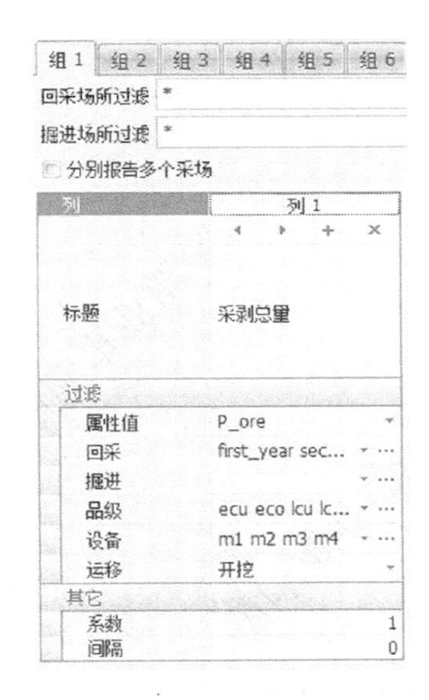

图 9-67　组 1:报告采剥总量

组 1　组 2　组 3　组 4　组 5　组 6　新组

回采场所过滤 *

掘进场所过滤 *

分别报告多个采场

列	列 1	列 2	列 3	列 4	列 5	列 6	列 7
标题	铜矿石	铜矿石_dcu	铜矿石_dcu金属	铜矿石_cu	铜矿石_cu金属	铜矿石_co	铜矿石_co金属
过滤							
属性值	P_ore	P_dcu	p_dcu_metal	P_cu	p_cu_metal	P_co	p_co_metal
回采	first_year sec...	first_year sec...	first_year sec...	first_year sec...	first_year sec...	first_year sec...	first_year sec...
掘进							
品级	ecu	ecu	ecu	ecu	ecu	ecu	ecu
设备	m1 m2 m3 m4	m1 m2 m3 m4	m1 m2 m3 m4	m1 m2 m3 m4	m1 m2 m3 m4	m1 m2 m3 m4	m1 m2 m3 m4
运移	开挖	开挖	开挖	开挖	开挖	开挖	开挖
其它							
系数	1	1	1	1	1	1	1
间隔	0	0	0	0	0	0	0

图 9-68　组 2:报告铜矿石 ecu

组 1 组 2 组 3 组 4 组 5 组 6 新组

回采场所过滤 *

掘进场所过滤 *

分别报告多个采场

列	列 1	列 2	列 3	列 4	列 5	列 6	列 7
标题	钴矿石	钴矿石_dcu	钴矿石_dcu金属	钴矿石_cu	钴矿石_cu金属	钴矿石_co	钴矿石_co金属
过滤							
属性值	P_ore	P_dcu	p_dcu_metal	P_cu	p_cu_metal	P_co	p_co_metal
回采	first_year sec...	first_year sec...	first_year sec...	first_year sec...	first_year sec...	first_year sec...	first_year sec...
掘进	*	*	*	*	*	*	*
品级	eco	eco	eco	eco	eco	eco	eco
设备	m1 m2 m3 m4	m1 m2 m3 m4	m1 m2 m3 m4	m1 m2 m3 m4	m1 m2 m3 m4	m1 m2 m3 m4	m1 m2 m3 m4
运移	开挖	开挖	开挖	开挖	开挖	开挖	开挖
其它							
系数	1	1	1	1	1	1	1
间隔	0	0	0	0	0	0	0

图 9-69 组 3:报告钴矿石 eco

组 1 组 2 组 3 组 4 组 5 组 6 新组

回采场所过滤 *

掘进场所过滤 *

分别报告多个采场

列	列 1	列 2	列 3
标题1	含铜废石	含铜废石_dcu	含铜废石_dcu金属
过滤			
属性值	P_ore	P_dcu	p_dcu_metal
回采	first_year sec...	first_year sec...	first_year sec...
掘进			
品级	lcu	lcu	lcu
设备	m1 m2 m3 m4	m1 m2 m3 m4	m1 m2 m3 m4
运移	开挖	开挖	开挖
其它			
系数	1	1	1
间隔	0	0	0

图 9-70 组 4:报告含铜废石 lcu

组 1 组 2 组 3 组 4 组 5 组 6 新组

回采场所过滤 *

掘进场所过滤 *

分别报告多个采场

列	列 1	列 2	列 3
标题1	含钴废石	含钴废石_dcu	含钴废石_dcu金属
过滤			
属性值	P_ore	P_dcu	p_dcu_metal
回采	first_year sec...	first_year sec...	first_year sec...
掘进			
品级	lco	lco	lco
设备	m1 m2 m3 m4	m1 m2 m3 m4	m1 m2 m3 m4
运移	开挖	开挖	开挖
其它			
系数	1	1	1
间隔	0	0	0

图 9-71 组 5:报告含钴废石

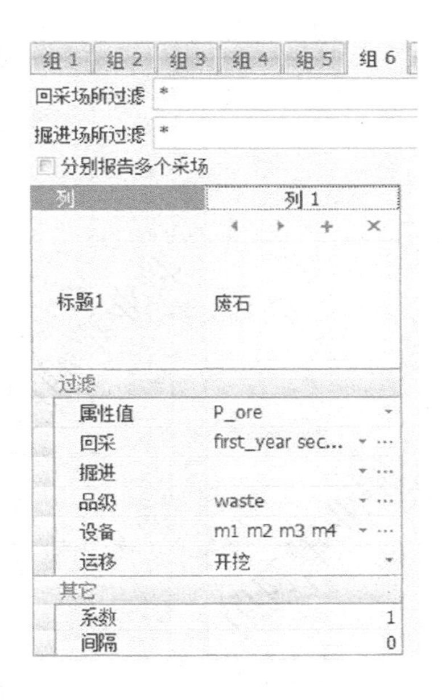

图 9-72　组 6:报告废石

(3) 堆场物料移动平衡表

点击左侧报告栏 中的新建"堆场物料移动平衡表" ,右侧如图 9-73 输出文件界面建立报告报表,报告定义如下:

① 组 1:报告铜矿石 ecu 进堆、出堆、结余量见图 9-74。

② 组 2:报告钴矿石 eco 进堆、出堆、结余量见图 9-75。

③ 组 3:报告含铜废石石 lcu 进堆、出堆、结余量见图 9-76。

④ 组 4:报告含钴废石 lco 进堆、出堆、结余量见图 9-77。

创建模板如下:

点击 ,完成"堆场物料移动平衡表"的模板创建。

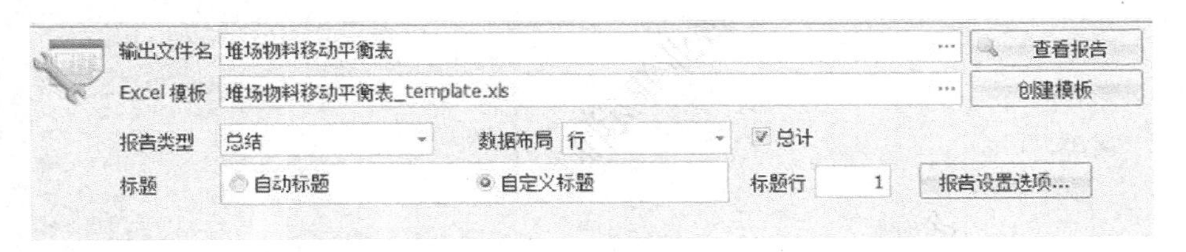

图 9-73　输出文件界面

(4) 浮选厂加工物料平衡表

点击左侧报告栏 中的新建"浮选厂加工物料平衡表" ,右侧如图 9-78 输出文件界面建立报告报表,报告定义如下:

① 组 1:报告浮选厂总处理量 ecu+lcu 见图 9-79。

② 组 2:报告浮选厂处理 ecu 量见图 9-80。

③ 组 3:报告浮选厂处理 lcu 量见图 9-81。

组 1 | 组 2 | 组 3 | 组 4 | 新组

回采场所过滤 *

掘进场所过滤 *

分别报告多个采场

列	列 1	列 2	列 3	列 4	列 5	列 6
标题	铜矿石_进堆量	铜矿石_进堆量_dcu	铜矿石_出堆量	铜矿石_出堆量_dcu	铜矿石_结余量	铜矿石_结余量_dcu
过滤						
属性值	P_ore	P_dcu	P_ore	P_dcu	P_ore	P_dcu
回采	stockpile_ecu	stockpile_ecu	stockpile_ecu	stockpile_ecu	stockpile_ecu	stockpile_ecu
掘进	*	*	*	*	*	*
品级	ecu	ecu	ecu	ecu	ecu	ecu
设备	m1 m2 m3 m4	m1 m2 m3 m4	*	*	*	*
运移	充填	充填	开挖	开挖	结余	结余
其它						
系数	1	1	1	1	1	1
间隔	0	0	0	0	0	0

图 9-74　组 1:报告铜矿石 ecu 进堆、出堆、结余量

组 1 | 组 2 | 组 3 | 组 4 | 新组

回采场所过滤 *

掘进场所过滤 *

分别报告多个采场

列	列 1	列 2	列 3	列 4	列 5	列 6
标题	铜矿石_进堆量	铜矿石_进堆量_dcu	铜矿石_出堆量	铜矿石_出堆量_dcu	铜矿石_结余量	铜矿石_结余量_dcu
过滤						
属性值	P_ore	P_dcu	P_ore	P_dcu	P_ore	P_dcu
回采	stockpile_ecu	stockpile_ecu	stockpile_ecu	stockpile_ecu	stockpile_ecu	stockpile_ecu
掘进	*	*	*	*	*	*
品级	ecu	ecu	ecu	ecu	ecu	ecu
设备	m1 m2 m3 m4	m1 m2 m3 m4	*	*	*	*
运移	充填	充填	开挖	开挖	结余	结余
其它						
系数	1	1	1	1	1	1
间隔	0	0	0	0	0	0

图 9-75　组 2:报告钴矿石 eco 进堆、出堆、结余量

组 1 | 组 2 | 组 3 | 组 4 | 新组

回采场所过滤 *

掘进场所过滤 *

分别报告多个采场

列	列 1	列 2	列 3	列 4	列 5	列 6
标题	含铜废石_进堆量	含铜废石_进堆量_dcu	含铜废石_出堆量	含铜废石_出堆量_dcu	含铜废石_结余量	含铜废石_结余量_dcu
过滤						
属性值	P_ore	P_dcu	P_ore	P_dcu	P_ore	P_dcu
回采	stockpile_lcu	stockpile_lcu	stockpile_lcu	stockpile_lcu	stockpile_lcu	stockpile_lcu
掘进	*	*	*	*	*	*
品级	lcu	lcu	lcu	lcu	lcu	lcu
设备	m1 m2 m3 m4	m1 m2 m3 m4	*	*	*	*
运移	充填	充填	开挖	开挖	结余	结余
其它						
系数	1	1	1	1	1	1
间隔	0	0	0	0	0	0

图 9-76　组 3:报告含铜废石石 lcu 进堆、出堆、结余量

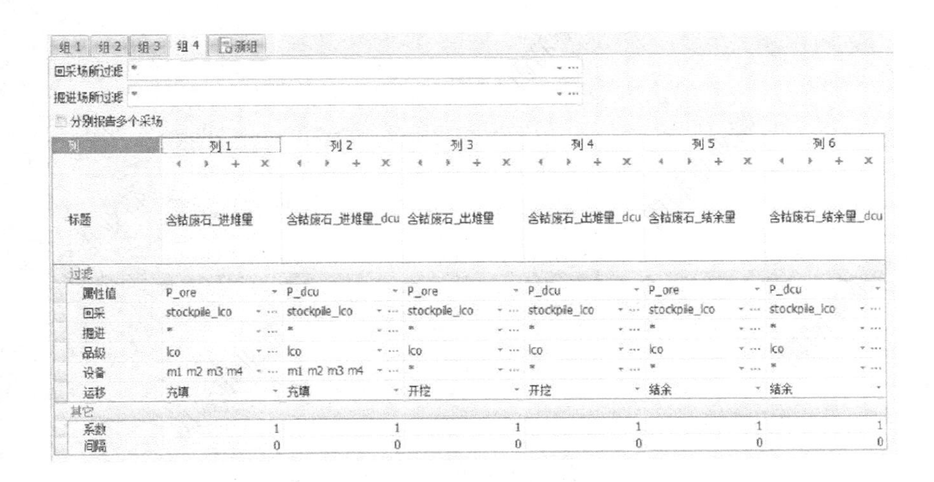

列	列 1	列 2	列 3	列 4	列 5	列 6
标题	含钴废石_进堆量	含钴废石_进堆量_dcu	含钴废石_出堆量	含钴废石_出堆量_dcu	含钴废石_结余量	含钴废石_结余量_dcu
过滤						
属性值	P_ore	P_dcu	P_ore	P_dcu	P_ore	P_dcu
回采	stockpile_lco	stockpile_lco	stockpile_lco	stockpile_lco	stockpile_lco	stockpile_lco
掘进	*	*	*	*	*	*
品级	lco	lco	lco	lco	lco	lco
设备	m1 m2 m3 m4	m1 m2 m3 m4	*	*	*	*
运移	充填	充填	开挖	开挖	结余	结余
其它						
系数	1	1	1	1	1	1
间隔	0	0	0	0	0	0

图 9-77　组 4:报告含钴废石 lco 进堆、出堆、结余量

创建模板如下:

点击 创建模板 ,完成“浮选厂加工物料平衡表”的模板创建。

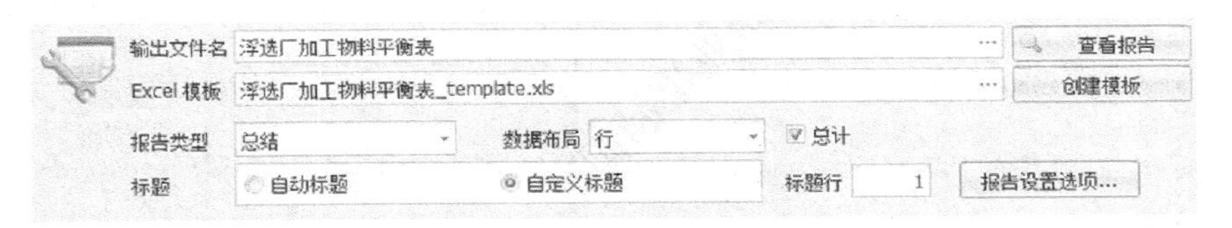

图 9-78　输出文件界面

列	列 1	列 2	列 3	列 4	列 5	列 6	列 7
标题	浮选厂_总处理量	浮选厂_总处理量_dcu	浮选厂_总处理量_dcu金属	浮选厂_总处理量_cu	浮选厂_总处理量_cu金属	浮选厂_总处理量_co	浮选厂_总处理量_co金属
过滤							
属性值	P_ore	P_dcu	p_dcu_metal	P_cu	p_cu_metal	P_co	p_co_metal
回采	浮选厂	浮选厂	浮选厂	浮选厂	浮选厂	浮选厂	浮选厂
掘进	*	*	*	*	*	*	*
品级	ecu lcu	ecu lcu	ecu lcu	ecu lcu	ecu lcu	ecu lcu	ecu lcu
设备	*	*	*	*	*	*	*
运移	充填	充填	充填	充填	充填	充填	充填
其它							
系数	1	1	1	1	1	1	1
间隔	0	0	0	0	0	0	0

图 9-79　组 1:报告浮选厂总处理量 ecu+lcu

(5) 湿法厂加工物料平衡表

点击左侧报告栏 报告 中的 新建“湿法厂加工物料平衡表” 湿法厂加工物料平衡表,右侧如图 9-82 输出文件界面建立报告报表,报告定义如下:

① 组 1:报告湿法厂总处理量 eco+lco 见图 9-83。

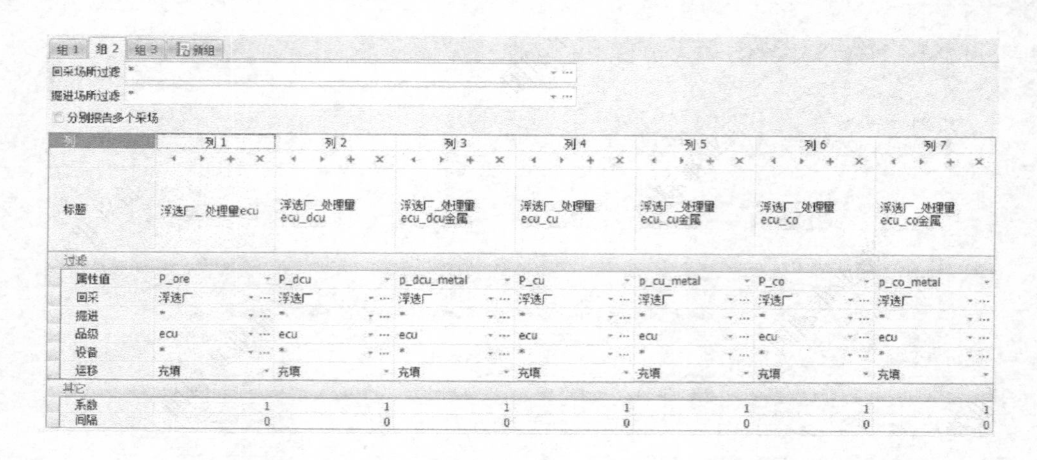

图 9-80　组 2:报告浮选厂处理 ecu 量

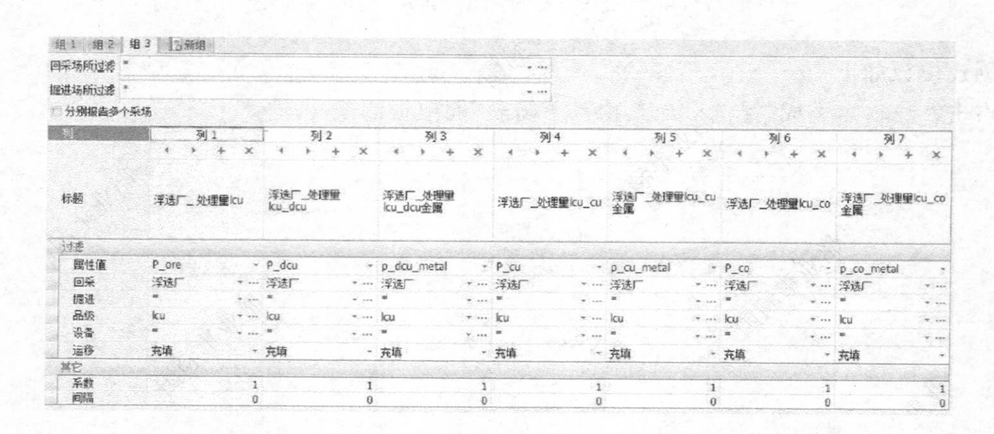

图 9-81　组 3:报告浮选厂处理 lcu 量

② 组 2:报告湿法厂总处理 eco 量见图 9-84。

③ 组 3:报告湿法厂总处理 lco 量见图 9-85。

创建模板如下:

点击 创建模板 ,完成"湿法厂加工物料平衡表"的模板创建。

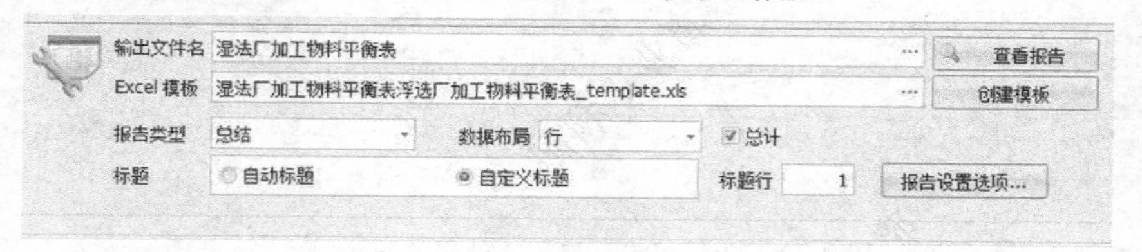

图 9-82　输出文件界面

(6) 生成报告和查看报告

进入图 9-86 报告界面,选择 采场物料移动平衡表 、 堆场物料移动平衡表 、 浮选厂加工物料平衡表 、 湿法厂加工物料平衡表 四个报告全部选中打"√",点击 生成报告 ,弹出处理过程提示信息界面图 9-87,完成报告生成。

组 1 | 组 2 | 组 3 | 新组

回采场所过滤 *

掘进场所过滤 *

分别报告多个采场

列	列 1	列 2	列 3	列 4	列 5	列 6	列 7
标题	湿法厂_总处理量	湿法厂_总处理量_dcu	湿法厂_总处理量_dcu金属	湿法厂_总处理量_cu	湿法厂_总处理量_cu金属	湿法厂_总处理量_co	湿法厂_总处理量_co金属
过滤							
属性值	P_ore	P_dcu	p_dcu_metal	P_cu	p_cu_metal	P_co	p_co_metal
回采	湿法厂	湿法厂	湿法厂	湿法厂	湿法厂	湿法厂	湿法厂
掘进	*	*	*	*	*	*	*
品级	eco lco	eco lco	eco lco	eco lco	eco lco	eco lco	eco lco
设备	*	*	*	*	*	*	*
运移	充填	充填	充填	充填	充填	充填	充填
其它							
系数	1	1	1	1	1	1	1
间隔	0	0	0	0	0	0	0

图 9-83 组 1:报告湿法厂总处理量 eco+lco

组 1 | 组 2 | 组 3 | 新组

回采场所过滤 *

掘进场所过滤 *

分别报告多个采场

列	列 1	列 2	列 3	列 4	列 5	列 6	列 7
标题	湿法厂_处理量ecu	湿法厂_处理量ecu_dcu	湿法厂_处理量ecu_dcu金属	湿法厂_处理量ecu_cu	湿法厂_处理量ecu_cu金属	湿法厂_处理量ecu_co	湿法厂_处理量ecu_co金属
过滤							
属性值	P_ore	P_dcu	p_dcu_metal	P_cu	p_cu_metal	P_co	p_co_metal
回采	湿法厂	湿法厂	湿法厂	湿法厂	湿法厂	湿法厂	湿法厂
掘进	*	*	*	*	*	*	*
品级	eco	eco	eco	eco	eco	eco	eco
设备	*	*	*	*	*	*	*
运移	充填	充填	充填	充填	充填	充填	充填
其它							
系数	1	1	1	1	1	1	1
间隔	0	0	0	0	0	0	0

图 9-84 组 2:报告湿法厂总处理 eco 量

组 1 | 组 2 | 组 3 | 新组

回采场所过滤 *

掘进场所过滤 *

分别报告多个采场

列	列 1	列 2	列 3	列 4	列 5	列 6	列 7
标题	湿法厂_处理量lcu	湿法厂_处理量lcu_dcu	湿法厂_处理量lcu_dcu金属	湿法厂_处理量lcu_cu	湿法厂_处理量lcu_cu金属	湿法厂_处理量lcu_co	湿法厂_处理量lcu_co金属
过滤							
属性值	P_ore	P_dcu	p_dcu_metal	P_cu	p_cu_metal	P_co	p_co_metal
回采	湿法厂	湿法厂	湿法厂	湿法厂	湿法厂	湿法厂	湿法厂
掘进	*	*	*	*	*	*	*
品级	lco	lco	lco	lco	lco	lco	lco
设备	*	*	*	*	*	*	*
运移	充填	充填	充填	充填	充填	充填	充填
其它							
系数	1	1	1	1	1	1	1
间隔	0	0	0	0	0	0	0

图 9-85 组 3:报告湿法厂总处理 lco 量

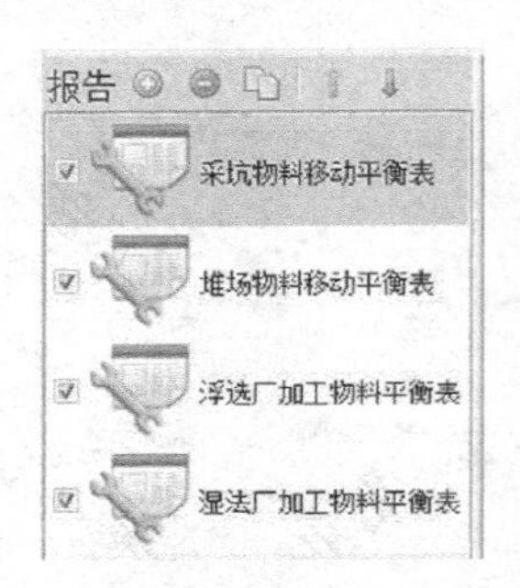

图 9-86 报告界面

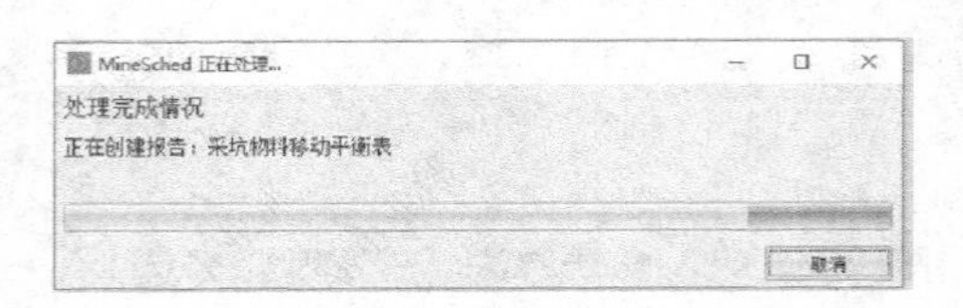

图 9-87 处理过程提示信息界面

点击 查看报告，分别弹出“采坑物料移动平衡表”“堆场物料移动平衡表”“浮选厂加工物料平衡表”“湿法厂加工物料平衡表”的 CSV 格式和_template 格式的电子表。

由于 csv 格式无法编辑保存，实际上输出表格为_template 格式的电子表，我们对该表用颜色、线框进行编辑，结果见图 9-88～图 9-91。

采剥总量
Schedule created 星期一 06 一月 2020 at 11:02 上午

Period Start	采剥总量	铜矿石	铜矿石_dcu	铜矿石_dcu金属	铜矿石_cu	铜矿石_cu金属	铜矿石_co	铜矿石_co金属	钴矿石	钴矿石_dcu
01-1月-2020	10,251,443	1,329,741	4.11	5,466,740	4.11	5,466,817			1,548,446	7.52
01-1月-2021	13,429,983	460,981	3.85	1,773,984	3.85	1,774,052			4,591,701	5.91
01-1月-2022	13,868,463	1,194,870	2.52	3,015,455	2.52	3,015,387			2,987,724	5.39
01-1月-2023	13,868,463	413,423	2.30	951,336	2.30	951,258			713,392	5.76
01-1月-2024	13,906,459	410,752	2.34	959,644	2.34	959,587			1,103,557	5.97
01-1月-2025	13,868,463	459,438	2.46	1,132,207	2.47	1,132,507			1,790,042	5.50
01-1月-2026	13,868,463	362,550	3.37	1,222,150	3.37	1,222,151			1,074,319	5.13
01-1月-2027	13,868,463	372,036	2.42	899,319	2.42	899,348			1,008,215	5.64
01-1月-2028	13,906,459	439,452	2.18	958,711	2.18	958,869			1,799,579	6.04
01-1月-2029	13,868,463	481,666	2.73	1,312,660	2.73	1,312,702			1,760,325	5.68
01-1月-2030	13,868,463	480,219	3.09	1,484,155	3.09	1,484,168			1,592,531	5.00
01-1月-2031	13,868,463	494,580	3.02	1,495,348	3.02	1,494,950			2,176,971	5.19
01-1月-2032	13,906,459	468,702	2.81	1,318,211	2.81	1,318,174			1,769,596	5.45
01-1月-2033	13,868,463	1,098,545	3.02	3,319,455	3.02	3,319,416				
01-1月-2034	1,404,515	687,833	2.75	1,888,830	2.75	1,888,870				
01-1月-2035										
01-1月-2036										
Totals	191,701,486	9,154,789	2.97	27,198,205	2.97	27,198,266			23,916,398	5.70

Period Start	钴矿石_dcu金属	钴矿石_cu	钴矿石_cu金属	钴矿石_co	钴矿石_co金属	含铜废石	含铜废石_dcu	含铜废石_dcu金属	含钴废石	含钴废石_dcu	含钴废石_dcu金属	废石
01-1月-2020	11,640,550	6.27	9,708,833	0.168	260,121	71,780	1.18	84,750	84,038	1.08	91,071	7,217,438
01-1月-2021	27,150,996	5.11	23,444,677	0.1088	499,371	66,270	1.12	74,227	211,935	1.01	213,503	8,099,096
01-1月-2022	16,100,442	4.72	14,093,768	0.0907	270,950	653,976	1.19	778,632	468,166	0.75	352,609	8,563,727
01-1月-2023	4,108,348	5.15	3,674,298	0.0824	58,777	236,311	1.17	276,906	194,019	0.75	146,403	12,311,318
01-1月-2024	6,588,554	5.30	5,847,630	0.0904	99,724	161,255	1.19	192,647	191,173	0.80	153,080	12,039,722
01-1月-2025	9,848,054	4.63	8,294,299	0.1168	209,163	188,334	1.16	218,949	251,635	0.83	207,743	11,179,014
01-1月-2026	5,514,126	4.72	5,069,925	0.0559	60,016	283,435	1.07	302,327	72,685	1.02	74,262	12,075,474
01-1月-2027	5,689,646	4.78	4,818,694	0.1164	117,332	281,267	1.15	324,726	107,403	1.08	116,231	12,099,541
01-1月-2028	10,877,344	5.37	9,659,423	0.0912	164,037	128,657	1.23	158,610	406,749	1.01	408,810	11,132,021
01-1月-2029	9,990,643	4.82	8,483,920	0.1157	203,614	166,659	1.21	202,017	249,472	0.94	234,259	11,210,341
01-1月-2030	7,959,473	4.26	6,781,939	0.0994	158,264	169,728	1.20	203,734	391,663	0.97	381,445	11,234,321
01-1月-2031	11,291,111	4.60	10,012,936	0.0793	172,692	154,778	1.09	168,125	592,645	0.77	454,774	10,449,489
01-1月-2032	9,641,115	4.29	7,590,721	0.1561	276,151	179,848	1.11	198,996	173,005	1.02	176,567	11,315,309
01-1月-2033						74,325	1.32	97,779				12,695,593
01-1月-2034						106,399	1.27	134,986				690,283
01-1月-2035												
01-1月-2036												
Totals	136,400,403	4.91	117,481,062	0.1066	2,550,212	2,923,024	1.17	3,417,411	3,394,589	0.89	3,010,757	152,312,686

图 9-88 采坑物料移动平衡表

a_项目全服务期排产表
Schedule created 星期一 06 一月 2020 at 11:33 上午

Period Start	铜矿石_进堆量	铜矿石_进堆量_dcu	铜矿石_出堆量	铜矿石_出堆量_dcu	铜矿石_结余量	铜矿石_结余量_dcu	钴矿石_进堆量	钴矿石_进堆量_dcu	钴矿石_出堆量	钴矿石_出堆量_dcu	钴矿石_结余量	钴矿石_结余量_dcu
01-1月-2020	1,329,741	4.11	617,399	4.11	712,342	4.11	1,548,446	7.52	1,548,446	7.52		
01-1月-2021	460,981	3.85	620,888	4.01	552,436	4.01	4,591,701	5.91	1,505,960	5.91	3,085,741	5.91
01-1月-2022	1,194,870	2.52	479,636	2.99	1,267,670	2.99	2,987,724	5.39	1,487,697	5.66	4,585,769	5.66
01-1月-2023	413,423	2.30	530,486	2.82	1,150,607	2.82	713,392	5.76	1,484,261	5.67	3,814,899	5.67
01-1月-2024	410,752	2.34	577,532	2.69	983,827	2.69	1,103,557	5.97	1,467,951	5.74	3,450,505	5.74
01-1月-2025	459,438	2.46	606,073	2.62	837,192	2.62	1,790,042	5.50	1,484,261	5.66	3,756,285	5.66
01-1月-2026	362,550	3.37	526,363	2.85	673,379	2.85	1,074,319	5.13	1,518,619	5.54	3,311,985	5.54
01-1月-2027	372,036	2.42	578,587	2.69	466,828	2.69	1,008,215	5.64	1,584,550	5.56	2,735,651	5.56
01-1月-2028	439,452	2.18	689,179	2.45	217,101	2.45	1,799,579	6.04	1,450,722	5.75	3,084,508	5.75
01-1月-2029	481,666	2.73	599,202	2.64	99,565	2.64	1,760,325	5.68	1,456,775	5.73	3,388,058	5.73
01-1月-2030	480,219	3.09	476,888	3.01	102,897	3.01	1,592,531	5.00	1,528,926	5.49	3,451,664	5.49
01-1月-2031	494,580	3.02	475,513	3.02	121,963	3.02	2,176,971	5.19	1,577,027	5.37	4,051,607	5.37
01-1月-2032	468,702	2.81	525,154	2.86	65,511	2.86	1,769,596	5.45	1,571,328	5.40	4,249,875	5.40
01-1月-2033	1,098,545	3.02	478,262	3.01	685,794	3.01			1,566,720	5.40	2,683,155	5.40
01-1月-2034	687,833	2.75	513,994	2.88	859,633	2.88			1,566,720	5.40	1,116,435	5.40
01-1月-2035			513,994	2.88	345,639	2.88			1,116,435	5.40		
01-1月-2036			345,639	2.88								
Totals	9,154,789	2.97	9,154,789	2.97			23,916,398	5.70	23,916,398	5.70		

Period Start	含铜废石_进堆量	含铜废石_进堆量_dcu	含铜废石_出堆量	含铜废石_出堆量_dcu	含铜废石_结余量	含铜废石_结余量_dcu	含钴废石_进堆量	含钴废石_进堆量_dcu	含钴废石_出堆量	含钴废石_出堆量_dcu	含钴废石_结余量	含钴废石_结余量_dcu
01-1月-2020	71,780	1.18	71,780	1.18			84,038	1.08	84,038	1.08		
01-1月-2021	66,270	1.12	66,270	1.12			211,935	1.01	211,935	1.01		
01-1月-2022	653,976	1.19	207,522	1.19	446,454	1.19	468,166	0.75	230,198	0.75	237,968	0.75
01-1月-2023	236,311	1.17	156,672	1.18	526,094	1.18	194,019	0.75	233,634	0.75	198,354	0.75
01-1月-2024	161,255	1.19	111,647	1.19	575,702	1.19	191,173	0.80	254,996	0.78	134,531	0.78
01-1月-2025	188,334	1.16	81,085	1.18	682,952	1.18	251,635	0.83	233,634	0.81	152,533	0.81
01-1月-2026	283,435	1.07	160,795	1.15	805,592	1.15	72,685	1.02	199,276	0.88	25,942	0.88
01-1月-2027	281,267	1.15	108,571	1.15	978,288	1.15	107,403	1.08	133,345	1.04		
01-1月-2028	128,657	1.23			1,106,945	1.16	406,749	1.01	272,226	1.01	134,524	1.01
01-1月-2029	166,659	1.21	87,956	1.17	1,185,649	1.17	249,472	0.94	261,120	0.96	122,876	0.96
01-1月-2030	169,728	1.20	210,270	1.17	1,145,107	1.17	391,663	0.97	188,968	0.97	325,570	0.97
01-1月-2031	154,778	1.09	211,645	1.16	1,088,240	1.16	592,645	0.77	140,867	0.84	777,348	0.84
01-1月-2032	179,848	1.11	164,025	1.15	1,104,063	1.15	173,005	1.02	151,619	0.87	798,733	0.87
01-1月-2033	74,325	1.32	208,896	1.16	969,492	1.16			151,175	0.87	647,559	0.87
01-1月-2034	106,399	1.27	173,164	1.17	902,728	1.17			151,175	0.87	496,384	0.87
01-1月-2035			173,164	1.17	729,564	1.17			110,653	0.87	385,731	0.87
01-1月-2036			129,448	1.17	600,115	1.17					385,731	0.87
Totals	2,923,024	1.17	2,322,909	1.17	600,115	1.17	3,394,589	0.89	3,008,858	0.89	385,731	0.87

图 9-89 堆场物料移动平衡表

a_项目全服务期排产表
Schedule created 星期一 06 一月 2020 at 11:48 上午

Period Start	浮选厂_总处理量	浮选厂_总处理量_dcu	浮选厂_总处理量_dcu金属	浮选厂_总处理量_cu	浮选厂_总处理量_cu金属	浮选厂_总处理量_co	浮选厂_总处理量_co金属	浮选厂_处理量ecu	浮选厂_处理量ecu_dcu	浮选厂_处理量ecu_dcu金属	浮选厂_处理量ecu_cu	浮选厂_处理量ecu_cu金属	浮选厂_处理量ecu_co	浮选厂_处理量ecu_co金属	浮选厂_处理量lcu	浮选厂_处理量lcu_dcu	浮选厂_处理量lcu_dcu金属	浮选厂_处理量lcu_cu	浮选厂_处理量lcu_cu金属	浮选厂_处理量lcu_co	浮选厂_处理量lcu_co金属
01-1月-2020	689,179	3.81	2,622,958	3.81	2,623,070			617,399	4.11	2,538,208	4.11	2,538,243			71,780	1.18	84,750	1.18	84,827		
01-1月-2021	687,158	3.73	2,562,668	3.73	2,562,700			620,888	4.01	2,488,431	4.01	2,488,489			66,270	1.12	74,227	1.12	74,212		
01-1月-2022	687,158	2.45	1,682,589	2.45	1,682,580			479,636	2.99	1,435,511	2.99	1,435,506			207,522	1.19	247,078	1.19	247,073		
01-1月-2023	687,158	2.45	1,682,963	2.45	1,682,927			530,486	2.82	1,497,448	2.82	1,497,420			156,672	1.18	185,515	1.18	185,507		
01-1月-2024	689,179	2.45	1,688,815	2.45	1,688,765			577,532	2.69	1,556,337	2.69	1,556,294			111,647	1.19	132,478	1.19	132,472		
01-1月-2025	687,158	2.45	1,684,517	2.45	1,684,602			606,073	2.62	1,588,785	2.62	1,588,879			81,085	1.18	95,733	1.18	95,723		
01-1月-2026	687,158	2.45	1,683,519	2.45	1,683,554			526,363	2.85	1,499,052	2.85	1,499,110			160,795	1.15	184,467	1.15	184,445		
01-1月-2027	687,158	2.45	1,683,869	2.45	1,683,916			578,587	2.69	1,559,109	2.69	1,559,166			108,571	1.15	124,759	1.15	124,750		
01-1月-2028	689,179	2.45	1,685,659	2.45	1,685,814			689,179	2.45	1,685,659	2.45	1,685,814									
01-1月-2029	687,158	2.45	1,683,508	2.45	1,683,579			599,202	2.64	1,580,968	2.64	1,581,046			87,956	1.17	102,540	1.17	102,533		
01-1月-2030	687,158	2.45	1,682,877	2.45	1,682,896			476,888	3.01	1,436,832	3.01	1,436,854			210,270	1.17	246,045	1.17	246,042		
01-1月-2031	687,158	2.45	1,682,377	2.45	1,682,082			475,513	3.02	1,436,838	3.02	1,436,525			211,645	1.16	245,539	1.16	245,557		
01-1月-2032	689,179	2.45	1,688,708	2.45	1,688,610			525,154	2.86	1,499,664	2.86	1,499,560			164,025	1.15	189,044	1.15	189,049		
01-1月-2033	687,158	2.45	1,683,595	2.45	1,683,569			478,262	3.01	1,440,687	3.01	1,440,666			208,896	1.16	242,908	1.16	242,903		
01-1月-2034	687,158	2.45	1,682,961	2.45	1,682,963			513,994	2.88	1,479,790	2.88	1,479,797			173,164	1.17	203,171	1.17	203,166		
01-1月-2035	687,158	2.45	1,682,961	2.45	1,682,963			513,994	2.88	1,479,790	2.88	1,479,797			173,164	1.17	203,171	1.17	203,166		
01-1月-2036	475,087	2.41	1,146,975	2.41	1,146,976			345,639	2.88	995,095	2.88	995,099			129,448	1.17	151,880	1.17	151,877		
Totals	11,477,698	2.61	29,911,509	2.61	29,911,567			9,154,789	2.97	27,198,205	2.97	27,198,266			2,322,909	1.17	2,713,304	1.17	2,713,302		

图 9-90 浮选厂加工物料平衡表

a_项目全服务期排产表
Schedule created 星期一 06 一月 2020 at 11:56 上午

Period Start	湿法厂_总处理量	湿法厂_总处理量_dcu	湿法厂_总处理量_dcu金属	湿法厂_总处理量_cu	湿法厂_总处理量_cu金属	湿法厂_总处理量_co	湿法厂_总处理量_co金属	湿法厂_处理量ecu	湿法厂_处理量ecu_dcu	湿法厂_处理量ecu_dcu金属	湿法厂_处理量ecu_cu	湿法厂_处理量ecu_cu金属	湿法厂_处理量ecu_co	湿法厂_处理量ecu_co金属	湿法厂_处理量lcu	湿法厂_处理量lcu_dcu	湿法厂_处理量lcu_dcu金属	湿法厂_处理量lcu_cu	湿法厂_处理量lcu_cu金属	湿法厂_处理量lcu_co	湿法厂_处理量lcu_co金属
01-1月-2020	1,632,484	7.19	11,731,621	5.98	9,770,216	0.16	264,120	1,548,446	7.52	11,640,550	6.27	9,708,833	0.17	260,121	84,038	1.08	91,071	0.73	61,383	0.05	3,999
01-1月-2021	1,717,895	5.31	9,118,331	4.52	7,769,326	0.11	181,846	1,505,960	5.91	8,904,828	5.11	7,689,250	0.11	163,781	211,935	1.01	213,503	0.38	80,076	0.09	18,066
01-1月-2022	1,717,895	5.00	8,586,589	4.28	7,352,399	0.10	166,496	1,487,697	5.66	8,413,211	4.91	7,311,567	0.10	148,572	230,198	0.75	173,378	0.18	40,832	0.08	17,924
01-1月-2023	1,717,895	5.00	8,590,616	4.29	7,376,390	0.10	163,906	1,484,261	5.67	8,414,502	4.95	7,341,793	0.10	144,737	233,634	0.75	176,114	0.15	34,597	0.08	19,169
01-1月-2024	1,722,947	5.00	8,619,315	4.30	7,402,582	0.10	164,176	1,467,951	5.74	8,421,224	5.03	7,377,207	0.10	140,792	254,996	0.78	198,091	0.10	25,375	0.09	23,384
01-1月-2025	1,717,895	5.00	8,584,490	4.24	7,285,331	0.10	175,167	1,484,261	5.66	8,395,575	4.89	7,260,467	0.10	152,971	233,634	0.81	188,915	0.11	24,864	0.10	22,196
01-1月-2026	1,717,895	5.00	8,587,873	4.31	7,406,259	0.09	159,304	1,518,619	5.54	8,413,034	4.85	7,370,295	0.09	140,572	199,276	0.88	174,839	0.18	35,964	0.09	18,733
01-1月-2027	1,717,895	5.21	8,955,499	4.51	7,754,118	0.09	161,941	1,584,550	5.56	8,816,508	4.84	7,662,964	0.10	155,479	133,345	1.04	138,991	0.68	91,153	0.05	6,462
01-1月-2028	1,722,947	5.00	8,621,990	4.36	7,506,669	0.09	150,282	1,450,722	5.75	8,348,385	5.05	7,321,749	0.10	138,336	272,226	1.01	273,605	0.68	184,920	0.04	11,946
01-1月-2029	1,717,895	5.00	8,592,542	4.28	7,351,987	0.10	167,329	1,456,775	5.73	8,341,303	4.96	7,231,907	0.10	149,665	261,120	0.96	251,238	0.46	120,080	0.07	17,665
01-1月-2030	1,717,895	5.00	8,582,108	4.28	7,347,948	0.10	166,246	1,528,926	5.49	8,398,600	4.74	7,245,077	0.10	155,436	188,968	0.97	183,508	0.54	102,870	0.06	10,810
01-1月-2031	1,717,895	5.00	8,594,139	4.32	7,427,187	0.09	157,331	1,577,027	5.37	8,475,866	4.68	7,388,115	0.09	146,702	140,867	0.84	118,273	0.28	39,072	0.08	10,629
01-1月-2032	1,722,947	5.00	8,612,695	4.19	7,215,975	0.11	188,217	1,571,328	5.40	8,480,400	4.56	7,172,585	0.11	176,279	151,619	0.87	132,296	0.29	43,390	0.08	11,939
01-1月-2033	1,717,895	5.00	8,587,438	4.19	7,194,814	0.11	187,665	1,566,720	5.40	8,455,530	4.56	7,151,551	0.11	175,762	151,175	0.87	131,908	0.29	43,263	0.08	11,904
01-1月-2034	1,717,895	5.00	8,587,438	4.19	7,194,814	0.11	187,665	1,566,720	5.40	8,455,530	4.56	7,151,551	0.11	175,762	151,175	0.87	131,908	0.29	43,263	0.08	11,904
01-1月-2035	1,227,087	4.99	6,121,906	4.18	5,127,815	0.11	133,960	1,116,435	5.40	6,025,356	4.56	5,096,149	0.11	125,247	110,653	0.87	96,550	0.29	31,666	0.08	8,713
01-1月-2036																					
Totals	26,925,255	5.17	139,074,590	4.40	118,483,831	0.10	2,775,653	23,916,398	5.70	136,400,403	4.91	117,481,062	0.11	2,550,212	3,008,858	0.89	2,674,187	0.33	1,002,770	0.07	225,440

图 9-91 湿法厂加工物料平衡表

三、动画制作

(1) 场所坐标

各期采坑、各类型堆场、排土场、浮选厂、湿法厂具体坐标见表 9-2。

表 9-2 地表场所坐标

场所	y	x	z
浮选厂	308 660.334	439 771.986	1 440
湿法厂	308 656.670	439 996.294	1 440
stockpile_ecu	308 760.806	440 188.134	1 420
stockpile_eco	308 827.290	439 778.032	1 430
stockpile_lcu	308 637.029	440 257.276	1 428
stockpile_lco	308 809.094	440 003.215	1 433
dump_waste	309 655.332	439 897.161	1 420
first_year_pit	309 313.902	440 677.065	1 307
secondary_year_pit	309 300.672	440 738.436	1 271
third_year_pit	309 280.201	440 858.475	1 259
remaining_years_pit	309 364.952	440 922.707	1 139

(2) 动画作业设置

点击进入动画设置页面,点击设置回采作业,如图 9-92 填写,场所选所有的采坑境界。

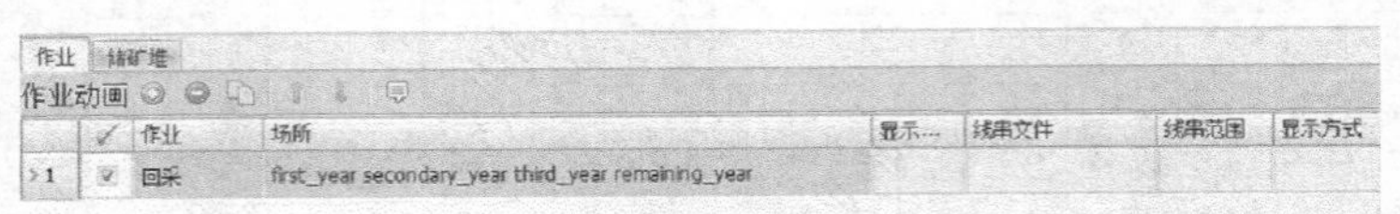

图 9-92　设置回采作业

(3) 动画储矿堆设置

点击进入动画设置页面,点击储矿堆设置储矿堆设置,根据上面场所坐标表格填写参数,如图 9-93 所示。

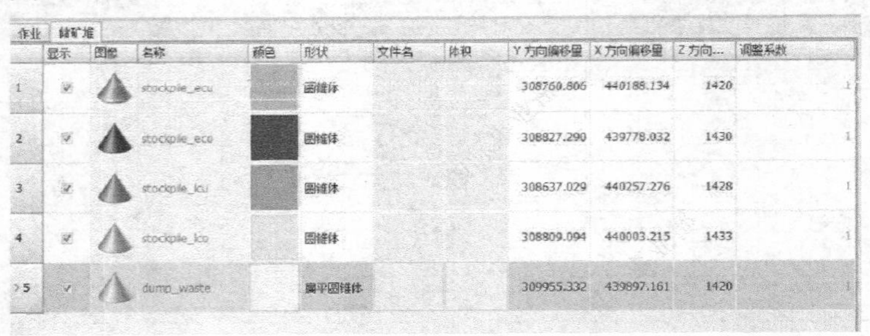

图 9-93　储矿堆参数设置

(4) 动画画布设置

点击,进入动画画布设置界面,点击画布顶部→生产→移除,采用"移除"显示功能(当采矿作业进行时,某一个块的区域已经采出来后,在图形显示的三维空间中,这个块在空间中就不存在了,程序会自动移除该块,这就是"移除"显示功能)。

点击,进入动画画布设置界面,点击画布顶部,弹出图层设置界面,如图 9-94 填写,结果显示见图 9-95。这样已经在动画画布中显示终了境界时的地形,显示了湿法厂和浮选厂。

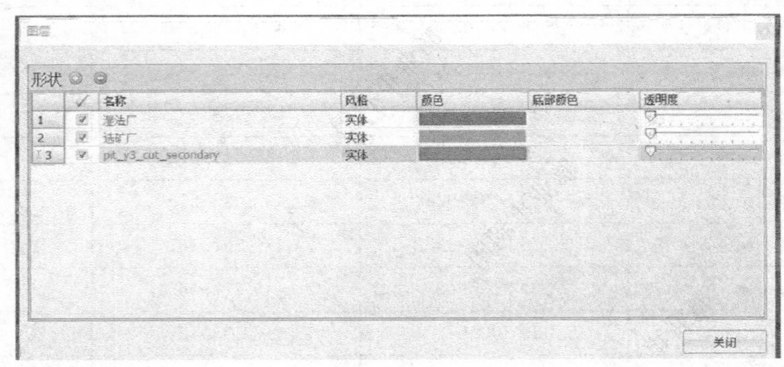

图 9-94　图层设置界面

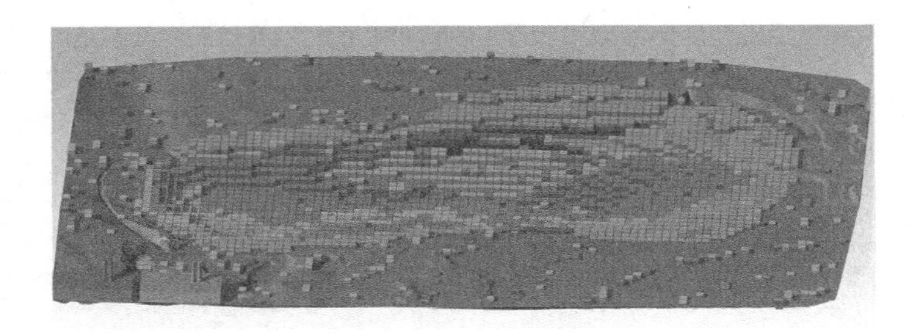

图 9-95　动画设置结果显示

这样还不够,堆场和排土场没有显示,需要设置料堆。点击画布顶部，勾选料堆，这样我们就完成了动画的全部设置,结果如图 9-96 所示。

图 9-96　设置完成后动画显示结果

(5) 保存动画

点击菜单栏，弹出 MineSched 动画文件保存界面图 9-97,选择 03results_animation 文件夹保存动画文件 2019a_annual_v2. MineSchedAnimation。

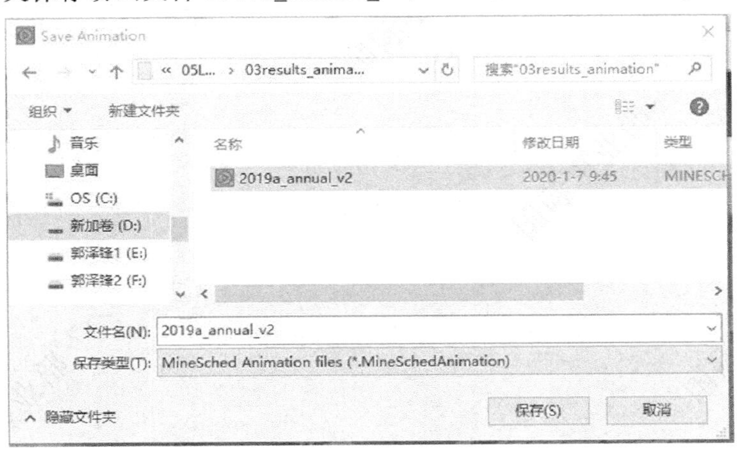

图 9-97　MineSched 动画文件保存界面

到此,我们完成矿山露采全服务期排产的所有工作。